U0378157

集成电路科学与技术丛书

超大规模
集成电路布线设计
理论与算法

刘耿耿　郭文忠　编著

清华大学出版社

北京

内 容 简 介

本书将超大规模集成电路(Very Large Scale Integration,VLSI)中物理设计流程中的总体布线问题与 Steiner 最小树算法相结合,构建了多种有效的布线算法。本书分为 8 章,各章内容具体安排如下。

第 1 章介绍 VLSI 布线问题的基本知识;第 2 章介绍直角结构 Steiner 最小树的构建算法;第 3 章介绍绕障直角结构 Steiner 最小树的构建算法;第 4 章介绍考虑障碍中布线资源重利用的直角结构 Steiner 最小树的构建算法;第 5 章介绍直角结构总体布线算法;第 6 章介绍直角结构 VLSI 层分配算法;第 7 章介绍基于轨道分配的详细布线算法;第 8 章介绍 FPGA 布线算法。

本书主要面向计算机科学、自动化科学、人工智能等相关学科专业高年级本科生、研究生以及广大研究计算智能的科技工作者。

图书在版编目(CIP)数据

超大规模集成电路布线设计理论与算法/刘耿耿,郭文忠编著.—北京:清华大学出版社,2022.4(2023.9 重印)

(集成电路科学与技术丛书)

ISBN 978-7-302-59943-2

Ⅰ.①超… Ⅱ.①刘…②郭… Ⅲ.①超大规模集成电路－研究 Ⅳ.①TN47

中国版本图书馆 CIP 数据核字(2022)第 019035 号

责任编辑:曾　珊　李　晔
封面设计:李召霞
责任校对:郝美丽
责任印制:曹婉颖

出版发行:清华大学出版社
　　　　网　　　址:http://www.tup.com.cn,http://www.wqbook.com
　　　　地　　　址:北京清华大学学研大厦 A 座　　　邮　　编:100084
　　　　社 总 机:010-83470000　　　　　　　　　　邮　　购:010-62786544
　　　　投稿与读者服务:010-62776969,c-service@tup.tsinghua.edu.cn
　　　　质量反馈:010-62772015,zhiliang@tup.tsinghua.edu.cn
　　　　课件下载:http://www.tup.com.cn,010-83470236
印 装 者:三河市东方印刷有限公司
经　　销:全国新华书店
开　　本:170mm×240mm　　　印　张:21.5　　　字　　数:434 千字
版　　次:2022 年 5 月第 1 版　　　　　　　　　印　　次:2023 年 9 月第 3 次印刷
印　　数:1501～2000
定　　价:99.00 元

产品编号:093745-01

前言
PREFACE

超大规模集成电路(Very Large Scale Integration，VLSI)是信息产业的硬件核心,其发展水平的高低已成为衡量一个国家科学技术和工业发展水平的重要标志。在 VLSI 布线问题中,总体布线和 Steiner 最小树算法是一个相互关联、充满活力的研究领域,因此本书系统地剖析、分类和整合超大规模集成电路领域的总体布线和 Steiner 最小树算法,通过不同的方法实现了对 VLSI 布线算法的优化。

近年来,编者及其科研团队一直致力于超大规模集成电路领域的布线和 Steiner 最小树算法的理论及应用研究,特别是算法的构建及其应用,在此基础上撰写了此书。本书内容是编者基于自身所主持和参与的国家自然科学基金项目等的研究成果,吸纳了国内外许多具有代表性的研究成果,融合了课题组近年来在国内外重要学术刊物和国际会议上发表的研究成果,力图体现国内外在这一领域的最新研究进展。本书可作为计算机科学、自动化科学、人工智能等相关学科专业高年级本科生、研究生以及广大研究计算智能的科技工作者的参考书。由于编者水平有限,书中难免有疏漏之处,对于本书的不足之处,恳请读者批评指正。

全书由 8 章构成,内容自成体系,各章内容具体安排如下:第 1 章是绪论,主要介绍了集成电路设计的基本流程,着重介绍了 VLSI 物理设计中的总体布线,阐述了 Steiner 最小树的问题模型;第 2 章介绍了两种直角结构 Steiner 最小树算法;第 3 章介绍了两种绕障直角结构 Steiner 最小树算法;第 4 章介绍了考虑障碍物中布线资源重利用的直角结构 Steiner 最小树算法;第 5 章介绍了总体布线中拥塞估计问题、总体布线中总线和非总线线网的布线算法等方面的研究工作;第 6 章介绍了多种时延驱动层分配算法;第 7 章介绍了基于轨道分配的详细布线问题,详细阐述了几种轨道分配算法和详细布线算法;第 8 章主要介绍了现场可编程门阵列(Field Programmable Gate Array，FPGA)布线算法。其中,第 1~2章和第 4~8 章由刘耿耿完成,第 3 章由郭文忠完成。

感谢清华大学出版社的大力支持和编辑的辛苦工作。同时,对课题组内参与有关研究工作的陈国龙教授、王廷基教授、张浩副教授、刘文皓博士、黄兴博士以及庄震、朱伟大、张星海、鲍晨鹏、张丽媛、裴镇宇、许文霖等硕士生表示衷心感谢。最后,感谢国家自然科学基金项目(61877010、11501114、U21A20472、11271002、

11141005)、国家科技部重点研发计划课题(2021YFB3600503)、福建省自然科学基金项目(2019J01243、2018J07005)、福建省科技创新平台项目(2009J1007)和计算机体系结构国家重点实验室开放课题(CARCHB202014)等对相关研究工作的资助。

编　者

2022 年 3 月

于福州大学　福建省网络计算与智能信息处理重点实验室

目 录
CONTENTS

第 1 章

绪　　论

1.1　引言

当前,超大规模集成电路(Very Large Scale Integration Circuit,VLSI)设计在许多高科技电子电路的发展中起着至关重要的作用。当前集成电路(Integrated Circuit,IC)产业向超深亚微米工艺不断推进,芯片的集成度进一步提高,一块芯片上所能集成的电路元件越来越多,VLSI是将数百万个晶体管集成到单个芯片中形成IC的过程。一些IC厂商已经实现了7nm芯片的大规模生产,这一市场趋势对物理设计(Physical Design,PD)和物理验证(Physical Verification,PV)提出了许多挑战。以VLSI为基础的电子信息产业的发展,对我国国民经济的发展、产业技术创新能力的提高以及现代国防建设都具有极其重要的意义。

VLSI包含功能设计、逻辑设计、物理设计以及封装测试等过程,物理设计是VLSI构建流程中最为耗时的,其设计好坏将影响芯片的最终性能,包括时延特性、电能消耗、电路稳定性等。由于VLSI物理设计的复杂性,其被拆成划分、布图规划、布局、总体布线和详细布线5个过程。在已发布的SRC *Physical Design CAD Top10 Needs* 中指出了当前物理设计亟待解决的十大问题,布线问题首当其冲,其分为总体布线和详细布线两个阶段实现。总体布线负责合理将每条线网的各部分分配到各个布线通道区中并明确定义各布线问题,而每个通道区中的最终布线将由详细布线来实现。对总体布线结果产生极大影响的不仅仅是最终详细布线的成败,还有芯片的性能,所以需要有效提高两种布线方案匹配,其中轨道分配算法是一种有效提高这两种布线方案匹配的方法。

在现在的VLSI设计中,随着制程技术的发展,纳米等级CMOS电路的电晶体密度剧烈增加,电路时延问题越突出,时序收敛越困难,最终严重影响芯片的性能和产量。当前,互连线延迟超越门延迟变成影响电路性能的主要因素,并且总体布线结果直接影响芯片面积、速度、可制造性、功率和完成设计周期所需的迭代次数,因此其在决定电路性能方面起着重要作用。另一方面,总体布线是一个众所周知的难题：即使是最简单的问题，如一组两引脚线网在拥塞约束下布线，也是一个NP完全问题。

Steiner 最小树（Steiner Minimum Tree，SMT）作为超大规模集成电路物理设计的基本模型之一，可以应用于布图规划、布局和布线阶段。给定平面上的点，Steiner 最小树通过一些 Steiner 点将这些点连接起来，以获得最小的总长度。Steiner 最小树通常用于物理设计中非关键线网的初始拓扑创建。最小化线长不是时序关键线网优化的唯一目标。然而，大多数线网在布线阶段是不重要的，Steiner 最小树给出了这种线网最理想的布线形式。因此，在布局规划和布局期间，Steiner 最小树通常被用来精确评估拥塞和线长。这表明一个 Steiner 最小树算法可以被调用数百万次。另一方面，在现代超大规模集成电路设计中存在许多大规模的预布线。预路径通常被建模为大点集，增大了 Steiner 树问题的输入规模。由于 Steiner 最小树是一个可计算数百万次的问题，而且其中许多问题的输入量非常大，因此需要具有良好性能的高效算法。

总体布线和 Steiner 最小树构造时，只考虑线长和拥塞已经不够了。随着集成电路的快速发展，芯片工艺越来越先进。同样，芯片中的晶体管数量也可以越来越多。在性能相同的情况下，芯片的功率越来越低。此外，金属线和通孔的电阻呈指数增长，时序和功率问题日益突出，给总体布线和 Steiner 最小树构造带来更加严格的约束，导致传统的布线算法或 Steiner 最小树算法不能很好地适应这种多目标任务。因此，总体布线和 Steiner 最小树算法面临新的挑战。

虽然总体布线和 Steiner 最小树算法是一个相互关联、充满活力的研究领域，但很少有人将它们作为整体加以讨论。因此，系统地剖析、分类和整合超大规模集成电路领域的总体布线和 Steiner 最小树算法，具有重要的理论价值和实际意义。故本书重点讨论超大规模集成电路领域的总体布线和 Steiner 最小树算法。

1.2 集成电路设计

集成电路设计流程如图 1.1 所示，系统规范说明定义了芯片设计的全部目标和系统的高层需求，包括功能需求、性能需求、物理尺寸和制造工艺。结构设计涉及基本结构必须满足的系统技术具体指标，如模拟信号模块和混合信号模块的支持、内存管理、计算内核数量与类型、内外通信、知识产权（Intellectual-Property，IP）保护模块的使用、引脚分配、供电要求和加工工艺选择等。功能与逻辑设计中主要考虑系统较高层行为的确定，如模块间的互连。电路设计是涉及晶体管的

图 1.1　集成电路设计流程

低层电路实现。物理设计则是将元件(如宏单元、标准单元、晶体管、逻辑门等)均转换为几何形状的表示,并分配在各个布线层的特定位置上,电路线网也以几何形状将各层中的元件互连起来,最终得到的是一个需要验证的制造说明书。物理验证是检查所有的电气和逻辑功能的正确性。芯片制造包括芯片准备、杂质注入、扩散和光刻等。最后进行封装与测试。

1.2.1　物理设计

物理设计又称为版图设计。鉴于物理设计的高复杂性,整个过程被划分为多个步骤,每个步骤完成设计的一部分,如图 1.2 所示。划分(Partitioning):将电路划分成更小的子电路或者子模块,这些子电路可以单独设计与分析,以此来降低设计难度。布图规划(Floor Planning,FP):确定子电路或模块的形状和排列,包括外接端口、IP 模块和宏模块的安排。布局(Placement):确定每个具体元件单元或模块在芯片中的具体位置。总

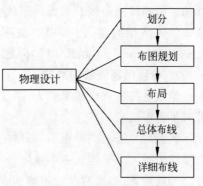

图 1.2　物理设计过程

体布线(Global Routing,GR):又称为概略布线,分配布线资源。详细布线(Detailed Routing,DR):将互连线分配到具体的金属层和位置。

物理设计需要通过多次反复迭代过程来达到设计要求。物理设计直接影响了芯片性能、版图大小、可靠性、功耗和成品率。较长的布线会导致明显的信号延迟,并导致更大的动态功耗。如果将需要互连的模块安放在距离较远的位置,则会导致芯片更大、更慢。过多的通孔会降低芯片的可靠性。电线间隔的差异会引起电短路或者断路而降低成品率。物理设计是人工设计中耗时最长和错误率最高的设计过程之一。它也是近年来电子设计自动化(Electronic Design Automation,EDA)工具中发展最快和自动化程度最高的领域之一。随着制造工艺的发展,它也是受到影响最大、面临的机遇和挑战最多的领域之一。

1.2.2　布线

线网是具有相同电位的一组引脚,在最终的芯片设计中,这些引脚需要连接在一起。物理设计过程中的布线过程就是将芯片涉及的所有线网连接起来,而且满足芯片制造的设计规则。除了连通这一最重要的目标之外,还要考虑缩短布线长度和满足时延等约束条件。同时要求尽可能优化其设计结果,使得所需缓冲器(Buffer)资源、线长、面积等最小。每个芯片往往都包含了上亿个晶体管和成百万的线网,这使得布线过程变得更加复杂。为了简化算法,布线过程分为两个阶段:总体布线和详细布线。总体布线中首先将可布线区域划分成多个小格,每个格的

布线资源使用带容量的边来表示,所有布线资源由一个网格图表示;再确定一个线网所占用网格图中的边,即线网的大致走线,将各线网合理地分配到各个网格中,以确保尽可能高的布通率。详细布线则是根据总体布线,决定最终产生线网在芯片上的实际走线,及生成各线网的具体版图。

1. 线网布线

对单个线网的布线,是物理设计中的一个基础问题。无论是总体布线还是详细布线,都会用到线网布线。线网布线又根据线网引脚的个数分为两引脚线网布线和多引脚线网布线。考虑到布线长度最小化,两引脚线网布线在布线图中就转换为最短路径问题,而多引脚线网布线转换为直角 Steiner 最小树(Rectilinear Steiner Minimal Tree,RSMT)问题。

2. 布线问题面临的挑战

集成电路的规模越来越大,系统越来越复杂,约束也越来越苛刻,为线网布线带来了更多挑战。

特征尺寸进入纳米级后,器件的尺寸变得越来越小,互连线的线宽越来越细、密度越来越大。互连线变小速度赶不上器件,长度也迅速增加,互连线的延迟远超过门的延迟,占到线网总延迟的 $60\%\sim70\%$。

集成度的增大使得互连线面积不断增加,约占芯片总面积的 $30\%\sim40\%$。为了降低芯片大小,布线金属层的数量也在不断增加。目前最大布线层数已达到 13 层,预计 2028 年会达到 17 层。

为了缩短开发周期,IP 复用显得越来越重要。这使得布线区域的障碍数量不断增多,密度增大,形状也更加复杂。此外,利用障碍内资源布线可大大缩短互连线长度、减小布线面积和提高芯片性能。当线网障碍内部分较大时,导致输出端的电压转换速率过大,引发噪音和功率问题,并影响信号完整性。这使得在布线过程中需要进一步考虑绕障问题和信号完整性问题。

对于主流线网来说,线长是布线问题最主要的优化目标。另一个重要的优化目标布线面积,本质上与线长呈线性关系。

1.3 总体布线

总体布线是 VLSI 物理设计中一个极为重要的步骤。从图 1.2 可看出,详细布线阶段是根据总体布线结果进行布线工作的。因而,总体布线的结果对详细布线的成功与否起到了决定性作用,同时总体布线严重影响最后制造出来的芯片性能。

1.3.1 总体布线图

总体布线图(Global Routing Graph,GRG)将布线区域、每个区域内的布线容量、布线区域内的引脚信息以及不同布线区域之间的相互关系等信息抽象为一张图。

（1）网格图模型。网格图模型是将整个布线区域分为一个行列交错的矩阵形式，每个总体布线单元（Global Routing Cell，GRC）由一个顶点表示，GRC之间的邻接关系则由水平边和垂直边表示。而对于给定的线网集合，则将它们的引脚集合按照其所在的总体布线单元映射到该总体布线单元对应的顶点上。此时，VLSI总体布线问题就是在总体布线图上寻找这些映射后的顶点集合的连接关系。网格图模型适用于门阵列和标准单元布图模式，而且可将网格图模型经过简单的扩展，用于建立多层总体布线问题的网格图模型，有助于探讨多层布线问题的求解。

（2）布图规划图模型。该模型是基于布局结果构建的，对于给定的布局方案，布图规划图的一个顶点表示布局方案中的一个模块，模块之间若存在相邻关系，则映射成布图规划图的一条边。类似于网格图模型，布图规划图模型也是将给定线网集合中的引脚映射到布线图的顶点上。该模型适合对模块间的布线容量建模，但存在的缺点是对线长估计的能力不足。

（3）通道相交图模型。该模型能够详细、准确地表达问题信息，与上述模型一样，是将给定线网集合中的引脚映射到总体规划图对应的边上，形成新的顶点，从而被扩展成总体布线图。该模型适用于积木块自动布图模式。

如图1.3所示，其中GRC是总体布线单元，GRG是总体布线图。给定一个布线图，每个虚线网格框表示一个总体布线单元，引脚集合根据布局后的结果放置在相应的GRC中。GRC所对应的GRG即图1.3中行列交错的实线网格集合，将每个GRC映射到GRG中作为GRG的一个顶点(v)，有邻接关系的两个GRC之间则映射为GRG的一条边(e)。将GRC两两之间的关系按照这种方式映射则变成GRG，故GRC与GRG是一一对应的关系。

总体布线问题是在给定GRG的基础上，寻找这些引脚集合的布线树。

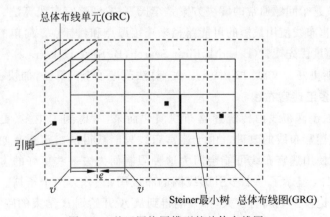

图1.3　基于网格图模型的总体布线图

1.3.2　总体布线相关定义

在 VLSI 总体布线问题中，多端线网是寻找一棵连接给定引脚集合的布线树，而 Steiner 最小树相对于其他方法所得的布线树来说具有更短的布线树总线长。因此，Steiner 最小树被看作总体布线问题中多端线网的最佳连接模型，并且总体布线图的 Steiner 最小树构建算法是所有总体布线算法的基础。

定义 1.1　Steiner 最小树　给定一个带边权的图 $G=(V,E)$ 和一个节点子集 $R \subseteq V$，选一个子集 $V' \subseteq V$，让 $R \subseteq V'$ 和 V' 构成一个代价最小的树，R 是一个让 Steiner 树连接的节点集，$V'-R$ 是 Steiner 点集。

VLSI 总体布线问题最初是以线长最小化为优化目标，但随着制造工艺不断发展和芯片特征尺寸的不断缩小，互连线延迟对芯片性能的影响越来越大，因此，时延和串扰等优化目标也需要在总体布线问题中考虑。同时，影响芯片的可布性和可制造性的因素，如溢出数、拥挤度、通孔数等优化目标，也是当今总体布线工作需要优化的指标。

1.3.3　总体布线策略

1. 多引脚线网分解

多引脚线网分解常用于总体布线算法。具有两个以上引脚的线网通常被分解成两个引脚的子网，然后每个子网的点对点布线以某种串行方式执行。这种线网分解是在总体布线开始时执行的，这会影响最终布线结果的质量。许多总体布线都采用多引脚线网分解。分解多引脚线网的两种流行方法是 RSMT 构造和最小生成树（Minimum Spanning Tree，MST）构造。RSMT 通常提供较短线长的树状拓扑结构，而 MST 由于产生更多的 L 形双引脚线网而提供更大的灵活性。

2. 迷宫布线

总体布线中经常遇到的一个子问题是：在存在拥塞的情况下找到连接两个节点的最短路径。这个问题通常的解决方案是李氏算法，即迷宫布线算法。对于任意的代价函数，迷宫布线使用最短的可能路径来连接源点和目标点。简单的迷宫布线实现通常使用宽度优先搜索（Breadth First Search，BFS）或 Dijkstra 算法。另外，A* 算法通常性能更好。文献[17]中采用 A* 算法改进了李氏算法，加快了收敛速度。

3. 多源多汇迷宫布线

多源多汇迷宫布线由传统迷宫布线演化而来，考虑到了更多、更好的布线路径，是对传统迷宫布线的改进。由于迷宫布线只能获得从给定源开始到给定汇点的路径，因此使用迷宫布线可能会因为这种限制而失去一些更好的多引脚线网解决方案。图 1.4 显示了一个多引脚线网的布线图，它分为两个子树。使用传统迷宫布线时，无论搜索空间有多大，都只能得到从 A 开始到 B 结束的路径。然而，连接两个子树的其他可能路径也是实现这种多引脚布线的可能解决方案。为了克服传统迷宫布线的缺点,多源多汇迷宫布线将同一子树中的所有网格点视为源点,将另一个子树中的所有网格点视为汇点。因此,布线器可以获得类似于路径 CD 的路径,这不仅避免了拥塞区域,而且获得了更短的线路长度。

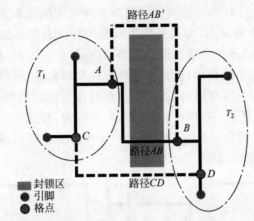

图 1.4 通过经典迷宫路由(路径 AB')和多源多汇迷宫路由(路径 CD)获得的备选路径

4. Steiner 树结构

迷宫布线和线探引脚方法都是为连接两引脚线网而设计的。然而,在实际设计中,布线问题经常会遇到一些有两个以上引脚的线网。处理多引脚线网的一种常见方法是将它们分解成一组双引脚线网。执行这种分解的一种方法是首先在这些引脚上构建一个最小生成树,然后在对应于最小生成树每个边的每对引脚上执行迷宫布线。

如图 1.5(a)所示,很容易看出这样很可能找不到最好的解决方案。通常可以通过在给定引脚之外添加 Steiner 点并在所有这些节点上构建最小生成树来减小布线树的总长度。如图 1.5(b)所示,在大多数超大规模集成电路总体布线问题中,由于所有导线都是水平或垂直的,因此只考虑直角 Steiner 最小树。近年来,由于非曼哈顿结构的潜力,一些工作集中在 X 结构上,因此,X 结构 Steiner 树逐渐成为研究热点。

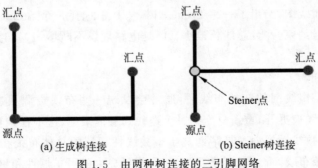

图 1.5 由两种树连接的三引脚网络

5. 模式布线

给定一组两引脚线网,总体布线需要在容量约束下找到每个线网的路径。大多数线网采用短路径布线,以最大限度地减少线路长度。可以使用诸如 Dijkstra 算法和 A* 搜索的迷宫布线方法来保证两个引脚之间的最短路径。但是,这些技术可能会导致不必要的减速,尤其是当生成的拓扑由点对点连接组成时,例如 L 形。在实践中,许多线网的路线不仅短,而且弯曲很少。因此,模式布线是更好的选择。与传统的迷宫布线相比,模式布线具有效率高和速度快的优点。模式布线使用预定义的模式来布线双引脚线网,这将点对点连接限制为少量固定形状。给定一个 $m \times n$ 的包围盒,其中 $n = k \times m$,k 为常数,模式布线时间复杂度只有 $O(n)$,而迷宫布线时间复杂度为 $O(n^2 \log n)$。如图 1.6 所示,模式布线中常用的拓扑包括 L 形、Z 形和 U 形。

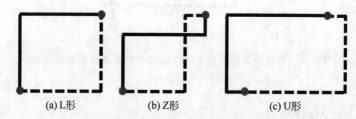

(a) L形   (b) Z形   (c) U形

图 1.6 用于布线双引脚网的常见图案

6. 单调布线

单调布线找到最佳单调布线路径。假设汇点的左边是起点,单调布线只能从网格点向上或向右移动。由于单调布线的路径不超出两引脚网的边界,该方法只需在 $m \times n$ 网格上搜索 $(m+n-2)!/((m-1)!(n-1)!)$ 条路径。既扩大了搜索空间,又与 Z 形模式布线具有相同的时间复杂度。然而,单调布线很难绕过一些障碍,文献[27]提出了一种混合方法,该文献的搜索解空间介于单调布线和迷宫布线之间,很好地平衡了运行时间和解的质量。

7. 整数线性规划布线

总体布线问题的数学模型总是可以很容易地修改为 0-1 整数线性规划(0-1 Integer Linear Programming,0-1 ILP)问题,即整数线性规划布线。该方法对于每个线网和一个布线图,给出了一组 Steiner 树,从其中选择一个 Steiner 树,使它的布线不违反容量约束,并且总线长最小。但是电路规模不断增大,其时间复杂度也非常大。

8. 拆线重布

在确定了一组线网的初始布线后,通常会发现一些布线资源被过度使用了。然后,现有的布线被拆开,重新分配到一个迭代修复框架中,这个框架被称为"拆线重布"。现代整数线性规划工具帮助基于整数线性规划的总体布线在数小时内成功完成数十万条布线。然而,商业 EDA 工具需要更大的可扩展性和更少的运行时间。在布线阶段,如果一个线网无法布线,通常是由于物理障碍或其他布线线网占用了它的路径。核心思想是允许临时违规,直到所有线网都被布线。也就是说,迭代地拆开一些线网,并以不同的方式重新对它们布线,以减少违规的数量。如果一次只处理一个网,那么这个策略就是串行法,所以线网的串行处理对最终解的质量影响很大。

文献[31]对于每一个违规的线网定义了拆线重布的成功率,并且只对最有希望改进的线网重布线。然而,若一个线网在没有违规的情况下不能布线,那么成功率需要重新计算。这是非常昂贵的,尤其是对于大规模的设计。拆线重布通常与其他总体布线方法相结合,作为进一步提高布线质量的后处理步骤。

9. 协商拥塞布线

协商拥塞布线的核心思想是使用布线图每条边的拥塞历史作为未来布线的基础。文献[35]提出了最初的协商拥塞布线,目的是平衡消除拥塞和最小化由于时序关键路径而导致的性能下降这两个竞争目标。如今,协商机制的思想已经广泛应用于当前总体布线器的设计中。现代布线器使用协商拥塞布线来执行拆线重布,其中每个边被分配一个 $\mathrm{cost}(e)$ 来反映边 e 的代价。$\mathrm{cost}(N)$ 是线网使用所有边的 $\mathrm{cost}(e)$ 值之和。

$$\mathrm{cost}(N) = \sum_{e \in N} \mathrm{cost}(e) \tag{1.1}$$

更高的 $\mathrm{cost}(e)$ 值将在更大程度上抵制边 e 的使用,并隐含地鼓励线网寻找其他较少使用的边。迭代布线法使用 A^* 搜索等方法来寻找代价最小的路径,同时考虑边容量。也就是说,在当前迭代中,根据当前边的代价来布线所有的网。如果任何一个线网导致违规,例如某些边拥塞,则这些线网被拆开,这些线网的边代价被更新以反映它们的拥塞度,并在下一次迭代中被重新布线。该过程继续进行,直到所有的线网都被布线或者满足特定的终止条件。

$\mathrm{cost}(e)$(边代价)与 $\varphi(e)$(边拥塞)成正比,定义为 $d(e)$(使用 e 的线网总数)除以 $c(e)$(e 的容量)。

$$\varphi(e) = \frac{d(e)}{c(e)} \tag{1.2}$$

如果 e 未被拥塞,即 $\varphi(e) \leqslant 1$,则 $\mathrm{cost}(e)$ 不变。如果 e 拥塞,即 $\varphi(e) > 1$,则增加 $\mathrm{cost}(e)$ 以惩罚后续迭代中使用 e 的线网。在协商拥塞布线中,$\mathrm{cost}(e)$ 只能增长或保持不变。因为如果 $\mathrm{cost}(e)$ 降低,那么以前使用边 e 的线网的惩罚函数将失效。试图在迭代中对这些线网布线是徒劳的,因为这些线网在重新布线时将使用与以前相同的边。

必须控制 $\Delta\mathrm{cost}(e)$ 的增长幅度。若 $\Delta\mathrm{cost}(e)$ 太高,则将导致线网所包含的边从原位置被挤到新位置。进而导致线网在不同的边来回布线,从而导致更久的运行时间和更长的线长,此外,还可能导致布线失败。另一方面,如果 $\Delta\mathrm{cost}(e)$ 太低,那么所有没有违规的网都需要大量迭代,导致运行时间过长。理想情况下,$\Delta\mathrm{cost}(e)$

增长幅度应该是循序渐进的,保证在每次迭代中有一小部分线网以不同的方式布线。在不同的布线器中,增长率被建模为线性函数、动态变化的逻辑函数和具有缓慢常数递增的指数函数。在实践中,一个好的基于协商拥塞的总体布线器可以有效地减少拥塞,同时保持较短的线路长度。

10. 层分配

层分配在可布线性、时序性、串扰性和可制造性方面起着至关重要的作用。如果特定层分配的导线数量过多,则会加剧拥塞和串扰。此外,如果总体时序关键线网被分配到较低层,则时序由于导线宽度/间距较窄而恶化。差的层分配产生的大量通孔,其比线需要更大的面积和更宽的间距,进而导致可布线性/引脚访问问题。对于纳米设计,最小化通孔数量尤为重要,因为通孔故障是关键的可制造性问题之一。层分配是多层总体布线中的关键步骤,因为它将二维总体布线的结果映射到原始的多层解空间。现代集成电路或芯片通常是多层结构。在布线时,大多数布线器通常不会在三维空间中直接布线。相反,它们在二维平面上布线,然后通过层分配技术将二维布线结果恢复到三维空间。有些工作是基于动态规划实现的,此外,BoxRouter 2.0实现了一种复杂的线性规划技术,可以根据二维投影恢复三维布线,并根据三维布线结果优化二维布线器。层分配的目标通常是保持二维总体布线的总溢出,然后最小化通孔数量。在层分配中考虑天线效应,通过适当地将导线分配到较高的金属层(不一定是顶层),可以有效地减少天线违规。

1.3.4　总体布线方法

总体布线方法可以大致分为串行法和并行法。串行方法采用迷宫布线、模式布线或拆线重布,一次只布线一个网络。并行方法同时布线所有的线网。例如,文献[39]将总体布线问题定义为多商品流问题,然后用整数线性规划求解。由于整数线性规划问题具有较大的时间复杂度,通常将其简化为线性规划问题,并用近似方法求解。从实现过程来看,总体布线器使用的总体布线方法可以分为两类:一类是完整的三维布线,另一类是先执行二维布线,然后对二维布线的结果进行分层。对于完整的三维布线方法,高性能总体布线和整数规划的可扩展三维总体布线分别在三维线图上应用迷宫布线和整数线性规划。由于现代设计的高度复杂性,完整的三维布线通常比其他方法花费更多时间。而使用二维布线方法的布线器,它们首先将布线实例投影到一个平面上,然后通过层分配的方法将解决方案从投影平面映射到原始的多个布线层。

1. 串行方法

布线多个线网的最原始和最简单的策略是选择特定的顺序,然后按该顺序布线线网。这种方法的主要优点是:在布线当前线网时,可以知道并考虑前期布线线网的拥塞信息。例如,在将多引脚线网分解成两引脚线网的早期算法中,使用绕障迷宫布线或线路探测布线等方法来对每个线网布线。在这些方法中,单元边界对路径搜索开放,直到所有的路径都被先前考虑的线网占据。在这一点之后,边界被视为障碍。顺序法的缺点是解的质量很大程度上取决于线网的处理顺序,很难找到好的顺序。在任意特定的顺序下,由于过多拥塞,很难对后期的线网布线。

此外,没有反馈机制允许这些线网将信息反馈给前期布线的线网,以便为后期布线的线网留下一些区域。文献[109]提到没有一种单一的线网排序方法始终表现良好。尽管对于线网的排序问题上存在争议,但在串行布线上已经有了一些很好的研究成果,主要是通过迭代循环将后期布线的线网的拥塞信息反馈给前期布线线网。

文献[16]提出的迷宫布线可以优化两引脚线网布线。如果两点间存在最短路径,迷宫布线算法就能找到解。然而,随着布线区域的增加,它的时间复杂度和内存变得非常大。对于 $n \times n$ 网格,迷宫布线算法时间复杂度为 $O(n^2)$。另外,这项工作的多引脚版本最初是为双引脚网设计的,其解决方案质量并不令人满意。

1) FastRoute 1.0

文献[112]提出 FastRoute 1.0,它是一个非常快速的布线器,比传统的布线算法快一个数量级。FastRoute 1.0 避免了迷宫布线算法在实现中的使用,因为迷宫布线占据了总体布线器的大量运行时间。FastRoute 1.0 采用 Steiner 树结构避免迷宫路径。由于总体布线过程中获得的 Steiner 树质量良好,FastRoute 1.0 在整个总体布线过程中只执行一个迷宫布线。FastRoute 1.0 的实现过程大致可以分为 3 个阶段。

(1) 拥挤图的生成。

在这个阶段,快速查找表预测(Fast LookUp Table Estimation,FLUTE)被用来为所有的线网创建 Steiner 树。所有生成的 Steiner 树被分解成两引脚线网,并使用 L 形模式布线。然后,从粗略布线过程获得拥塞图。

(2) 拥塞驱动 Steiner 树的构造。

为了减少拥塞和构建最优 Steiner 树,在这个阶段应用了两个重要的技术。第一,基于拥塞图构造 Steiner 树拓扑减少布线拥塞。该算法扩展了 FLUTE 方法中实现拥塞最小化的过程,在拥挤区域使用较少的边。第二,为了进一步减少拥塞,在修改 Steiner 拓扑后,采用了边移技术。将边移动到不同的位置,以改善拥塞,而不改变树的直线长度。随着边的移动,布线需求也从拥挤的区域转移到不拥挤的区域,减少了局部拥挤。该方法适用于 4 引脚以上的线网,拥塞图会随着每个线网而变化。

(3) 双引脚线网使用模式布线和迷宫布线。

这个阶段将 Steiner 树分解为更小的两引脚。然后对两引脚线网使用 Z 形模式布线,执行拆线重布。在执行拆线重布时,FastRoute 1.0 使用基于逻辑函数的代价函数来指导迷宫布线寻找拥塞较少的路径。由于 FastRoute 1.0 的这一高速特性,可以集成到早期的设计阶段。在早期的设计阶段使用并执行可以提高设计质量。

2）FastRoute 2.0

FastRoute 2.0 中介绍了两种主要技术,以进一步提高 FastRoute 1.0 解决方案的质量。首先,利用单调布线技术取代 FastRoute 1.0 中的模式布线。其次,采用多源多汇迷宫布线策略。FastRoute 2.0 取得了比 FastRoute 1.0 更好的解决方案质量,总溢出减少了一个数量级以上,但运行速度比 FastRoute 1.0 慢 73%。在 FastRoute 1.0 中,每个 Steiner 树被分解成两引脚线网,并使用 Z 形模式布线。由于模式布线限制了布线路径的形状,所以可以大大加快总体布线过程。然而,模式布线的质量可能比迷宫布线差很多。迷宫布线确保找到代价最低的布线方案,而模式布线只考虑所有可能的布线方案中非常小的一部分。因此,在许多复杂的情况下,模式布线会失败。

FastRoute 2.0 希望在模式布线和迷宫布线之间找到一个平衡点,这样解决方案的质量可以比模式布线好,但是运行时间并不比模式布线短很多。因此,FastRoute 2.0 在 FastRoute 1.0 中使用单调布线代替模式布线。基本思想是为两引脚线网找到最佳单调布线路径。假设一个引脚是源点(S),另一个引脚是汇点(T)。从 S 到 T 的单调布线路径总是指向 T。图 1.7 显示了从 S到 T 的两条不同的单调布线路径。注意,所

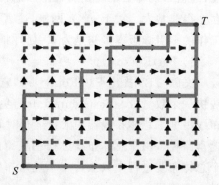

图 1.7　两条不同的单调布线路径

有单调的布线路径都不会超出 S 和 T 的边界。此外,迷宫布线只能找到两个特定引脚之间的最短路径。对于多引脚线网,通常将其分解为两引脚线网,然后对每个两引脚线网使用迷宫布线。这种解决方案的缺点是忽略了树的信息。每条边都是独立布线的,通常会错过最佳路径。考虑到这一点,FastRoute 2.0 使用了多源多汇迷宫布线策略。FastRoute 2.0 与 FastRoute 1.0 的前两个阶段相同。在最后阶段,FastRoute 2.0 首先对每个布线树的每条边应用单调布线,然后执行一轮多源多汇迷宫布线。但是,在这一轮迷宫布线中,迷宫布线并不是全方位进行的。相反,只有超过阈值的长度和跨越拥挤区域的边将通过迷宫布线进行布线,而其他边仍使用单调布线。该算法通过迷宫布线预防短线网和长线网不使用拥挤区域;否则,可能会产生不必要的绕行来使用更长的导线,从而导致布线拥挤。当然,另一个重要原因是减少迷宫布线的运行时间。如果仍然有大量溢出,FastRoute 2.0 会进行更多轮的迷宫布线。

3）FastRoute 3.0

FastRoute 3.0 中提出了虚拟容量的概念,它通过"虚拟"容量而不是实际容量来指导迷宫布线阶段的拆线重布。FastRoute 3.0 的过程包括 6 个主要步骤。步骤 1、步骤 3 和步骤 4 继承自 FastRoute 2.0。第 1 步仍然是分解多引脚线网,使用

FLUTE 生成拥塞驱动的 RSMT。然后,将所有多引脚网的 RSMT 分解成一组双引脚网。第 2 步是虚拟容量初始化,通过从实际边容量中减去评估溢出来初始化虚拟容量。第 3 步执行 L 形模式布线和 Z 形模式布线。第 4 步仍然是 FastRoute 2.0 中的多源多汇迷宫布线。第 5 步是虚拟容量更新,在迷宫布线的每次迭代中执行。虚拟容量值的变化取决于当前边使用的容量和原始边容量之间的比较。步骤 4 和步骤 5 将被迭代应用,直到整个溢出被拥塞。最后一步是执行层分配。

文献[113]中提出了一种最小化最大权值边的 Steiner 树(Steiner Min-Max Tree,SMMT)方法。通过为每个线网依次构造 SMMT,然后评估布线拥塞来定义每个边的权值来解决总体布线问题。该算法对线网的边界周长进行排序,并且一次只布线一个线网,其中具有较小边界周长的线网被较早地布线。

文献[114]所提的方法是为了同时最小化拥塞和线长。该方法采用最小加权 RSMT 逼近算法对线网进行串行布线。该方法将布线区域划分为一组区域,并为每个区域分配相应的权值。权值是根据区域的复杂度和拥塞度来定义的,并将拥塞区域的权值设置为无穷大。对于沿两个不同加权区域的边界布线的导线,假设选择了具有较小值的权值。那么边的权值就是边的长度和边所属区域的权值的乘积,该过程的目标是最小化 RSMT 的总权值。在布线图上,始终存在连接两个节点的最小权值路径。与基于 SMMT 的方法一样,先对线网按边界周长递增排序,然后按序布线。每张线网布线后,所有区域的权值都会更新。

到目前为止,性能最好的几款布线器分别是 NTHU-Route 2.0、FastRoute 4.0、NCTU-GR 2.0 和 MGR。NCTU-GR 2.0 在所有学术布线器中性能最好,它使用两种有界迷宫布线算法(最优有界迷宫布线和启发式有界迷宫布线),这两种算法的布线速度比传统的迷宫布线算法快得多。此外,串行总体布线算法,在多核平台上开发了并行多线程总体布线器。MGR 是一款多级 3D 布线器,运行速度比传统 3D 布线器快得多。近两年来,研究者们尝试采用基于机器学习的方法解决总体布线问题。

2. 并行方法

1)基于 ILP 的布线

在串行方法中,路径是根据预定的顺序一次生成的。串行方法是非常快速的,但由于它们的串行性质会导致次优解。并发方法试图利用总体优化方法来解决问题。这些方法可以提供电路布线的总体视图,但需要相当长的时间。从计算复杂性的角度来看,所有网络的并发布线是一个复杂的问题。使用整数线性规划是实现这一目标的方法之一。事实上,总体布线问题的数学模型可以修改为 0-1 整数规划问题。线性规划由一组约束和可选目标函数组成。这个函数根据约束判断是最大还是最小。约束和目标函数都必须是线性的。这些约束形成了一个线性方程和线性不等式的系统。整数线性规划是一种特殊的线性规划,其中每个变量只能取整数值且都是二进制的,故称为 0-1 整数线性规划。

整数线性规划有 3 个输入：

（1）$W \times H$ 大小的 G-cells 的网格布线图。

（2）布线边的容量。

（3）网表，存储线网的信息：包括每个网需要连接哪些引脚、每个引脚的坐标等。假设水平边从左向右延伸：$G(i,j)G(i+1,j)$，而垂直边自下而上延伸：$G(i,j)G(i,j+1)$。整数线性规划有两组变量。第一组包含 k 个布尔变量 x_{net1}，$x_{net2}, \cdots, x_{netk}$，每个变量充当 k 个特定路径或布线选项中的一个指示器，每个 net $\in$ Netlist。如果 $x_{netk}=1$，布线选项 x_{netk} 可用；如果 $x_{netk}=0$，布线选项 x_{netk} 不可用。第二组有 k 个变量 $w_{net1}, w_{net2}, \cdots, w_{netk}$，代表特定布线选项的权重，每个 net $\in$ Netlist。线网权重反映了线网对每个布线选项的满意度（较大的权重意味着线网对布线选项的满意度较高，例如，布线轮数较少）。已知每个 net（net $\in$ Netlist）由 k 条可选布线组成，每组中的变量总数为 $k \times$ Netlist。构建整数线性规划依赖于两种类型的约束。首先，每个线网必须选择一个独立的布线（互斥）。其次，为了防止溢出，分配给每个边的路径（总使用量）不能超过其容量。整数线性规划最大化了布线线网的总数，但可能会留下一些未布线的线网。也就是说，如果可选布线导致解决方案溢出，则不会选择此布线。如果某一特定线网的所有布线都会导致溢出，则不会选择任何布线，因此该线网不会被布线。

（1）Sidewinder。

Sidewinder 和 BoxRouter 1.0 都是利用 FLUTE 将多引脚网分解成两引脚网，每一引脚网的布线是从两个备选方案中选择或都不选。如果一个线网的两个可能的布线选项都没有被选择，Sidewinder 会执行迷宫布线来寻找备用布线，并替换整数线性规划中不可选的布线。此外，可以从整数线性规划中删除一个布线成功且与未布线线网不冲突的网。因此，Sidewinder 只解决了多重整数线性规划问题，直到无法进一步优化。相比之下，BoxRouter 1.0 使用迷宫布线对其整数线性规划结果进行后处理。

（2）BoxRouter 1.0。

BoxRouter 1.0 首先快速执行有效的预布线，识别最拥挤的区域或边界，然后逐步扩大布线边界，并在每个扩大边界内外执行不同的布线策略，重复该过程，直到覆盖整个线网。此外，BoxRouter 1.0 使用了关键边界布线思想，即从最拥挤区域的预布线评估开始扩展，在这些区域中，布线优先于其他更拥挤的区域。采用自适应迷宫布线（Adaptive Maze Routing，AMR）实现整数线性规划。整数线性规划和 AMR 只布线边界内部的区域。对于边界内部的区域，BoxRouter 1.0 首先与整数线性规划进行布线，以充分利用边界内部布线容量，然后使用 AMR 绕过边界中整数线性规划无法布线的部分。但是 BoxRouter 1.0 的局限性在于其渐进整数线性规划布线只考虑 L 形模式，对于大多数需要在复杂模式下绕行的线网来说并不理想。

（3）BoxRouter 2.0。

BoxRouter 2.0 使用基于拥塞协商的 A* 搜索进行布线，并通过高效的渐进式通路/拥塞感知整数线性规划实现层分配。同时，拥塞图的突然变化会误导布线器，从而导致拥塞评估不准确，所以 BoxRouter 2.0 使用了考虑拓扑的拆线。当一条路径被选择重新布线时，通过分解同一线网中的一些相邻路径来探索更大的灵活性。BoxRouter 2.0 主要分为 2D 总体布线和层分配，但其布线算法也可以直接应用于多层（3D）的情况。2D 总体布线相对于 3D 总体布线的优点在于，由于布线图明显收缩，因此需要较少的计算能力和内存。

基于并发方法的总体布线器包括对布线区域拥塞的评估，产生了高质量的布线。另外，舍弃可能处于拥堵区域的路径，以减小整数线性规划的输入规模。为了在保持结果质量最优的同时提高布线器的速度，使用了一种算法来检查整数线性规划公式中可能布线的特征。该算法分成两个阶段来减少求解整数线性规划问题的时间。在第一阶段，选择目标函数中成本低的树。在第二阶段，求解改进的整数线性规划问题。通过在第一阶段消除树，在求解时间上得到显著改善。布线器能够获得整个路径的总体视图，其求解时间与基于串行方法的总体布线器相当。

（4）GRIP。

GRIP 的工作原理是将芯片分解成矩形子区域，将线网分配到子区域中形成较小的子问题。然后应用基于整数线性规划的程序，以串行方式系统地解决子问题。通过系统地应用整数线性规划，GRIP 在基准实例的解决方案质量方面得到了显著的改善，但执行时间过长。后来，文献[121]中提出了一种基于 GRIP 扩展整数线性规划过程的并行总体布线器，可以消除子问题之间的同步障碍，有效地利用更多的处理器，并将运行时间减少到可接受的实际水平。

现代设计中互连结构和网格的高体积与复杂性对可布线性造成了严重的挑战。快速拥塞分析对于在设计的早期阶段解决可布线性问题变得至关重要，例如，在布局期与总体布线一起。在现代设计中，一些新的因素导致了布线拥塞，包括金属层之间明显不同的导线尺寸和间距、层间通孔的尺寸、各种形式的布线拥塞（例如，保留给电网、时钟线网或芯片系统中的 IP 块）、由于引脚密度和总体单元内的布线导致的局部拥塞和位于较高金属层的虚拟引脚。然而，早期的评估技术都没有全面地捕捉到这些新的拥塞源。文献[129]提出了一个快速框架，旨在准确预测拥塞热点。该框架利用了灵活的总体布线模型，该模型捕获了许多必要的现代设计特征。该框架依赖于整数线性规划公式。由于最优化整数线性规划公式对于实际规模的问题实例是不切实际的，这项工作还提出了几个新的想法，以便实际实现该框架以获得高质量的近似解。近似方法在不严重影响求解质量的前提下，缩小了原整数线性规划公式，并将该公式的求解与许多总体布线框架所使用的传统拆线重布过程相结合。此外，这种方法通过同时执行多次拆线和一次重布线等效网来加快传统拆线重布总体布线程序。它还提供了一个拥塞感知的层分配程序，以考虑不同金属层上不同的导线尺寸、间距、拥塞和引脚。

此外,还有一些基于整数线性规划的算法。在文献[130]中,自顶向下的分层方法与基于稳定整数线性规划的总体布线方法相结合,可以同时优化多个总体布线目标,加快了基于整数线性规划的总体布线器运行时间。文献[131]中考虑了选择最大线网集的总体布线问题,使得每个线网可以完全在给定的层中布线,而不违反物理容量约束。算法给出的结果保证总体最优解在的一定范围内和在多项式时间内运行。该文献证明了在最坏情况预测时,复杂度可以显著降低。文献[132]提出了一种 CMOS 标准单元的两级晶体管布线方法,它所提出的两阶段方法综合了通道布线和整数线性规划方法的优点。文献[10]和文献[133]应用粒子群优化(Particle Swarm Optimization,PSO)算法和整数线性规划解决 X 结构下的总体布线问题。其采用了划分策略来缩小总体布线问题规模,有助于 PSO 算法高效地求解整数线性规划模型。

2) 基于多商品流的布线

总体布线问题的目标是将有限的一组资源最优地分配给给定的一组需求。在某种程度上,这个问题的本质与在线网中寻找最优流的问题非常一致。在基本的线网流模型中,有两类顶点:一种称为源,另一种称为汇。对于一个商品,一定量的流必须从源点运到汇点。每个边都有一个流量容量,它代表允许通过边的流量上限。该问题的一种形式要求尽可能多的流量通过线网传输,而不超过任何边容量,这就是所谓的最大流问题。另一种形式是给每条边分配一个单位流量的代价,并将问题目标设置为从源点到汇点的给定流量通过线网的总运输代价最小化。这个公式被称为最小代价流问题。线网流问题的一个优点是,当边容量为整数时,可以在多项式时间内得到最优整数解。关于线网流方法的一个很好的描述可以参考文献[135]。虽然不可能将整个总体布线问题建模为单个商品线网流问题,但该方法可用于解决总体布线中的一些子问题,并可获得高质量的解。

有一种特殊类型的线网流模型,即多商品流问题,可以直接应用于总体布线问题。在多商品流问题中,许多商品必须在一个共同的线网上运输,每个商品都有自己独特的源点和汇点。当用来解决总体布线问题时,每张线网都可以看作一种商品。这种方法的一个优点是多商品流问题可以表述为一个线性规划问题。由于线性规划求解器对总体布线中遇到的问题求解较慢,因此对多商品流问题的研究主要集中在启发式和组合近似算法上。虽然串行方法、拆线重布以及其他启发式方法在实践中可能是有效的,但是它们不能提供关于是否存在可行解决方案的具体答案。换句话说,如果这些方法不能找到可行的解决方案,不清楚这是因为可行的解决方案不存在,还是因为启发式方法的缺点。另外,当启发式方法找到可行解时,不知道解是否最优,与最优解相差多远。然而,如果把总体布线问题看作一个多商品流问题,就可以回答这些问题。基于多商品流的方法可以将多线网同时布线作为一个多商品流问题来处理。其主要思想是将线网建模为在布线资源图的线网中流动的不同商品。流动问题通常通过线性规划来解决,这导致了分流。因此,通过随机化舍入方法对解进行离散化。

给定一个图 $G=(V,E)$, $V=\{v_1,v_2,v_3,\cdots,v_n\}$ 是 n 个顶点集合, $E=\{e_1,e_2,e_3,\cdots,e_m\}$ 是 m 条边集合。有些工作将该图定义为有向图,而有些工作则将其定义为无向图。这些区别只影响了问题形式化。无向图的形式常用于解决多引脚网的总体布线问题。在这个图中, k 商品必须从一些顶点传输到其他顶点。在总体布线中,每个线网被视为一种商品,有一组网表 $N=\{N_1,N_2,N_3,\cdots,N_k\}$ 商品要装运。对于每种商品 N_i ,都需要装运一定量的需求量 d_i 。并且每个 N_i 对应一个多引脚的网, d_i 唯一。每个边都有一个流量 $u(e)$ 和代价 $c(e)$ 。一般来说,在多商品流问题中必须满足两个约束:第一个是需求约束,要求每种商品的供应应与其需求量相等;第二个是容量约束,这意味着通过每个边的流量不得超过其容量 $u(e)$ 。

文献[138]首次将多商品流模型用于总体布线。该算法基于有向线网,仅限于两引脚线网。从表面上看,该算法类似于拆线重布算法,并给出了算法的收敛性和收敛速度的分析,但对最优性没有相关的分析和说明。该布线器可用于多层环境中具有直线或非直线通道拓扑的芯片和电路板的布线。这使得它比其他已知的全局布线器更具有通用性。该布线器是基于具有分层代价函数的图式多商品流模型。该模型被证明是 NP 完全的。通过在每次迭代中最大化最大溢出通道数量和通过减少计数溢出的单元数量,它从最优解向约束方向的初始代价函数移动。如果每次迭代都有解,那么算法将以多项式有限的步数收敛到多商品流问题的解。如果在某次迭代中不存在解,则应用一个转义过程,该过程继续。转义过程的目标是发现错误拓扑且正在拥塞改进布线的网,然后通过改变连接节点来改变其拓扑。

文献[139]提出了一种将多引脚网布线到多商品流模型的公式。总体布线问题被公式化为一个多商品流问题:对于每一个网,流的单位要从每个引脚运输到 Steiner 点。它们的目标是最小化所有边之间的最大流。在多端线网中该算法的运行时间是指数级,但在线网数量和数组大小上是多项式的。因此,该算法最适合于端点数量较少的线网。文献[140]从最优解构建了第一个具有理论依据并发表的总体布线器,并将文献[141]中两端多商品分数流算法进行了扩展,得到了多端多商品整数流解。布线器使用随机舍入技术,从最优分数解推导出一个具有误差的离散线网连接,通过迭代来改进最终结果。在迭代中,每条边的代价是拥塞的指数函数。

文献[39]修改了文献[142]中多商品流近似算法,解决了总体布线的线性规划松弛问题。其采用牛顿法作为额外的优化步骤。这样不仅使最大相对拥塞最小化,而且边拥塞分布均匀。除了拥塞,该方法还考虑了线长。文献[39]的方法比文献[141]中的算法简单、快速。

3) 性能驱动布线

随着器件尺寸迅速缩小,互连延迟对芯片性能产生了至关重要的作用。因此,最小化线路长度和延迟变得越来越重要。由于互连延迟已成为决定系统性能的主要因素，仅考虑拥塞已经不够。文献[143]通过资源共享框架平衡了大量不同的目标，例如时间、功耗和线长。在布线过程中，加入时序约束和功耗约束更符合实际工业制造，无论是理论研究还是实际生产都具有重要意义。

（1）功耗驱动布线。

由于元件的高密度封装，功耗日益成为高性能超大规模集成电路设计的瓶颈。重要的是要分析功耗的各个组成部分在未来可能如何扩展，从而确定关键的问题领域。虽然大多数分析集中在互连的时序方面，但功耗是一个非常重要的指标。

在最近的技术中，总体互连延迟已经超过了门延迟。一般来说，分离的最佳大小的中继器能最小化互连延迟。然而，由于这些最佳尺寸的中继器相当大，并且还消耗大量功耗，因此在大型高性能设计中，这种中继器的总功耗可能非常高，并且它们可能导致严重的布线拥塞。设计师必须在性能和功耗之间寻求平衡。最佳中继器插入技术用于最小化线长（源点到汇点之间的最短路径）、功耗和导线尺寸。该导线尺寸与功耗成反比，缓冲器插入与功耗成正比。通过对文献[145]采用 PSO 来考虑缓冲区插入、缓冲区大小的调整和导线大小来最小化互连功耗，最短路径约束、缓冲区插入约束和导线尺寸约束得到了最优功耗分配。

文献[146]提出了一种基于新的功耗模型的芯片上布线方案和一种基于相邻拥塞条件提供自适应路由的动态 XY 布线算法，该解决方案根据功耗条件调整布线策略，优化功耗分配，并避免线网热点，从而可有效调整线网的功耗分配，以满足功耗平衡要求，线网性能的损失可以忽略不计。

文献[147]提出了一种最小化互连功耗的总体布线方法。其采用了多电源电压设计，在线网中增加了一个电平转换器，以更高的电源电压将驱动单元连接到接收单元。将电平转换器建模为总体布线过程中的附加终端，并给出了初始解。以最小线长为目标，提出了一种绕线方法，进一步节省了互连功耗。当该过程绕过路径时，溢出不会增加，并且导线长度的增加是有限的。节能的机会包括：

① 通过从较高的金属层绕过较低的金属层来减少电容器的面积。

② 减少相邻线路之间的耦合电容。

③ 考虑不同功耗权重的线网级转换器的每个段的布线捕获相应的电源电压和活动因子。

由于群体智能算法已被证明在解决 NP 难问题上有很好的应用前景，文献[148]提出了一种基于蚁群算法的算法。该算法的目标是通过同时最小化线长、电容和通孔来最小化功耗。

不同行业纳米技术的最新发展和微电子市场对高性能、高复杂度和低功耗芯片系统的需求不断增长，推动 EDA 供应商在设计开发周期的各个阶段和各个方面进行探索和创新。如今，一些集成电路工厂已经实现了 7nm 芯片的大规模生产，并吸引了许多行业在未来的设备中使用该技术。这一市场趋势给 EDA 供应商以及物理设计和物理验证专家带来了许多挑战,他们需要考虑许多新的物理约束和设计规则来满足构造要求。另外,7nm 节点具有早期设计节点所没有的新机遇和优势。关于 7nm 设计,文献[149]在不影响电路时序或面积的情况下实现了更好的时钟功耗降低。它们利用自对准双重成像技术(Self-Aligned Double Patterning,SADP)和非 SADP 之间的大电阻率差异来降低时钟驱动器平衡的总时钟寄生负载,减少驱动所有时钟叶单元所需的反相器和缓冲器的数量,最重要的是降低时钟功耗。

(2)时序/延迟驱动布线。

随着科技的飞速发展,时序在现代设计中变得越来越重要。布线过程中,许多技术被用来降低电路延迟。如果布线执行绕道以避免拥塞,那么可能会违反时间限制。因此,布线时应考虑互连延迟。时序驱动布线有两个主要优化目标:一个是最大汇聚延迟,即给定线网中从源点到任何汇点的最大互连延迟;另一个是导线长度,它影响线网驱动门的负载相关延迟。

给定一个信号网,设 s_0 为源点,sinks$=\{s_1,s_2,\cdots,s_n\}$ 为汇点。设 $G=(V,E)$ 为对应的权重图,其中 $V=\{v_0,v_1,\cdots,v_n\}$ 代表线网中的源点和汇点,边 $e(v_i,v_j)\in E$ 代表端点 v_i 和 v_j 之间的布线开销。对于 G 上的任意生成树 T,让半径(R)表示生成树 T 中最长源点汇点路径的长度,用 cost 表示生成树 T 所有边的权重之和,即总布线代价。

由于源-汇长度反映了源-汇之间的信号时延,长度与时延呈线性关系,与 Elmore 模型密切相关。因此,在时序驱动布线中,使用布线树同时获得半径和成本的最小值是一个理想的选择。然而,对于大多数信号网来说,半径和代价不能同时达到最小。如何在两者之间实现良好的折中是时序驱动布线的关键。图 1.8 显示了半径和代价之间的折中,上面的符号表示边代价。图 1.8(a)具有最小的半径,即从源点到各个汇点的最短路径长度。所以可以用 Dijkstra 构造最短路径树。图 1.8(b)代价最低,所以可以用 Prim 算法构造 MST。图 1.8(a)和图 1.8(b)分别由于代价高和半径大而不实用。图 1.8(c)实现了两者之间的良好平衡。

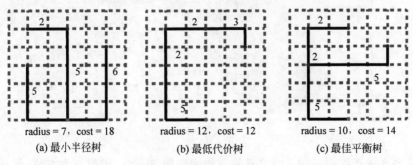

radius = 7, cost = 18　　　radius = 12, cost = 12　　　radius = 10, cost = 14

(a) 最小半径树　　　　　(b) 最低代价树　　　　　(c) 最佳平衡树

图 1.8　树构造中的权衡

文献[152]提出了一种环路布线性能优化方法。这种方法在现有的布线树中创建环路,循环减少所选关键路径的时延或线网的最大延迟。互连树被公式化为分布式传输线的树,采用 Elmore 时延模型进行时延计算。该方法通过现有树状拓扑中的参考节点和关键节点引入具有适当 R、C 值的新链路,显著降低了所选关键路径的延迟或线网的最大延迟。并根据预先计算的节点延迟和电阻电容阵列给出了线长的选择。

文献[153]中开发了一个时序驱动的总体布线器 TIGER。这种总体布线器基于多商品流模型,这种方法需为每个线网构建一棵 Steiner 树,最小化拥塞。除了拥塞,这种方法还包括时序问题,始终满足基于路径的时序问题。布线器 TIGER 中使用的延迟模型使用了 RC 树中信号传播延迟的上界。定义如下:R_d 表示驱动电阻,C_L 表示每个汇点的负载电容。单位长度导线的电阻和电容分别为 r 和 c。考虑 $N = \{v_0, v_1, v_2, \cdots\}$,其中 v_0 是源点,其他是汇点。为线网 N 构建一个长度为 W 的布线树 T:对于线网 N 中的一个汇点 v_i,如果从源点到汇点 v_i 的布线路径长度为 $p_r(v_0, v_i)$,则延迟的上界定义如下:

$$t_{up}(v_i) = \beta(R_d + r_{pr}(v_0, v_i))(cW + C_L) \tag{1.3}$$

其中,$\beta = 2.21$,表明信号达到最终值的 90%。

时序驱动设计的最终目标之一是实现在特定的时钟周期时间,使每个寄存器到寄存器的延迟沿每条路径都小于一定的约束。这被称为基于路径的约束。两个相邻寄存器之间的路径通常有多个线网,如图 1.9 所示,其中关键路径为(v_1, v_2, v_3, v_4),网 N_1 和 N_2 沿此路径。然而,在基于线网的方法中,路径延迟约束被分解为一组时序预算分配给线网。如果这些预算分配不当,位于拥挤区域的一些线网可能没有足够的时间间隔来实现避免拥挤的可行布线。在 TIGER 中,选择布线树是为了满足关键路径上的时间约束,这比基于线网的约束提供了更大的灵活性。同样,文献[154]中的方法也是基于路径的。它优先对每个关键同步路径布线,并最小化其延迟。

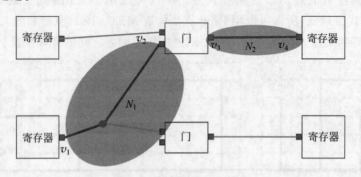

图 1.9　时序图的一个例子

许多现代布线器使用 FLUTE 算法作为构建 Steiner 树的基本方法,而在文献[155]中,另一种称为改进的 Dijkstra 方法(Modified Algorithm Dijkstra,MAD)被提出来为每个线网构建时序驱动的 Steiner 树。MAD 和 FLUTE 构建树的 Elmore 延迟差不多。接下来,它们使用梯度算法来减少拥堵。文献[155]利用改进的 Dijkstra 方法迭代为每个线网生成一组透视树,然后应用梯度方法为每个线网选择唯一的树,使得布线路径的容量最小。

文献[156]中提出了一种基于时序驱动的标准单元设计总体布线方法,该方法首先为每个线网构造一个最小生成树。实验结果表明,在标准单元设计中,从 MST 到近似 Steiner 最小树的线长缩减是有限的。如果 MST 不能满足其时序约束,则使用时序驱动的树拓扑和导线定径技术来确保满足时序约束。在此基础上,确定关键线网的布线拓扑,并为非关键线网构建简化的连接图。最后,通过迭代删除程序,使拥塞最小化。

文献[137]同时优化了拥塞和延迟,这两个指标通常是相互竞争的。该文献提出的方法提供了一个通用的框架,可以在总体布线中使用任何单网布线算法和任何延迟模型。通过观察可知,在时序约束下该框架可获得多种布线拓扑,具有良好的灵活性。这些灵活性通过基于线网流的层次二分法和分配过程来减少拥塞。该算法大致可分为 3 个阶段。第一阶段,每个线网进行布线来满足其时序约束,但不需要考虑拥塞。在这个阶段,任何单网性能驱动的布线方法都可以在这里应用。第二阶段,以自顶向下的方式将布线区域递归地分成子区域。然后沿着平分线将软边分配给边界,其中软边的长度是固定的,但是精确边布线是不确定的。第三阶段,是受时间限制的拆线重布过程。它在一组最拥挤的边界上拆线,并通过迷宫布线重新布线。与传统的拆线重布的区别在于,它对边的长度施加了约束,确保不违反时序。

文献[161]公式化了时序驱动的多层绕障 RSMT 问题,并提出了解决该问题的算法。其优化目标是最小化源到汇的最大长度。其方法包括多层时序驱动分区、构建带障碍的多层布线树和构建时序驱动的多层平衡树。

文献[162]提出了基于线网的延迟界限,拒绝超出延迟界限的 Steiner 树。文献[153]提出了基于路径的延迟界限,丢弃 Steiner 树形成一个线网,导致通过该线网的路径的延迟超出界限。不同的是,文献[163]考虑了基于线网和基于路径的延迟界限。这里,路径上的延迟界限与布线空间约束以相同的方式处理。也就是说,延迟超出没有被禁止,而是与拥塞同时被最小化。

文献[164]为每个线网预先计算一组时序驱动的替代 Steiner 树。然后找到最小化总的二次过度拥挤的近似最优的分数解,选择预处理方案的凸组合。此外,文献[164]还提出了一种梯度算法来最小化总溢出,这是一种同时考虑所有线网的并行方法,与现有的串行拆线重布方法相反。

文献[165]提出了基于最小化最大资源共享框架的新模型。该框架将所有作为线性数量的额外资源的静态时序约束和客户集成到总体布线的资源共享模型中,并适用于 RC 延迟、线性延迟和其他延迟模型,其中线网通过其驱动门和线网本身来确定延迟。该算法可以动态调整延迟预算以平衡拥塞和延迟。隐式延迟预算是算法的一部分。除了时序之外,网长、功耗或成品率也可以同时被约束或优化。它们的实现包含加速技巧,并且对于具有许多端的线网来说也运行得很快。此外,文献[166]和文献[167]提出了两种基于石墨烯纳米带的组件和互连的延迟驱动布线树。

1.4　Steiner 树

1.4.1　Steiner 最小树问题模型

Steiner 最小树问题是通过一些 Steiner 点连接所有引脚,以实现超大规模集成电路布线中的最小总线长。

超大规模集成电路布线中最基本的问题之一是双引脚线网的最短路径问题,在考虑障碍物的同时,寻找给定两个引脚位置的最短布线路径。常用的策略有迷宫布线、线探索法、模式布线等。然而,在实际的布线问题中,一个线网中往往有两个以上的引脚。处理多引脚线网的一种常见方法是将多引脚线网分解为一组双引脚线网。执行这种分解的一种方法是首先在这些引脚上构建一个 MST,然后在对应于 MST 每个边的每对引脚上执行迷宫布线。如图 1.10(a)所示为布线三引脚线网的一个可能使用的解决方案,它被分解成两个两引脚线网。很容易看出,这样的方案很可能找不到最好的解决方案。通常可以通过在给定引脚之外添加 Steiner 点并在所有节点上构建 MST 来减少布线树的总长度,如图 1.10(b)所示。在大多数超大规模集成电路总体布线问题中,由于所有线段都是水平或垂直的,因此只考虑 RSMT。

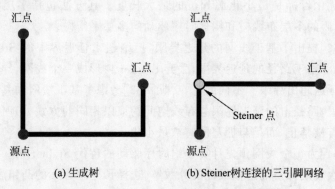

(a) 生成树　　　　(b) Steiner树连接的三引脚网络

图 1.10　生成树和 Steiner 树连接的三引脚网络

在大多数布线问题中,线段只能水平和垂直布线,称这种布线树为 RSMT 问题。RSMT 问题是一个 NP 完全问题,因此无法在多项式时间内构造出最优解。具体如下:给定平面上的一组点,拓扑问题可以连接点和添加一些 Steiner 点,由水平和垂直线段组成代价最小的树。树中边的代价定义为其端点之间的直线距离或曼哈顿距离,而树的代价定义为其边代价的总和。然而,由于仅包括水平和垂直布线方向,基于曼哈顿结构的布线不能充分利用布线区域,从而难以实现期望的线长。为了打破这一局限,有必要改变传统的曼哈顿结构。因此,开始尝试使用 X 结构作为布线的基础模型,以实现芯片的整体性能优化。互连结构的多样化不仅减少了布线长度,还提高了布线质量和芯片性能。

1.4.2 Steiner 树结构

给定一组输入点,Steiner 树结构是一个寻找连接输入点的最小长度的树,其中可以添加新的点来最小化树的长度。Steiner 树的构造非常重要,因为它是线网、超大规模集成电路布线、多路布线、线长预测、计算生物学和许多其他领域的基本问题之一。

然而,Steiner 树的构造是一个 NP-难问题,使用多项式时间算法精确解决问题是不可行的。这就是为什么大多数研究集中于寻找有效的启发式算法。此外,Steiner 最小树算法在一个完整的总体布线过程中可能被调用数百万次。这意味着高效的 Steiner 最小树算法在总体布线中起着关键作用。

图 1.11 显示了 3 种工作在不同时期的分布。不难看出,早期的工作大多集中在 Steiner 最小树上。2001 年后,越来越多的研究者开始考虑障碍。在此期间,提出了最初的限长 Steiner 最小树(Length-Restricted Steiner Minimum Tree,LRSMT)模型。在 2001—2011 年中,越来越多的工作集中在 LRSMT 问题上。这符合当今超大规模集成电路设计的发展趋势。如图 1.12 所示,早期的工作几乎不考虑障碍。后来,研究人员开始考虑各种约束。众所周知,Steiner 最小树结构的基本优化目标是最小化互连线长度,同时尽可能多地考虑其他优化目标,如障碍物、时序和缓冲。表 1.1 给出了 Steiner 最小树构造中考虑的约束条件,这些约束条件是根据研究的论文中的最关键优化目标确定的。

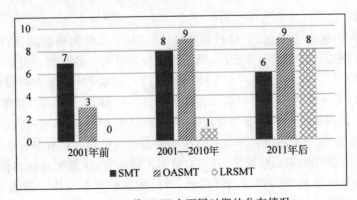

图 1.11 3 种 SMT 在不同时期的分布情况

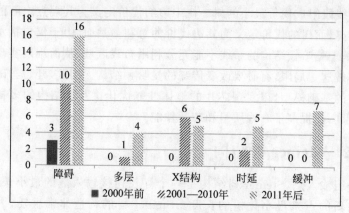

图 1.12 SMT 中在不同时期考虑的约束

表 1.1 过去 10 年 SMT 构造考虑的约束

SMT 构造的 3 种类型	考虑的约束	参 考 文 献
SMT	线长	[52],[54-60]
	X 结构	[52],[59]
	多层	[52]
	时序/延迟	[58],[59]
	内存	[55],[56]
OASMT	线长	[61-70]
	障碍	[61-70]
	X 结构	[61-70]
	多层	[62],[65],[69]
LRSMT	线长	[71-76]
	障碍	[71-76]
	时序/延迟	[74],[76]
	缓冲	[72-76]

1. SMT

SMT 可以应用于规划、布局和布线阶段。SMT 通常用于物理设计中非关键网初始拓扑创建。对于时序关键网,最小化线长不是唯一的目标。但是,由于大多数线网布线阶段是非关键的,一个 SMT 给出了一个线网最可取的布线,因此在规划和布局时,它常常被用来精确估计拥塞和线长。它表明一个 SMT 算法可以被调用数百万次。预布线通常建模为大规模的点集,这增大了 Steiner 树问题的输入规模。由于 SMT 是一个可以计算数百万次的问题且其中大多具有非常大的输入量,因此需要具有高性能的高效算法。SMT 是 NP-难问题,这意味着任何精确的算法都有一个指数级的最坏运行时间。因此,以前的工作更多集中在启发式算法上。由于最小生成树被证明是 SMT 的 3/2 近似,一些工作通过改进最小生成树拓扑来构造 SMT。然而,由于这些方法中的主干网仅限于最小生成树拓扑,因此对最小生成树的改进存在限制。迭代 1-Steiner 算法是较早脱离这一限制的一种方法,它是第一个被证明具有小于 3/2 的性能比的启发式算法。

文献[19]提出了一种更高效的方法,称为边替代法。这是一种基于边的方法,从最小生成树开始,迭代地将一个点连接到附近的边,然后删除形成的环中最长的边。首先使用 Prim 算法在 $O(n^2)$ 时间内计算一组顶点的最小生成树。如图 1.13 所示,假设 e_2 是树中 V_1 和 V_2 之间路径的最长边,对树进行了以下修改:

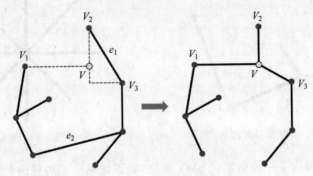

图 1.13 基于边更新实例

(1) 添加节点 V。

(2) 删除边缘 e_1。

(3) 删除边缘 e_2。

(4) 从节点 p 增加一条新的边到节点 V_1。

(5) 从节点 p 增加一条新的边到节点 V_2。

(6) 从节点 p 增加一条新的边到节点 V_3。

在上述过程中,在整个树中增加了一个新 Steiner 点,用 3 个新边替换一对已有边。新增加的两条边 (V, V_2) 和 (V, V_3) 的代价之和等于原边 e_1 的代价。因此,上述步骤将树的代价(增益)降低为

$$\text{gain} = \text{length}(e_2) - \text{length}(V, V_1) \tag{1.4}$$

然而,这种操作也受到一定的约束。

考虑图 1.14 中的树,节点 V_1 和 V_3 可以通过 e_2 连接,从而可以执行上述步骤。然而,节点 V_2 不能以同样的方式连接到 e_2。在某种意义上,e_1 阻止 V_2 连接到树中的 e_2,而节点 V_1 和 V_3 对边 e_2 是可见的。因此,只有当节点对边可见时,节点才能连接到边进行边对替换。

文献[80]中建立了一个包含德劳内三角剖分(Delaunay Triangulation,DT)和非 DT 方法的生成图通用框架。基于该框架,利用每个点只需要连接到其他几个点的性质,设计了扫描线算法,构造了一个直线距离的生成图。然后,在生成图上可以方便地计算最小生成树。它们的生成图是一组连接所有点的边,并不形成回路。事实上,文献[80]中的生成图是一个稀疏图,它至少包含一棵最小生成树。图的边数称为图

的基数,他们提出了一种有效的算法来构造基数的生成图。从每个点开始,平面被分成 8 个区域(见图 1.15)。如果使用直线距离,那么一个区域中任意两点之间的距离总是小于它们到 p 的最大距离。根据最小生成树的循环性质,任何路径上的最长边都不应该包含在任何最小生成树中,这意味着每个区域中最靠近 p 的点只需要连接到 p。考虑到所有给定点,这些连接将形成基数为 $O(n)$ 的生成图。

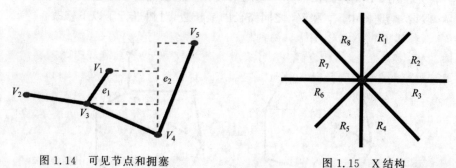

图 1.14　可见节点和拥塞　　　　　　　图 1.15　X 结构

文献[81]提出了一种启发式 SMT 算法,该算法结合了边替换和生成图。这是一个启发式算法,从 RSMT 问题开始,并更新它来解决 RSMT 问题。它比迭代的 1-Steiner 算法快得多,并且具有相似的性能。然而,该方法没有使用扫描线算法来找到点和边之间的可见性关系。为了跳过这个复杂的步骤,故使用了嵌入在生成图中的几何信息。对于 RSMT 问题的每条边,都要考虑边的端点。然后,将两端点生成图的所有邻节点视为点边对的点分量。由于可能的点边对的个数是 $O(n)$,那么这个方案的复杂度也是 $O(n)$。

此外,文献[82]使用文献[83]的批量化贪婪算法(Batch Greedy Algorithm, BGA)作为基础,提出了一种在较短时间内产生显著效果的算法。文献[83]中 BGA 算法在稀疏图上而不是在全连通图上找到 RSMT 和最优全 Steiner 三元组。全 Steiner 三叉树是最佳的三端 Steiner 树,其末端位于叶子上。该算法考虑将每个完整的 Steiner 三元组组合成 RSMT。每个周期中代价最高的边都是从 RSMT 转移过来的。因此,BGA 算法得到一个近似的 RSMT。

文献[21]提出了 FLUTE 的非常快速和精确的 RSMT 算法。基于预先计算的查找表,FLUTE 算法可以为低度线网(最高可达 9 度)求解最优 RSMT。对于高度线网,实施了一种破线网技术,以减小线网的尺寸,直到该方法可以使用。结果表明,根据引脚的相对位置,所有 n 度的线网都可以分为 $n!$ 个团体。对于每组,所有可能的布线拓扑的线长可以写成相邻引脚之间距离的几个线性组合。每个线性组合被称为潜在最佳线长向量(Potential Optimal Wire length Vector, POWV)。在一个查找表中为每个组合存储了一些功率。为了找到特定线网的最佳线长,可以简单地计算该线网所属组的 POWV 对应的线长,然后得到最小线长。 FLUTE 方法只考虑沿 Hanan 网格的布线,因为 Hanan 指出,最优 RSMT 始终可以基于 Hanan 网格构建。当生成查找表时,它们产生垂直序列 $s_1 s_2 \cdots s_n$,是所有

引脚根据 y 坐标按升序排列的索引列表。

如图 1.16 所示,垂直顺序是 1342。Hanan 网格中水平边的长度等于两条相邻垂直 Hanan 网格线之间的距离。水平边的长度表示为 $h_i = x_i + 1 - x_i$,垂直边的长度表示为 $v_i = y(s_i + 1) - y(s_i)$,如图 1.17 所示,对于具有 4 个引脚的千兆以太网,3 种可能的解决方案的线长可以写成 $h_1 + 2h_2 + h_3 + v_1 + v_2 + 2v_3$(见图 1.18(a))和 $h_1 + 2h_2 + h_3 + v_1 + v_2 + v_3$(见图 1.18(b))。线长表示为向量系数,称为线长向量。图 1.18(a) 和图 1.18(b) 对应的线长向量分别为 $(1,2,1,1,1,2)$ 和 $(1,2,1,1,1,1)$。更重要的是,可以看到只需要考虑几个可能产生最佳线长的线长向量。大多数向量是冗余的,因为它们在所有系数上都大于或等于其他向量。例如,在上面的向量中,$(1,2,1,1,1,2)$ 可以忽略,因为向量 $(1,2,1,1,1,1)$ 产生较小的 v_3。将垂直顺序相同的线网组合在一起,共享一组电源。因为如果两个线网具有相同的垂直顺序,那么一个线网的每个布线解决方案在拓扑上等同于另一个线网的解决方案。接下来,对于每个垂直方向,该算法生成所有可能的布线拓扑,找到相应的纵向向量和横向向量。剩下的一组线长向量是该组的功率向量。生成所有可能的布线拓扑的一个简单方法是枚举使用和不使用 Hanan 网格图中每条的所有可能组合,并检查生成的子图是不是包含所有引脚的 Steiner 树。然而,这种方法非常昂贵。因此,实现了一种基于边界压缩技术的算法。对于给定的组,通过压缩 4 个边界中的任何一个来减小网格尺寸,也就是说,将边界上的所有引脚移动到与边界相邻的轴网线。原始问题的布线拓扑集可以通过将简化网格的布线拓扑扩展回原始网格来生成。

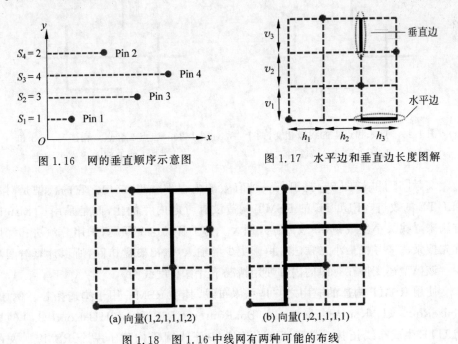

图 1.16　网的垂直顺序示意图　　　图 1.17　水平边和垂直边长度图解

(a) 向量(1,2,1,1,1,2)　　　　　(b) 向量(1,2,1,1,1,1)

图 1.18　图 1.16 中线网有两种可能的布线

文献[54]提出了一种基于线段的 RSMT 构造算法,该算法通过递增在每个点绘制的 4 条线段的长度来构造 RSMT。当两条线段相交时,给树添加一条边。两条线段的交点形成一个矩形布局,生成两个 Steiner 点。必须选择减少总长度的 Steiner 点。同时,在决策中使用新的策略来选择两条边中的一条。消除了由选择两条边中的一条引起的线长误差问题,并且生成近似最优 RSMT。

如图 1.19 所示,当顶点 3 和顶点 4 的线段相交时,两个顶点之间的一条边必须添加到 RSMT。然而,由于上部 L 形布局和下部 L 形布局的边长度相等,所以选择特定布局的决定被推迟,并且两个布局都被临时选择并且不被添加到 RSMT。接下来,当线段顶点 3 和顶点 4 相交时,它们之间的唯一边被选中并添加到 RSMT。

一旦顶点 2 和顶点 3 被连接,由于重叠边的存在(见图 1.20),顶点 3 和顶点 4 的先前临时选择中的上部 L 形布局的边将被永久化并添加到 RSMT。每当点 P_i 引出的线段和另一点 P_j 引出的线段相交时,这两点必须以直线方式连接,当且仅当连接这两点在已构建的树中不形成环时。这两个点可以使用上部 L 形布局或下部 L 形布局连接。所提出的算法的时间复杂度取决于 RSMT 中在 x 轴上具有最大差异或在 y 轴上具有最大差异的两个点之间的长度,因为所有线段都增加,直到最后一条边被添加到 RSMT。

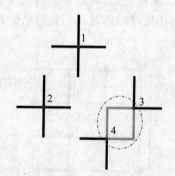 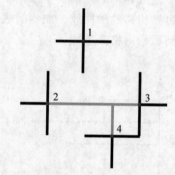

图 1.19 点 3 和点 4 的线段相交,两个　　图 1.20 当点 2 和点 3 相连时,点 3 和
　　　　 L 形布局(边)被临时选择　　　　　　　　 点 4 的上部 L 形布局固定

文献[55]和文献[56]提出了一种有效的内存 RSMT 结构。它的模型是对原 FLUTE 的改进。FLUTE 的 RSMT 构造没有考虑内存优化,而是采用了 BFS 的方法来寻找最小生成树,导致内存开销大。为了解决这个问题,采用分治法和深度优先搜索法来寻找最小二乘法。由于更少的输入/输出磁盘访问,所以计算时间减少。该模型还支持在有限的内存使用情况下计算高度线网。

使用 RSMT 构造的应用之一是总体布线,其中 RSMT 用于构造拓扑。例如,MaizeRouter、DpRouter、FastRoute、BoxRouter、GRIP 和 NTHU-Route 2.0 使用 FLUTE 生成布线拓扑。然而,FLUTE 为一张线网只构建了一个 RSMT。文献

[57]建立了一个数据库,为给定的一组引脚快速构建 Hanan 网格上的所有 RSMT。将该数据库应用于时序驱动的 RSMT 构建和拥塞感知总体布线。与 FLUTE 相比,该算法可以显著减少关键路径的线长和延迟。

对于 X 结构,由于其在线长优化方面的优势,在这种背景下,文献[86]指出 X 结构将成为超大规模集成电路物理设计的热点。强调 X 结构 SMT(X-architecture Steiner Minimum Tree,XSMT)是 X 结构下最关键的问题之一。此外,文献[87]对 X 结构的布线树和布线算法提出了一些挑战和机遇,并给出了良好的前景。因此,作为一个新的基础问题,一些算法被提出来解决 XSMT 构造问题。

文献[81]提出了两种 XSMT 构造算法,称为 OST-E 和 OST-T。它们都基于 X 结构生成图,并分别结合了边替换法和三角收缩法,两者都可以扩展到任何几何形状的布线架构。Kruskal 的算法首先通过不减少线长对生成图的所有边进行排序,然后按顺序考虑它们。如果当前边的两引脚尚未连接,则该边将包含在最小生成树中;否则,它将被排除。可以用二叉树来表示这些连接操作,树叶代表点,内部节点代表边。对于每个内部节点,它的两个子节点代表两个连接的组件。

图 1.21 显示了生成树及其合并二叉树。可以看到,任意两点之间最长的边是二叉树中两点最不共同的祖先。

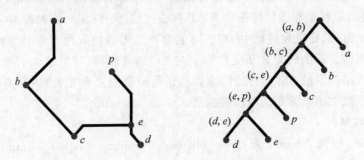

图 1.21　MST 及其合并二叉树

例如,图 1.21 中 p 和 b 之间最长的边是(b,c)。为了在由一个点连接到一条边形成的循环中找到最长的边,需要在连接边之前找到边的哪一端与该点在同一个分量中。两个点的最小共同祖先是需要删除的最长边。例如,在将 p 与边(a,b)连接之后,由于 p 和 b 在连接(a,b)之前在同一个部件中,所以循环中要删除的最长边是(b,c)。在 OST-E 算法中寻找(点,边)对和在 OST-T 算法中寻找三元组是至关重要的。对于边替换,为了将候选点边的数量从 $O(n^2)$ 减少到 $O(n)$,只是考虑边的任意一端的邻居来形成(点,边)对。由于生成图的基数为 $O(n)$,这样生成的可能(点,边)对的个数也是 $O(n)$。然后,可以移除最长的边,如图 1.22 所示。

文献[24]中的方法是第一个使用 X 结构全芯片布线的多层架构。为了充分利用 X 结构的优势,研究了 X 结构下三端的最优布线,并基于 DT 方法开发了一种通用的 XSMT 算法。

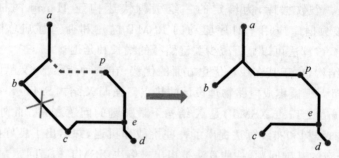

图 1.22　移除最长边图解

文献[58]提出了一种构建时序驱动布线树的算法,以平衡线长和时序。树的构造基于最短路径树和 MST 属性。该文献提出了一个边明显较少的图,但仍然有一个最优解。基于 RC 延迟模型,使用线路的几何关系来模拟时序。优化目标是最小化在一定范围内每条线长的总长度。迭代地给 MST 增加一条边来优化解,为了进一步提高性能,还引入了批处理算法。此外,文献[59]和文献[88]提出了两种构造时序驱动 XSMT 的算法,与 RSMT 相比可以显著提高芯片的时序性能。

文献[60]提出了一种基于混合转换策略(Hybrid Transformation Strategy,HTS)和自适应粒子群优化算法的 SMT 算法。使用 HTS 来扩大搜索空间,提高收敛速度。然而,在进化过程中 HTS 可能会产生无效的解决方案。为此,引入了基于并查集遗传算法的交叉和变异操作。实验结果表明,该算法能有效地解决 X 结构和直线结构下的 SMT。此外,该算法还可以获得多种拓扑结构,有利于优化超大规模集成电路总体布线阶段的拥塞。

2. OASMT

近年来,绕障 Steiner 最小树(Obstacle-Avoiding Steiner Minimum Tree,OASMT)问题得到了广泛的研究。图 1.23 显示了 OASMT 在不同时期的分布,早期的 Steiner 树构造很少考虑绕障。RSMT 问题是一个 NP 完全问题,障碍的存在进一步加大了寻求最优解的难度。由于宏单元、IP 块和预先布线的线网通常被视为布线阶段的障碍,绕障直角 Steiner 最小树(Obstacle-Avoiding Rectilinear Steiner Minimum Tree,OARSMT)算法对实际布线应用非常有用。有许多启发式算法都可以在短时间内取得良好的效果。此外,还提出了一些精确的算法来生成 OARSMT。例如,文献[89]中定义了一个类似网格的轨迹图。在此基础上,提出了一种在构造 MST 时搜索一对多最短路径的混合方法。生成的布线树可以看作 Steiner 树的近似。

文献[90]用一种有效的方法解决了绕障直角 Steiner 树(Obstacle-Avoiding Rectilinear Steiner Tree,OARST)问题。这项工作是在文献[20]的基础上开展的。满 Steiner 树(Full Steiner Tree,FST)是文献[20]中使用的一个基本概念。在 FST 中,考虑的所有引脚都是叶节点。通过在一个大于 1 度的节点上分裂,任

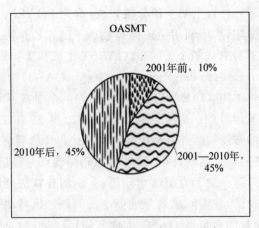

图 1.23 不同时期的 OASMT 分布

何 Steiner 树都可以分解成一组边不相交的 FST。由于 FST 比 SMT 更容易构建，所以大多数精确的 SMT 算法将首先生成其 FST 组件。GeoSteiner 框架由两个主要阶段组成。一是 FST 生成，它涉及根据一些预处理信息剪枝掉不必要的节点。可以看出，这个阶段的运行时间是二次的。二是第一阶段生成的 FST 的级联。它可以预见一个整数线性规划，并可以使用剪枝搜索方法来解决问题。首先，考虑一组实际的引脚。每个障碍物的每个角都被视为一个虚拟引脚。对于 FST 生成，这些虚拟引脚也包括在内，无论它们是否被考虑在最终的最佳树生成中。在 FST 生成的增量方法中，首先生成两点的 FST，这两点可以通过两种方法中的任意一种来实现。首先两点都是实点，其次至少有一点是虚点。使用技术用于确保消除由于多个 FST 而产生的冗余边缘。该方法被扩展为递归地生成具有 3 个或更多点的 FST。一旦所有有用的 FST 生成，ILP 就被设置为选择适当的 FST 子集，并将它们连接起来以获得 OARSMT。

文献[91]提出了一种基于 Steiner 点选择的方法。这种基于 Steiner 点的框架也可以扩展到 OARSMT 的多个层。该算法主要分为 4 个步骤：图构建、Steiner 点选择、MST 构建和最终细化策略。Hanan 网格和转义图用于查找 Steiner 点的位置。这两种方法都从终点的交点或障碍物拐角点的延长线生成一个顶点。然而，它产生许多这样的顶点，使得顶点选择花费太长时间。因此，该算法使用不同的方法。在图构造步骤中，绕障 Voronoi 图（Obstacle-Avoiding Voronoi Graph，OAVG）由给定的一组终端、障碍顶点和候选的理想的 Steiner 点在 $O(n\log n)$ 时间内构成。然后，利用 Prim 算法和最短路径区域，从构造的 OAVG 图中选择一个 Steiner 点。接着，利用文献[92]和文献[93]提出的 MST 在 $O(n\log n)$ 时间内构造 OARST。OAVG 上的 MST 由给定的顶点和选定的 Steiner 点构成。文献[92]的 MST 算法包括终端路径生成和使用这些路径的 MST 生成，文献[93]的算法包括关键路径生成。细化在 $O(n\log n)$ 时间内完成，以减少在上述步骤中创建的冗余段。

文献[61]提出了一种自上而下的分治方法,称为 FOARS。FOARS 首先将一组引脚划分成若干子集,然后利用考虑障碍物的 FLUTE 算法为每个引脚子集生成 OAST。初始解被分解成多个子问题,OARST 生成和重构最优解。FOARS 使用绕障生成图(Obstacle-Avoiding Spanning Graph,OASG)初始化连通图。同样,文献[92]使用 OASG 构建 OARSMT。FLUTE 是一个非常强大和快速的工具,但不是为有障碍的情况设计的。为了创建 OARSMT,将 FLUTE 生成的 Steiner 树应用在考虑障碍物的布线问题并进行绕障的局部优化。然后将所有局部优化的树进行组合,得到最终的解。然而,由于没有考虑总体观点,所以该方案不能支持大量点或复杂放置的障碍。为了克服这个问题,一个划分算法被用来在更高的层次上提供问题的总体视图,并将问题划分成更小的问题。该算法分为 5 个阶段。在第一阶段,利用一种新的八角形 OASG 生成算法,获得引脚与障碍物角点之间的连通信息。在第二阶段,FOARS 在 OASG 的基础上构造一个 MST,然后得到一个障碍惩罚的 MST。在第三阶段,FOARS 基于障碍惩罚的 MST 分割引脚顶点。划分后,它们通过调用绕障 FLUTE 构建了一个感知障碍的 Steiner 树。在第四阶段,它们将引脚到引脚的连接线性化,以避免阻碍 OARSMT 的构建。在最后一个阶段,它们对 OARSMT 进行了 V 形改进,以进一步减少线长。FOARS 算法的运行时间复杂度为 $O(n\log n)$。

文献[93]提出了一种绕障布线图(Obstacle-Avoiding Routing Graph,OARG),采用一种三步优化算法来寻找 OARSMT 最优解。三步算法可以概括为第一步是用 $O(n\log n)$ 时间和 $O(n)$ 空间构造 OARG,第二步是用 $O(n\log n)$ 时间构造 MST-OARG,第三步是使用称为 MST-OARG 归约(减少,缩放)的方案使得 MST-OARG 进行 OARST 变换。在局部优化过程中,减少了 OARST 的总线长。在这个细化方案中使用了一般情况,并使用排序方法使方案更加贪婪。该算法评估的线长可以在 $O(n\log n)$ 时间内显著减少。如前所述,OARG 在这项工作中保持 $O(n)$ 空间,因此有助于在 $O(n\log n)$ 时间内得到更好的初始解。此外,它的线性空间和绕障特性对性能也有重要影响。

文献[94]提出了一种基于 OASG 的高效算法,为 OARSMT 的构建提供了一定的理论优化保证。该文献建立了一个具有"本质"边的 OASG,并证明了任意两个引脚之间存在直线最短路径,这在文献[95]的 OASG 中是不保证的。有了这个特性,这个项目可以确保任何两引脚线网和许多引脚线网的最佳 OARSMT。在构建了最初的 OARSMT 之后,对 OARSMT 中的 U 形连接进行了有效的改进,以进一步减少线长。

文献[96]提出了一种非确定性局部搜索启发式算法来处理带有复杂凹凸多边形障碍物的小规模 OARSMT 问题。该方法基于蚁群优化(Ant Colony Optimization,ACO)算法。尽管这种非确定性方法在处理复杂障碍时很灵活,但对于大规模设计来说,它会导致代价非常高的运行时间。该方法首先为多引脚线网构造 Steiner 树或生成树,然后用障碍物周围的边代替与障碍物重叠的边。这种方法简单高效,在业界非常流行。然而,第一步构造的树中可能没有障碍物的总体视图,因此第二步只能消除障碍物周围的局部重叠。因此,这项工作的解决方案质量可能会受到限制。

与基于非迷宫布线的算法相比,基于迷宫布线的算法的优点包括在布线图上应用各种附加约束的可行性。然而,多层布线图比单层布线图复杂得多。这大大增加了使用迷宫布线解决多层 OARST 问题所需的运行时间。文献[62]提出了一种基于迷宫布线的算法,并提出了 Steiner 点预选策略来指导多层障碍 Steiner 树的构建。该算法在布线质量和运行时间之间提供了良好的平衡。布线质量取决于总代价,即线长和通孔代价之和。该算法首先通过一个改进的 Hanan 网格图构造一个布线图,并评估每个顶点的适应度值,以选择合适的顶点来形成 Steiner 点的集合 Q。最初的多层 OARST 是通过连接引脚和集合 Q 中的点形成的,然后通过 Q 的拆线重布来改变顶点和树拓扑,最终生成多层 OARST。

在精确算法方面,文献[97]为 OARSMT 问题提出了一个强连接图,称为转义图,并证明了在图中存在一个仅由转义段组成的最优解。基于转义图,提出了一种构造最优三端和四端 OARSMT 的算法。

此外,有几种精确的算法可以给出障碍物的最佳布线树。但是,对于大规模问题,这缺乏实用性,因为任何精确算法的最坏情况时间复杂度都需要指数级。文献[98]提出了一个精确算法。首先提出了一种新的满 Steiner 树,即绕障满 Steiner 树(Obstacle-Avoiding Full Steiner Tree, OAFST)。证明了对于任何 OARSMT 问题都存在一个仅由 OAFST 组成的最优树。文献[63]首先实现了一种几何方法来解决 OARSMT 问题,在这种方法中,每个障碍的每条边上至少增加一个虚拟终端。该算法可以解决复杂的凹障碍物和凸障碍物。最好的解决方案是 FST 的连接。在文献[64]中,每个障碍的 4 个角引入虚拟终端。在 FST 生成阶段,实现了虚拟终端剪枝过程,有效地减少了 FST 的数量,并提出了一种在障碍存在的情况下构造双终端 FST 的有效方法。

现有的多层 OASMT 算法考虑的是引脚到引脚的连接,而不是区域到区域的连接,由于缺乏区域信息,限制了解决方案的质量。文献[65]提出了一种基于区域到区域生成图的方法来构造多层障碍型 Steiner 树。该方法通过一层的边或层之间的通孔连接所有的线网形状。使用二叉搜索树,通过捕获时间复杂度较低的障碍物和区域间连接来处理绕障约束。该算法可以保证在单层上连接任意两个网形的网有一个最优解。算法大致可分为 4 个阶段:在第一阶段,将重叠的线网形状集中成一个簇,以缩小问题规模。在第二阶段,构造了一个连接所有线网形状和角点的多层生成图。在第三阶段,生成了一个连接所有网络形状的多层避障区域到区域 MST,该 MST 可以使用一些角点,并消除沿障碍物的一些额外边。在第四阶段,将所有斜边转换为直角边,生成多层 OARSMT。

文献[66]提出了第一种基于 Physarum 启发的集成电路物理设计绕障布线算法，采用一种新的营养吸收/消耗数学模型来模拟植物多头脑的觅食行为，从而提出一种高效的布线工具——Physarum 布线器。通过该布线方法，对于给定的引脚顶点集和给定的芯片功能模块集，可以自动构造一个连接所有引脚顶点的 RSMT，同时避免功能模块的拥塞。进一步地，将分治策略、非引脚叶节点剪枝策略、动态参数策略等多种启发式算法集成到本节算法中，从根本上改善 Physarum 布线器的性能。

对于非曼哈顿结构，也有一些现有的工作集中在绕障 X-Steiner 最小树（Obstacle-Avoiding X- architecture Steiner Minimum Tree，OAXSMT）问题。文献[99]首先基于绕障约束的 DT 构造一棵全连通树，然后通过区域组合将树嵌入绕障 Steiner 最小树。它是有效的，因为时间复杂度只有 $O(n\log n)$。然而，由于它是为解决 λ-几何问题而设计的，所以 X 结构的布线结果并不令人满意。特别是当问题规模较大时，得到的结果甚至比直线结构还要差。

文献[67]提出了一种基于 PSO 的 OAXSMT 构建算法，该算法首次并专门解决了 Steiner 树周围的单层 X 结构问题。PSO 具有执行简单、参数少、收敛速度快的特点。在粒子群算法中加入了两个基于并集的遗传操作，即交叉和变异操作，更新了粒子的速度和位置，进一步提高了搜索能力。此外，还结合一些启发式策略来进一步优化总体最优粒子的质量。后来，文献[68]提出了一种快速的四步启发式算法，该算法首先从给定的引脚构造一个 DT，然后基于 DT 构造出无障碍的欧氏最小生成树。然后，生成两个查找表，记录关于无障碍的欧氏最小生成树边缘的连接信息。通过捕捉障碍物的总体视图，选择一些障碍物上的角点作为中间节点，在无障碍的欧氏最小生成树中引入边，准确避开所有障碍物。

文献[69]提出了一种称为 MLXR 的算法。它以查找表为基础，构建三维无障碍最小树作为基本架构。利用一种有效的基于投影的绕障策略，在多层环境中准确捕获合适的 Steiner 点位置。MLXR 首先构建一个三维无障碍最小树来连接所有引脚，并基于该无障碍最小树构建两个查找表，为后续步骤提供快速信息查询。然后通过查找表将 3D 无障碍最小树转换成多层 XSMT。最后，通过两种细化策略来处理障碍。实验结果表明，与最先进的算法相比，MLXR 在总线长和运行速度上均表现优异。

3. LRSMT

在实际设计中，布线区域通常包含多个布线层。设备往往只占用设备层和一些较低的金属层，因此不会完全拥塞电线。在较高层布线时，导线可能会穿过较大的障碍物。

然而，中继器不能放在障碍物内。可以增长导线长度来绕开障碍，但这可能会导致时间冲突。因此，在布线过程中需要放宽布线资源，使导线能够在一定程度上通过障碍物，从而保证时序闭合，避免信号失真。图 1.24 显示了 LRSMT 在不同时期的分布情况，很容易看出早期没有人关注 LRSMT 问题。然而，在过去的 10

年里,研究人员一直关注 LRSMT 问题,因为它更符合实际的工业设计需求。

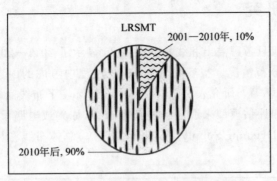

图 1.24 不同时期 LRSMT 分布

文献[72]中设计了一种启发式算法。首先用 FLUTE 建造了一个最初的 RSMT 结构。引入了 3 种基本运算来降低电压转换速率,并建立了整数线性度。采用 ILP 模型对违规电压转换速率进行修正。增量法用于逐一修复违反约束。校正过程将初始 RSMT 划分为多个连通分量。最后,使用限长的迷宫布线算法将这些组件互连起来,得到最终的可行解。ILP 模型中具体约束的数量取决于障碍物的形状、引脚的位置和解的精度。

文献[73]提出了一种确定性算法,可用于获得嵌入在扩展 Hanna 网格中的最优解。

文献[74]使用拥塞布线来减少关键路径的延迟和线长。它可以满足电压转换速率约束并将缓冲区放置在非拥塞的位置。预缓冲用于提供时间戳,这有助于找到与时间相关的良好拓扑,并在嵌入式树上进行优化,以提高临界汇聚的延迟。本节提出的方法是时序驱动的、具有电压转换速率约束的 RSMT。它主要由 5 个步骤组成。一是带有预缓冲的时序驱动初始 RSMT 的 T 的构造。二是根据电压转换速率约束将 T 的拓扑结构更新。三是对 T 执行缓冲。四是根据缓冲信息细化 T 的拓扑结构。五是再次对 T 执行缓冲。

文献[75]提出了一种将扩展的 RSMT 网格构造为布线图的启发式算法,确保布线图至少包含 RSMT 问题的一个最优解和 OARSMT 问题的一个近似最优解。并通过对最短路径启发式算法的改进,设计了一种求解约束 SMT 问题的步长增长启发式算法。预计算策略用于避免转换速率的频繁计算。

文献[76]通过同时考虑电压转换速率和时延约束,进一步细化了 LRSMT 问题。首先给出了精确的时延优化信息。然后迭代计算 RSMT,直到满足收敛并进行时延优化,找到抵抗时延的路径。其次,解决了电压转换速率和时延优化器故障,提高了松弛性能。最后,在时延优化器中,对 Steiner 点的位置进行优化,以降低优化代价和线宽。

1.5　相关研究

早期总体布线只考虑溢出和线长。图 1.25 显示了 2011—2020 年来总体布线不同优化目标的分布情况。很容易看出,布线过程中考虑的因素越来越多,如通孔、时延、时序、功率等。研究人员总结了不同设计环境下布线问题的特点,构建了一系列布线模型和评估模型来适应各种新型布线,如集成电路设计中的多动态电源电压(Multiple Dynamic Supply Voltage,MDSV)总体布线、通孔柱(Via-Pillar)的新问题模型。

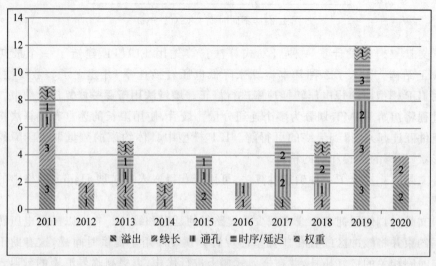

图 1.25　近 10 年总体布线不同优化目标分布

1.5.1　MDSV

随着工艺技术的发展,大规模集成电路设计中的纳米互补金属氧化物半导体(CMOS)电路的晶体管密度在过去 30 年中急剧增加,导致电路功率密度的增加。据研究,微处理器的功率密度每三年增加一倍。如此高的功率给芯片散热性能带来很大的压力——温度过热会使电路的可靠性和安全性降低。同时,芯片过热时,芯片性能也会急剧下降。因此,功耗问题必须得到重视。但目前总体布线算法大多是以最小化溢出、线长和计算时间为优化目标,所有功能组件都工作在同一个电压模式下。随着芯片密度的增大,功耗也随之增大。高功耗会缩短便携式设备的电池寿命,导致散热和可靠性问题。在传统的电压供应模式下,很容易造成过多不必要的功耗。这是因为芯片的所有功能组件都在同一高电压模式下工作,而其他一些可以在低电压模式下工作的设备也在高电压下工作,这增加了芯片的功耗,从而缩短了电池寿命。

为了改变这种电压供应模式,芯片工业公司和研究人员提出了一种多电压设计模式,通过复杂的控制策略控制不同功能组件的电压,可以有效降低功耗。因此,多电压设计广泛应用于高端应用或低功耗应用。近年来,与多电压(Multiple Supply Voltage,MSV)设计相比,MDSV 技术可以进一步降低功耗。在 MDSV 设计中,每个电源局部区域的电压可以根据相应的电源模式动态改变。在一些电源模式下,如节能模式、等待模式、睡眠模式等,甚至可以将一些本地电源设置为完全脱离状态,节省电能。

MDSV 的提出给物理设计 VLSI 带来了新的机遇和挑战。它对以 MDSV 为基本模型的布局提出了新的要求,包括布局规划、布局和布线等。这也给 EDA 工具的研究,尤其是总体布线器的研究带来了巨大的挑战。文献[168]首次为多动态电压设计模式构建了相应的总体布线。作为 MDSV 总体布线问题的第一个研究成果,文献[168]定义了功耗域感知布线(Power Domain-Aware Routing,PDAR)问题,并提出了点对点 PDAR 算法、前视路径选择方法和查找表加速方法。对于多引脚线网布线,采用一种新的常数调度查找机制,通过调用 4 个增强单调布线,快速计算从每个节点到目标子树的最小代价单调路径。然而,它过于简化了 MDSV 设计模式的数学问题,未能从降功耗的目标出发进行相应的实验研究。在 MDSV 设计模式中,线网可能通过不止一个电源本地化,其中一些可能是关闭的,而另一些仍处于主动模式。对于封闭电源域中绕道长度较长的带电线网,如果中继器位于封闭电源域中,则可能会发生功能冲突。因此,限制封闭电源域内带电网的绕道长度是 MDSV 设计中一个非常重要的通用布线问题。文献[170]提出了一种带长度约束的迷宫布线算法来控制布线路径的线长。同时,文献[71]还提出了一种考虑障碍内导线长度约束 SMT 构造算法。然而,这两种方法都没有考虑不同电源本地化下的不同长度约束。因此,文献[71]和文献[170]中的总体布线在 MDSV 设计下仍可能产生一些非法布线结果。

现有的对 MDSV 设计模式的研究主要集中在布局和时钟树构建等局部阶段,缺乏对 MDSV 设计下的总体问题的有效、完整的解决方案。如果把新 MDSV 引入到一般布线阶段,就会产生新的一般布线问题,包括新的约束和数学模型,需要提出有效的算法。根据编者所在课题组和包括美国 Cadence 在内的芯片设计相关公司的调查研究,发现 MDSV 设计下的总体布线算法研究可以有效降低大量功耗,而目前学术界缺乏 MDSV 设计下的总体布线算法研究。事实上,为了解决动态功耗问题,学者们基于 MSV、MDSV 等相关技术开发了一些新工具。然而,在这些工具中,相关的布线算法需要在新的设计模式下做出一些改变来解决布线问题。因此,在总体布线算法下寻找有效的 MDSV 设计,构建高效的低功耗总体布线,不仅具有重要的理论价值,也具有实际的制造意义。

1.5.2 Via-Pillar

随着布局技术的发展,金属线和通孔的电阻呈指数级增长,这给传统的布线相关算法带来了更加严格的约束,导致现有方法容易出现严重的延迟/时序问题,严重影响芯片的性能。为此,Synopsys 和中国台湾半导体制造公司于 2017 年联合推出了关键布局 Via-Pillar,作为 7nm 及以下设计中芯片性能的代表性技术,Via-Pillar 方法通过提升金属层和多宽度可配置导线。这种完全自动化的 Via-Pillar 设计流程减轻了高阻冲击,从而极大地提高了延迟优化能力,实现了芯片的整体性能优化。此外,由于多个通孔可以并排放置,提高了芯片的可制造性。Via-Pillar 技术对规划、布局、布线和参数提取等方面提出了新的要求,同时也对 EDA 设计工具研究提出了巨大挑战,其中,布线是最密切相关的。

引入 Via-Pillar,传统布线阶段出现了很多问题,包括层分配、轨道分配、详细布线等都需要更新。Via-Pillar 布局下的相关问题变得更加复杂,需要仔细考虑通孔位置、通孔尺寸和时延优化问题。然而,对传统布线问题的研究大多认为通孔没有形状和尺寸。在相关的布线子问题的处理中,没有考虑到通孔的大小和位置,导致最终的布线结果与实际芯片设计要求不一致,芯片生产的失败率加剧。与此同时,业界仍在 Via-Pillar 布局下实施一些相关布线问题的人工实现。目前,仍然缺乏有效的自动化设计过程。因此,寻求一种有效的 Via-Pillar 布局下的自动布线算法具有重要的理论和现实意义。

近年来,层分配的工作不仅以最小化通孔数量为目标,还进一步尝试减少层分配方案的时延。文献[176]采用基于协商机制的算法跳出局部最优,从而获得更好的层分配方案。文献[172]扩展了文献[176]的算法,考虑了时延和拥塞问题,提出了一种时间驱动的动态规划算法来处理多层线网的层分配问题。文献[175]进一步考虑了电容耦合对时延的影响,提出了一种基于协商机制的延迟驱动层分配算法。然而,这些时延优化考虑没有考虑通孔的尺寸。即使通孔不占用布线资源,不影响金属线的布线,但严重影响总体布线最终结果的准确性。

现有的关于层分配问题的研究工作要么没有考虑时延问题,要么没有考虑通孔的形状,这与实际的芯片设计要求相差甚远。在引入 Via-Pillar 布局后,相关的布线模型需要考虑通孔尺寸的存在,以及时延优化的关键性能指标。因此,现有的层分配算法不再适用于 Via-Pillar 布局下的层。对于层分配问题,研究者需要设计相应的有效算法。Via-Pillar 布局的引入可以有效地优化延迟,提高可制造性。因此,Via-Pillar 布局下总体布线的有效求解算法也是一个值得探索的关键问题。

1.6　本章总结

总体布线和 Steiner 最小树算法是超大规模集成电路设计中相辅相成、密不可分的组成部分。总体布线是超大规模集成电路物理设计中关键步骤之一。多端线网的总体布线问题本质上就是寻求一棵连接给定引脚集合的布线树问题。对此,提出了多引脚线网分解、迷宫布线、多源多汇迷宫布线、Steiner 树结构、模式布线、单调布线、整数线性规划布线、拆线重布、协商拥塞布线、层分配等总体布线策略和大致分为串行法和并行法的总体布线方法。Steiner 最小树算法通过一些 Steiner 点连接所有引脚,实现超大规模集成电路设计中的最小总线长,较其他方法所得的布线树具有更小的总线长,故 Steiner 最小树被看作多端线网总体布线问题的最佳连接模型。本章介绍了 SMT、OASMT 和 LRSMT 3 种 Steiner 树结构。

随着超大规模集成电路设计的发展,总体布线面临许多约束和优化目标,不单单只考虑溢出和线长问题。根据不同设计环境,设计适应的布线算法,如 MDSV、Via-Pillar 等新型布线。

参考文献

[1] ASBVK,BPVR,CHAS,et al. Review on VLSI design using optimization and self-adaptive particle swarm optimization[J]. *Journal of King Saud University—Computer and Information Sciences*,2018.

[2] Lavagno L,Markov I L,Martin G,et al. *Electronic Design Automation for IC Implementation*, *Circuit Design*,*and Process Technology*：*Circuit Design*,*and Process Technology*[M]. CRC Press,2016.

[3] 于燮康.集成电路产业技术发展趋势与突破路径[J].中国工业评论,2015,8：52-60.

[4] 徐宁,洪先龙.超大规模集成电路物理设计理论与方法[M].北京：清华大学出版社,2009.

[5] Stroud C E,Wang L T,Chang Y W. *Electronic Design Automation*：*Synthesis*,*Verification*,*and Testing*[M]. Elsevier/Morgan Kaufmann,2009：1-38.

[6] Kahng A B,Lienig J,Markov I L,et al. VLSI Physical Design：From Graph Partitioning to Timing Closure[M]. *Springer Science&Business Media*,2011.

[7] Sherwani N A. *Algorithms for VLSI Physical Design Automation*[M]. Kluwer Academic Publishers,2002.

[8] 于宗光,黄伟.中国集成电路设计产业的发展趋势[J].半导体技术,2014,39：721-727.

[9] Charles J. alpert Dpm,Sachin S. Sapatnekar. *Handbook of Algorithms for Physical design Automation*[M]. Boca Raton：CRC Press；2009. 265,487-489.

[10] Liu G,Guo W,Rongrong L I,et al. XGRouter：high-quality global router in X-architecture with particle swarm optimization[J]. *Frontiers of Computer Science（print）*,2015,9(4)：576-594.

[11] Gao J R,Wu P C,Wang T C. A new global router for modern designs[C]//Design Automation Conference. IEEE,2008.

[12] Ozdal M M,Wong M. Archer：A History-Based Global Routing Algorithm[J]. *IEEE Transactions on Computer-Aided Design of Integrated Circuits and Systems*,2009,28 (4)：528-540.

[13] Minsik,Cho,Katrina,et al. BoxRouter 2.0：A hybrid and robust global router with layer assignment for routability[J]. *ACM Transactions on Design Automation of Electronic Systems*,2009,14(2)：32：1-32：21.

[14] Roy J A,Markov I L. High-Performance Routing at the Nanometer Scale[J]. *IEEE*

Transactions on Computer-Aided Design of Integrated Circuits and Systems, 2008, 27(6): 1066-1077.

[15] Moffitt M. MaizeRouter: Engineering an Effective Global Router[J]. *IEEE Transactions on Computer-Aided Design of Integrated Circuits and Systems*, 2008, 27 (11): 2017-2026.

[16] Lee C Y. An algorithm for path connections and its applications[J]. *IEEE Trans. Electron. Comput.*, vol. EC-10, no. 3, pp. 346-365, Sep. 1961.

[17] Johann M, Reis R. Net by net routing with a new path search algorithm[C]//Proc. 13th Symp. Integr. Circuits Syst. Design, 2000, pp. 144-149.

[18] Pan M, C. Chu. FastRoute 2.0: A high-quality and efficient global router[C]//Proc. Asia South Pacific Design Autom. Conf., Jan. 2007, pp. 250-255.

[19] Borah M, Owens R M, Irwin M J. An edge-based heuristic for Steiner routing[J]. *IEEE Trans. Comput.-Aided Design Integr. Circuits Syst.*, vol. 13, no. 12, pp. 1563-1568, Dec. 1994.

[20] D. M. Warme, P. Winter, and M. Zachariasen. *Exact algorithms for plane Steiner tree problems: A computational study, in Advances in Steiner Trees*[M]. Boston, MA, USA: Springer, 2000.

[21] C. Chu, Y. -C. Wong. FLUTE: Fast lookup table based rectilinear Steiner minimal tree algorithm for VLSI design[J]. *IEEE Trans. Comput.- Aided Design Integr. Circuits Syst.*, vol. 27, no. 1, pp. 70-83, Jan. 2008.

[22] Q. Zhu, H. Zhou, T. Jing, et al. Spanning graph-based non-rectilinear Steiner tree algorithms[J], *IEEE Trans. Comput.-Aided Design Integr. Circuits Syst.*, vol. 24, no. 7, pp. 1066-1075, Jul. 2005.

[23] C. S. Coulston, Constructing exact octagonal Steiner minimal trees, in Proc. 13th ACM Great Lakes Symp. VLSI, 2003, pp. 1-6.

[24] T. -Y. Ho, C. -F. Chang, Y. -W. Chang, et al. Multilevel full-chip routing for the X-based architecture, in Proc. 42nd Design Autom. Conf., Jun. 2005, pp. 597-602.

[25] R. Kastner, E. Bozorgzadeh, M. Sarrafzadeh. Pattern routing: Use and theory for increasing predictability and avoiding coupling[J]. *IEEE Trans. Comput.-Aided Design Integr. Circuits Syst.*, vol. 21, no. 7, pp. 777-790, Jul. 2002.

[26] Y. -J. Chang, Y. -T. Lee, J. -R. Gao, et al. Wang. NTHU-route 2.0: A robust global router for modern designs[J]. *IEEE Trans. Comput.- Aided Design Integr. Circuits Syst.*, vol. 29, no. 12, pp. 1931-1944, Dec. 2010.

[27] W. -H. Liu, Y. -L. Li, C. -K. Koh. A fast maze-free routing congestion estimator with hybrid unilateral monotonic routing[C]//Proc. Int. Conf. Comput. -Aided Design (ICCAD), 2012, pp. 713-719.

[28] A. Youssef, Z. Yang, M. Anis, S. Areibi, et al. A power-efficient multipin ILP-based routing technique[J]. *IEEE Trans. Circuits Syst. I, Reg. Papers*, vol. 57, no. 1, pp. 225-235, Jan. 2010.

[29] C. -J. Chang, P. -J. Huang, T. -C. Chen, et al. ILP-based inter die routing for 3D ICs[C]// Proc. 16th Asia South Pacific Design Autom. Conf. (ASP-DAC), Jan. 2011, pp. 330-335.

[30] H. Kong, T. Yan, M. D. F. Wong. Automatic bus planner for dense PCBs[C]//Proc.

ACM/IEE 46th Annu. Design Autom. Conf. (DAC), Jul. 2009, pp. 326-331.

[31] E. S. Kuh, T. Ohtsuki. Recent advances in VLSI layout[J]. Proc. IEEE, vol. 78, no. 2, pp. 237-263, Feb. 1990.

[32] R. T. Hadsell, P. H. Madden. Improved global routing through con gestion estimation [C]//Proc. 40th Conf. Design Autom. (DAC), 2003, pp. 28-31.

[33] Z. Cao, T. T. Jing, J. Xiong, et al. Fashion: A fast and accurate solution to global routing problem[J]. IEEE Trans. Comput.-Aided Design Integr. Circuits Syst., vol. 27, no. 4, pp. 726-737, Apr. 2008.

[34] M. Cho, D. Z. Pan. BoxRouter: A new global router based on box expansion and progressive ILP[J]. IEEE Trans. Comput.-Aided Design Integr. Circuits Syst., vol. 26, no. 12, pp. 2130-2143, Dec. 2007.

[35] L. McMurchie, C. Ebeling. Pathfinder: A negotiation-based performance-driven router for FPGAs[C]//Reconfigurable Computing. Amsterdam, The Netherlands: Elsevier, 2008, pp. 365-381.

[36] X. Wei, W.-C. Tang, Y. Diao, et al. ECO timing optimization with negotiation-based re-routing and logic re-structuring using spare cells[C]//Proc. 17th Asia South Pacific Design Autom. Conf., Jan. 2012, pp. 511-516.

[37] J. He, M. Burtscher, R. Manohar, et al. SPRoute: A scalable parallel negotiation-based global router[C]//Proc. IEEE/ACM Int. Conf. Comput.-Aided Design (ICCAD), Nov. 2019, pp. 1-8.

[38] H.-Y. Chen, C.-H. Hsu, Y.-W. Chang. High-performance global routing with fast overflow reduction[C]//Proc. Asia South Pacific Design Autom. Conf., Jan. 2009, pp. 582-587.

[39] C. Albrecht. Global routing by new approximation algorithms for multicommodity flow [J]. IEEE Trans. Comput.-Aided Design Integr. Circuits Syst., vol. 20, no. 5, pp. 622-632, May 2001.

[40] T.-H. Wu, A. Davoodi, J. T. Linderoth. GRIP: Scalable 3D global routing using integer programming[C]//Proc. 46th Annu. Design Autom. Conf. (DAC), 2009, pp. 320-325.

[41] R. Kay, R. A. Rutenbar. Wire packing-a strong formulation of crosstalk-aware chip-level track/layer assignment with an efficient integer programming solution[J]. IEEE Trans. Comput.-Aided Design Integr. Cir cuits Syst., vol. 20, no. 5, pp. 672-679, May 2001.

[42] D. Wu, J. Hu, R. Mahapatra, M. Zhao. Layer assignment for crosstalk risk minimization [C]//Proc. Asia South Pacific Design Autom. Conf. (ASPDAC), 2004, pp. 159-162.

[43] G. Xu, L.-D. Huang, D. Z. Pan, M. D. F. Wong. Redundant-via enhanced maze routing for yield improvement[C]//Proc. Conf. Asia South Pacific Design Autom. (ASP-DAC), 2005, pp. 1148-1151.

[44] K.-Y. Lee, T.-C. Wang. Post-routing redundant via insertion for yield/reliability improvement[C]//Proc. Asia South Pacific Conf. Design Autom., 2006, p. 6.

[45] T.-R. Lin, T. Edwards, M. Pedram. QGDR: A via-minimization oriented routing tool for large-scale superconductive single-flux-quantum circuits [J]. IEEE Trans. Appl. Supercond., vol. 29, no. 7, pp. 1-12, Oct. 2019.

[46] Y. Xu, Y. Zhang, C. Chu. FastRoute 4.0: Global router with efficient via minimization

[C]//Proc. Asia South Pacific Design Autom. Conf. ,Jan. 2009,pp. 576-581.

[47] T.-H. Lee,T.-C. Wang. Congestion-constrained layer assignment for via minimization in global routing[J]. *IEEE Trans. Comput.-Aided Design Integr. Circuits Syst.* ,vol. 27, no. 9,pp. 1643-1656,Sep. 2008.

[48] T.-H. Wu, A. Davoodi, J. T. Linderoth. GRIP: Global routing via integer programming [J]. *IEEE Trans. Comput.-Aided Design Integr. Circuits Syst.* , vol. 30, no. 1, pp. 72- 84,Jan. 2011.

[49] W.-H. Liu,W.-C. Kao, Y.-L. Li, K.-Y. Chao. NCTU-GR 2. 0: Multithreaded collision- aware global routing with bounded-length maze routing[J]. *IEEE Trans. Comput.-Aided Design Integr. Circuits Syst.* ,vol. 32,no. 5,pp. 709-722,May 2013.

[50] N. J. Naclerio,S. Masuda,K. Nakajima. The via minimization problem is NP-complete[J]. *IEEE Trans. Comput.* ,vol. 38,no. 11,pp. 1604-1608,Nov. 1989.

[51] T.-H. Lee, T.-C. Wang. Simultaneous antenna avoidance and via optimization in layer assignment of multi-layer global routing[C]//Proc. IEEE/ACM Int. Conf. Comput. -Aided Design (ICCAD),Nov. 2010,pp. 312-318.

[52] G. Liu,X. Huang, W. Guo, Y. Niu, G. Chen. Multilayer obstacle avoiding X-Architecture Steiner minimal tree construction based on particle swarm optimization[J]. *IEEE Trans. Cybern.* ,vol. 45,no. 5,pp. 1003-1016,May 2015.

[53] M. D. Moffitt,J. A. Roy, I. L. Markov. The coming of age of (academic) global routing [C]//Proc. Int. Symp. Phys. Design (ISPD),2008,pp. 148-155.

[54] V. Vani,G. R. Prasad. Augmented line segment based algorithm for constructing rectilinear Steiner minimum tree[C]//Proc. Int. Conf. Commun. Electron. Syst. (ICCES), Oct. 2016, pp. 1-5.

[55] N. R. Latha,G. R. Prasad. Wirelength and memory optimized rectilinear Steiner minimum tree routing[C]//Proc. 2nd IEEE Int. Conf. Recent Trends Electron. , Inf. Commun. Technol. (RTEICT),May 2017,pp. 1493-1497.

[56] L. N R,G. R. Prasad. Memory and I/O optimized rectilinear Steiner minimum tree routing for VLSI[J]. *Int. J. Electron. ,Commun. ,Meas. Eng.* ,vol. 9,no. 1,pp. 46-59,Jan. 2020.

[57] S.-E.-D. Lin,D. H. Kim. Construction of all rectilinear Steiner minimum trees on the Hanan grid and its applications to VLSI design[J]. *IEEE Trans. Comput.-Aided Design Integr. Circuits Syst.* ,early access,May 20,2019,doi: 10. 1109/TCAD. 2019. 2917896.

[58] P. Tu,W.-K. Chow, E. F. Y. Young. Timing driven routing tree construction[C]//Proc. ACM/IEEE Int. Workshop Syst. Level Interconnect Predict. (SLIP),Jun. 2017,pp. 1-8.

[59] G. Liu,W. Guo, Y. Niu, G. Chen, X. Huang. A PSO-based timing driven octilinear Steiner tree algorithm for VLSI routing considering bend reduction[J]. *Soft Comput.* ,vol. 19, no. 5,pp. 1153-1169,May 2015.

[60] G. Liu,Z. Chen,Z. Zhuang,et al. A unified algorithm based on HTS and self-adapting PSO for the construction of octagonal and rectilinear SMT[J]. *Soft Comput.* ,vol. 24,no. 6, pp. 3943-3961,Mar. 2020.

[61] G. Ajwani,C. Chu, W.-K. Mak. FOARS: FLUTE based obstacle avoiding rectilinear Steiner tree construction[J]. *IEEE Trans. Comput.- Aided Design Integr. Circuits Syst.* ,vol. 30,no. 2,pp. 194-204,Feb. 2011.

[62] K.-W. Lin, Y.-S. Lin, Y.-L. Li, R.-B. Lin. A maze routing-based algorithm for ML-OARST with pre-selecting and re-building Steiner points[C]//Proc. Great Lakes Symp. VLSI, 2017, pp. 399-402.

[63] T. Huang, E. F. Y. Young. An exact algorithm for the construction of rectilinear Steiner minimum trees among complex obstacles[C]//Proc. 48th ACM/EDAC/IEEE Design Autom. Conf. (DAC), Jun. 2011, pp. 164-169.

[64] T. Huang, L. Li, E. F. Y. Young. On the construction of optimal obstacle-avoiding rectilinear Steiner minimum trees[J]. *IEEE Trans. Comput.-Aided Design Integr. Circuits Syst.*, vol. 30, no. 5, pp. 718-731, May 2011.

[65] R.-Y. Wang, C.-C. Pai, J.-J. Wang, H.-T. Wen, Y.-C. Pai, Y.-W. Chang, J. C. M. Li, J.-H. Jiang. Efficient multi-layer obstacle-avoiding region-to-region rectilinear Steiner tree construction[C]//Proc. 55th Annu. Design Autom. Conf. (DAC), 2018, p. 45.

[66] W. Guo, X. Huang. PORA: A physarum-inspired obstacle-avoiding routing algorithm for integrated circuit design[J]. *Appl. Math. Model.*, vol. 78, pp. 268-286, Feb. 2020.

[67] X. Huang, G. Liu, W. Guo, Y. Niu, G. Chen. Obstacle-avoiding algorithm in X-Architecture based on discrete particle swarm optimization for VLSI design[J]. *ACM Trans. Design Autom. Electron. Syst.*, vol. 20, no. 2, p. 24, Mar. 2015.

[68] X. Huang, W. Guo, G. Liu, G. Chen. FH-OAOS: A fast four-step heuristic for obstacle-avoiding octilinear Steiner tree construction[J]. *ACM Trans. Design Autom. Electron. Syst.*, vol. 21, no. 3, p. 48, Jul. 2016.

[69] X. Huang, W. Guo, G. Liu, G. Chen. MLXR: Multi-layer obstacle avoiding X-architecture Steiner tree construction for VLSI routing[J]. *Sci. China Inf. Sci.*, vol. 60, no. 1, p. 19102, Jan. 2017.

[70] X. Huang, W. Guo, G. Chen. Fast obstacle-avoiding octilinear Steiner minimal tree construction algorithm for VLSI design[C]//Proc. 16th Int. Symp. Qual. Electron. Design, Mar. 2015, pp. 46-50.

[71] S. Held, S. T. Spirkl. A fast algorithm for rectilinear Steiner trees with length restrictions on obstacles[C]//Proc. Int. Symp. Phys. Design (ISPD), 2014, pp. 37-44.

[72] Y. Zhang, A. Chakraborty, S. Chowdhury, D. Z. Pan. Reclaiming over-the-IP-block routing resources with buffering-aware rectilinear Steiner minimum tree construction[C]//Proc. Int. Conf. Comput.-Aided Design, 2012, pp. 137-143.

[73] T. Huang, E. F. Y. Young. Construction of rectilinear Steiner minimum trees with slew constraints over obstacles[C]//Proc. Int. Conf. Comput.-Aided Design, 2012, pp. 144-151.

[74] Y. Zhang, D. Z. Pan. Timing-driven, over-the-block rectilinear Steiner tree construction with pre-buffering and slew constraints[C]//Proc. Int. Symp. Phys. Design, 2014, pp. 29-36.

[75] H. Zhang, D.-Y. Ye, W.-Z. Guo. A heuristic for constructing a rectilin ear Steiner tree by reusing routing resources over obstacles[J]. *Integration*, vol. 55, pp. 162-175, Sep. 2016.

[76] G. Shyamala, G. Prasad. Obstacle aware delay optimized rectilinear Steiner minimum tree routing[C]//Proc. 2nd IEEE Int. Conf. Recent Trends Electron., Inf. Commun. Technol. (RTEICT), May 2017, pp. 2194-2197.

[77] F. K. Hwang. On Steiner minimal trees with rectilinear distance[J]. *SIAM J. Appl.*

Math., vol. 30, no. 1, pp. 104-114, Jan. 1976.

［78］ J.-M. Ho, G. Vijayan, C. K. Wong. New algorithms for the rectilinear Steiner tree problem [J]. *IEEE Trans. Comput.-Aided Design Integr. Circuits Syst.*, vol. 9, no. 2, pp. 185-193, Feb. 1990.

［79］ A. B. Kahng, G. Robins. A new class of iterative Steiner tree heuristics with goodperformance[J]. *IEEE Trans. Comput.-Aided Design Integr. Circuits Syst.*, vol. 11, no. 7, pp. 893-902, Jul. 1992.

［80］ H. Zhou, N. Shenoy, W. Nicholls. Efficient minimum spanning tree construction without delaunay triangulation[C]//Proc. Asia South Pacific Design Autom. Conf., 2001, pp. 192-197.

［81］ H. Zhou. Efficient Steiner tree construction based on spanning graphs[C]//Proc. Int. Symp. Phys. Design, 2003, pp. 152-157.

［82］ S. Cinel, C. F. Bazlamacci. A distributed heuristic algorithm for the rectilinear Steiner minimal tree problem[J]. *IEEE Trans. Comput.-Aided Design Integr. Circuits Syst.*, vol. 27, no. 11, pp. 2083-2087, Nov. 2008.

［83］ A. B. Kahng, I. I. Mandoiu, A. Z. Zelikovsky. Highly scalable algorithms for rectilinear and octilinear Steiner trees[C]//Proc. Asia South Pacific Design Autom. Conf., 2003, pp. 827-833.

［84］ M. Hanan. On Steiners problem with rectilinear distance[J]. *SIAM J. Appl. Math.*, vol. 14, no. 2, pp. 255-265, 1966.

［85］ Z. Cao, T. Jing, J. Xiong, Y. Hu, L. He, X. Hong. DpRouter: A fast and accurate dynamic-pattern-based global routing algorithm[C]//Proc. Asia South Pacific Design Autom. Conf., Jan. 2007, pp. 256-261.

［86］ H. Xianlong, Z. Qi, J. Tong, W. Yin, Y. Yang, C. Yici. Non-rectilinear on-chip interconnect-an efficient routing solution with high performance[J]. *Chin. J. Semicond.*, vol. 3, no. 24, 2003, pp. 225-233.

［87］ S. L. Teig. The x architecture: Not your fathers diagonal wiring[C]//Proc. Int. Workshop Syst.-Level Interconnect Predict., 2002, pp. 33-37.

［88］ J.-T. Yan. Timing-driven octilinear Steiner tree construction based on Steiner-point reassignment and path reconstruction[J]. *ACM Trans. Des. Autom. Electron. Syst.*, vol. 13, no. 2, p. 26, Apr. 2008.

［89］ Y.-F. Wu, P. Widmayer, M. D. F. Schlag, C. K. Wong. Rectilinear shortest paths and minimum spanning trees in the presence of rectilin ear obstacles[J]. *IEEE Trans. Comput.*, vol. C-36, no. 3, pp. 321-331, Mar. 1987.

［90］ L. Li, Z. Qian, E. F. Y. Young. Generation of optimal obstacle avoiding rectilinear Steiner minimum tree[J]. *IEEE/ACM Int. Conf. Comput.-Aided Design-Dig. Tech. Papers*, Nov. 2009, pp. 21-25.

［91］ C.-H. Liu, S.-Y. Yuan, S.-Y. Kuo, J.-H. Weng. Obstacle-avoiding rectilinear Steiner tree construction based on Steiner point selection[C]//IEEE/ACM Int. Conf. Comput.-Aided Design-Dig. Tech. Papers, Nov. 2009, pp. 26-32.

［92］ J. Long, H. Zhou, S. O. Memik. EBOARST: An efficient edge based obstacle-avoiding rectilinear Steiner tree construction algorithm[J]. *IEEE Trans. Comput.-Aided Design*

Integr. Circuits Syst. ,vol. 27,no. 12,pp. 2169-2182,Dec. 2008.

[93] C. -H. Liu, S. -Y. Yuan, S. -Y. Kuo, S. -C. Wang. High-performance obstacle-avoiding rectilinear Steiner tree construction[J]. *ACM Trans. Des. Autom. Electron. Syst.* ,vol. 14, no. 3,p. 45,May 2009.

[94] C. -W. Lin,S. -Y. Chen,C. -F. Li,Y. -W. Chang,C. -L. Yang. Efficient obstacle-avoiding rectilinear Steiner tree construction[C]//Proc. Int. Symp. Phys. Design,2007,pp. 127-134.

[95] Z. Shen,C. C. N. Chu,Y. -M. Li. Efficient rectilinear Steiner tree construction with rectilinear blockages[C]//Proc. Int. Conf. Comput. Design,2005,pp. 38-44.

[96] Y. Hu,T. Jing,X. Hong,Z. Feng,X. Hu,G. Yan. An-OARSMan: Obstacle-avoiding routing tree construction with good length performance[C]//Proc. Asia South Pacific Design Autom. Conf. ,2005,pp. 7-12.

[97] J. L. Ganley,J. P. Cohoon. Routing a multi-terminal critical net: Steiner tree construction in the presence of obstacles[C]//Proc. IEEE Int. Symp. Circuits Syst. (ISCAS),vol. 1, May 1994,pp. 113-116.

[98] T. Huang,E. F. Y. Young. Obstacle-avoiding rectilinear Steiner minimum tree construction: An optimal approach[C]//Proc. IEEE/ACM Int. Conf. Comput. -Aided Design (ICCAD), Nov. 2010,pp. 610-613.

[99] T. T. Jing,Z. Feng,Y. Hu,et al. λ-OAT: λ- geometry obstacle-avoiding tree construction with O(n log n) complexity[J]. *IEEE Trans. Comput. -Aided Design Integr. Circuits Syst.* ,vol. 26,no. 11,pp. 2073-2079,Nov. 2007.

[100] W. Guo,J. Li,G. Chen,Y. Niu,C. Chen. A PSO-optimized real-time fault-tolerant task allocation algorithm in wireless sensor networks[J]. *IEEE Trans. Parallel Distrib. Syst.* ,vol. 26,no. 12,pp. 3236-3249,Dec. 2015.

[101] B. Lin,W. Guo,N. Xiong,G. Chen,A. V. Vasilakos,H. Zhang. A pretreatment workflow scheduling approach for big data applications in multicloud environments[J]. *IEEE Trans. Netw. Service Manage.* ,vol. 13,no. 3,pp. 581-594,Sep. 2016.

[102] X. Chen,G. Liu,N. Xiong,Y. Su,G. Chen. A survey of swarm intelligence techniques in VLSI routing problems[J]. *IEEE Access* ,vol. 8,pp. 26266-26292,2020.

[103] M. Müller-Hannemann,S. Peyer. Approximation of rectilinear Steiner trees with length restrictions on obstacles[C]//Proc. Workshop Algorithms Data Struct. Berlin,Germany: Springer,2003,pp. 207-218.

[104] K. Mehlhorn. A faster approximation algorithm for the Steiner problem in graphs[J]. *Inf. Process. Lett.* ,vol. 27,no. 3,pp. 125-128,Mar. 1988.

[105] K. Clarkson,S. Kapoor,P. Vaidya. Rectilinear shortest paths through polygonal obstacles in O (n (logn) 2) time[C]//Proc. 3rd Annu. Symp. Comput. Geometry, 1987, pp. 251-257.

[106] C. V. Kashyap,C. J. Alpert,F. Liu,A. Devgan. PERI: A technique for extending delay and slew metrics to ramp inputs[C]//Proc. 8th ACM/IEEE Int. Workshop Timing Issues Specification Synth. Digit. Syst. ,Dec. 2002,pp. 57-62.

[107] Y. Zhang,Y. Xu,C. Chu. FastRoute3. 0: A fast and high quality global router based on virtual capacity[C]//Proc. IEEE/ACM Int. Conf. Comput. -Aided Design,Nov. 2008,pp. 344-349.

[108] K.-R. Dai, W.-H. Liu, Y.-L. Li. Efficient simulated evolution based rerouting and congestion-relaxed layer assignment on 3-D global routing[C]//Proc. Asia South Pacific Design Autom. Conf. ,Jan. 2009,pp. 570-575.

[109] L. C. Abel. On the ordering of connections for automatic wire routing[J]. *IEEE Trans. Comput.* ,vol. C-21,no. 11,pp. 1227-1233,Nov. 1972.

[110] D. W. Hightower. A solution to line-routing problems on the continuous plane[C]// Proc. 6th Annu. Conf. Design Autom. ,1969,pp. 1-24.

[111] K. Mikami. A computer program for optimal routing of printed circuit connectors[C]// Proc. IFIPS,1968,pp. 1475-1478.

[112] M. Pan,C. Chu. FastRoute：A step to integrate global routing into placement[C]//Proc. IEEE/ACM Int. Conf. Comput. Aided Design,Nov. 2006,pp. 464-471.

[113] C. Chiang,M. Sarrafzadeh,C. K. Wong. Global routing based on Steiner min-max trees [J]. *IEEE Trans. Comput.-Aided Design Integr. Circuits Syst.* ,vol. 9,no. 12,pp. 1318-1325,Dec. 1990.

[114] C. Chiang,C. K. Wong,M. Sarrafzadeh. A weighted Steiner tree based global router with simultaneous length and density minimization[J]. *IEEE Trans. Comput.-Aided Design Integr. Circuits Syst.* ,vol. 13,no. 12,pp. 1461-1469,Dec. 1994.

[115] Y. Xu,C. Chu. MGR：Multi-level global router[C]//Proc. IEEE/ACM Int. Conf. Comput.-Aided Design (ICCAD),Nov. 2011,pp. 250-255.

[116] H. Liao,W. Zhang,X. Dong,B. Poczos,K. Shimada,L. Burak Kara. A deep reinforcement learning approach for global routing[J]. *J. Mech. Des.* ,vol. 142,no. 6,pp. 1-12, Jun. 2020.

[117] Z. Zhou,S. Chahal,T.-Y. Ho,A. Ivanov. Supervised-learning congestion predictor for routability-driven global routing[C]//Proc. Int. Symp. VLSI Design,Autom. Test (VLSI-DAT),Apr. 2019,pp. 1-4.

[118] T. Zhang,X. Liu,W. Tang,J. Chen,Z. Xiao,F. Zhang,W. Hu,Z. Zhou,Y. Cheng. Predicted congestion using a density-based fast neural network algorithm in global routing[C]//Proc. IEEE Int. Conf. Electron Devices Solid-State Circuits (EDSSC),Jun. 2019,pp. 1-3.

[119] J. Hu,J. A. Roy,I. L. Markov. Sidewinder：A scalable ILP-based router[C]//Proc. 10th Int. Workshop Syst. Level Interconnect Predict. ,2008,pp. 73-80.

[120] L. Behjat,A. Chiang. Fast integer linear programming based models for VLSI global routing[C]//Proc. IEEE Int. Symp. Circuits Syst. ,May 2005,pp. 6238-6243.

[121] T.-H. Wu,A. Davoodi,J. T. Linderoth. A parallel integer programming approach to global routing[C]//Proc. 47th Design Autom. Conf. ,2010,pp. 194-199.

[122] C. Li,M. Xie,C. Koh,J. Cong,P. H. Madden. Routability-driven placement and white space allocation[J]. *IEEE Transactions on Computer-Aided Design of Integrated Circuits and Systems*,2007,26(5)：858-871.

[123] M. Pan,C. Chu. IPR：An integrated placement and routing algorithm[C]//Proc. 44th ACM/IEEE Design Autom. Conf. ,Jun. 2007,pp. 59-62.

[124] J. A. Roy,N. Viswanathan,G.-J. Nam,C. J. Alpert,I. L. Markov. CRISP：Congestion reduction by iterated spreading during placement[C]//Proc. Int. Conf. Comput.-Aided

Design,2009,pp. 357-362.

[125] U. Brenner,A. Rohe. An effective congestion-driven placement framework[J]. *IEEE Trans. Comput.-Aided Design Integr. Circuits Syst.*, vol. 22, no. 4, pp. 387-394, Apr. 2003.

[126] P. Spindler, F. M. Johannes. Fast and accurate routing demand estimation for efficient routability-driven placement[C]//Proc. Design,Autom. Test Eur. Conf. Exhib. San Jose, CA,USA: EDA Consortium,Apr. 2007,pp. 1226-1231.

[127] M. Wang,X. Yang, K. Eguro, M. Sarrafzadeh. Multi-center congestion estimation and minimization during placement[C]//Proc. ISPD,2000,pp. 147-152.

[128] J. Westra,C. Bartels, P. Groeneveld. Probabilistic congestion prediction[C]//Proc. Int. Symp. Phys. Design,2004,pp. 204-209.

[129] H. Shojaei,A. Davoodi,J. T. Linderoth. Congestion analysis for global routing via integer programming[C]//Proc. IEEE/ACM Int. Conf. Comput.-Aided Design (ICCAD),Nov. 2011,pp. 256-262.

[130] Z. Yang,A. Vannelli, S. Areibi. An ILP based hierarchical global routing approach for VLSI ASIC design[J]. *Optim. Lett.*, vol. 1,no. 3,pp. 281-297,May 2007.

[131] S. Sen. VLSI routing in multiple layers using grid based routing algorithms[J]. *Int. J. Comput. Appl.*, vol. 93,no. 16,pp. 41-45,2014.

[132] H.-J. Lu,E.-J. Jang, A. Lu, Y. T. Zhang, Y.-H. Chang, C.-H. Lin, R.-B. Lin. Practical ILP-based routing of standard cells[C]//Proc. Design,Autom. Test Eur. Conf. Exhib. (DATE). San Jose,CA,USA: EDA Consortium,2016,pp. 245-248.

[133] G. Liu,Z. Zhuang,W. Guo,G. Chen. A high performance X-architecture multilayer global router for vlsi,(in Chinese)[J]. *Acta Automatica Sinica*,vol. 46,no. 1,pp. 79-93,2020.

[134] L. R. Ford,Jr., D. R. Fulkerson. *Flows Network* [M]. Princeton. NJ, USA: Princeton Univ. Press,2015.

[135] R. K. Ahuja,T. L. Magnanti, J. B. Orlin, K. Weihe. Network flows: Theory,algorithms and applications[J]. *ZOR-Methods Models Oper. Res.*, vol. 41,no. 3,pp. 252-254,1995.

[136] J. D. Cho, M. Sarrafzadeh. Four-bend top-down global routing [J]. *IEEE Trans. Comput.-Aided Design Integr. Circuits Syst.*, vol. 17,no. 9,pp. 793-802,Sep. 1998.

[137] J. Hu,S. S. Sapatnekar. A timing-constrained algorithm for simultaneous global routing of multiple nets[C]//Proc. IEEE/ACM Int. Conf. Comput. Aided Design,Nov. 2000,pp. 99-103.

[138] E. Shragowitz,S. Keel. A global router based on a multicommodity flow model[J]. *Integration*,vol. 5,no. 1,pp. 3-16,Mar. 1987.

[139] P. Raghavan, C. D. Thompson. Multiterminal global routing: A deterministic approximation scheme[J]. *Algorithmica*,vol. 6,nos. 1-6,pp. 73-82,Jun. 1991.

[140] R. C. Carden,J. Li,C.-K. Cheng. A global router with a theoretical bound on the optimal solution[J]. *IEEE Trans. Comput.-Aided Design Integr. Circuits Syst.*,vol. 15,no. 2, pp. 208-216,Feb. 1996.

[141] F. Shahrokhi,D. W. Matula. The maximum concurrent flow problem[J]. *J. ACM*,vol. 37,no. 2,pp. 318-334,Apr. 1990.

[142] N. Garg,J. Könemann. Faster and simpler algorithms for multicom modity flow and other

fractional packing problems[J]. *SIAM J. Comput.*, vol. 37, no. 2, pp. 630-652, Jan. 2007.

[143] S. Daboul, S. Held, B. Natura, D. Rotter. Global interconnect optimization[C]//Proc. IEEE/ACM Int. Conf. Comput.-Aided Design (ICCAD), Nov. 2019, pp. 1-8.

[144] G. S. Garcea, N. P. van der Meijs, R. H. J. M. Otten. Simultaneous analytic area and power optimization for repeater insertion [C]//Proc. Int. Conf. Comput. Aided Design (ICCAD), Nov. 2003, pp. 568-573.

[145] G. Nallathambi, S. Rajaram. Power aware VLSI routing using particle swarm optimization for green electronics [C]//Proc. Int. Conf. Green Comput. Commun. Electr. Eng. (ICGCCEE), Mar. 2014, pp. 1-6.

[146] S.-G. Yang, L. Li, Y. Xu, Y.-A. Zhang, B. Zhang. A power-aware adaptive routing scheme for network on a chip[C]//Proc. 7th Int. Conf. ASIC, Oct. 2007, pp. 1301-1304.

[147] T.-H. Wu, A. Davoodi, J. T. Linderoth. Power-driven global routing for multisupply voltage domains[J]. *VLSI Des.*, vol. 2013, pp. 1-12, Jul. 2013.

[148] T. Arora, M. E. Moses, Ant colony optimization for power efficient routing in manhattan and non-manhattan VLSI architectures [C]//Proc. IEEE Swarm Intell. Symp., Mar. 2009, pp. 137-144.

[149] M. Chentouf, L. Cherif, Z. El Abidine Alaoui Ismaili. Power-aware clock routing in 7nm designs[C]//Proc. 4th Int. Conf. Optim. Appl. (ICOA), Apr. 2018, pp. 1-6.

[150] W. C. Elmore. The transient response of damped linear networks with particular regard to wideband amplifiers[J]. *J. Appl. Phys.*, vol. 19, no. 1, pp. 55-63, 1948.

[151] T. F. Chan, J. Cong, E. Radke. A rigorous framework for convergent net weighting schemes in timing-driven placement[C]//IEEE/ACM Int. Conf. Comput.-Aided Design-Dig. Tech. Papers, Nov. 2009, pp. 288-294.

[152] C. Qiao, X. Hong. A loop routing approach for decreasing critical path delay[C]//Proc. 4th Int. Conf. Solid-State IC Technol., 1995, pp. 355-357.

[153] X. Hong, T. Xue, J. Huang, C.-K. Cheng, E. S. Kuh. TIGER: An efficient timing-driven global router for gate array and standard cell layout design[J]. *IEEE Trans. Comput.-Aided Design Integr. Circuits Syst.*, vol. 16, no. 11, pp. 1323-1331, Nov. 1997.

[154] L. Y. Wang, B. D. Liu, Y. T. Lai, M. Y. Yeh. Performance-driven global routing based on simulated evolution [C]//Proc. IEEE Region Int. Conf. Comput., Commun. Autom. (TENCON), vol. 1, Oct. 1993, pp. 511-514.

[155] A. I. Erzin, V. V. Zalyubovskiy, Y. V. Shamardin, I. I. Takhonov, R. Samanta, S. Raha. A timing driven congestion aware global router[C]//Proc. 2nd Int. Conf. Emerg. Appl. Inf. Technol., Feb. 2011, pp. 375-378.

[156] J. Cong, P. H. Madden, Performance driven global routing for standard cell design[C]// Proc. Int. Symp. Phys. Design, 1997, vol. 14, no. 16, pp. 73-80.

[157] J. Cong, K.-S. Leung, D. Zhou. Performance-driven interconnect design based on distributed RC delay model [C]//Proc. 30th Int. Design Autom. Conf., 1993, pp. 606-611.

[158] J. Cong, K.-S. Leung. Optimal wiresizing under the distributed elmore delay model[C]// Proc. Int. Conf. Comput. Aided Design (ICCAD), 1993, pp. 634-639.

[159] J. Cong, C.-K. Koh. Simultaneous driver and wire sizing for performance and power

optimization[J]. *IEEE Trans. Very Large Scale Integr. (VLSI) Syst.*, vol. 2, no. 4, pp. 408-425, Dec. 1994.

[160] J. Cong, B. Preas. A new algorithm for standard cell global routing[C]//Proc. ICCAD, 1988, pp. 176-179.

[161] H.-H. Huang, H.-Y. Huang, Y.-C. Lin, T.-M. Hsieh, Timing-driven obstacles-avoiding routing tree construction for a multiple-layer system[C]//Proc. IEEE Int. Symp. Circuits Syst., May 2008, pp. 1200-1203.

[162] J. Huang, X.-L. Hong, C.-K. Cheng, E. S. Kuh. An efficient timingdriven global routing algorithm[C]//Proc. 30th Int. Design Autom. Conf. (DAC), 1993, pp. 596-600.

[163] J. Vygen. Near-optimum global routing with coupling, delay bounds, and power consumption[C]//Proc. Int. Conf. Integer Program. Combinat. Optim. Berlin, Germany: Springer, 2004, pp. 308-324.

[164] R. Samanta, A. I. Erzin, S. Raha, et al. A provably tight delay-driven concurrently congestion mitigating global routing algorithm[J]. *Appl. Math. Comput.*, vol. 255, pp. 92-104, Mar. 2015.

[165] S. Held, D. Müller, D. Rotter, R. Scheifele, V. Traub, J. Vygen. Global routing with timing constraints[J]. *IEEE Trans. Comput.-Aided Design Integr. Circuits Syst.*, vol. 37, no. 2, pp. 406-419, Feb. 2018.

[166] J.-T. Yan, C.-H. Yen. Construction of delay-driven GNR routing tree[C]//Proc. 17th IEEE Int. New Circuits Syst. Conf. (NEWCAS), Jun. 2019, pp. 1-4.

[167] J.-T. Yan. Single-layer delay-driven GNR nontree routing under resource constraint for yield improvement[J]. *IEEE Trans. Very Large Scale Integr. (VLSI) Syst.*, vol. 28, no. 3, pp. 736-749, Mar. 2020.

[168] W.-H. Liu, Y.-L. Li, K.-Y. Chao. High-quality global routing for multiple dynamic supply voltage designs [C]//Proc. IEEE/ACM Int. Conf. Comput.-Aided Design (ICCAD), Nov. 2011, pp. 263-269.

[169] M. Terres, C. Meinhardt, G. Bontorin, R. Reis. Exploring more efficient architectures for multiple dynamic supply voltage designs [C]//Proc. IEEE 5th Latin Amer. Symp. Circuits Syst., Feb. 2014, pp. 1-4.

[170] W.-H. Liu, W.-C. Kao, Y.-L. Li, K.-Y. Chao. Multi-threaded collision-aware global routing with bounded-length maze routing[C]//Proc. 47th Design Autom. Conf. (DAC), 2010, pp. 200-205.

[171] L.-C. Lu. Physical design challenges and innovations to meet power, speed, and area scaling trend[C]//Proc. ACM Int. Symp. Phys. Design (ISPD), 2017, p. 63.

[172] J. Ao, S. Dong, S. Chen, S. Goto. Delay-driven layer assignment in global routing under multi-tier interconnect structure[C]//Proc. ACM Int. Symp. Int. Symp. Phys. Design (ISPD), 2013, pp. 101-107.

[173] B. Yu, D. Liu, S. Chowdhury, D. Z. Pan. TILA: Timing-driven incremental layer assignment[C]//Proc. IEEE/ACM Int. Conf. Comput.-Aided Design (ICCAD), Nov. 2015, pp. 110-117.

[174] D. Liu, B. Yu, S. Chowdhury, D. Z. Pan. TILA-S: Timing-driven incremental layer assignment avoiding slew violations[J]. *IEEE Trans. Comput.-Aided Design Integr.*

Circuits Syst.,vol. 37,no. 1,pp. 231-244,Jan. 2018.

［175］ S.-Y. Han,W.-H. Liu,R. Ewetz,C.-K. Koh,K.-Y. Chao,T.-C. Wang,Delay-driven layer assignment for advanced technology nodes［C］//Proc. 22nd Asia South Pacific Design Autom. Conf. (ASP-DAC),Jan. 2017,pp. 456-462.

［176］ W.-H. Liu,Y.-L. Li. Negotiation-based layer assignment for via count and via overflflow minimization［C］//Proc. 16th Asia South Pacific Design Autom. Conf. (ASP-DAC),Jan. 2011,pp. 539-544.

第 2 章　直角结构 Steiner 最小树算法

2.1　引言

直角结构 Steiner 最小树(Rectilinear Steiner Minimal Tree,RSMT)问题是一个 NP-难问题,同时也是超大规模集成电路物理设计中的关键问题。RSMT 问题介绍如下:先在平面上给出一个节点集合,RSMT 问题的目的是寻找一个连接所有节点的最小代价 Steiner 树,该树由垂直线段和水平线段组成。树的任意一条边的代价是其端点之间的曼哈顿距离或者直线距离,树的代价定义为其所有边的代价之和。

RSMT 的构建对于总体布线和详细布线很重要,很多研究致力于这一方面。文献[1]提出了 GeoSteiner 算法,是现在最快的解决平面 Steiner 树问题的 RSMT 构建算法。文献[2]提出了一个著名的近似最优算法。文献[3]提出了两个进化算法的混合算法来解决直角 Steiner 树问题。文献[4]提出了基于遗传算法的构建直角 Steiner 树的算法。这些研究说明了进化算法在解决 RSMT 问题中有很好的前景。

Eberhart 和 Kennedy 在 1995 年提出了粒子群优化(Particle Swarm Optimization,PSO)算法,该算法被证明是一个全局优化算法。粒子群算法与其他优化算法相比较,优势在于其实现简单,且能够快速地收敛。然而,粒子群算法很少被应用于 RSMT 的构建。

近些年,随着超大规模集成电路特征尺寸在超深亚微米技术中不断缩小,通孔数量成为总体布线阶段的一个关键问题。通孔数量最小化可以减少电路延迟并增强电路的可制造性。减少弯曲的数量有助于减少通孔的数量,因为层分配或详细布线阶段的弯曲通常意味着层的切换,导致使用更多的通孔。在后面的阶段,减少弯曲的数量比减少通孔数量更容易,因此,有必要研究考虑弯曲减少的 Steiner 树构造算法。

2.2 节采用了一种基于离散粒子群(Discrete Particle Swarm Optimization,

DPSO)算法的有效算法来解决 RSMT 问题。此外,在构建 RSMT 时,还将有效地减少弯曲的数量。实验结果表明,该方法是有效可行的。

2.3 节提出了一种新的 DABC 算法用于求解绕障直角 Steiner 最小树(Obstacle-Avoiding Rectilinear Steiner Minimal Tree,OARSMT)问题,称为 DABC_OARST 算法。DABC_OARST 算法首先基于直角满 Steiner 树生成 OARSMT 问题的布线图,然后使用 DABC 算法搜索近优解。算法中定义了基于 Steiner 点的邻居,引入了两种具有不确定步长的局部搜索算子。以 DNH 算法为基础的启发式算法作为编码器,Steiner 树的构造过程就是该算法的编码过程。

测试结果表明,DABC_OARST 算法在求解质量和运算速度方面均超过了 JPSOMR 算法;使用相近的相对运行时间,比局部搜索算法取得更好的求解质量;在求解常用的 22 个测试电路的 RSMT 和 OARSMT 问题时,其求解结果明显优于现有的启发式方法。

2.2　基于离散 PSO 的直角结构 Steiner 最小树算法

本节提出了基于离散粒子群的 RSMT 算法(称为 BRRA_DPSO)以最小化布线长度和减少弯曲的数量。为了解决粒子群算法用于高维空间优化收敛速度慢的问题,提出了一种自适应调整学习因子的策略,并结合遗传算法的交叉和变异算子。实验结果表明,本节提出的算法可以有效地得到 RSMT 问题的高质量解,并且比遗传算法的收敛性更快。而且,本节算法也可以减少弯曲的数量。

2.2.1　准备工作

1. 问题描述

RSMT 问题介绍如下。$P = \{P_1, P_2, P_3, \cdots, P_n\}$ 是包含 n 个引脚的集合,每个 P_i 被分配了一个坐标 (x_i, y_i)。引脚的输入信息如表 2.1 所示。图 2.1 显示了引脚的布局。每个引脚都有坐标 (x_i, y_i)。例如,引脚 1 位于 $(1, 12)$。

表 2.1　引脚的输入信息

编号	1	2	3	4	5	6	7
x 坐标	1	3	4	10	10	11	14
y 坐标	12	2	6	10	8	3	12

RSMT 问题是通过一些额外的点(称为 Steiner 点)连接所有引脚,以实现最小化超大规模集成电路/特大规模集成电路物理设计中的总长度。此外,减少弯曲的数量有助于减少通孔的数量。在构建 RSMT 的同时,本算法还在 RSMT 构建阶段引入了基于罚函数的迭代优化策略。

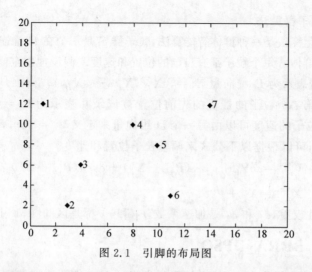

图 2.1　引脚的布局图

2. 定义和定理

定义 2.1　直角 Steiner 树　它的根在原点,所有的顶点作为树的节点,并且受到从父节点到子节点的每条有向边必须直接向右或直接向上的约束。

定义 2.2　伪 Steiner 点　为了方便起见,假设除引脚之外的端点统称为伪 Steiner 点。

定义 2.3　0 选择　在图 2.2(a)中,设 $A=(x_1,y_1)$ 和 $B=(x_2,y_2)$ 为一条线段 L 的两个端点,$x_1<x_2$。如图 2.2(b)所示,伪 Steiner 点的 0 选择对应于边 L,它首先从 A 的垂直侧通向伪 Steiner 点,然后从水平侧通向 B。

定义 2.4　1 选择　如图 2.2(c)所示,伪 Steiner 点的 1 选择对应于边 L,它首先从 A 的水平侧通向伪 Steiner 点,然后从垂直侧通向 B。

图 2.2　Steiner 点的两种选择方式

定义 2.5　Hanan 网格　把通过给定点的水平线和垂直线的交点看作 Steiner 点,这些点构成了"Hanan 网格"。

定理 2.1　对于一个引脚集合 P,至少有一个 RSMT,它的 Steiner 点集是 Hanan 网格中点的子集。

RSMT 中所有可能的 Steiner 点都必须基于 Hanan 网格,可以根据一定的规则从中选择一些点作为 Steiner 点。然后这些 Steiner 点和引脚一起构成了 RSMT 的端点。

3. 基本粒子群算法

粒子群优化算法是一种群体智能算法,粒子群 S 是一个在 D 维连续解空间中包含 n 个粒子的群体。每个粒子都有自己的位置和速度。假设搜索空间是 D 维的,第 i 个粒子的位置表示为 D 维向量 $\boldsymbol{X}_i = (X_{i1}, X_{i2}, \cdots, X_{iD})$,群体 S 中的最优粒子用 $\boldsymbol{P}_{gb}$ 表示。第 i 个粒子的最优的先前位置被记录并表示为 $\boldsymbol{P}_i = (P_{i1}, P_{i2}, \cdots, P_{iD})$,第 i 个粒子的速度可以由另一个 D 维向量来定义 $\boldsymbol{V}_i = (V_{i1}, V_{i2}, \cdots, V_{iD})$。根据这些定义,可以根据以下公式来调整粒子位置和速度。

$$\boldsymbol{V}_i^{t+1} = w\boldsymbol{V}_i^t + c_1 r_1 (\boldsymbol{P}_{pb}^t - \boldsymbol{X}_i^t) + c_2 r_2 (\boldsymbol{P}_{gb}^t - \boldsymbol{X}_i^t) \tag{2.1}$$

$$\boldsymbol{X}_i^{t+1} = \boldsymbol{X}_i^t + \boldsymbol{V}_i^t \tag{2.2}$$

其中,w 是惯性权重,c_1 和 c_2 是加速系数,r_1 和 r_2 都是区间 $[0, 1]$ 上的随机数。

2.2.2 BRRA_DPSO

自粒子群算法提出以来,越来越多的学者试图通过粒子群算法来解决离散问题。Kennedy 和 Eberhart 两位学者提出了一种二进制的粒子群算法。Clerc 提出了一种求解旅行商问题的 DPSO 算法。文献[17]提出了一种新的基于粒子群优化技术的智能决策算法,来获得超大规模集成电路物理布局中一个可行的布图规划。本节设计了一种改进的 DPSO 算法来构建 RSMT,即 BRRA_DPSO。

1. 粒子编码

算法将候选 RST 表示为生成树边的列表,每个边都用 Steiner 点选择进行了扩充,从而多了一条水平线段和一条垂直线段。

图 2.3(a)显示了由 7 个点构成的 RST,图 2.3(b)显示了 RST 的生成树。

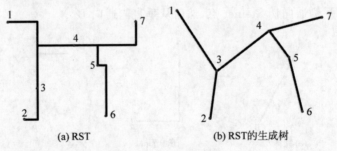

(a) RST (b) RST的生成树

图 2.3 Steiner 树的构建

如果一个网络有 n 个引脚,那么生成树将有 $n-1$ 条边,$n-1$ 个 Steiner 点和一个额外的比特,即粒子的适应度。除此之外,两个比特代表每条边的两个顶点,所以一个粒子的长度是 $3 \times (n-1) + 1$。例如,图 2.3 中给出的 RST 树可以表示为一个粒子,其编码可以表示为以下数字字符串:

3 2 0 3 4 0 4 5 1 5 6 1 4 7 1 3 1 0 34

其中数字 34 是粒子的适应度,表示 RST 的长度和弯曲数的加权和。数字字符串的每个 01 序列都是 Steiner 点选择。子串(3,2,0)代表生成树的一条边和对应的 Steiner 点选择。

2. 粒子的适应度函数

定义 2.6　直角 Steiner 树的长度是每个线段的长度之和,公式如下:

$$L(T_X) = \sum_{e_i \in T_x} l(e_i) \tag{2.3}$$

其中,$l(e_i)$表示的是在树 T_x 中线段e_i 的长度。

还有另一个重要的度量:树中弯曲的数量作为惩罚项添加到总体布线问题中。粒子的适应度函数计算公式如下:

$$\text{fitness} = L(T_X) + \alpha \times \text{bends} \tag{2.4}$$

其中,bends 是弯曲数,α 是与弯曲数相关的加权因子。

3. 更新粒子的公式

采用了新的基于遗传操作的离散位置更新方法,并提出了一种考虑弯曲数减少的 RSMT 构造算法,即 BRRA_DPSO 算法。

粒子的更新公式表示为

$$X_i^t = N_3(N_2(N_1(X_i^{t-1}, w), c_1), c_2) \tag{2.5}$$

其中,w 是惯性权重,c_1 和 c_2 是加速常数。N_1 表示变异操作,N_2、N_3 表示交叉操作。这里假设 r_1, r_2, r_3 是区间$[0,1)$上的随机数。

(1) 粒子的速度计算如下:

$$W_i^t = N_1(X_i^{t-1}, w) = \begin{cases} M(X_i^{t-1}), & r_1 < w \\ X_i^{t-1}, & \text{否则} \end{cases} \tag{2.6}$$

其中,w 表示变异概率。

(2) 粒子的个体认知经验计算如下:

$$S_i^t = N_2(W_i^t, c_1) = \begin{cases} C_p(W_i^t), & r_2 < c_1 \\ W_i^t, & \text{否则} \end{cases} \tag{2.7}$$

其中,c_1 表示的是粒子和个体最优解的交叉概率。

(3) 粒子的全局协同经验计算如下:

$$X_i^t = N_3(S_i^t, c_2) = \begin{cases} C_p(S_i^t), & r_3 < c_2 \\ S_i^t, & \text{否则} \end{cases} \tag{2.8}$$

其中,c_2 表示的是粒子和全局最优解的交叉概率。

4. BRRA_DPSO 算法流程

BRRA_DPSO 的详细过程可以总结如下。

步骤 1,对相应的参数进行初始化操作,并在解空间中生成随机分布的初始种群。

步骤 2,根据式(2.4)分别对每个粒子计算对应的适应度值,并记录每个粒子的个体最优解和种群的全局最优解。

步骤 3,根据式(2.5)~式(2.8)调整每个粒子的位置和速度。

步骤 4,对于每个粒子重新计算对应的适应度值,并与每个粒子的个体最优解进行比较与更新。

步骤 5,重新计算种群的全局最优解。

步骤 6,检查终止条件(得到足够好的解或达到了最大的实验迭代次数)。如果完成,运行终止;否则,转到步骤 3。

2.2.3　实验结果

该算法的参数如下:种群规模为 50,w 从 0.9 线性下降到 0.1,c_1 从 0.9 线性下降到 0.2,c_2 从 0.4 线性上升到 0.9,最大迭代次数为 500,w、c_1 和 c_2 采用了 Shi 和 Eberhart 在文献[20]提出的线性递减思想,在每次迭代中根据式(2.9)、式(2.10)、式(2.11)进行更新。

$$w = w\_start - \frac{w\_start - w\_end}{evaluations} \times eval \qquad (2.9)$$

$$c_1 = c_1\_start - \frac{c_1\_start - c_1\_end}{evaluations} \times eval \qquad (2.10)$$

$$c_2 = c_2\_start - \frac{c_2\_start - c_2\_end}{evaluations} \times eval \qquad (2.11)$$

其中,eval 表示当前迭代次数,evaluations 表示最大迭代次数。

为了验证本节算法,将其与基于文献[19]的遗传算法进行了比较,从实验中可以发现,本节算法有较好的收敛性。

本节算法与 GeoSteiner 算法进行了比较,这里的权重因子 α 设置为 200。DPSO_BRRA(本节算法)和 GeoSteiner 算法的布线结果比较如表 2.2 所示。这里的"百分比"是本节的算法与 GeoSteiner 算法的比值。

表 2.2　**DPSO_BRRA 和 GeoSteiner 算法比较结果**

点的个数	DPSO_BRRA		GeoSteiner	
	线长(百分比)	弯曲个数(百分比)	线长	弯曲个数
8	17 931(101.3%)	7(100%)	17 693	7
9	20 503(103.6%)	8(100%)	19 799	8
10	21 910(103.6%)	9(112.5%)	21 143	8
20	35 723(102.7%)	19(95%)	34 767	20
50	53 383(103.5%)	49(90.7%)	51 595	54
70	61 987(104.2%)	69(98.6%)	59 503	70
100	76 016(104.2%)	98(94.2%)	72 979	104
410	158 543(107.4%)	405(97.8%)	148 115	414
500	172 284(107.1%)	493(97.0%)	160 844	508

从表 2.2 中可以得出以下结果。首先,当端点数量很少(少于 10)时,本节算法的弯曲数量与 GeoSteiner 算法的相同。其次,当端点数目大于 10 时,本节算法的弯曲数目小于 GeoSteiner 算法。最重要的是,本节算法实现了弯曲数量平均减少5%,且布线长度平均增加 5%。

2.2.4　结论和未来工作

本节提出了一种基于离散粒子群算法的 RSMT 构建的高效算法,以最小化布线长度和减少弯曲次数。该算法已在 MATLAB 2009a 中实现。已经测试了许多实例,结果非常良好。但是,有一些问题必须在未来探索。例如:

(1) 开发一种新的策略来加速所提出的算法的收敛速度。

(2) 可以进一步用矩形障碍物构建 RSMT。

2.3　基于离散 ABC 的直角结构 Steiner 最小树算法

RSMT 和 OARSMT 问题可以通过布线图的构造,转换为图中 Steiner 树问题(Steiner Tree Problem in Graphs,GSTP)。为了有效求解 GSTP 问题,人们提出了多种方法。经典启发式算法的求解结果还有较大的提升空间。局部搜索算法是求解 GSTP 问题的另一个研究热点。近些年来,多种计算智能算法也被用来求解GSTP 问题,如遗传算法(Genetic Algorithm,GA)、粒子群算法、跳跃粒子群优化(Jumping Particle Swarm Optimization,JPSO)算法和人工蜂群(Artificial Bee Colony,ABC)算法。计算智能算法包含协同多起点局部搜索策略和随机搜索策略,此类算法通过避免陷入局部最优来改善求解质量。计算智能算法设计的关键是如何将随机搜索和局部搜索进行合理的组合。ABC 算法模拟蜜蜂群体的采蜜行为,将蜜蜂分成了 3 种角色:雇佣蜂(employed bee)在与其关联的蜜源位置周围进行搜索;跟随蜂(onlooker bee)根据雇佣蜂带回的蜜源上资源信息,选择优良蜜源并在其周围进行搜索;侦查蜂(scout bee)则在搜索区域内随机搜索,开发新的蜜源。上述求解 GSTP 问题的计算智能算法中,编码方法往往都与 Steiner 树中的节点位置有关;采用尽可能随机的方法构建初始解;在随后的迭代中,初始解中的绕行路径可以通过基于节点的局部搜索逐步修正。基于节点的局部搜索策略是一种简单、快速的方法,但是其实效性较差,对初始解质量的改善幅度也有限。

2005 年,文献[27]和文献[28]提出了求解无约束数值优化问题的 ABC 算法。该算法引入了蜜蜂群体智能采蜜行为特性。与 GA、PSO、演化算法(Evolutionary Algorithm,EA)、差分演化(Differential Evolution,DE)算法、粒子群演化算法(Particle Swarm inspired Evolutionary Algorithm,PS-EA)等其他计算智能算法相比,在求解高维单峰或多峰数值问题方面,ABC 算法性能更好。仿真结果表明,

ABC 算法在收敛性、求解速度、成功率和准确度等方面,均超过了其他几种算法。在原始 ABC 算法的基础上,文献[32-34]中提出了多种改进版本。此外,为了求解不同的实际优化问题,还出现了许多 ABC 变种算法,如车间作业调度算法、比例积分微分(Proportional Integral Derivative,PID)算法控制器设计算法、模拟滤波器设计算法、无限制设备选址算法、聚类算法、物资供应流问题。带叶节点约束的最小生成树算法和无线传感器动态部署算法等。由上述分析可知,ABC 算法是一种优秀的群体智能算法,适用于求解现实中 NP-难的问题。

演化算法和粒子群算法等计算智能算法,也已经广泛应用于 VLSI 物理设计领域中,主要用于求解困难的组合优化问题。例如,文献[48]和[49]的算法用于电路划分和布局问题,文献[50-52]的算法用于求解布图规划问题,文献[53-55]的算法用于线网布线问题。

本节内容如下:2.3.1 节介绍人工蜂群算法的机制;2.3.2 节提出 DABC_OARST 算法及其关键技术;2.3.3 节是 DABC_OARST 算法的性能评估和与相关算法的对比;2.3.4 节为小结。

2.3.1　人工蜂群算法

ABC 算法本质特征是模拟蜂群集体采花蜜来实现协同搜索。ABC 算法是一个迭代过程,分为 4 个阶段:初始化阶段、雇佣蜂阶段、跟随蜂阶段和侦查蜂阶段。雇佣蜂、跟随蜂以及蜜源的数目(记为 NS)均为群体规模大小(记为 NumP)的一半。在初始化阶段,在解空间中随机选择 NS 个可行解建立当前解集合。每个雇佣蜂都分配一个当前解。每个可行解的适应度值(fitness)使用式(2.12)计算,其中,$f(x)$ 表示目标函数,x_i 表示第 i 个当前解。在雇佣蜂阶段,每个雇佣蜂对其关联的当前解 x_i 周围执行一次局部搜索,得到一个候选解 c_i。使用贪心选择机制,在 x_i 和 c_i 中选择较好的解替代目前的当前解。在跟随蜂阶段,根据当前解的选择概率,每个跟随蜂采用轮盘赌选择一个当前解,并在其周围执行一次与雇佣蜂相同的局部搜索。选择概率如式(2.13)所示。如果某个当前解被执行局部搜索的次数大于预定义的 Limit 值,称为可遗弃解,被执行局部搜索的次数最多的可遗弃解称为最佳可遗弃解。在侦查蜂阶段,如果存在可遗弃解,将最佳可遗弃解关联的雇佣蜂扮演侦查蜂的角色,在解空间内,执行一次全局随机搜索,用一个随机初始解替代这个最佳可遗弃解。算法中,第二阶段到第四阶段不断迭代,直至满足终止条件。通常设置目标函数的最大执行次数(maxNFE)为终止条件。

$$\text{fitness}_i = \begin{cases} \dfrac{1}{1+f(x_i)}, & f(x_i) \geqslant 0 \\ 1+\text{abs}(f(x_i)), & f(x_i) < 0 \end{cases} \tag{2.12}$$

$$p_i = \frac{0.9 \times \text{fitness}_i}{\text{Max}_{k=1}^{\text{NS}}(\text{fitness}_k)} + 0.1 \tag{2.13}$$

ABC 算法将协同多起点局部搜索策略和随机全局搜索策略组合在一起,提供了一种求解优化问题的通用算法框架。只需要设计出有效的编码方案、编码器和搜索算子,就可以将 ABC 算法应用在求解 GSTP 问题上。

2.3.2 DABC_OARST 算法

在 ABC 算法框架的基础上,DABC_OARST 算法为求解 GSTP 问题设计了专门的编码方案、编码器、局部搜索策略和全局搜索策略。算法 2.1 为 ABC 算法的伪代码。

1. 编码方案

性质 2.1 基于 RFSTG 的布线图中边的个数与顶点个数呈线性关系。

性质 2.2 给定 GSTP 问题的一个可行解 $G_s = (V_s, E_s, \omega)$,SP 表示 G_s 的 Steiner 点集合,$K_s = \mathrm{SP} \cup T$,其中,T 表示端点集合,如果将 K_s 视为端点,使用 DNH 算法,构造 Steiner 树 G'_s,则有 $\omega(G'_s) \leqslant \omega(G_s)$。如果 G_s 是最优解,那么 G'_s 也是最优解。

性质 2.3 在 GSTP 问题中,如果图 G 边的权重满足三角不等式,那么可行解的 Steiner 点个数不超过 $|T| - 2$。

```
算法 2.1: ABC(f(x))
输入:      f(x) 目标函数
输出:      最终结果
1    Begin
2        随机初始化 NS 个当前解构成当前解集合;
3        计算每个当前解的适应度值;
4        cycle = 1;
5        Repeat
6            for each 雇佣蜂
7                为雇佣蜂关联的解 xᵢ 生成一个候选解 cᵢ;
8                计算 cᵢ 的适应度值;
9                在 cᵢ 和 xᵢ 间使用贪心选择,保留较好的解替代 xᵢ;
10           计算每个当前解的选择概率 pᵢ;
11           for each 跟随蜂
12               根据选择概率使用轮盘赌选择一个当前解 xⱼ;
13               为当前解 xⱼ 生成一个候选解 cⱼ;
14               计算 cⱼ 的适应度值;
15               在 cⱼ 和 xⱼ 间使用贪心选择,保留较好的解替代 xⱼ;
16           If 存在可遗弃解
17               使用侦查蜂用一个随机初始化解替代最佳可遗弃解;
18           保存最佳当前解;
19           cycle = cycle + 1;
20       Until 达到终止条件;
21   return 最佳当前解;
```

在 GSTP 问题中,如果一个顶点是一个近优解中的 Steiner 点,则有极大的可能在其他近优解中也是 Steiner 点。由性质 2.2 可知,基于可行解 G_s 的 Steiner 点,重新构造出来的可行解 G'_s,具有与 G_s 相同或者更短的总权重。因此,本节通过记录可行解的 Steiner 点来构建编码。

定义 2.7 可行解编码 问题 GSTP(V,E,ω,T) 中,使用长度为 $|V|-|T|$ 的二进制串作为可行解 G_s 的编码,编码中的每一位对应 $V\backslash T$ 中的一个顶点,标记该顶点是否为 Steiner 点;在可行解中,编码中为 1 的位,对应顶点是 Steiner 点,编码中为 0 的位,对应顶点不是 Steiner 点。

定理 2.2 可行解的解空间大小为 $\sum\limits_{s=0}^{|T|-2}\dbinom{|V|-|T|}{s}$。

证明:由性质 2.3 可知,任意可行解的 Steiner 点个数不超过 $|T|-2$,编码中最多有 $|T|-2$ 比特位被设置 1。因此,可行解的编码组合方式最多有 $\sum\limits_{s=0}^{|T|-2}\dbinom{|V|-|T|}{s}$ 种。

算法在解空间内的搜索区域由 $\sum\limits_{s=0}^{|V|-|T|}\dbinom{|V|-|T|}{s}$ 缩小到 $\sum\limits_{s=0}^{|T|-2}\dbinom{|V|-|T|}{s}$。在实际电路的布线图中 $|T|$ 远小于 $|V|$,该编码方式使得搜索范围更加紧凑。

2. 可行解的构造和编码过程

可行解中 Steiner 点的位置是无法预算的,必须通过构造出可行解,才能确定其准确的编码。本节以 DNH 算法为基础,提出一种带 GRSAP 策略的启发式算法 GRASP-DNH 作为编码器来构造 Steiner 树。GRASP-DNH 通过互连可行解的候选 Steiner 点和端点,构造出相应可行解。候选 Steiner 点见定义 2.8。

定义 2.8 候选 Steiner 点及其编码 $V\backslash T$ 中期望被构造的 Steiner 树经过的顶点称为候选 Steiner 点;用于构造可行解的候选 Steiner 点,用长度为 $|V|-|T|$ 的二进制串来表示,称为候选 Steiner 点编码。

GRASP-DNH 算法的输入包括布线图 G、端点集合和候选 Steiner 点集合;输出包括表示可行解的 Steiner 树、它的权重及编码。本节中的目标函数值是 Steiner 树的权重。GRASP-DNH 算法遵循 DNH 算法基本框架,由两部分构成:构建以端点和候选 Steiner 点为种子(seed)的泰森图,然后基于泰森图执行 Kruskal 算法构建端点和候选 Steiner 点的最小生成树。

在 DNH 算法中,选择不相同的最近顶点或者不相同的最短路径,可能会得到不相同的最小生成树,这些最小生成树的权重一致。但是将不同的最小生成树直角化到布线图 G 中时,可能产生不同的重叠边,因此得到不同权重的 Steiner 树。

为了提高 DNH 算法的求解质量,GRASP-DNH 算法中引入了简化的 GRASP 策略。在限制候选表(Restricted Candidate List,RCL)中保存了所有可用最短路径或者最近顶点,在使用时随机选择。因此,引入 GRASP 策略不会影响最小生成树的权重,但是增加了 Steiner 树的多样性。DABC_OARST 算法中频繁调用 GRASP-DNH 算法,贪心选择机制将具有较小权重的 Steiner 树保留在当前解集合中。

在 GRASP-DNH 算法两个位置上插入了 GRASP 策略。

(1) 在构造泰森图的 Dijkstra 算法中,选择最近的顶点。

(2) 在 Kruskal 算法中,选择最短的边。

为了能让构造的 Steiner 树尽可能地经过候选 Steiner 点,在 Dijkstra 算法和 Kruskal 算法中均将候选 Steiner 点视为端点。同时也会导致 Steiner 树上存在一些多余路径,这类路径的一个起止顶点是 1 度的非端点顶点,中间顶点均是 2 度的非端点顶点。

GRASP-DNH 算法伪代码见算法 2.2。首先,将端点和候选 Steiner 点视为泰森图的种子,通过 Dijkstra 算法计算多源最短路径,并构建出泰森图。每个顶点 $v \in V$, v. path 表示 v 和 v. seed 之间的最短的路径 Path(v, v. seed), v. path 通过回溯法得到。以相邻泰森单元的一条主桥边为边,主桥边的跨度为边的权重,种子为顶点,构成新的带权图 SG(SV, SE, sω)。再使用 Kruskal 算法构造 SG 的最小生成树 MST_{sup}。将 MST_{sup} 中的边使用布线图 G 中关联路径替代,转化为 Steiner 树。在 MST_{sup} 向 Steiner 树转化时会产生一些重叠边,引入唯一化操作来删除重叠边。候选 Steiner 点导致的多余路径采用剪枝操作来删除,即得到可行解。

```
算法 2.2: GRASP - DNH (G, BS)
输入: G                        //布线图
      BS                       //候选 Steiner 点和端点组成的顶点集合
输出: SteinerTree               //可行解边集合
1    Begin
2        SteinerTree = Φ;
3    //1. 使用 Dijkstra 算法构造泰森图,得到带权图 SG(SV, SE, sω)
4        VHeap = Φ;            //存放顶点的二进制堆
5        for each 顶点 u ∈ V
6            u.parent = u.seed = u;
7            if u ∈ BS
8                u.dist = 0;
9                VHeap.push_back(u);
10           else
11               u.dist = ∞;
12       random_shuffle(VHeap);   //随机交换堆中元素
13       Repeat
14           u = VHeap.pop_heap();  //弹出具有最小 dist 值的顶点
15           u.seed = u.parent.seed;
16           for each 和 u 关联的边 e(u,v)
17               if v.dist > u.dist + ω(e)
18                   v.dist = u.dist + ω(e);
```

```
19              v.parent = u;
20              VHeap.push_back(v);
21          Until VHeap 为空;
22  //2. 使用 Kruskal 算法构造 SG 的最小生成树 MST_sup
23      for each sv ∈ SV
24          Make_Set(sv);
25      EHeap = Φ;                      //存放边的堆
26      for each 边 e(u, v) ∈ E
27          if u.seed!= v.seed;
28              EHeap.push(e);          //所有桥边压栈
29      random_shuffle(EHeap);          //随机交换堆中元素
30      Repeat
31          从 EHeap 中选择具有最短跨度的桥边 e(u, v);
32          EHeap.delete(e);
33          v.seed = Find_Set(v)        //带路径压缩的 Find_Set
34          u.seed = Find_Set(u);
35          if u.seed!= v.seed
36              通过分别从顶点 u 和 v 向前驱迭代回溯构造 e.path = Path(u.seed, v.seed);
37              SteinerTree.push(e.path);
38              Union_Set(u, v);        //按秩合并
39      Until EHeap 为空;
40      SteinerTree.unique_pruning();   //唯一化和剪枝操作,删除多余边
41  return SteinerTree;
```

引理 2.1 唯一化和剪枝操作所需的运行时间为线性时间 $O(|V|)$。

证明：在 MST_{sup} 向 Steiner 树转化时会产生一些重叠边,唯一化操作需要遍历图 G 中与 MST_{sup} 关联的每条边,并删除重叠边,得到 Steiner 树 ST'。剪枝操作以所有非端点的一度顶点为起点遍历树 ST' 上的边,直到遇到端点或者度数大于 2 的 Steiner 点,并删除遍历到的所有边。在剪枝操作过程中,ST' 树上每条边最多遍历一次。又由性质 2.1 可知,图 G 的边数为 $O(|V|)$,因此,唯一化和剪枝操作耗时为线性时间 $O(|V|)$。

引理 2.2 GRASP-DNH 算法构造 Steiner 树所需的运行时间为 $O(|V| \lg |V|)$。

证明：由性质 2.1,在 Dijkstra 算法中利用二叉最小堆来实现最小优先队列,则 Dijkstra 算法的运行时间是 $O(|V| \lg |V|)$。简化 GRASP 策略中利用 STL 函数 random_shuffle() 随机交换堆中元素,需要线性时间。主桥边是通过遍历图 G 的边得到的,个数为 $O(|V|)$,所以 SE 的个数为 $O(|V|)$。由 2.3.2 节的搜索策略可知候选 Steiner 点的个数为 $O(|V|)$,所以 SV 的个数也为 $O(|V|)$。Kruskal 算法是求解 SG 的最小生成树,维护几个并查集的元素集合来表示森林结构,Kruskal 算法的运行时间是 $O(|V| \lg |V|)$。由引理 2.1 可知,唯一化操作和剪枝操作需要线性时间 $O(|V|)$。因此,GRASP-DNH 算法所需的运行时间是 $O(|V| \lg |V|)$。

重复执行 GRASP-DNH 算法,可以消除因不恰当的候选 Steiner 点导致的绕行路径。

DABC_OARST 算法中目标函数运行次数(NFE)是指 GRASP-DNH 算法的运行次数。

3. 局部搜索策略

由性质 2.2 可知,找到最优解 Steiner 点的位置是求解 GSTP 问题的关键。DABC_OARST 算法中引入基于 Steiner 点的局部搜索策略。本节首先给出基于 Steiner 点的邻居和相应基本局部搜索的定义,然后设计了两种局部搜索算子:游走搜索和净化搜索。

1)基于 Steiner 点的邻居

若某可行解的 Steiner 点中存在与最优解 Steiner 点不同的顶点,称为冗余 Steiner 点,则冗余 Steiner 点可能会导致绕行。

定义 2.9　基于 Steiner 点的邻居　以 GSTP 问题某可行解的 Steiner 点作为候选 Steiner 点,并增加或者删除一个候选 Steiner 点,重新构建出的可行解,称为原可行解基于 Steiner 点的邻居。

定义 2.10　基本局部搜索　搜索可行解基于 Steiner 点的邻居,称为基本局部搜索。

基本局部搜索具体方法是,将当前可行解编码中的一位变反后作为候选 Steiner 点编码,执行 GRASP-DNH 算法构造出邻居可行解。

以基本局部搜索为基础,本算法提出两种搜索策略:游走搜索和净化搜索。局部搜索算子在某当前解 x_i,$i \in \{1,2,\cdots,NS\}$ 周围搜索一个候选解。n_i 表示候选解的候选 Steiner 点编码,从当前解集合中随机选择一个与 x_i 具有不同编码的当前解 x_k 作为辅助解。因此,x_i 和 x_k 编码的汉明距离 $Hamm(x_i,x_k) > 0$。

2)游走搜索

游走搜索类似于原 ABC 算法中的局部搜索算子,在 x_i 周围随机搜索一个候选解。以 x_i 编码初始化 n_i;根据 x_i 和 x_k 间的差异,将 $|V|-|T|$ 长度的编码分为相同比特位和不同比特位;将 $Hamm(x_i,x_k)$ 个不同比特位和按式(2.14)的概率随机选择的若干相同比特位组成可修改比特位;将 n_i 中对应的可修改比特位随机设置成 0 或者 1。

$$\frac{Hamm(x_i,x_k)}{|V|-|T|-Hamm(x_i,x_k)} \tag{2.14}$$

3)净化搜索

净化搜索是往 x_i 编码中插入若干个候选 Steiner 点构成 n_i。在图 G 中将 x_i 和 x_k 重叠起来,得到 G 的一个子图 G_{sub},G_{sub} 中超过 2 度的非端点顶点作为候选解的候选 Steiner 点,最后再通过 GRASP-DNH 算法构造候选解。在净化搜索中,两个当前解的 Steiner 点都会保留在候选解的候选 Steiner 点集合中,此外通过重叠还可能产生了一些新候选 Steiner 点,这些点都是两个当前解都经过的点。

游走搜索和净化搜索所求候选解的候选 Steiner 点编码修改了某当前解编码的多个比特位,因此有性质 2.4。

性质 2.4 游走搜索和净化搜索是不确定步长的局部搜索算子。

净化搜索中的候选解应尽可能经过已有的两个当前解共同经过的顶点,有利于快速提高可行解的质量,但是也容易陷入局部最优。在 DABC_OARST 算法的雇佣蜂阶段和跟随蜂阶段,本节以概率 LSRatio 选择净化搜索算子,以概率 1−LSRatio 选择游走搜索算子。

4. 全局搜索策略

DABC_OARST 算法的全局搜索算子是在可行解空间内进行随机搜索。除了原 ABC 算法中的全局搜索策略以外,本算法还增加了一种融合操作,以增强全局搜索力度。

全局搜索算子构造的当前解称为初始解,首先设计初始解候选 Steiner 点编码,再调用 GRASP-DNH 算法构造初始解。根据性质 2.3,可行解最多有 $|T|-2$ 个 Steiner 点,而实践中 Steiner 点个数则少得多。在全局搜索算子中,每个非端点顶点都按相同概率被标记成初始解的候选 Steiner 点,且候选 Steiner 点的个数使用比例参数 InitRatio 进行控制,以提高求解质量。G 中的非端点顶点以概率 p 标记为初始解的候选 Steiner 点,p 的值见式(2.15)。因此,候选 Steiner 点的个数满足二项分布,期望值为 InitRatio$\times(|T|-2)$。由性质 2.2 和性质 2.3 可知,全局搜索算子拥有比较强大的全局搜索能力。

$$p = \min\left(\max\left(\frac{(|T|-2)\times\text{InitRatio}}{|V|-|T|}, \frac{1}{|V|-|T|}\right), \frac{|T|-2}{|V|-|T|}\right) \quad (2.15)$$

在初始阶段,使用全局搜索算子初始化当前解集合。在侦查蜂阶段,执行全局搜索算子构造新的初始解替代最佳可遗弃解。在雇佣蜂阶段和跟随蜂阶段,前面介绍的辅助解 x_k 是随机从当前解集合中选取的,其编码并不总是和当前解 x_i 不同。如果 x_i 和 x_k 二者的编码相同,在雇佣蜂阶段,则使用一个融合操作,即用全局算子构造新的初始化解替代 x_i。在跟随蜂阶段,则重新随机选择一个当前解作为辅助解,如果所有当前解的编码都相同,则使用融合操作。

5. 算法复杂度分析

定理 2.3 DABC_OARST 算法单次迭代所需的运行时间是 $O(|V|\lg|V|)$。

证明: 每次迭代中局部搜索算子的执行不超过 NumP 次,全局搜索算子的执行不超过一次。在游走搜索中,构造候选解的候选 Steiner 点编码 n_i 需要对比两个当前解 x_i 和 x_k 编码的每个比特位,并选择和设置可修改比特位,消耗的时间为 $O(|V|)$。在净化搜索中,通过边的遍历将两个当前解 x_i 和 x_k 重叠起来,消耗的时间为 $O(|V|)$。全局搜索算子中初始解候选 Steiner 点编码的构建过程是按一定概率标记每个非端点的顶点为候选 Steiner 点,需要的时间为 $O(|V|)$。每种搜索算

子都要调用 GRASP-DNH 算法构造 Steiner 树,由引理 2.2 可知,消耗的时间为 $O(|V|\lg|V|)$。因此,DABC_OARST 算法单次迭代消耗的时间为 $O(|V|\lg|V|)$。

2.3.3 性能评估和算法对比

1. 测试实例

本节中使用 SteinLib 中的 1021 个 GSTP 测试实例,它们分别属于 41 个系列,并依照共同属性划分成 6 种类型。测试实例的规模跨度很大,顶点个数为 6～38 418、边的个数为 9～221 445、端点个数则为 3～11 849。SteinLib 中列出了所有测试实例的最优解或者最佳近优解的权重。测试实例的基本信息见表 2.3,详细信息见 SteinLib。

表 2.3 SteinLib 库[60]中测试实例基本信息

类 型	SIZE	系列	PROBS	$|V|$	$|E|$	$|T|$
euclidean	29	P4E	11	100～200	4950～19 900	5～100
(边的代价为欧		P6E	15	100～200	180～370	5～100
几里得距离)		X	3	666	1326～221 445	16～174
fst	272	ES10FST	15	12～24	11～32	10～10
(简化的几何实		ES20FST	15	27～57	26～83	20～20
例,边的代价为		ES30FST	15	43～118	44～188	30～30
L1 距离)		ES40FST	15	55～121	55～180	40～40
		ES50FST	15	83～143	96～211	50～50
		ES60FST	15	109～188	133～280	60～60
		ES70FST	15	142～209	181～314	70～70
		ES80FST	15	147～236	180～343	80～80
		ES90FST	15	175～284	221～430	90～90
		ES100FST	15	188～339	233～522	100～100
		ES250FST	15	542～713	719～1053	250～250
		ES500FST	15	1172～1477	1627～2204	500～500
		ES1000FST	15	2532～2984	3615～4484	1000～1000
		ES10000FST	1	27 019	39 407	10 000
		TSPFST	76	89～17 127	104～27 352	48～11 849
hard	58	BIP	10	550～3300	3982～18 073	50～300
(合成的复杂		CC	26	64～4096	192～28 512	8～473
实例)		HC	14	64～4096	192～24 576	32～2048
		SP	8	6～3997	9～10 278	3～2284
incidence	400	1080	100	80	120～3160	6～20
(随机图,代价		1160	100	160	240～12 720	7～40
为关联权重)		1320	100	320	480～51 040	8～80
		1640	100	240	960～204 480	9-160

续表

类　　型	SIZE	系列	PROBS	$|V|$	$|E|$	$|T|$
random	109	B	18	50～100	63～200	9～50
（边的代价为随		C	20	500	625～12 500	5～250
机值）		D	20	1000	1250～25 000	5～500
		E	20	2500	3125～62 500	5～1250
		MC	6	400	760～11 175	45～213
		P4Z	10	100	4950～4950	5～50
		P6Z	15	100～200	180～370	5～100
vlsi	153	ALUE	15	940～34 479	1474～55 494	16～2344
（带通孔的平面		ALUT	9	387～36 711	626～68 117	34～879
网格图）		DIW	21	212～11 821	381～22 516	10～50
		DMXA	14	169～3983	280～7108	10～23
		GAP	13	179～10 393	293～18 043	10～104
		MSM	30	90～5181	135～8893	10～89
		TAQ	14	122～6836	194～11 715	10～136
		LIN	37	53～38 418	80～71 657	4～172
总和	1021		1021	6～38 418	9～221 445	3～11 849

SIZE 表示该类型中测试实例个数；PROBS 表示该系列中测试实例个数。

为了测试本节算法中参数选择对求解结果的影响，从 SteinLib 中选择了 12 个具有代表性的测试实例组成一个测试集（TestSet），其覆盖所有类型和不同规模，具体信息见表 2.4。

表 2.4　TestSet 中测试实例的具体信息

类型	名称	$|V|$	$|E|$	$|T|$	OptValue
euclidean	P466	200	19 900	100	6234
fst	es500fst04	1296	1879	500	164 110 997
fst	es50fst04	106	138	50	51 535 766
hard	hc11p	2048	11 264	1024	***120 471***
hard	w13c29	783	2262	406	***508***
incidence	i080-203	80	120	16	4599
incidence	i320-221	320	51 040	34	6679
incidence	i640-001	640	960	9	4033
incidence	i640-225	640	204 480	50	9807
random	P615	200	370	40	42 474
vlsi	ALUE7065	34 046	54 841	544	23 881
vlsi	lin30	19 091	35 644	31	27 684
TestSet		80～34 046	120～204 480	9～1024	

OptValue 表示 SteinLib 中列出的最优解或者最佳近优解权重，最佳近优解用**加粗*斜体***表示。

本节对 OARSMT 算法中所用的 22 个测试电路也进行了测试。每个电路的基本信息见表 2.5,文献[62]给出了大部分电路 OARSMT 问题的最优解。

表 2.5　测试电路的具体信息

测试电路	$|P|$	$|O|$	OARSMT_OPT	RSMT_OPT
IND1	10	32	604	604
IND2	10	43	9500	9100
IND3	10	50	600	587
IND4	25	79	1086	1078
IND5	33	71	1341	1295
RC01	10	10	25 980	25 290
RC02	30	10	41 350	39 710
RC03	50	10	54 160	51 900
RC04	70	10	59 070	54 910
RC05	100	10	74 070	71 260
RC06	100	500	79 714	76 356
RC07	200	500	108 740	105 003
RC08	200	800	112 564	107 416
RC09	200	1000	111 005	105 698
RC10	500	100	164 150	161 790
RC11	1000	100	230 837	*233 647*
RC12	1000	10 000	*758 717*	*754 242*
RT01	10	500	2146	1817
RT02	50	500	45 852	44 214
RT03	100	500	7964	7579
RT04	100	1000	9693	7634
RT05	200	2000	*52 318*	42 608

OARSMT_OPT 表示电路 OARSMT 问题的最优解或者最佳近优解权重(**加粗斜体表示**)。

RSMT_OPT 表示电路 RSMT 问题的最优解或者最佳近优解权重(**加粗斜体表示**)。

2. 测试安排

本节使用关于最佳近优解的相对误差率(PR_ERR)来评价给定算法所求解的质量,具体计算方法见式(2.16)。其中,$\omega(G_{opt})$ 表示最优解或最佳近优解的权重,$\omega(G_s)$ 表示给定算法所求解的权重。

$$\mathrm{PR\_ERR} = \frac{\omega(G_s) - \omega(G_{opt})}{\omega(G_{opt})} \times 100\% \tag{2.16}$$

具体测试安排如下:首先,使用不同的算法参数,测试 TestSet 中的实例,对比参数对算法性能的影响;其次,在 SteinLib 中 B 系列实例上测试,对比本节算法与群体智能算法 JPSOMR 的性能;然后,对比本节算法和局部搜索算法(记为 LS_GSTP)的求解质量和耗时;最后,使用本节算法求解 OARSMT 和 RSMT 问题,并与现有的 OARSMT 算法比较。

3. DABC_OARST 算法的参数选择

DABC_OARST 算法中共有 5 个可调参数:NumP、Limit、maxNFE、InitRatio 和 LSRatio。参数 Limit 主要依赖于测试实例的规模大小,设置为$(|V|-|T|)\times 2$。针对不同类型的测试实例,需要选择不同的参数值。本节使用 4 组测试,分配不同的参数值对 TestSet 进行测试,为每种类型测试实例选择最合适的参数组合。在本节后续内容中,除特殊说明外,可调参数的默认值设置为 NumP=6、maxNFE=1500、InitRatio=3 和 LSRatio=0.5。每组参数针对每个实例使用不同的随机数独立执行 50 次,最终得到每个实例的平均结果,包括平均权重、平均运行时间和平均目标函数执行次数(NFE)。

参数 NumP 表示算法搜索位置数量,关系到全局搜索能力的强弱。若 maxNFE 值不变,则 NumP 起到权衡全局搜索和局部搜索的作用。在算法首次迭代中,执行多起点搜索,NumP 值越大,测试次数越多,得到解的质量就可能越好。在后续迭代中,执行协同多起点搜索,求解质量依赖于测试实例不同特性。本组测试选择 7 个不同的 NumP 值,对算法进行测试,如表 2.6 所示。根据该组测试结果,为每种类型的实例选择一个默认的 NumP 值。incidence、hard 和 euclidean 类 NumP=6、fst 类 NumP=20、vlsi 和 random 类 NumP=40。

表 2.6 参数 NumP 不同取值的测试结果

类 型	名 称	PR_ERR/%						
		NumP= 4	NumP= 6	NumP= 10	NumP= 40	NumP= 80	NumP= 100	NumP= 200
euclidean	P466	0.011	**0**	0.001	0.003	0.001	0.003	0.024
fst	es500fst04	0.671	0.631	**0.53**	0.704	0.822	0.849	0.997
fst	es50fst04	0.139	0.124	0.111	**0.105**	0.118	0.114	0.111
hard	hc11p	7.337	**6.959**	7.777	11.205	11.762	12.072	12.384
hard	w13c29	3.543	**3.311**	3.437	8.445	10.976	11.535	12.13
incidence	i080-203	**0**	**0**	**0**	**0**	**0**	**0**	**0**
incidence	i320-221	3.18	**3.055**	3.731	8.131	10.689	11.222	12.728
incidence	i640-001	1.049	0.098	**0**	**0**	**0**	**0**	**0**
incidence	i640-225	5.322	**4.894**	5.045	11.226	13.874	14.885	16.048
random	P615	0.197	0.193	0.197	**0.183**	0.189	0.201	0.193
vlsi	ALUE7065	1.237	1.277	1.077	**1.025**	1.059	1.046	1.155
vlsi	lin30	0.436	0.272	0.25	**0.128**	0.238	0.165	0.133

PR_ERR 表示平均结果的相对误差率;InitRatio=3、LSRatio=0.5、maxNFE=1500;最佳结果用粗体表示。

第二组测试选择 0～100 的 6 个不同值来设置参数 InitRatio,表 2.7 中测试结果表明,除了 vlsi 类以外,InitRatio 在取值小于 3 时,都能得到较好的求解结果。

基于所有实例的综合考虑,vlsi 类型实例 InitRatio 参数默认取值 25,其他类实例 InitRatio 参数默认取值 0.1。

表 2.7 参数 InitRatio 不同取值的测试结果

类 型	名 称	PR_ERR/%					
		InitRatio= 0	InitRatio= 0.04	InitRatio= 0.1	InitRatio= 3	InitRatio= 25	InitRatio= 100
euclidean	P466	0.015	0.003	**0**	**0**	0.001	0.006
fst	es500fst04	**0.507**	0.533	0.545	0.614	0.575	0.546
fst	es50fst04	0.148	0.121	0.142	**0.084**	0.087	0.099
hard	hc11p	6.997	**6.843**	7.006	7.03	7.074	7.016
hard	w13c29	3.299	3.48	3.323	3.402	3.488	3.343
incidence	i080-203	**0**	**0**	**0**	**0**	**0**	**0**
incidence	i320-221	0.309	0.3	0.303	3.095	2.628	2.814
incidence	i640-001	0.121	0.225	**0.082**	0.118	0.294	1.652
incidence	i640-225	**0.28**	0.336	0.364	4.904	5.678	5.228
random	P615	0.226	0.211	0.214	**0.197**	0.199	0.205
vlsi	ALUE7065	**1.878**	1.693	1.587	1.129	**1.087**	1.129
vlsi	lin30	0.467	0.476	0.483	0.248	**0.221**	0.255

PR_ERR 表示平均结果的相对误差率;NumP=6,LSRatio=0.5,maxNFE=1500;最佳结果使用粗体表示。

参数 LSRatio 用来控制净化搜索在所有局部搜索中所占的比例,净化搜索容易导致陷入局部最优。第三组测试为 LSRatio 选择 0~1 的 7 个不同的取值,测试结果见表 2.8。当 LSRatio 取值小于 0.3 时,算法都能取得比较满意的结果。LSRatio 默认值取 0.1。

表 2.8 参数 LSRatio 不同取值的测试结果

类 型	名 称	PR_ERR/%						
		LSRatio =0	LSRatio =0.02	LSRatio =0.06	LSRatio =0.1	LSRatio =0.3	LSRatio =0.6	LSRatio =1
euclidean	P466	**0**	**0**	**0**	**0**	**0**	0.013	1.927
fst	es500fst04	0.539	0.527	0.538	**0.518**	0.555	0.71	1.628
fst	es50fst04	0.13	0.133	0.122	0.124	**0.093**	0.105	0.199
hard	hc11p	5.806	**5.679**	5.792	6.081	6.387	7.347	17.547
hard	w13c29	3.488	3.307	**3.134**	3.197	3.268	3.516	4.63
incidence	i080-203	**0**	**0**	**0**	**0**	**0**	**0**	**0**
incidence	i320-221	0.845	**0.801**	0.904	0.98	1.469	3.06	19.238
incidence	i640-001	**0**	**0**	**0**	**0**	0.044	0.111	3.445
incidence	i640-225	**1.888**	2.141	2.38	2.595	3.428	5.104	18.563
random	P615	0.2	**0.188**	0.201	0.197	0.193	0.193	1.092
vlsi	ALUE7065	2.424	1.464	1.247	1.157	**1.087**	1.226	1.721
vlsi	lin30	1.854	1.001	0.71	0.633	0.363	**0.235**	0.97

PR_ERR 表示平均结果相对误差百分比;NumP=6,InitRatio=3,maxNFE=1500;最佳结果使用粗体表示。

为了验证 GRASP 策略在算法中的效果,第四组测试中使用了下列参数取值:NumP=6、InitRatio=0.1、LSRatio=0.1 和 maxNFE=30 000。表 2.9 列出了本组测试结果,其中包括 NFE、执行时间和相对误差率。虽然 GRASP 策略会增加一定的运行时间,但除了测试实例 es500fst04,其他测试实例的求解结果均好于未使用 GRASP 策略的算法,而且有 7 个实例需要更少的 NFE。这组测试表明,GRASP 策略可以提高算法求解质量。

表 2.9 验证 GRASP 策略的测试结果

类 型	名 称	使用 GRASP			不使用 GRASP		
		PR_ERR（%）	时间/ms	NFE	PR_ERR	时间/ms	NFE
euclidean	P466	**0**	**1.13E+03**	**341.6**	**0**	1.46E+03	461.7
fst	es500fst04	0.319	1.01E+04	**6941.3**	0.299	**5.81E+03**	7768.2
fst	es50fst04	**0.015**	1.59E+02	2801.5	0.031	**1.41E+02**	**2659.5**
hard	hc11p	**4.017**	3.40E+04	**10 682.5**	4.453	**3.29E+04**	11 176.7
hard	w13c29	**2.165**	5.42E+03	8596.7	2.756	**2.62E+03**	**6552.2**
incidence	i080-203	**0**	**3.44E+00**	**126.7**	**0**	5.31E+00	194
incidence	i320-221	**0.021**	3.61E+04	4569.1	0.069	**2.31E+04**	**3132.7**
incidence	i640-001	**0**	**5.19E+01**	**230.4**	**0**	7.31E+01	449.2
incidence	i640-225	**0.051**	1.63E+05	**3976.1**	0.092	**1.42E+05**	4072.9
random	P615	**0.126**	1.58E+02	1383.8	0.147	**9.61E+01**	**1113.2**
vlsi	ALUE7065	**0.63**	4.23E+05	**9966.6**	0.658	**2.63E+05**	10 187.7
vlsi	lin30	**0.158**	8.44E+04	5790.7	0.196	**7.48E+04**	**5681**

PR_ERR 表示平均结果的相对误差率;NFE 表示目标函数的执行次数;NumP=6,InitRatio=0.1,LSRatio=0.1,maxNFE=30 000;最佳结果使用粗体表示。

4. 和群体智能算法 JPSOMR 的对比

本节根据文献[6]的描述,重现了 JPSOMR 算法。在测试中启用了贪心局部搜索方法,使用参数为 Nump=20,$c_0=c_1=c_2=c_3=0.25$,终止条件设置为 maxNFE=2000。以 SteinLib 中 B 系列 18 个测试实例为测试对象,每个测试独立执行 30 次。

测试结果如表 2.10 所示,JPSOMR 算法每次都能得到其中 4 个测试实例的最优解,30 次独立测试至少找到一次最优解的有 9 个测试实例。DABC_OARST 算法每次均能得到所有测试实例的最优解。NFE 对比如表 2.11 所示,对于较小规模的测试实例,DABC_OARST 算法仅需要执行数次 GRASP-DNH 就能得到最优解。JPSOMR 算法执行目标函数次数是 DABC_OARST 算法的 139 倍。运行时间对比见表 2.12,JPSOMR 算法的运行时间是 DABC_OARST 算法的 660 倍。

表 2.10 JPSOMR 和 DABC_OARST 算法结果对比

名称	JPSOMR PR_ERR/%			DABC_OARST PR_ERR/%		
	WORST	AVE	BEST	WORST	AVE	BEST
B01	1.22	0.16	0	0	0	0
B02	1.20	0.04	0	0	0	0
B03	2.90	1.14	0	0	0	0
B04	6.78	6.78	6.78	0	0	0
B05	0	0	0	0	0	0
B06	5.74	4.78	3.28	0	0	0
B07	0	0	0	0	0	0
B08	4.81	2.92	1.92	0	0	0
B09	6.82	2.80	0.91	0	0	0
B10	3.49	2.98	2.33	0	0	0
B11	2.27	0.68	0	0	0	0
B12	16.67	14.48	10.92	0	0	0
B13	0	0	0	0	0	0
B14	0	0	0	0	0	0
B15	0.31	0.14	0	0	0	0
B16	2.36	2.36	2.36	0	0	0
B17	10.69	8.27	3.05	0	0	0
B18	22.02	19.66	14.68	0	0	0

表 2.11 JPSOMR 和 DABC_OARST 算法所需 NFE 对比

名称	JPSOMR NFE			DABC_OARST NFE			RATIO
	MAX	MEAN	MIN	MAX	MEAN	MIN	
B01	2003	507.07	30	7	1.43	1	354.59
B02	1383	428.43	69	33	12.53	4	34.19
B03	1919	767.27	121	55	18.67	1	41.10
B04	70	44	22	4	1.57	1	28.03
B05	988	369.57	162	25	10.1	2	36.59
B06	1993	999.87	378	814	263.53	20	3.79
B07	471	138.17	29	3	1.47	1	93.99
B08	1961	969.3	76	2	1.13	1	857.79
B09	1987	1248.1	510	14	7.97	1	156.60
B10	1824	554.83	124	86	29.9	5	18.56
B11	1816	861	158	427	97.4	5	8.84
B12	1973	1177.4	372	5	1.5	1	784.93
B13	52	40.97	21	252	86.93	14	0.47
B14	740	200.17	65	289	113.67	6	1.76
B15	1939	821.13	174	210	60.47	4	13.58
B16	340	214.17	106	139	39.4	2	5.44
B17	1958	1096.93	402	63	20.57	4	53.33
B18	2010	1389.2	355	347	124.8	22	11.13
AVG	—	—	—	—	—	—	139.15

MAX、MEAN 和 MIN 分别表示 30 次独立运行 NFE 的最大值（MAX）、平均值（MEAN）和最小值（MIN）；RATIO 表示 JPSOMR 算法和 DABC_OARST 算法 NFE 平均值（MEAN）的比值；AVG 表示 18 个测试实例 RATIO 的平均值。

表 2.12　JPSOMR 和 DABC_OARST 算法运行时间对比

名称	JPSOMR 运行时间/ms			DABC_OARST 运行时间/ms			RATIO
	MAX	MEAN	MIN	MAX	MEAN	MIN	
B01	140.17	35.82	1.19	0.11	0.02	0.01	1791.00
B02	101.12	29.53	4.29	0.47	0.17	0.06	173.71
B03	136.36	51.42	7.56	0.88	0.31	0.02	165.87
B04	5.29	2.93	0.71	0.08	0.03	0.01	97.67
B05	85.57	30.53	12.59	0.49	0.19	0.03	160.68
B06	153.84	72.35	25.47	18.77	6.01	0.44	12.04
B07	61.77	17.46	2.31	0.07	0.03	0.01	582.00
B08	236.12	118.46	8.98	0.06	0.03	0.02	3948.67
B09	275.78	170.51	69.12	0.40	0.23	0.03	741.35
B10	288.85	89.78	20.44	2.17	0.77	0.13	116.60
B11	199.44	98.26	20.97	11.74	2.61	0.14	37.65
B12	297.70	176.17	55.60	0.19	0.05	0.02	3523.40
B13	10.78	7.76	1.39	7.38	2.49	0.39	3.12
B14	194.89	51.84	15.24	8.91	3.55	0.14	14.60
B15	474.57	201.68	41.16	8.02	2.33	0.16	86.56
B16	93.66	58.41	27.34	4.93	1.42	0.09	41.13
B17	486.55	274.21	96.91	2.57	0.84	0.17	326.44
B18	503.63	328.93	84.78	16.00	5.87	1.08	56.04
AVG	—	—	—	—	—	—	659.92

　　MAX、MEAN 和 MIN 分别表示 30 次独立运行耗时(毫秒)的最大值(MAX)、平均值(MEAN)和最小值(MIN);RATIO 表示 JPSOMR 算法和 DABC_OARST 算法耗时平均值(MEAN)的比值;AVG 表示 18 个测试实例 RATIO 的平均值。

　　在 JPSOMR 算法中,初始粒子是随机生成的 Steiner 树,其中包含了大量绕行的关键路径;其贪心局部搜索策略,是基于节点的单步长局部搜索。在测试中,许多较长的绕行关键路径需要执行多步长的局部搜索才能修正,仅仅使用单步长局部搜索容易陷入局部最优或者增加大量耗时。由基本 DNH 算法所构造的 Steiner 树,关键路径均是最短路径。因此,GRASP-DNH 算法得到 Steiner 树有存在绕行的关键路径,是由于不合理的候选 Steiner 点选择导致的。而这种绕行在后续的 GRASP-DNH 算法调用中被修复。因此,本节算法中不需要使用较低效率的基于节点局部搜索。DABC_OARST 算法无论是求解质量还是运行时间,明显优于 JPSOMR 算法。

5. 和局部搜索算法 LS_GSTP 的对比

　　为了得到具有可对比性的测试结果,在所有 SteinLib 测试实例上测试 DABC_OARST 算法。以平均相对误差率来评价算法的优劣。以与编程语言和硬件环境无关的相对运行时间评测算法的效率,基于二进制堆实现的 Prim 算法作为度量相对运行时间的基准时间单位。测试实例集合(某系列或者某类型)误差率是所有单测试实例误差率的算术平均值,测试实例集合相对运行时间是所有单测试实例相对运行时间的几何平均值。

本节的测试均执行 10 次,DABC_OARST 算法的参数 maxNFE 设置为 30 000,其他参数选相应默认值。对每个测试实例,计算 10 次测试中的最差、最好、平均相对误差率、相应的相对运行时间和 NFE 值。相应测试实例集合也有最差、最好、平均相对误差率、相对运行时间和 NFE 值。本节援引 LS_GSTP 算法中两种效果最佳的局部搜索策略 RSPH＋VQ 和 MS 的算法结果,并与 DABC_OARST 算法对比。

表 2.13 中列出了 Prim 算法、DNH 算法和 GRASP-DNH 算法测试每种类型中所有测试实例平均耗时的算术平均值和几何平均值。RATIO 列表示相对于 Prim 算法所耗几何平均时间的倍数,即测试实例集合平均相对运行时间。GRASP-DNH 算法由于引入了 GRASP 策略,因此耗时较 DNH 算法多。

表 2.13　Prim 算法、DNH 算法和 GRASP-DNH 算法运行时间

类型	Prim		DNH			GRASP-DNH		
	AVG	MEAN	AVG	MEAN	RATIO	AVG	MEAN	RATIO
euclidean	0.392	0.058	1.880	0.138	2.385	2.293	0.171	2.970
fst	0.186	0.032	0.459	0.084	2.640	0.527	0.099	3.141
hard	0.430	0.117	0.880	0.263	2.243	1.139	0.341	2.910
incidence	0.443	0.096	2.356	0.212	2.214	3.048	0.261	2.723
random	0.455	0.115	1.033	0.236	2.051	1.233	0.276	2.405
vlsi	1.984	0.334	2.015	0.330	0.987	2.070	0.346	1.035

AVG 表示所有测试实例平均耗时的算术平均值(毫秒);MEAN 表示所有测试实例平均耗时的几何平均值(毫秒);RATIO 表示相对于 Prim 算法平均耗时几何平均时间的倍数,即测试实例集合平均相对运行时间。

表 2.14 列出了 GRASP-DNH、LS_GSTP 和 DABC_OARST 算法求解每种类型测试实例的相对误差率。

表 2.14　LS_GSTP 和 DABC_OARST 算法求解每种类型测试实例的相对误差率

类型	LS_GSTP			DABC_OARST		
	RSPH＋VQ	MS	GRASP-DNH	WORST	AVG	BEST
euclidean	0.06	0.00	2.431	0.001	**0.000**	**0.000**
fst	0.51	0.36	4.252	**0.182**	**0.115**	**0.063**
hard	4.06	3.17	39.756	3.403	**2.407**	**1.626**
incidence	1.27	0.51	27.936	0.926	**0.484**	**0.169**
random	0.44	0.27	6.504	**0.127**	**0.062**	**0.026**
vlsi	0.37	0.16	5.985	0.169	**0.085**	**0.033**

WORST 表示测试实例集合的最差相对误差率;AVG 表示测试实例集合的平均相对误差率;BEST 表示测试实例集合的最佳相对误差率;DABC_OARST 算法比 LS_GSTP 算法 MS 策略更好的求解结果用粗体表示。

　　由于 GRASP 策略对单次构造 Steiner 树的质量没有影响，因此 GRASP-DNH 求解质量可以等同于 DNH 算法。DABC_OARST 算法的求解质量远高于 GRASP-DNH 算法。DABC_OARST 算法的平均相对误差率要优于 MS 策略，即便是最差相对误差率也优于 RSPH+VG 策略。更详细的针对每个系列测试实例的对比见表 2.15。

表 2.15　LS_GSTP 和 DABC_OARST 算法求解每个系列测试实例的相对误差率

类　型	系　列	LS_GSTP		DABC_OARST			
		RSPH+VQ	MS	GRASP-DNH	WORST	AVG	BEST
euclidean	P4E	0.00	0.00	1.094	**0.000**	**0.000**	**0.000**
	P6E	0.11	0.00	3.689	**0.000**	**0.000**	**0.000**
	X	0.04	0.01	1.047	**0.009**	**0.004**	**0.000**
fst	ES10FST	0.13	0.13	1.924	**0.000**	**0.000**	**0.000**
	ES20FST	0.14	0.07	3.330	**0.000**	**0.000**	**0.000**
	ES30FST	0.28	0.17	4.264	**0.016**	**0.011**	**0.000**
	ES40FST	0.49	0.13	4.277	**0.012**	**0.007**	**0.000**
	ES50FST	0.55	0.34	4.649	**0.050**	**0.036**	**0.012**
	ES60FST	0.57	0.33	4.852	**0.115**	**0.046**	**0.003**
	ES70FST	0.52	0.34	4.842	**0.124**	**0.052**	**0.011**
	ES80FST	0.49	0.19	4.842	**0.094**	**0.048**	**0.010**
	ES90FST	0.69	0.43	4.977	**0.173**	**0.085**	**0.033**
	ES100FST	0.54	0.34	4.622	**0.159**	**0.063**	**0.012**
	ES250FST	0.77	0.58	5.340	**0.359**	**0.196**	**0.081**
	ES500FST	0.79	0.68	5.500	**0.473**	**0.349**	**0.233**
	ES1000FST	0.87	0.79	5.839	**0.526**	**0.414**	**0.319**
	ES10000FST	0.90	0.88	5.856	1.002	**0.836**	**0.619**
	TSPFST	0.47	0.37	3.445	**0.224**	**0.144**	**0.078**
hard	BIP	6.88	6.04	64.458	6.201	**4.921**	**3.701**
	CC	4.45	3.45	39.605	**3.418**	**2.150**	**1.273**
	HC	2.96	1.92	36.882	2.780	2.032	**1.480**
	SP	1.16	0.88	14.399	0.948	**0.755**	**0.435**
incidence	1080	0.84	0.16	24.325	0.247	**0.108**	**0.013**
	I160	1.21	0.42	26.887	0.728	**0.372**	**0.118**
	I320	1.51	0.69	29.568	1.156	**0.589**	**0.195**
	I640	1.52	0.79	30.964	1.572	0.868	**0.352**
random	B	0.03	0.00	3.484	**0.000**	**0.000**	**0.000**
	C	0.51	0.24	6.297	**0.154**	**0.046**	**0.000**
	D	0.60	0.44	6.386	**0.154**	**0.118**	**0.061**
	E	0.91	0.51	8.300	**0.251**	**0.137**	**0.079**
	MC	1.17	0.80	23.739	**0.416**	**0.107**	**0.000**
	P4Z	0.00	0.00	3.922	**0.000**	**0.000**	**0.000**
	P6Z	0.03	0.03	2.999	**0.014**	**0.003**	**0.000**

续表

类　型	系　列	LS_GSTP			DABC_OARST		
		RSPH+VQ	MS	GRASP-DNH	WORST	AVG	BEST
vlsi	ALUE	0.54	0.30	5.516	**0.296**	**0.176**	**0.092**
	ALUT	0.63	0.32	6.772	0.567	0.358	**0.211**
	DIW	0.18	0.02	5.531	0.151	**0.034**	**0.002**
	DMXA	0.20	0.00	6.772	0.033	**0.019**	**0.000**
	GAP	0.11	0.05	5.759	**0.014**	**0.003**	**0.000**
	LIN	0.64	0.29	6.159	**0.242**	**0.113**	**0.037**
	MSM	0.18	0.10	5.540	**0.039**	**0.016**	**0.006**
	TAQ	0.42	0.14	6.672	0.150	**0.087**	**0.006**

除了 3 个系列（HC、I640 和 ALUT），本节算法得到的平均解质量均比 MS 策略好得多。即便是最差求解结果，41 个系列中也仅有 12 个系列比 MS 策略的差。因此，DABC_OARST 算法的求解质量要比 LS_GSTP 算法好得多。

表 2.16 为 GRASP-DNH、LS_GSTP 和 DABC_OARST 算法求解每种类型测试实例所耗的相对运行时间。RATIO 列是 LS_GSTP 算法 MS 策略相对运行时间与 DABC_OARST 算法平均相对运行时间的比值。ALL 行是所有测试实例集合相对运行时间。根据平均相对运行时间，DABC_OARST 算法在 3 种类型的测试实例上比 MS 策略消耗了更少的运行时间。总体看来，DABC_OARST 算法和 MS 策略的运行时间相差不大。DABC_OARST 算法所耗的所有测试实例集合平均相对运行时间是 MS 策略的 1.73 倍。表 2.17 列出了各算法求解每个系列测试实例所耗的相对运行时间，DABC_OARST 算法最长的相对运行时间是 MS 策略的 11 倍左右。DABC_OARST 算法求解较小测试实例时，消耗的运行时间明显少于 LS_GSTP 算法，但在求解较大测试实例时需要消耗较多的运行时间。

表 2.16　LS_GSTP 和 DABC_OARST 算法求解每种类型测试实例的相对运行时间

类　型	LS_GSTP			DABC_OARST			RATIO
	RSPH+VQ	MS	GRASP-DNH	MAX	AVG	BEST	
euclidean	184.84	1495.65	2.970	2269.661	709.427	63.198	0.474
fst	271.45	2206.50	3.141	14 013.718	6036.990	2335.718	2.736
hard	207.45	3544.75	2.910	20 753.339	9121.394	5587.926	2.573
incidence	232.45	2844.03	2.723	13 021.078	4752.735	781.513	1.671
random	187.37	1783.80	2.405	1159.974	478.667	127.878	0.268
vlsi	186.36	1942.73	1.035	2123.084	913.875	296.457	0.470
ALL	228.348	2427.445	2.565 095	10 520.02	4196.638	1305.729	1.729

WORST 表示测试实例集合的最差解相对运行时间；AVG 表示测试实例集合的平均相对运行时间；BEST 表示测试实例集合的最佳解相对运行时间；RATIO 表示平均相对运行时间与 LS_GSTP 算法 MS 策略相对运行时间的比例；ALL 表示所有测试实例构成集合的相对运行时间。

表 2.17　LS_GSTP 和 DABC_OARST 算法求解每个系列测试实例的相对运行时间

类　型	系　列	LS_GSTP		DABC_OARST				RATIO
		RSPH+VQ	MS	GRASP-DNH	MAX	AVG	BEST	
euclidean	P4E	170.84	2518.35	4.837	4385.641	1439.509	156.980	0.572
	P6E	205.22	987.19	1.930	877.588	248.061	15.018	0.251
	X	153.76	1767.16	4.284	23 462.882	10 135.991	2966.568	5.736
fst	ES10FST	44.41	203.49	3.579	69.424	30.145	6.536	0.148
	ES20FST	113.13	502.33	3.604	153.193	70.287	21.480	0.140
	ES30FST	208.59	1175.13	3.375	1388.871	461.523	150.054	0.393
	ES40FST	273.22	1780.4	3.411	3065.481	1160.473	332.514	0.652
	ES50FST	315.69	2332.47	3.394	21 659.658	6743.219	1699.231	2.891
	ES60FST	332.85	2273.18	3.265	16 747.692	4708.682	707.955	2.071
	ES70FST	315.67	2154.38	3.298	43 114.052	15 078.841	2024.519	6.999
	ES80FST	341.35	2797.16	3.338	42 583.605	15 115.708	3341.285	5.404
	ES90FST	333.51	2616.85	3.227	64 473.919	22 903.182	8924.052	8.752
	ES100FST	326.61	2496.94	3.186	49 912.840	19 809.793	7601.484	7.934
	ES250FST	336.61	4690.75	2.455	87 974.683	46 172.397	44 328.547	9.843
	ES500FST	338.65	5637.92	2.371	92 210.480	57 535.374	59 598.047	10.205
	ES1000FST	330.18	5924.07	2.256	84 569.781	65 110.909	66 352.569	10.991
hard	ES10000FST	334.16	7821.52	2.878	78 036.177	75 006.388	78 036.177	9.590
	TSPFST	349.41	2890.99	3.252	22 401.004	10 744.306	5431.072	3.716
	BIP	218.23	5007.4	2.645	57 456.715	28 241.827	22 810.305	5.640
	CC	261.92	4501.76	2.735	33 521.486	13 462.497	6728.007	2.990
	HC	301.21	5948.83	3.072	55 284.001	25 314.861	14 314.247	4.255
	SP	50.04	427.79	3.649	220.223	105.018	101.550	0.245
incidence	I080	169.03	1241.12	2.722	4739.830	1552.215	95.884	1.251
	I160	228.35	2504.83	2.759	10 634.787	3728.090	510.340	1.488
	I320	255.83	3746.71	2.674	25 873.839	9756.762	2094.689	2.604
	I640	296.22	5616.89	2.737	22 041.201	9037.124	3639.329	1.609
random	B	159.71	677.17	2.740	111.790	50.837	17.990	0.075
	C	185.11	1643.8	1.933	1590.207	586.716	134.250	0.357
	D	190.06	2646.55	1.845	2524.767	987.601	259.284	0.373
	E	192.51	3267.51	1.760	7464.176	2819.851	757.338	0.863
	MC	259.64	3440.8	4.545	29 712.487	11 687.933	2365.709	3.397
	P4Z	194.13	3012.79	7.289	383.466	197.278	62.394	0.065
	P6Z	189.27	909.16	2.196	213.651	96.837	23.033	0.107
vlsi	ALUE	193.01	2961.92	1.014	10 414.026	4990.584	3154.389	1.685
	ALUT	200.39	2603.81	1.051	11 318.461	4684.427	1827.317	1.799
	DIW	197.62	1944.69	0.896	920.833	334.861	92.440	0.172
	DMXA	210.45	1766.02	1.071	1597.385	626.950	199.912	0.355
	GAP	204.49	1612.02	1.068	656.275	267.838	49.376	0.166
	LIN	143.57	1918.19	1.050	4514.910	2302.613	861.705	1.200
	MSM	202.19	1696.96	1.047	741.977	315.439	67.342	0.186
	TAQ	218.01	1848.71	1.148	2160.421	919.268	358.185	0.497

表 2.18 和表 2.19 分别列出每种类型和每个系列测试实例所需的 NFE 值。除了 euclidean 类以外,其他测试实例都需要执行数千次 GRASP_DNH 才能求得一个近优解。由表 2.19 可知,较大规模或者较复杂的测试实例,需要更多的 GRASP_DNH 算法执行次数。比如较大规模的 fst 类测试实例,需要执行超过 1 万次 GRASP_DNH 算法。ES10000FST 测试实例的 NFE 值已经达到 maxNFE。这说明,如果设置更大的 maxNFE,还能计算出更佳的解。

表 2.18　DABC_OARST 算法求解每种类型测试实例的 NFE 值

类　型	DABC_OARST		
	AVG	BEST	MAX
euclidean	613.55	518.41	1406.34
fst	7483.98	6767.93	14 528.11
hard	6820.85	7689.26	13 453.91
incidence	3003.03	2588.10	7264.99
random	1895.95	1126.72	5687.94
vlsi	4697.13	3804.41	9565.65

WORST 表示测试实例集合的最差解 NFE 值;AVG 表示测试实例集合的平均 NFE 值;BEST 表示测试实例集合的最佳解 NFE 值。

表 2.19　DABC_OARST 算法求解每个系列测试实例的 NFE 值

类　型	系　列	DABC_OARST		
		AVG	BEST	MAX
euclidean	P4E	485.91	4502.00	1326.73
	P6E	181.01	111.00	592.13
	X	3244.23	20.47	5769.33
fst	ES10FST	52.09	7.53	158.93
	ES20FST	133.37	30.40	441.87
	ES30FST	821.50	1520.20	2941.07
	ES40FST	1350.58	1080.53	3538.93
	ES50FST	3424.63	1680.40	11 284.20
	ES60FST	1922.18	295.33	7737.53
	ES70FST	4920.27	1182.20	13 762.40
	ES80FST	5369.60	1917.87	15 345.13
	ES90FST	6077.59	4702.73	16 781.00
	ES100FST	5927.97	3574.27	14 274.27
	ES250FST	14 513.31	16 787.40	26 522.13
	ES500FST	17 953.23	19 835.13	28 584.67
	ES1000FST	22 691.76	23 864.20	29 429.60
	ES10000FST	29 742.50	30 026.00	30 059.00
	TSPFST	9585.92	8732.61	17 888.97

续表

类 型	系 列	DABC_OARST		
		AVG	BEST	MAX
hard	BIP	8363.67	7502.80	16 311.60
	CC	6655.35	7027.08	13 406.42
	HC	8530.19	9228.14	14 969.50
	SP	2438.85	7381.38	7383.88
incidence	I080	983.12	325.69	2817.95
	I160	2157.59	1519.94	5441.46
	I320	3379.54	2899.26	8501.54
	I640	5491.87	5607.50	12 299.02
random	B	55.42	21.94	112.11
	C	1622.81	1013.65	5817.00
	D	1872.99	894.20	7057.25
	E	4800.20	3670.55	12 594.95
	MC	4400.37	1244.50	12 216.67
	P4Z	75.17	35.00	165.80
	P6Z	839.11	202.20	2241.67
vlsi	ALUE	8961.25	8712.87	17 683.07
	ALUT	7843.38	7629.56	14 002.44
	DIW	2470.67	1396.43	6540.90
	DMXA	1414.30	811.79	4136.00
	GAP	1199.56	260.54	3330.85
	LIN	9142.13	6700.84	15 783.57
	MSM	1293.02	273.17	3679.50
	TAQ	3513.82	4181.21	8593.86

测试结果表明,DABC_OARST 算法在不到两倍的运行时间内,求解质量明显优于 LS_GSTP 算法。LS_GSTP 算法中,MS 策略是采用单一的多起点局部搜索策略,而 RSPH 策略则是采用改进的 SPH 算法构造初始解的局部搜索策略。两种策略后续的局部搜索策略主要由关键路径交换、关键节点的删除和节点插入组合而成。尽管这些局部搜索算子具有一定效果,但都属于单步长局部搜索,它们比不确定步长局部搜索更容易陷入局部最优。LS_GSTP 算法中的局部搜索,均独立地在某个已有可行解的邻居上执行搜索,这使得算法很难跳出局部最优。

6. 和 VLSI 领域的启发式算法对比

本部分将 DABC_OARST 算法用于求解 VLSI 物理设计中 22 个测试电路的 OARSMT 和 RSMT 问题,并与现有启发式算法结果做对比。本部分使用文献[64] 和文献[65]中的直角满 Steiner 树来构造布线图,maxNFE 参数设置为 50 000,每个测试执行 10 次。

　　表2.20中列出了几种算法求解OARSMT问题所得结果的线长,APR_ERR行表示平均相对误差率,PRI行表示DABC_OARST算法所得平均解对其他算法的改进率。式(2.17)用于求解PRI,其中$\omega(G_h)$表示启发式算法所得线长,$\omega(G_{our})$表示DABC_OARST算法所得线长。DABC_OARST算法至少一次求得11个电路的最优解,所得平均解均优于目前启发式算法的求解结果,并更新了RC12和RT05电路在OARSMT问题上的最佳已知解。DABC_OARST算法平均解将22个电路的平均误差率从最好启发式算法的1.220%提升到0.340%(最佳解的平均误差率为0.178%)。DABC_OARST算法平均解的线长比启发式算法分别缩短了1.377%、3.464%、5.062%、2.034%、0.876%和1.470%。

表2.20　求解OARSMT问题DABC_OARST算法与启发式算法的结果对比

测试电路	启发式算法						DABC_OARST		
	Liu	Ajwani	Lin	Li	Long	Chow	WORST	AVG	BEST
IND1	604	604	632	619	639	609	**604**	**604**	**604**
IND2	9600	9500	9600	9500	10 000	9500	**9500**	**9500**	**9500**
IND3	600	600	613	600	623	600	**600**	**600**	**600**
IND4	1092	1129	1121	1096	1130	1092	**1086**	**1086**	**1086**
IND5	1353	1364	1364	1360	1379	1345	**1343**	**1341.2**	**1341**
RC01	25 980	25 980	26 900	25 980	26 120	25 980	**25 980**	**25 980**	**25 980**
RC02	41 350	42 110	42 210	42 010	41 630	41 740	**41 350**	**41 350**	**41 350**
RC03	54 360	56 030	55 750	54 390	55 010	55 500	**54 160**	**54 160**	**54 160**
RC04	59 530	59 720	60 350	59 740	59 250	60 120	**59 070**	**59 070**	**59 070**
RC05	74 720	75 000	76 330	74 650	76 240	75 390	**74 300**	**74 214**	**74 070**
RC06	81 290	81 229	83 365	81 607	85 976	81 340	**80 362**	**80 175**	**79 912**
RC07	110 851	110 764	113 260	111 542	116 454	110 952	**110 121**	**109 838**	**109 511**
RC08	115 516	116 047	118 747	115 931	122 361	115 663	**113 990**	**113 496**	**113 023**
RC09	113 254	115 593	116 168	113 460	118 696	114 275	**113 013**	**112 364**	**111 831**
RC10	166 970	168 280	170 690	167 620	168 499	167 830	**166 120**	**165 663**	**165 320**
RC11	234 875	234 416	236 615	235 283	234 648	235 866	**233 030**	**232 786**	**232 448**
RC12	758 717	756 998	789 097	761 606	832 782	762 089	**756 750**	**755 795**	**755 007**
RT01	2193	2191	2267	2231	2380	2192	**2146**	**2146**	**2146**
RT02	46 965	48 156	48 441	47 297	51 274	47 690	**46 275**	**46 099**	**45 895**
RT03	8136	8282	8368	8187	8550	8278	**8021**	**7995.9**	**7971**
RT04	9832	10 330	10 306	9914	10 534	10 073	**9774**	**9743.7**	**9714**
RT05	52 318	54 634	53 993	52 473	55 387	52 616	**52 076**	**51 659**	**51 508**
APR_ERR	1.220	2.382	3.816	1.722	5.422	1.816	0.526	0.340	0.178
PRI	0.876	2.034	3.464	1.377	5.062	1.470	—	—	—

　　WORST表示测试实例的最差解结果;AVG表示测试实例的平均解结果;BEST表示测试实例的最佳解结果;APR_ERR表示平均相对误差率;PRI表示DABC_OARST所得平均解对其他算法的改进率;DABC_OARST算法结果中粗体线长值表示不差于其他启发式算法,带下画线的线长值表示达到最优解或更新最佳近优解。

表 2.21 中列出了几种算法求解 RSMT 问题所得结果的线长。DABC_OARST 算法至少一次求得 15 个电路的最优解,所得平均解均优于目前启发式算法的求解结果,并更新了 RC12 和 RC11 电路在 RSMT 问题上的最佳已知解。DABC_OARST 算法平均解将 22 个电路的平均误差率从最好启发式算法的 1.114% 提升到 0.057%(最佳解的平均误差率为 0.014%)。DABC_OARST 算法平均解的线长分别比启发式算法分别缩短了 1.603%、1.235% 和 1.056%。

$$\text{PRI} = \frac{\omega(G_h) - \omega(G_{\text{our}})}{\omega(G_{\text{our}})} \times 100\% \tag{2.17}$$

表 2.21 求解 RSMT 问题 DABC_OARST 算法与启发式算法的结果对比

测试电路	Heuristics			DABC_OARST		
	Long	Ajwani	Li	WORST	AVG	BEST
IND1	623	604	619	**604**	**604**	**604**
IND2	9100	9100	9100	**9100**	**9100**	**9100**
IND3	590	587	590	**587**	**587**	**587**
IND4	1087	1102	1092	**1078**	**1078**	**1078**
IND5	1314	1307	1304	**1295**	**1295**	**1295**
RC01	25 290	25 290	25 290	**25 290**	**25 290**	**25 290**
RC02	40 100	39 920	40 630	**39 710**	**39 710**	**39 710**
RC03	52 600	53 050	52 440	**51 900**	**51 900**	**51 900**
RC04	55 230	55 380	55 720	**54 910**	**54 910**	**54 910**
RC05	72 830	72 170	71 820	**71 370**	**71 316**	**71 260**
RC06	77 706	77 633	78 068	**76 558**	**76 485.6**	**76 356**
RC07	106 562	106 581	107 236	**105 250**	**105 133**	**105 033**
RC08	109 625	108 928	109 059	**107 582**	**107 508**	**107 456**
RC09	107 379	108 106	108 101	**105 868**	**105 844**	**105 811**
RC10	165 080	164 130	164 450	**162 420**	**162 175**	**161 950**
RC11	233 751	233 647	235 284	**231 401**	**231 100**	**230 956**
RC12	754 242	755 354	764 956	**747 978**	**747 017**	**746 043**
RT01	1817	1817	1817	**1817**	**1817**	**1817**
RT02	44 930	44 416	46 109	**44 214**	**44 214**	**44 214**
RT03	7668	7749	7777	**7584**	**7582**	**7579**
RT04	7745	7792	7826	**7651**	**7642**	**7634**
RT05	43 410	43 026	43 586	**42 649**	**42 641.3**	**42 626**
APR_ERR	1.293	1.114	1.661	0.100	0.057	0.014
PRI	1.235	1.056	1.603	—	—	—

启发式算法主要包含了 4 个步骤:生成一个布线图,使用经典启发式算法(如 DNH)构造 Steiner 树,再将 Steiner 树直角化,最后使用局部路径优化改善求解质量。其中所构造的布线图,不一定包含有原始 OARSMT 问题的最优解,因此会影响求解质量。DNH 算法为近似比为 2 的算法,其求解质量具有较大的改善空间。

局部路径优化并不能改变解的主干拓扑,对解质量的改善十分有限。DABC_OARST 算法通过迭代执行 GRASP-DNH 算法,使得求解质量明显优于上述几种 OARSMT 启发式算法。如表 2.22 所示,DABC_OARST 算法需要消耗较长的运行时间,求解较大规模的 OARSMT 电路需要消耗数分钟。

表 2.22　DABC_OARST 算法求解 OARSMT 和 RSMT 问题的平均耗时(单位:秒)

测试电路	DABC_OARST	
	OARSMT	RSMT
IND1	0.00	0.00
IND2	0.00	0.00
IND3	0.00	0.00
IND4	0.01	0.00
IND5	0.04	0.00
RC01	0.00	0.00
RC02	0.01	0.00
RC03	0.13	0.02
RC04	0.00	0.00
RC05	0.25	0.07
RC06	22.27	0.03
RC07	22.58	1.10
RC08	125.07	3.60
RC09	139.71	0.60
RC10	7.85	14.54
RC11	68.24	67.82
RC12	563.02	50.75
RT01	0.06	0.00
RT02	2.81	0.01
RT03	5.34	0.08
RT04	32.86	0.32
RT05	282.54	0.88

2.3.4　小结

DABC_OARST 算法首次将 DABC 算法应用在求解 VLSI 物理设计领域的 OARSMT 和 RSMT 问题上。该算法采用基于 Steiner 点的编码方式、局部搜索策略和全局搜索策略,并取得了更好的求解质量。该算法在 SteinLib 库中 1021 个 GSTP 问题的测试实例和 22 个常用 OARSMT 问题的测试电路上进行了测试。在求解质量和运行时间方面,优于群体智能算法 JPSOMR。和局部搜索算法 LS_GSTP 相比,在相差不大的运行时间内,取得了更好的求解质量。在求解 RSMT 和 OARSMT 问题上,求解质量均超过了现有启发式算法,还更新了 2 个电路

RSMT 问题和 2 个电路 OARSMT 问题的最佳已知解。

针对不同特性的测试实例,DABC_OARST 算法需要选择合适的参数,才能达到较好的求解效果。为了满足多种不同特性测试实例或者应用场景的需求,需要简化参数选择的方法。通过扩展,该算法可以用于求解其他带约束的 OARSMT 问题和 GSTP 问题等。引入图约简技术或者简化布线图,可以减少算法运行时间,如启发式算法中用到的布线图也适用于 DABC_RST 算法。

另外,本节针对 GSTP 问题设计的编码方法、局部搜索策略和全局搜索策略也可以移植到其他计算智能算法中。

2.4　本章总结

通孔数量是在总体布线中的关键问题,通孔数量越少,电路延迟也越小,电路的可制造性越大。在减少弯曲数量的同时也有助于减少通孔的数量,且在后面的阶段,减少弯曲数量更容易。基于此背景,提出了考虑弯曲减少的 Steiner 树构造算法,主要的研究内容及创新之处如下。

(1) 为了解决高维巨大解空间中粒子群算法收敛速度慢的问题,本章通过引入自适应调整学习因子的策略,并结合遗传算法的交叉和变异算子,提出了一种离散 PSO 的直角结构 Steiner 最小树构建算法 BRRA_DPSO。对于粒子的编码,将每条边的两个顶点表示为两比特,紧跟着一比特用来表示 Steiner 点选择。将 Steiner 树的长度之和作为粒子的适应度函数,作为算法优化目标。通过交叉算子,对历史最优学习及全局最优个体进行学习。实验表明,所提出的算法 BRRA_DPSO 能够取得较好的收敛性,并且减少弯曲的数量。

(2) 为了进一步提升求解 GSTP 问题的算法性能,本章通过设计独特的编码方式、编码器、局部搜索策略以及全局搜索策略,在 ABC 算法的框架上,提出了求解 GSTP 问题的算法 DABC_OARST。通过两种局部搜索策略,以及引入融合操作后的全局搜索策略,提升算法求解能力。实验表明,所提出的算法 DABC_OARST 能够在差距不大的运行时间内,使得解的质量更好。

参考文献

［1］ Warme D M,Winter P,Zachariasen M. *Exact algorithms for plane Steiner tree problems：A computational study*［M］. Advances in Steiner Trees, Kluwer Academic Publishers Press,1998,pp. 81-116.

［2］ Borah M,Owens R M,Irwin M J. An edge-based heuristic for Steiner Routing[J]. *IEEE Trans. Computer-Aided Design*,13(12),1994,pp. 1563- 1568.

［3］ Julstrom B A,Antoniades A. Two Hybrid Evolutionary Algorithms for the Rectilinear Steiner Arborescence Problem［C］//Proceedings of the 2004 ACM symposium on Applied computing,Nicosia,Cyprus,2004,pp. 980-984.

[4] Greene W A. A Tree-Based Genetic Algorithm for Building Rectilinear Steiner Arborescence [C]//Proceedings of the 8th annual conference on Genetic and evolutionary computation, Washington,USA,2006,pp. 1179-1185.

[5] Eberhar R C,Kennedy J. A New Optimizer Using Particles Swarm Theory[C]//Proc. 6th International Symposium on Micro Machine and Human Science,Nagoya,Japan,1995,pp. 39-43.

[6] Qu R,Xu Y,Castro J,Landa-Silva D. Particle swarm optimization for the Steiner tree in graph and delay-constrained multicast routing problems[J]. *J Heuristics*. 2013,19(2): 317-3142.

[7] Uchoa E,Werneck R F. Fast local search for the steiner problem in graphs[J]. *J Exp Algorithmics*. 2012,17: 2. 1-2. 22.

[8] Li L,Young E F Y. Obstacle-avoiding rectilinear Steiner tree construction[C]//Proceedings of the 2008 IEEE/ACM International Conference on Computer-Aided Design. 2008: 523-528.

[9] Lin CW, Chen S-Y, Chi-Feng L, et al. Obstacle-Avoiding Rectilinear Steiner Tree Construction Based on Spanning Graphs [J]. *Computer-Aided Design of Integrated Circuits and Systems,IEEE Transactions on*. 2008,27(4): 643-653.

[10] Long J, Zhou H, O. MS. EBOARST: An Efficient Edge-Based Obstacle-Avoiding Rectilinear Steiner Tree Construction Algorithm [J]. *Computer-Aided Design of Integrated Circuits and Systems,IEEE Transactions on*. 2008,27(12): 2169-2182.

[11] Ajwani G, Chu C, Mak W-K. FOARS: FLUTE Based Obstacle-Avoiding Rectilinear Steiner Tree Construction [J]. *Computer-Aided Design of Integrated Circuits and Systems,IEEE Transactions on*. 2011,30(2): 194-204.

[12] Liu C-H,Kuo S-Y,Lee DT,et al. Obstacle-Avoiding Rectilinear Steiner Tree Construction: A Steiner-Point-Based Algorithm[J]. *Computer-Aided Design of Integrated Circuits and Systems,IEEE Transactions on*. 2012,31(7): 1050-1060.

[13] Chow W-K,Li L,Young EFY,et al. Obstacle-avoiding rectilinear Steiner tree construction in sequential and parallel approach[J]. *Integration,the VLSI Journal*. 2014,47(1): 105-114.

[14] M. Hanan. On Steiner's problem with rectilinear distance[J]. *SIAM Journal of Applied Mathematics*,14(2),1996,pp. 255-265.

[15] Kennedy J,Eberhart R C. A Discrete Binary Version of the Particle Swarm Optimization Algorithm[C]//Proceedings of the IEEE International Conference on Systems Man and Cybernetics,Orlando,USA,1997,pp. 4104-4109.

[16] Clerc M. Discrete Particle Swarm Optimization, illustrated by the Traveling Salesman Problem[C]//New Optimization Techniques in Engineering. Springer,Berlin,Heidelbery, 2004: 219-239.

[17] Chen G L,Guo W Z,Chen Y Z. A PSO-based Intelligent Decision Algorithm for VLSI Floorplanning[J]. *Soft Computing*,14(12),2010,pp. 1329-1337.

[18] Guo W Z,Chen G L. An Efficient Discrete Particle Swarm Optimization Algorithm for Multi-Criteria Minimum Spanning Tree [J]. *Journal of Pattern Recognition and Artificial Intelligence*,22(4),2009,pp. 597-604 (in Chinese with English abstract).

[19] R. M Hare,B. A. Julstrom. A Spanning-Tree-Based Genetic Algorithm for Some Instances of the Rectilinear Steiner Problem with Obstacles[C]//Proceedings of the 2003 ACM symposium on Applied computing,2003,pp. 725-729.

[20] Shi Y H,Eberhart R C. A Modified Particle Swarm Optimizer[C]//IEEE International Conference of Evolutionary Computation,Piscataway,NJ,1998,pp. 69-73.

[21] Leung Y,Li G,Xu Z-B. A genetic algorithm for the multiple destination routing problems. Evolutionary Computation[J]. *IEEE Transactions on*. 1998,2(4): 150-161.

[22] Duin C, Voβ S. Efficient path and vertex exchange in steiner tree algorithms [J]. *Networks*. 1997,29(2): 89-105.

[23] Ribeiro CC,De Souza MC. Tabu search for the Steiner problem in graphs[J]. *Networks*. 2000,36(2): 138-146.

[24] MP de Aragao CR,E Uchoa,RF Werneck. Hybrid Local Search for the Steiner Problem in Graphs[C]//Extended Abstracts of the 4th Metaheuristics International Conference. 2001: 429-433.

[25] Wen-Liang Z, Jian H, Jun Z. A novel particle swarm optimization for the Steiner tree problem in graphs [C]//Evolutionary Computation, 2008 IEEE Congress on. 2008: 2460-2467.

[26] Zhenhua Z,Hua W,Lin Y. An Artificial Bee Colony Optimization algorithm for multicast routing[C]//Advanced Communication Technology (ICACT),2012 14th International Conference on. 2012: 168-172.

[27] Karaboga. D. An Idea Based On Honey Bee Swarm For Numerical Optimization[R]. Technical Report-TR06. Erciyes University,Engineering Faculty,Computer Engineering Department 2005.

[28] Karaboga D,Gorkemli B,Ozturk C,Karaboga N. A comprehensive survey: artificial bee colony (ABC) algorithm and applications[J]. *Artif Intell Rev*. 2014,42(1): 21-57.

[29] Karaboga D, Basturk B. A powerful and efficient algorithm for numerical function optimization: artificial bee colony (ABC) algorithm[J]. *J Glob Optim*. 2007,39(3): 459-471.

[30] Karaboga D,Basturk B. On the performance of artificial bee colony (ABC) algorithm[J]. *Applied Soft Computing*. 2008,8(1): 687-697.

[31] Karaboga D,Akay B. A comparative study of Artificial Bee Colony algorithm[J]. *Applied Mathematics and Computation*. 2009,214(1): 108-132.

[32] Sharma T,Pant M. Enhancing the food locations in an artificial bee colony algorithm[J]. *Soft Comput*. 2013,17(10): 1939-1965.

[33] Li G, Niu P, Xiao X. Development and investigation of efficient artificial bee colony algorithm for numerical function optimization[J]. *Applied Soft Computing*. 2012,12(1): 320-332.

[34] Gao W-f,Liu S-y. A modified artificial bee colony algorithm[J]. *Computers & Operations Research*. 2012,39(3): 687-697.

[35] Wang L,Zhou G,Xu Y,Wang S,Liu M. An effective artificial bee colony algorithm for the flexible job-shop scheduling problem[J]. *Int J Adv Manuf Technol*. 2012, 60 (1-4): 303-315.

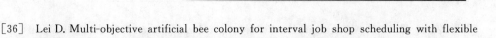

[36] Lei D. Multi-objective artificial bee colony for interval job shop scheduling with flexible maintenance[J]. *Int J Adv Manuf Technol*. 2013,66(9-12): 1835-1843.

[37] Han Y-Y, Liang JJ, Pan Q-K, Li J-Q, Sang H-Y, Cao NN. Effective hybrid discrete artificial bee colony algorithms for the total flowtime minimization in the blocking flow shop problem[J]. *Int J Adv Manuf Technol*. 2013,67(1-4): 397-414.

[38] Tasgetiren MF, Pan Q-K, Suganthan PN, Oner A. A discrete artificial bee colony algorithm for the no-idle permutation flow shop scheduling problem with the total tardiness criterion [J]. *Applied Mathematical Modelling*. 2013,37(10-11): 6758-6779.

[39] Pan Q-K, Wang L, Li J-Q, Duan J-H. A novel discrete artificial bee colony algorithm for the hybrid flow shop scheduling problem with make span minimisation[J]. *Omega*. 2014, 45: 42-56.

[40] Rajasekhar A, Kumar Jatoth R, Abraham A. Design of intelligent PID/PIλDμ speed controller for chopper fed DC motor drive using opposition based artificial bee colony algorithm[J]. *Engineering Applications of Artificial Intelligence*. 2014,29: 13-32.

[41] Bose D, Biswas S, Vasilakos AV, Laha S. Optimal filter design using an improved artificial bee colony algorithm[J]. *Information Sciences*. 2014,281: 443-461.

[42] Kashan MH, Nahavandi N, Kashan AH. DisABC: A new artificial bee colony algorithm for binary optimization[J]. *Applied Soft Computing*. 2012,12(1): 342-352.

[43] Karaboga D, Ozturk C. A novel clustering approach: Artificial Bee Colony (ABC) algorithm[J]. *Applied Soft Computing*. 2011,11(1): 652-657.

[44] Karaboga D, Okdem S, Ozturk C. Cluster based wireless sensor network routing using artificial bee colony algorithm[J]. *Wireless Netw*. 2012,18(7): 847-860.

[45] Alvarado-Iniesta A, Garcia-Alcaraz JL, Rodriguez-Borbon MI, Maldonado A. Optimization of the material flow in a manufacturing plant by use of artificial bee colony algorithm[J]. *Expert Systems with Applications*. 2013,40(2): 4785-4790.

[46] Singh A. An artificial bee colony algorithm for the leaf-constrained minimum spanning tree problem[J]. *Applied Soft Computing*. 2009,9(2): 625-631.

[47] Ozturk C, Karaboga D, Gorkemli B. Probabilistic Dynamic Deployment of Wireless Sensor Networks by Artificial Bee Colony Algorithm[J]. *Sensors*. 2011,11(6): 6056-6065.

[48] Areibi S, Yang Z. Effective memetic algorithms for VLSI design automation = genetic algorithms + local search + multi-level clustering[J]. *Evol Comput*. 2004, 12(3): 327-353.

[49] Coe S, Areibi S, Moussa M. A hardware Memetic accelerator for VLSI circuit partitioning [J]. *Computers & Electrical Engineering*. 2007,33(4): 233-248.

[50] Maolin T, Xin Y. A Memetic Algorithm for VLSI Floorplanning[J]. *Systems, Man, and Cybernetics, Part B: Cybernetics, IEEE Transactions on*. 2007,37(1): 62-69.

[51] Jianli C, Wenxing Z, Ali MM. A Hybrid Simulated Annealing Algorithm for Nonslicing VLSI Floorplanning [J]. *Systems, Man, and Cybernetics, Part C: Applications and Reviews, IEEE Transactions on*. 2011,41(4): 544-553.

[52] Chen G, Guo W, Chen Y. A PSO-based intelligent decision algorithm for VLSI floorplanning[J]. *Soft Comput*. 2010,14(12): 1329-1337.

[53] 徐宁. 基于 VLSI 物理设计的计算智能算法研究及应用[D]. 成都: 电子科技大学, 2002.

[54] Zhang H, Ye D. An Artificial Bee Colony Algorithm Approach for Routing in VLSI[C]// Tan Y, Shi Y, Ji Z, editors. Advances in Swarm Intelligence: Springer Berlin Heidelberg, 2012. p. 334-341.

[55] 韩力英. 集成电路中版图处理及互连线优化技术的研究[D]. 天津: 河北工业大学, 2011.

[56] Feo T, Resende MC. Greedy Randomized Adaptive Search Procedures[J]. *J Glob Optim*. 1995, 6(2): 109-133.

[57] Mehlhorn K. A faster approximation algorithm for the Steiner problem in graphs[J]. *Information Processing Letters*. 1988, 27(3): 125-128.

[58] Cormen T H, Leiserson C E, Rivest R L, Stein C. *Introduction to Algorithms*[M]. 3ed. Cambridge: MIT Press, 2009.

[59] Josuttis. NM. *The C++ Standard Library: a tutorial and reference*[M]. Massachusetts: Addison Wesley Longman, Inc, 1999.

[60] T. K, A. M, S V. *SteinLib: An updated library on Steiner tree problems in graphs*[M]. Tech rep ZIB-Report. Konrad-Zuse-Zentrum für Information stechnik Berlin2000. p. 00-37.

[61] Arago M, Werneck R. On the Implementation of MST-Based Heuristics for the Steiner Problem in Graphs[C]//Mount D, Stein C, editors. Algorithm Engineering and Experiments: Springer Berlin Heidelberg; 2002. p. 1-15.

[62] Huang T, Young EFY. Obstacle-avoiding rectilinear Steiner minimum tree construction: an optimal approach[C]//Proceedings of the International Conference on Computer-Aided Design. San Jose, California: IEEE Press, 2010.

[63] Warme D, Winter P, Zachariasen M. GeoSteiner Software for Computing Steiner Trees[J]. *Mathmatical Programming Computation*, 2018, 10(4): 487-532.

[64] Tao H, Liang L, Young EFY. On the Construction of Optimal Obstacle-Avoiding Rectilinear Steiner Minimum Trees[J]. *Computer-Aided Design of Integrated Circuits and Systems, IEEE Transactions on*. 2011, 30(5): 718-731.

[65] Zachariasen M. Rectilinear Full Steiner Tree Generation[J]. *Networks*. 1999, 33(2): 125-143.

第 3 章

绕障直角结构
Steiner 最小树算法

3.1 引言

随着集成电路制造工艺的发展,特征尺寸已经进入纳米级,芯片的晶体管数目达到数十亿级别,集成电路的规模越来越大,系统更加复杂,约束也越来越苛刻,为线网布线带来更多挑战。

特征尺寸进入纳米级后,器件的尺寸逐渐变小,互连线的线宽逐渐变细、密度逐渐变大。互联线的长度飞速增加,器件变小的速度也超过互联线变细的速度,另外,互联线的延迟要比门的延迟大得多,在线网总延迟中所占比例较高。

现代 VLSI 设计中,布线区域内存在大量布线障碍,如预布线的线网、宏单元以及知识产权保护模块(Intellectual Property Block)。根据障碍所占据的布线金属层,障碍阻断了所有布线金属层,则线网必须绕过所有的障碍区域,这种问题称为绕障直角 Steiner 最小树(Obstacle-Avoiding Rectilinear Steiner Minimum Tree,OARSMT)问题。OARSMT 问题在互连引脚时需要避开障碍,是比直角 Steiner 最小树(RSMT)更难的问题,也是 RSMT 的扩展。以下是 OARSMT 的相关定义。

定义 3.1　矩形障碍　二维矩形布线区域内的一个矩形,矩形障碍不能互相叠加,可以拥有共同的顶点或者边界线。

定义 3.2　引脚　二维矩形布线区域内的一个顶点,任何引脚都不能位于障碍的内部,可以位于障碍的边界或者拐点上。

定义 3.3　绕障直角 Steiner 最小树问题　在二维的矩形布线区域内,有一组引脚 $P=\{p_1,p_2,\cdots,p_l\}$ 和一组矩形障碍 $O=\{o_1,o_2,\cdots,o_k\}$,用水平线或者垂直线将所有引脚都互连起来,且不会穿过任何障碍内部,使得所用的总线长度最短。

RSMT 问题是 OARSMT 问题中 $k=0$ 的特例。

集成度的增高使得互连线面积的不断增加,达到芯片所有面积的 30%～40%。为了降低芯片大小,布线金属层(metal layer)的数量也在不断增加。目前最大布线层数已达到 13 层,预计 2028 年会达到 17 层。这不仅增加了多层之间布线问题,即通孔问题,还涉及多层间障碍对布线的影响。随着芯片复杂度的增长,布线工具必须限制布线长度和通孔数目,这些对芯片的性能、动态功率消耗和成品率影响很大。随着集成电路设计工艺的不断发展,允许绕线的布线层数随之逐渐增多,大幅度减少了互连线宽度和互连线间距,从而提高了集成电路的性能和密度。所以多层布线随之产生,成为了许多学者的研究热点。

接下来,本章将从单层绕障直角结构 Steiner 最小树和多层绕障直角结构 Steiner 最小树两大类问题分别介绍相关的算法构建。

3.2 基于候选 Steiner 点的 GSTP 启发式算法框架

3.2.1 引言

图中 Steiner 树问题(Steiner Tree Problem in Graphs,GSTP)是经典的组合优化问题,是计算机科学和运筹学的基本问题之一,多种工程问题都可以建模为 GSTP 来求解。在大规模集成电路设计的物理设计领域,每个线网要采用金属线将多个引脚互连起来,需要找到一种布线方法,使得所需的总时延(金属线总长)最小;在物流运输领域,货物要使用交通工具运送到各个转运站,需要找到一种货物分发路径使得运输费用最低;在城市管网设计中,管网要将多个管口(如排污口)连通,需要设计一种管网使得管道建设费用最低。因此,研究 GSTP 问题具有重要的实践意义。

1972 年,Karp 已经证明 GSTP 是 NP-难问题。为了求解 GSTP 问题,学者们提出了许多求解方法,如确定性算法、近似算法、启发式算法、局部搜索策略、计算智能算法以及约简技术。近似算法可以保证在多项式时间内找到一个可行解,使其和最优解的权重之比低于某个常数(即近似比),文献[22]中已将近似比从文献[21]提出的 1.55 降低到了 1.39。但近似算法在设计过程中往往更注重缩小近似比而不是提高求解效率。因此,在求解大规模实际问题时,近似算法所耗费的运算时间远远超过了启发式算法。经典启发式算法运算速度快,其近似比都为 2,具有较好的求解质量,所以在工程领域得到了广泛的应用。Aragao 等人在文献[22]中对经典启发式算法进行了优化、扩展和测试对比,验证了经典启发式算法的运算复杂度并不完全和实际运行时间一致。另一种著名的启发式算法是 Rayward-Smith 提出的 ADH(Average Distance Heuristic)算法,该算法基于顶点遍历,求解质量明显优于经典启发式算法,同时消耗了较长的运算时间。局部搜索策略和计算智能算法是在已有可行解的基础上,根据邻居的定义在解空间内搜索更好的可行解,这种不可预知的迭代过程会消耗大量的运行时间,此外,它们的求解质量对初始解的选择较为敏感。约简技术是一个预处理过程,通过对求解问题的等价转换来降低问题规模,从而节约各类构造算法的运行时间。因其修改了求解问题,故在本节中没有考虑。

在工程领域中，所求 GSTP 问题的规模大，对算法调用频繁、实时性要求强，对求解质量要求高。因此，在较短时间构造出较高质量的 Steiner 树具有重要的实际意义。经典启发式算法的求解质量尚有较大的提升空间，而其他算法对运算时间的消耗较大。本节以经典启发式算法为基础来延续算法的高效率，并引入相应改进策略，以提高算法求解质量。本节提出基于候选 Steiner 点的通用启发式算法框架，记为 SPCF。该算法框架中，分别使用最短路径簇和泰森图推测两种类型候选 Steiner 点的位置，使用经典启发式算法互连候选 Steiner 点和端点来构造初始解，并引入绕行路径消除策略和基于候选 Steiner 点的改善过程。为了权衡运行时间和求解质量，算法框架中每个步骤都设计了多种可选策略，可以根据实际需求进行合理组合。

本节在 SteinLib 的测试实例上，测试了该算法框架中各种策略的效率和效果。该算法框架大大提高了 SPH 算法和 DNH 算法的求解质量；与启发式算法 ADH 算法和 KBMPH(Key node Based Minimum cost Path Heuristic)算法相比，本算法框架使用较少的运行时间获得了更优的求解结果。与近似比分别为 1.55 和 1.39 的两种最新近似算法 LCA(Loss_Contracting Algorithm)算法、LPIRR(LP-based Iterative Randomized Rounding)算法相比，本算法框架在求解质量和运行时间方面均具有更好的性能。DW(Dreyfus-Wagner)算法是基于动态规划的一种实用的确定性算法，在本节的测试环境下，当端点数目超过 20 时，则 DW 算法很难在短时间内求得解。

本节结构如下：3.2.2 节介绍基于候选 Steiner 点的启发式算法框架；3.2.3 节将提出的算法与已有算法进行仿真测试和性能对比；3.2.4 节为小结。

3.2.2　SPCF 算法框架

1. 最短路径和候选 Steiner 点

在经典启发式算法中，最短路径是其构造 Steiner 树的基本贪心策略。GSTP 问题中，合适的候选 Steiner 点可以引导 Steiner 树构造算法靠近最优解的 Steiner 点，从而提高算法性能。不同的策略得到的候选 Steiner 点也不尽相同，因此后续构造算法得到的可行解质量也不同。

2. SPCF 算法框架主要构成

SPCF 算法框架主要由 4 部分构成：

(1) 标记候选 Steiner 点 SPC_{I}。

(2) 互连候选 Steiner 点和端点的 Steiner 树构造方法。

(3) 消除 Steiner 树中的绕行路径。

(4) 基于候选 Steiner 点 SPC_{II} 优化可行解。

选择合适的候选 Steiner 点，有益于得到质量较高的解。本节引入了两种类型的候选 Steiner 点 SPC_{I} 和 SPC_{II}。在构造 Steiner 树时，应尽可能经过这些候选 Steiner 点。

3. 标记候选 Steiner 点 SPC$_I$

为了便于描述,首先将两点之间的最短路径定义扩展到两顶点集合之间的最短路径簇。在图 $G=(V,E,\omega)$ 中,假设存在两个顶点集合 $A,B\subseteq V$,有以下定义。

定义 3.4 顶点集合之间的距离 $D(A,B)=\inf\{D(u,v)|u\in A,v\in B\}$ 称为顶点集合 A 和 B 之间的距离。

定义 3.5 连通点、最短路径和最短路径簇 如果两个顶点 $a\in A,b\in B$ 且 $D(a,b)=D(A,B)$,则对应的最短路径 Path(a,b) 称为顶点集合 A 和 B 之间的一条最短路径,顶点 a 和 b 称为连通点,A 和 B 之间所有最短路径构成的路径集合称为 A 和 B 之间的最短路径簇,记为 SPB(A,B)。

文献[25]中提出了一种基于候选 Steiner 点构造 Steiner 树的通用框架(记为 RS 算法框架):将现有启发式算法所得 Steiner 树的 Steiner 点视为候选 Steiner 点,然后使用最小端点生成树算法来连通端点和候选 Steiner 点得到 Steiner 树。RS 算法框架改进了启发式 Steiner 树构造算法的求解质量。

受 RS 算法框架启发,改进 Steiner 树质量有贡献的候选 Steiner 点很有可能位于某个最短路径上。在经典启发式算法执行中,当存在多个可选最短路径时,选择不同的最短路径可能会产生不同的重叠边,重叠边越多的 Steiner 树权重越小,但是哪个最短路径是更好的选择却很难抉择。因而,在互连所有端点过程,本节采用最短路径簇来替代最短路径以避免困难抉择,并将产生的所有非端点连通点标记成候选 Steiner 点 SPC$_I$。这种标记候选 Steiner 点的方法称为最短径簇扩展算法,记为 SPCH 算法。SPCH 算法是一个迭代过程,包含 4 个阶段:初始化阶段、扩展阶段、回溯阶段、更新阶段,后 3 个阶段将不断迭代直到所有端点被连通。SPCH 算法的输入为带权图 $G=(V,E,\omega)$ 和端点集合 $T\subseteq V$,输出为 SPC$_I$ 候选 Steiner 点集合。

根据 SPCH 算法互连策略的不同可以分为单源点最短路径簇扩展算法(SS_SPCH)、多源点最短路径簇扩展算法(MS_SPCH)和多源点最短路径簇并行扩展算法(MSP_SPCH)。

1) 单源点最短路径簇扩展算法

在 SS_SPCH 算法中,从一个端点出发,使用最短路径簇依次扩展到其他端点。每次迭代过程采用最短路径簇将一个最近的端点连接到已连接顶点集合(记为 CV),直到所有端点都包含在已连通顶点集合中。具体迭代过程如下。

初始化阶段:任意选择一个端点 t',初始化为已连通顶点集合 $CV=\{t'\}$。

扩展阶段:扩展阶段寻找端点 t,使得 $t\in T\setminus(CV\cap T)$ 并且 $D(t,CV)=\inf\{D(v,CV)|v\in T\setminus(CV\cap T)\}$。执行 Dijkstra 算法,以 CV 中所有顶点为源,直到找到顶点 t,暂停 Dijkstra 算法进入回溯阶段。

回溯阶段:收集 CV 和 $\{t\}$ 之间的最短路径簇 SPB$(CV,\{t\})$。这是个递归过程:根据每个顶点到 CV 的距离和每条边的权重,可以得到当前点(初始化为 t)在最短路径集合中的前驱节点(即从 CV 经过最短路到达 t 时,可能经过的上一个顶点),再将所有前驱节点作为当前点,若当前点是 CV 中的顶点时,该递归分支停止且该当前点就是一个连通点。

更新阶段:将 SPB(CV, {u}) 上所有的顶点都加入到 CV 中。

性质 3.1 SS_SPCH 算法复杂度为 $O(|T||E|\lg|V|)$。

证明:每次迭代包含一次 Dijkstra 算法,其算法复杂度为 $O(|E|\lg|V|)$。回溯阶段和更新阶段都通过遍历 Dijkstra 算法扩展过的顶点实现,同时该顶点距离 CV 的距离修改为 0,算法会遍历每个节点,有且仅有一次,算法复杂度为 $O(|V|)$。为了连通所有端点,SS_SPCH 算法需要执行 $|T|-1$ 次迭代。因此,算法复杂度为 $O(|T||E|\lg|V|)$。

在实现时,除了首次迭代,每次 Dijkstra 算法不需要从头开始执行,只需要将新加入的已连通顶点作为源点(即距离源点距离为 0)继续执行算法即可。算法 3.1 为 SS_SPCH 算法伪代码。

算法 3.1: SS_SPCH($G(V, E, \omega)$, T)

输入:	$G(V, E, \omega)$	//带权图
	T	//端点集合
输出:	SPC_1	//候选 Steiner 点集合

```
1   Begin
2       SPCl = ∅;
3       SPB = ∅;                      //最短路径簇中的顶点
4       VHeap = ∅;                    //顶点二进制堆
5       for each 顶点 u ∈ V
6           u.dist = ∞;
7       任意选择一个端点 t;
8       CV = {t};                     //初始化已连通顶点集合
9       t.dist = 0;
10      VHeap.push.back(t);
11      Repeat
12          u = VHeap.pop_heap();      //弹出具有最小 dist 值的顶点
13          if (u ∈ T)
14              TraceBack(u);
15              CV = SPB ∪ CV;
16              SPB = ∅;
17              continue;
18          for each 与 u 关联的边 e(u, v)
19              if v.dist > u.dist + ω(e)
20                  v.dist = u.dist + ω(e);
21                  VHeap.push_back(v);
22      Until T ⊆ CV;
23  return SPC₁;
24  Function TraceBack(u)              //递归过程
25      if u ∈ CV
```

```
26          if( u ∉ T )
27              SPC₁ = SPC₁ ∪ {u};
28          return;
29      for each 与 u 关联的边 e(u,v)
30          if v.dist = u.dist - ω(e)
31              TraceBack(v);
32      u.dist = 0;
33      SPB = SPB ∪ {u};
34      VHeap.push_back(u);
35  return;
```

2) 多源点最短路径簇扩展算法

在 MS_SPCH 算法中,使用最短路径簇依次将最近的两个已连通节点集合连接起来,直到剩下一个已连接节点集合。具体迭代过程如下。

初始化阶段:每个节点初始化成一个已连接节点的节点集,$CV_i = \{t_i\}$,$i = 1,2,\cdots,|T|$。

扩展阶段:采用泰森图构造算法,找到最靠近的一对已连通顶点集合 CV_i 和 CV_j。以每个已连通顶点集合分别作为一个泰森种子开始构造泰森图,记录遍历过程中得到的桥边,每轮扩展中 Dijkstra 算法遍历顶点范围 Range 为当前找到桥边的最小跨度;每轮扩展结束时就有两个邻接泰森单元之间的所有主桥边 $MBs(CV_i,CV_j)$ 被找到,相应的两个泰森种子 CV_i 和 CV_j 最靠近,暂停构造泰森图进入回溯阶段。

回溯阶段:收集 CV_i 和 CV_j 之间的最短路径簇 $SPB(CV_i,CV_j)$。这个过程与 SS_SPCH 算法的回溯阶段类似,所不同的是将 $MBs(CV_i,CV_j)$ 中每个主桥边的两个关联点都作为当前点开始递归。

更新阶段:构造一个新已连接节点的节点集 $CV_{new} = SPB(CV_i,CV_j) \cup CV_i \cup CV_j$ 代替 CV_i 和 CV_j,作为新的泰森种子。

性质 3.2 MS_SPCH 算法复杂度为 $O(|T||E|\lg|V|)$。

证明:扩展阶段包括一次泰森图构建策略,以及选取最小跨度的一组主桥边集合。泰森图构建的时间复杂度为 $O(|E|\lg|V|)$,主桥边的边数为 $O(|E|)$,选择最小跨度的一组主桥边集合的时间复杂度为 $O(|E|)$。在回溯阶段和更新阶段,与性质 3.1 类似,算法复杂度为 $O(|V|)$。MS_SPCH 算法需要执行 $|T|-1$ 次迭代。因此 MS_SPCH 算法复杂度为 $O(|T||E|\lg|V|)$。

在实现时,除了首次迭代,每次泰森图构造算法都不需要从头开始,只需要将 CV_{new} 作为一个泰森种子继续执行泰森图构造算法即可。与 SS_SPCH 算法相比,避免了对起始点的敏感。在扩展阶段,为了确保找到跨度最小的主桥边需要扩大扩展区域,并从所有的桥边中找出跨度最小的桥边。

3) 多源点最短路径簇并行扩展算法

在 MSP_SPCH 算法中,每次迭代中采用最短路径簇将若干对距离最小的已连接节点集合连接起来,直到剩下一个已连通顶点集合。具体迭代过程如下。

初始化阶段、回溯阶段和更新阶段均与 MS_SPCH 算法类似。所不同的是在初始化阶段和更新阶段将所有泰森种子(已连通顶点集合)设置为未标记状态,每轮回溯阶段和更新阶段要处理多个最短路径簇。

扩展阶段:通过泰森图构造算法,寻找最接近的数对已连通顶点集合。本阶段包含一个更小的迭代过程,该迭代过程类似于一次 MS_SPCH 算法的扩展阶段,找到一对最靠近未被标记的泰森种子,并记录这些泰森种子。若一个泰森种子被标记了,则其所在的泰森单元暂停扩展,在本轮扩展阶段中弃用与之关联的桥边。当所有泰森种子都被标记了时,进入回溯阶段。

性质 3.3　MSP_SPCH 算法复杂度为 $O(|T||E|\lg|V|)$。

证明:扩展阶段包括一次泰森图的构建策略,耗时 $O(|E|\lg|V|)$。选择最小跨度主桥边集合的次数和耗时与 MS_SPCH 算法相同。回溯阶段和更新阶段,与性质 3.1 类似,算法复杂度为 $O(|V|)$。MSP_SPCH 算法需要执行不超过 $|T|-1$ 次迭代。因此 MSP_SPCH 算法复杂度为 $O(|T||E|\lg|V|)$。

在实现时,除了首次迭代,每次泰森图构造算法都不需要从头开始,只需要将每个新构成的已连通顶点集合作为一个种子继续执行算法即可。与 MS_SPCH 算法相比,所需的迭代次数更少,但需要将扩展阶段被弃用的桥边代入到下一轮迭代中。

4. Steiner 树的构造

本节构造 Steiner 树来连通端点和候选 Steiner 点。DNH 的算法复杂度小于 SPH,SPH 算法结果要优于 DNH 算法。文献[22]的算法 SPH 所需的运行时间并不明显多于 DNH 算法,SPH 所得解的质量普遍优于 DNH,本节后续的测试也验证了这一结果。本节中除特殊说明以外,均采用 SPH 算法作为 Steiner 树的构造方法(记作 CA)。

5. 绕行路径的消除

在 Steiner 树的构造算法中引入的候选 Steiner 点,不能保证一定有利于缩小 Steiner 树总权重。候选 Steiner 点可能导致 Steiner 树中出现绕行路径,为了消除这种绕行路径,本节使用两种可选策略,分别记为 EDP_RS 和 EDP_KPE。EDP_RS 策略重复调用 RS 算法框架,并构造 Steiner 树,直到求解质量不再被改进。但是对于不同的 GSTP 问题,重复构造 Steiner 树的次数无法预测。实际测试中重复的次数往往较小,本节设置将重复次数设置为常数 5。因此,EDP_RS 策略的算法复杂度与构造算法相同(使用 SPH 时为 $O(|T||E|\lg|V|)$)。

6. 基于 SPC$_{\text{II}}$ 优化可行解

SPCH 算法和 RS 算法框架都是采用基于最短路径贪心策略来标记候选 Steiner 点的。但并非所有 GSTP 问题最优解的 Steiner 点都可以使用这种贪心策略得到。对于一些特殊 GSTP 问题(称为困难 GSTP 问题),在基于最短路径贪心策略的扩展时,不能经过该问题最优解的一些 Steiner 点(称为困难节点),因此会影响后续的构造算法求解质量。例如,定义 3.6 中给出的完全轮图就是一个典型的困难 GSTP 问题。

定义 3.6　完全轮图　在 GSTP 问题中,有 $l(l>2)$ 个端点、1 个非端点顶点(称为中心点),图 G 是一个完全图,任何两个端点相连的边称为内部边,其边长为 $2\times\beta$,其他边称为辐条边,辐条边长为 $\beta+\tau$,其中 $\beta\gg\tau>0$,这种 GSTP 问题称为完全轮图。

性质 3.4　若 GSTP 问题中包含完全轮图或部分完全轮图,以端点为种子构造泰森图,则中心节点是交界点。

证明:由完全轮图和部分完全轮图的定义可知,在以端点为种子构造的泰森图中,中心节点的邻居都是端点,且邻居个数超过 3,因此中心节点是交界点。

为了提高困难 GSTP 问题的求解质量,基于性质 3.4,本节算法提出 3 种可选的改善策略:IS-Ⅰ、IS-Ⅱ、IS-Ⅲ。

首先,以每个节点视为一个种子,并构造出相应的泰森图。

改善策略 IS-Ⅰ:以泰森图的交界点为 SPC_{II},然后对每个 SPC_{II} 执行插入关键点局部搜索,使用构造算法连接该 SPC_{II} 和当前可行解的关键节点,若得到的解比当前解更好,则以该解代替当前解。

性质 3.5　改善策略 IS-Ⅰ算法复杂度为 $O(|V||T||E|\lg|V|)$。

证明:泰森图构造时间复杂度为 $O(|E|\lg|V|)$,泰森图交界点的个数为 $O(|V|)$,在改善策略 IS-Ⅰ需要执行 $O(|V|)$ 次 SPH 算法构造 Steiner 树,每次耗时 $O(|T||E|\lg|V|)$。因此,改善策略 IS-Ⅰ算法复杂度为 $O(|V||T||E|\lg|V|)$。

改善策略 IS-Ⅰ通过消耗较长的算法运行时间,获得了较好的求解结果。为了提高算法效率,IS-Ⅱ策略通过减少 SPC_{II} 候选 Steiner 点的个数来减少构造算法的执行次数。

改善策略 IS-Ⅱ先使用构建算法连接每一个交界点和端点,将得到的 Steiner 树 T_{new} 的 Steiner 点看作 SPC_{II},并执行与 IS-Ⅰ策略相同的插入关键节点局部搜索。

性质 3.6　改善策略 IS-Ⅱ算法复杂度为 $O(|T|^2|E|\lg|V|)$。

证明:在改善策略 IS-Ⅱ需要执行 $O(|T|)$ 次构造函数,其他过程与改善策略 IS-Ⅰ相同。因此,改善策略 IS-Ⅱ算法复杂度为 $O(|T|^2|E|\lg|V|)$。

为了进一步提高改善策略的效率,避免多次执行构造算法,IS-Ⅲ策略中在当前可行解和 T_{new} 之间执行净化搜索策略,只需执行两次构造算法,因此有性质 3.7。

性质 3.7　改善策略 IS-Ⅲ算法复杂度为 $O(|T||E|\lg|V|)$。

7. SPCF 算法框架

SPCF 算法框架共包含了 3 个阶段,伪代码如算法 3.2 所示。表 3.1 中列出了各个阶段不同可选策略的时间复杂度。为了权衡考虑求解质量和运行时间,可以选择不同的策略组合,构成所需的算法。表 3.2 中列出了基于 SPCF 算法框架的 9 组算法,每组算法可以使用不同 SPC_I 标记策略。前 6 组算法是通过增加策略或者替换策略来改进求解质量,后 3 组算法则侧重于减少运行时间。

算法 3.2: SPCF ($G(V, E, \omega)$, T)

输入:	$G(V, E, \omega)$	//带权连通图
	T	//端点集合
输出:	Tree	//可行解
1	**Begin**	
2	SPC_I = SPCH($G(V, E, \omega)$, T);	//SPC_I 候选 Steiner 点标记过程;
3	pre_Tree = CA($G(V, E, \omega)$, T, SPC_I);	//基于 SPC_I 构造初始解 pre_Tree;
4	Tree = IS($G(V, E, \omega)$, T, pre_Tree);	//基于 SPC_{II} 改善初始解质量;
5	**return** Tree;	

表 3.1　各阶段可选策略及时间复杂度

类　　型	策　　略	时间复杂度
	MSP_SPCH	$O(\|T\|\|E\|\lg\|V\|)$
SPCH	MS_SPCH	$O(\|T\|\|E\|\lg\|V\|)$
	SS_SPCH	$O(\|T\|\|E\|\lg\|V\|)$
CA	DNH	$O(\|E\|\lg\|V\|)$
	SPH	$O(\|T\|\|E\|\lg\|V\|)$
EDP	EDP_RS	$O(\|T\|\|E\|\lg\|V\|)$
	EDP_KPE	$O(\|E\|\lg\|V\|)$
	IS-I$^{\#}$	$O(\|V\|\|T\|\|E\|\lg\|V\|)$
IS	IS-I	$O(\|V\|\|T\|\|E\|\lg\|V\|)$
	IS-II	$O(\|T\|^2\|E\|\lg\|V\|)$
	IS-III	$O(\|T\|\|E\|\lg\|V\|)$

IS-I$^{\#}$ 表示在改进策略中的构造算法也执行了绕行路径消除策略

表 3.2　基于 SPCF 算法框架的 9 组算法

SPCF 算法框架		
算　　法	组　　成	时间复杂度
*_SPCF-I	*_SPCH+DNH	$O(\|T\|\|E\|\lg\|V\|)$
*_SPCF-II	*_SPCH+SPH	$O(\|T\|\|E\|\lg\|V\|)$
*_SPCF-III	*_SPCH+SPH+EDP_RS	$O(\|T\|\|E\|\lg\|V\|)$
*_SPCF-IV	*_SPCH+SPH+EDP_KPE	$O(\|T\|\|E\|\lg\|V\|)$
*_SPCF-V	*_SPCH+SPH+EDP_KPE+IS-I$^{\#}$	$O(\|V\|\|T\|\|E\|\lg\|V\|)$
*_SPCF-VI	*_SPCH+SPH+EDP_RS+IS-I$^{\#}$	$O(\|V\|\|T\|\|E\|\lg\|V\|)$
*_SPCF-VII	*_SPCH+SPH+EDP_RS+IS-I	$O(\|V\|\|T\|\|E\|\lg\|V\|)$
*_SPCF-VIII	*_SPCH+SPH+EDP_RS+IS-II	$O(\|T\|^2\|E\|\lg\|V\|)$
*_SPCF-IX	*_SPCH+SPH+EDP_RS+IS-III	$O(\|T\|\|E\|\lg\|V\|)$

　*表示使用 MSP、MS 和 SS 3 种 SPC_I 标记算法;IS-I$^{\#}$ 表示在改善策略中的构造算法也执行了绕行路径消除策略。

3.2.3 测试与对比

1. 测试实例与测试安排

为了便于测试和对比,本节使用 GSTP 测试用例库 SteinLib 中的 389 个例子作为测试实例,称作 LittleCase 类。LittleCase 类的测试实例,端点数不超过 20,顶点数不超过 1000,基本信息见表 3.3。

测试安排:对 9 组 SPCF 算法进行测试,比较各阶段每种可选策略的性能;将 SPCF 算法与五种对比算法进行性能对比。每种算法对每个测试用例执行 20 次,并计算测试用例集合误差率和相对算法运行时间。

表 3.3 LittleCase 类的测试实例基本信息

	数量	描述	$\|V\|$	$\|E\|$	$\|T\|$
LittleCase	389	$\|V\|\leqslant1000$ 且 $\|T\|\leqslant20$: euclidean(19 个)、fst(30 个)、hard(11 个)、 incidence(225 个)、random(44 个)、vlsi(60 个)	6~1000	9~204 480	3~20

2. SPCF 算法框架中可选策略性能测试

在可选策略的性能测试过程中,在经典启发式算法的基础上,不断增加可选策略,以验证其有效性。如表 3.4 所示,两种经典启发式算法和 9 组 SPCF 算法的性能对比。由 DNH 行和 SPH 行可知,SPH 算法的求解质量明显优于 DNH 算法,且相对运行时间略低于 DNH 算法,验证了 SPH 算法在实践中的优越性。＊_SPCH-Ⅰ 算法与 DNH 算法对比,平均相对误差均从 16.87% 降低到了 10% 以下。＊_SPCH-Ⅱ 算法与 SPH 算法对比,平均相对误差也从 10.43% 降低到了 8.7% 左右。这说明 3 种 SPCH 策略均在优化求解质量方面具有明显的积极效果,且使用 SPH 算法作为构造算法所得的求解质量更好。因此,本节的构造算法默认采用 SPH 算法。

表 3.4 SPCF 算法框架中各种可选策略的性能对比

算 法	AVG	BEST	RT
DNH	16.87	—	1.75
SPH	10.43	7.1	1.73
MSP_SPCF-Ⅰ	9.47	—	16.88
MSP_SPCF-Ⅱ	8.76	7.37	15.84
MSP_SPCF-Ⅲ	8.43	7.04	17.16
MSP_SPCF-Ⅳ	6.83	6.83	20.51
MSP_SPCF-Ⅴ	**1.34**	**0.93**	**109.46**
MSP_SPCF-Ⅵ	1.59	0.85	72.72
MSP_SPCF-Ⅶ	2.20	1.36	51.99

续表

算 法	AVG	BEST	RT
MSP_SPCF-Ⅷ	2.98	1.82	29.39
MSP_SPCF-Ⅸ	3.94	2.33	27.62
MS_SPCF-Ⅰ	9.4	—	7.07
MS_SPCF-Ⅱ	8.67	7.28	6.54
MS_SPCF-Ⅲ	8.42	6.98	7.68
MS_SPCF-Ⅳ	7.72	6.76	9.98
MS_SPCF-Ⅴ	**1.33**	**0.87**	**88.84**
MS_SPCF-Ⅵ	1.59	0.83	56.57
MS_SPCF-Ⅶ	2.18	1.37	38.05
MS_SPCF-Ⅷ	2.96	1.79	17.01
MS_SPCF-Ⅸ	3.95	2.38	15.98
SS_SPCF-Ⅰ	9.18	6.64	4.02
SS_SPCF-Ⅱ	8.63	6.13	3.02
SS_SPCF-Ⅲ	8.4	6.07	4.02
SS_SPCF-Ⅳ	7.74	5.87	5.53
SS_SPCF-Ⅴ	**1.33**	**0.54**	**100.32**
SS_SPCF-Ⅵ	1.57	0.48	60.00
SS_SPCF-Ⅶ	2.24	0.85	36.97
SS_SPCF-Ⅷ	3.01	1.08	12.22
SS_SPCF-Ⅸ	3.96	1.96	11.64

AVG 表示测试实例集合平均误差率；BEST 表示测试实例集合最佳误差率；RT 表示测试实例集合相对平均运行时间。

3 种 SPCH 策略在相对运行时间方面 SS_SPCF-Ⅰ 和 SS_SPCF-Ⅱ 所耗时间相对较少，仅为 SPH 算法的 2～4 倍，MSP_SPCF-Ⅰ 和 MSP_SPCF-Ⅲ 所耗时间为 SPH 算法的 9～10 倍。主要原因在于后两者扩展范围的增大和对桥边的处理。﹡_SPCH-Ⅲ 和 MS_SPCF-Ⅳ 行表明，两种绕行路径消除策略可以有效改进求解质量。EDP_KPE 策略在求解质量方面要优于 EDP_RS 策略，实际消耗运行时间也较多。﹡_SPCH-Ⅶ～MSP_SPCF-Ⅸ 3 组算法表明，基于 $SPC_Ⅱ$ 的改善策略明显提高了求解质量，平均相对误差率从 8% 左右降低到 3% 左右。其中 IS-Ⅰ 改善策略对求解质量改进最多，耗时最多。而 IS-Ⅲ 改善策略则耗时最少，求解质量比另外两种改善策略略差。为进一步提高求解质量，﹡_SPCH-Ⅵ 和 MS_SPCF-Ⅴ 两组算法在 IS-Ⅰ 改善策略的构造算法中执行相应绕行路径消除策略，使得这两组算法具有最好的求解质量和也消耗最长的运行时间。如表 3.4 中 BEST 列所示，在 SS_SPCH 算法和 SPH 算法中随机选择不同的起始点，所得的解质量相差较大。

因此,在不同应用需求中,可选择 SPCF 算法框架不同的策略组合,权衡求解质量和所耗运行时间。

3. 与其他算法对比

本节将 SS_SPCF-V 算法与两种启发式算法、两种近似算法和一种动态规划算法进行性能对比。ADH 算法是一种著名的启发式算法,具有比经典启发式算法好得多的求解质量。ADH 算法过程为:首先构造图 G 闭包完全图;将每个端点初始化为一棵子树,共 $|T|$ 棵子树;随后每次迭代过程根据平均距离函数从所有顶点中选择一个最佳的顶点来合并两棵子树,直到所有子树合并为一棵树。该算法在迭代过程中,遍历了所有可能的顶点,因此可以引导所求解经过或靠近困难节点,这也是 ADH 算法求解质量高的主要原因之一。ADH 的算法复杂度是 $O(|V|^3)$,近似比是 $2(1-1/|T|)$。余燕平等人在文献[32]提出的 KBMPH 算法是 SPH 算法的变体,可以改进 SPH 算法的求解质量。KBMPH 算法过程为:首先构造图 G 闭包完全图并保存任意两顶点间的最短路径,再根据每对端点间最短路径经过的非端点顶点和参数 K 确定一个加权顶点集合 F,所有有经过 F 中顶点的路径都需要采用参数 λ 修正,最后根据修正后的路径使用 SPH 算法构建 Steiner 树。该算法也属于最短路径的贪心算法,因此很难指导所求解经过或者靠近困难节点。参数 λ 和 K 的选择对求解结果的影响很大,不同的例子对参数的依赖也不同,本节综合多次的测试结果将参数设置为 $\lambda = 0.9, K = |V|/4.5$。KBMPH 的算法复杂度是 $O(|V|^3)$,近似比是 $2(1-1/|T|)/\lambda$。Dreyfus 和 Wagner 提出的 DW 算法是基于动态规划的确定性算法,具有较强的实践性。DW 算法过程为:首先构造图 G 闭包完全图,然后根据递归式(3.1)求解,其中 $S(u, T')$ 表示顶点 u 连通端点集合 T' 的最小费用。DW 算法复杂度是如式(3.2)所示,当端点个数小于某个固定值时,该算法是多项式算法。Robins 等人在文献[21]提出的 LCA 算法是一种近似算法。LCA 算法过程为:首先构造图 G 闭包完全图,构造最小端点生成树作为初始可行解,构造所有的 k-满部件;在每次迭代中,根据收益比从所有 k-满部件中选择一个最佳的 k-满部件插入到可行解;直到所有 k-满部件都不能改善可行解为止。LCA 算法复杂度为 $O(|V|^3 + |T|^k \times (|V|-|T|)^{k-2} + k \times |T|^{2k+1} \lg |T|)$,$k \to \infty$ 近似比为 $(1+0.5 \times \ln 3) \approx 1.55$,本节测试中 k 取 3。文献[22]提出的 LPIRR 算法是目前最新的近似算法。LPIRR 算法基于有向 k-满部件,每次迭代采用线性规划方法评估一个有向 k-满部件在构造 Steiner 树过程中所起的积极作用,选择一个最佳的有向 k-满部件用来参与构造一个 Steiner 树,最多需要迭代 $|T|$ 次。$k \to \infty$ 近似比为 $\ln 4 \approx 1.39$,本节测试中 k 取 3 和 4。LPIRR 算法是按一定概率随机选择 k-满部件,每次运行结果可能不同,本节在重现 ADH、LCA、LPIRR 算法时,均使用了 RS 通用算法框架,以提高求解质量。采用 Floyd-Warshall 算法构造图 G 闭包完全图;采用 DW 算法构造所有的 k-满部件;使用 IBM CPLEX 软件包求解线性规划。

$$S(u,t') = \min_{v \in V}\Big(D(u,v) + \min_{\substack{E \subseteq T' \\ F = T' \backslash E}} (S(v,E), S(v,F)) \Big),$$

$$u \in V, \quad T' \subseteq T\backslash\{q\}, \quad q \in T \tag{3.1}$$

$$O\Big(\frac{|V|^3}{2} + |V|^2(2^{|T|-1} - |T| - 1) + \frac{|V|(3^{|T|-1} + 2^{|T|} + 3)}{2} \Big) \tag{3.2}$$

表 3.5 为 SS_SPCF-V 算法与其他 5 种算法的性能对比。ADH 算法运行时间是 SS_SPCF-V 算法的 13 倍,且求解质量略差,原因在于 ADH 算法每次迭代中都逐个检查每个顶点,以选中最佳的顶点来合并两棵子树,该算法有机会引导可行解经过或靠近困难节点。测试中,KBMPH 算法中选择的 F 顶点集合常常会集中在个别端点附近,而且很难引导所求解经过或者靠近最优解中的困难节点,所以对Steiner 树的优化有限。KBMPH 算法的求解质量仅略优于 SPH 算法。KBMPH算法在构造图 G 闭包完全图时,还需保存所以顶点对之间的最短路径,所以运行时间略长于 ADH 算法。虽然 LCA 算法和 LPIRR 算法的理论近似比都较小,但当参数 $k \to \infty$ 时其运行时间是无法承受的。即便只选择较小的 k 值,算法的运行时间也是 SS_SPCF-V 算法的几十倍乃至几百倍,求解质量也远不及 SS_SPCF-V算法。由 LPIRR-3 算法和 LPIRR-4 算法的结果可以看出,当参数 k 增大时,运行时间增加,求解结果也明显变好。DW 算法在求解端点数较少的例子时,其运行时间较少,当端点数超过 20 时,其运行时间也是无法承受的。

表 3.5　SPCF 算法与其他算法性能对比

算　　法	AVG	BEST	RT
SS_SPCF-V	**1.33**	**0.54**	**100.32**
ADH	1.39	—	1310.65
LCA-3	5.26	—	2748.62
LPIRR-3	5.06	4	29 911.75
LPIRR-4	3.08	2.2	70 636.35
DW	0	—	67 200.44
KBMPH	10.33	7.01	1315.68

3.2.4　小结

本节提出一种求解 GSTP 问题的算法框架 SPCF,SPCF 包含了 SPC_I 候选 Steiner点的标记、Steiner 树的构造、绕行路径的消除和基于 SPC_{II} 候选 Steiner 点的优化。每个阶段都设计了数种可选策略。这些策略对改善 GSTP 问题求解质量均起到了较为明显的积极作用,而且所耗运行时间也相对较少;与现有算法相比,具有求解质量高、运行时间短的特点,对 GSTP 问题的启发式算法研究的意义是显而易见的。

SPCF 算法框架可根据具体工程应用问题的需求进行合理组合和拓展,用于求解各种场合的 GSTP 问题或带约束的 GSTP 问题。

3.3　基于绒泡菌算法的绕障直角结构 Steiner 最小树算法

多头绒泡菌的疟原虫是一种大型变形虫细胞,由于其在寻路、避险和网络构建等方面的智能行为,近年来受到广泛关注。受这种原始生物的行为的启发,本研究探索了多头绒泡菌的优化能力,提出了第一个基于绒泡菌的集成电路物理设计绕障布线算法。本节使用一种新的营养消耗数学模型来模拟多头绒泡菌的觅食行为,从而提出了一种称为绒泡菌布线器的高效布线工具。利用所提出的布线方法,对于给定的一组引脚节点和给定的一组芯片上的功能模块,可以自动构建一个连接所有引脚节点同时避免功能模块拥塞的直角 Steiner 最小树。此外,所提出的算法结合了一些启发式算法,其中包括分治策略、一个非引脚叶节点修剪策略、一个动态参数策略等,以从根本上提高绒泡菌布线器的性能。

3.3.1　引言

布线在大规模集成电路的设计中起着重要的作用。互联系统的构建对于每个信号网络都是至关重要的,该互联系统旨在连接硅片上的一组引脚节点,同时使得总导线长度最小。

自从 Hanan 网格在 1966 年被提出以来,直角 Steiner 最小树问题由于其实际意义而被广泛研究。RSMT 现在正被应用于电子设计自动化的许多领域。特别是在集成电路的布线设计中,它通常用于构建连接芯片上许多引脚节点的初始网络拓扑。然而,电路布线的大多数先前工作都假设了布线平面是无障碍的。随着集成电路密度的不断增加,越来越多的可重用组件,如宏块、IP 核和预布线网络,被集成到单个芯片中。这些组件不能在布线过程中运行。因此,绕障 RSMT 的构建问题变得尤为重要。此外,RSMT 的构建问题即使不考虑障碍也已被证明是 NP-难的问题,障碍的存在将进一步增加布线设计的复杂性。

在过去的几年里,已经有许多策略用于 OARSMT 的构建问题。例如,在文献[47]中,提出了一种称为 λ-OAT 的绕障布线算法,以在 λ 几何平面中构建 Steiner 树。特别地,当 λ 的值被设置为 2 时,算法可以有效地生成 OARSMT。文献[48]提出了一种有效的四步布线算法,为给定的一组引脚和障碍物构建出绕障直角 Steiner 树(Obstacle-Avoiding Rectilinear Steiner Tree,OARST)。为了减少生成的 Steiner 树的总线长,本节将基于边的全局优化技术以及称为"段转换"的局部优化技术,作为一个后处理步骤,从而增加了共享布线路径的线长。文献[49]提出了一种快速的四步启发式方法来构建直角和 X 结构中的绕障 Steiner 树。该算法首先构建一个连接给定引脚节点的无障碍欧几里得最小生成树。然后,基于两个预先计算的查找表,通过将 MST 中的边转换成直角路径或 X 结构路径来生成绕障 Steiner 树。此外,为了避免障碍物的堵塞,提出了一种有效的绕障策略,从障碍物边界引入一些额外的节点作为中间节点。最后,对生成的绕障Steiner树进行优化,进一步减少总线长,从而生成绕障Steiner最小树。然而,上述启发式算法的缺点是求解效率和布线质量之间不平衡,可能会导致得到低质量的解,否则就需要较长的计算时间。此外,文献[50]和文献[51]还提出了几种精确的布线算法来生成最佳的绕障直角Steiner最小树(Obstacle-Avoiding Rectilinear Steiner Minimal Tree,OARSMT)。不幸的是,因为它们的时间复杂度为指数级别,导致这些方法在实际的工业制造中并不实用。

另一方面,在过去的几十年里,科学家通过学习生物系统的智能行为,受到启发,创造了许多强大的计算方法。特别地,作为变形虫单细胞生物的多头绒泡菌(以下称为绒泡菌),由于其在路径查找和网络构建方面的优异能力,近年来吸引了高度的研究兴趣。例如,在文献[56]中,绒泡菌算法找到连接分布在迷宫的两个不同出口处的两个食物源的最短路径(见图3.1(a))。在文献[57]中,绒泡菌算法在独立照明区域中形成的路径长度本能地减少(见图3.1(b)),表现出强大的避险能力。在文献[58]中,绒泡菌算法形成连接多个食物来源的生成树(见图3.1(c)),就边数和总长度而言,这与经典MST算法生成的结果非常接近。在文献[59]中,代表东京地区城市位置的36个食物源被用来验证绒泡菌算法的网络构建能力。相应地,最终的网络在成本、效率和容错性方面与东京的真实铁路系统非常接近(见图3.1(d))。此外,在文献[60]中,提出了一个自适应动态方程来模拟绒泡菌的生物机制,如身体收缩和信号传输,从而产生了第一个用于“绒泡菌算法计算”的数学模型,该模型适用于复杂的工程问题。此后,许多基于绒泡菌算法计算的研究被用来解决工程和工业中的布线问题。更重要的是,绒泡菌算法计算现在正被应用到各种实际领域,包括无线传感器网络、运输网络、网络划分、供应链网络、Steiner树问题等。

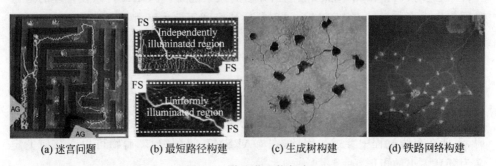

(a) 迷宫问题　　(b) 最短路径构建　　(c) 生成树构建　　(d) 铁路网络构建

图3.1　绒泡菌生物行为

受到上面讨论的智能行为的启发,进一步探索绒泡菌算法的优化潜力,以便通过高效的计算方式解决复杂的图形优化问题。此外,由于集成电路布线的高度复杂性,寻找一种系统的新的方式来构建OARSMT显得尤为重要。因此,本节提出了PORA——一个由绒泡菌启发的绕障布线算法。表3.6列出了论文中经常使用的缩写。本节的贡献总结如下。

表 3.6   本节常用缩写列表

缩　　写	描　　述
RSMT	直角 Steiner 最小树
OARST	绕障直角 Steiner 树
OARSMT	绕障直角 Steiner 最小树
SFCT	Steiner 全连通树
MST	最小生成树
PSO	粒子群优化

（1）本节是第一个将绒泡菌计算应用于集成电路布线设计的工作。一方面，进一步拓展了绒泡菌算法的应用领域，证明了其强大的网络构建能力；另一方面，从电路布线的角度提出了一种新颖的、受绒泡菌启发的 OARSMT 构建算法。这项工作为今后的研究提供了基础。

（2）系统地探索了绒泡菌算法的优化能力，并提出了一个强大的布线工具，称为绒泡菌布线器。此外，结合了几个启发式策略到绒泡菌布线器中，以从根本上提高其性能。本节的工作在以下几方面弥补了前人工作的不足：当多条代价相同的路径连接到复杂图中的一个公共节点时，绒泡菌布线器可以保证生成网络的连通性。绒泡菌布线器可以保证绒泡菌计算的终止时间的准确性。

（3）本节提出了一种有效的分治策略来指导绒泡菌布线器的执行，从而可以显著提高整个算法的效率。该策略基于几个关键模型/技术，包括预先构建的 Steiner 全连通树（SFCT，在 3.3.3 节中定义）、绕障布线图（OARG，在 3.3.3 节中定义）和多角度评估机制。

（4）本节采用营养吸收/消耗模型来模拟绒泡菌的生物学行为。此外，提出了一种动态参数调整策略来加强绒泡菌算法的搜索能力。PORA 可以在合理的运行时间内生成高质量的 OARSMT，这对科学研究和工业生产都很有价值。

3.3.2   问题模型

1. OARSMT 问题

如前所述，随着集成电路的特征尺寸不断缩小，许多可重复使用的组件（如宏块和 IP 核）现在可以在布线设计之前集成到芯片中。因此，这些组件应被视为障碍，不能在布线过程中穿过。因此，在 OARSMT 问题中，障碍物可以在几何上定义为任意大小的矩形。

在如图 3.2 所示的布线图中，OARSMT 问题的输入由一组引脚节点 $P = \{p_1, p_2, \cdots, p_m\}$ 和一组障碍物 $O = \{o_1, o_2, \cdots, o_k\}$ 构成。每个引脚 $p_i \in P$ 有一个对应的坐标位置 (x_i, y_i)。

请注意，p_i 不能位于任何障碍物内部，但它可以位于障碍物的边界上。一个障碍物 $o_j \in O$ 有两个对应的坐标 (x_{j1}, y_{j1}) 和 (x_{j2}, y_{j2})，这两个坐标分别表示障碍物的左下点和右上点。任何两个障碍物不能相互重叠，除非在边界点。目标是

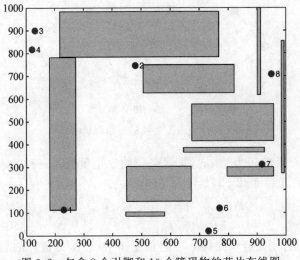

图 3.2　包含 8 个引脚和 10 个障碍物的芯片布线图

构建一个连接所有引脚节点的 OARST。在这样的树内,有一些额外的节点,即 Steiner 点,可以作为内部节点引入。树的边可以是水平的,也可以是垂直的。此外,树的边不能与任何障碍物有交集,但它可以相交于障碍物边界上或是障碍物的端点。因此,OARSMT 构建问题可表述如下。

在布线平面上给定一组引脚节点集合 P 和一组障碍物集合 O,构建一个 Steiner 树,从而连接 P 中所有给定的节点,只使用水平和垂直的边,且没有边与 O 中的任何障碍物相交,并使得树的总长度最小。

2. 绒泡菌计算的基本模型

在 PORA 使用的计算模型遵循绒泡菌的生物学机制。本节构建了一个自适应的管状网络 G 来模拟绒泡菌的觅食行为,其中 G 中的节点 v_i 代表食物源或内部节点,而 G 中的边 $e_{i,j}$ 代表可用于 v_i 和 v_j 之间原生质流运输的管状路径。此外,网络中的每个节点和每个路径分别与压力值和厚度值相关联。然后可以通过按照以下规则动态更新管状网络来模拟绒泡菌的寻路过程。

(1)没有包含食物的叶节点的管状路径将逐渐被消除,即在寻路过程中,管状路径的厚度逐渐减小。

(2)厚且短的管状路径对原生质流的输送更有效率(根据流体动力学理论)。

此外,为了模拟绒泡菌在觅食过程中的身体变化,管状路径的厚度和原生质流之间的反馈机制如下。

(1)管状路径越厚,原生质流过的流量越大。

(2)流量的增加会进一步增加管状路径的厚度。

(3)在潜在的危险区域,管状路径的厚度将减小。

图 3.3 显示了一个管状网络,代表绒泡菌生物的初始形状,其中圆圈和方块分别代表食物源和内部节点。

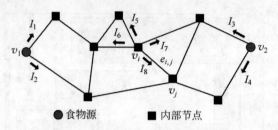

图 3.3　绒泡菌生物的初始管状网络

假设节点 v_i 处的压力是 pr_i，管状路径的原生质流是一种泊肃叶流，从 v_i 到 v_j 的路径 $e_{i,j}$ 的流量可以计算为

$$Q_{i,j} = \frac{\pi r_{i,j}^4}{8\tau} \cdot \frac{\mathrm{pr}_i - \mathrm{pr}_j}{l_{i,j}} = \frac{d_{i,j}}{l_{i,j}}(\mathrm{pr}_i - \mathrm{pr}_j) \tag{3.3}$$

其中，$l_{i,j}$ 和 $r_{i,j}$ 分别是管状路径 $e_{i,j}$ 的长度和半径。τ 是流体的黏度系数，$d_{i,j} = \pi r_{i,j}^4 / 8\tau$ 是路径 $e_{i,j}$ 的导电率的计算公式。由于管状路径的长度是一个常数，管状网络的进化主要由路径的导电率以及节点处的压力决定。

在绒泡菌计算的每个迭代步骤中，选择食物源作为源点 v_s，通过管状网络来发送原生质流。此外，网络中的另一个食物源作为汇点 v_k 来接收原生质流。相应地，可以根据基尔霍夫定律推导出以下方程：

$$\sum_{e_{i,j}} Q_{i,j} - I_0 = 0, \quad 若 v_i = v_s \tag{3.4}$$

$$\sum_{e_{i,j}} Q_{i,j} + I_0 = 0, \quad 若 v_i = v_k \tag{3.5}$$

$$\sum_{e_{i,j}} Q_{i,j} = 0, \quad 若 v_i \neq v_s 且 v_i \neq v_k \tag{3.6}$$

其中，I_0 代表通过管状网络的总流量，即从源点流出，流入到汇点的流量。

以图 3.3 所示的管状网络为例。假设分别选择 v_1 和 v_2 作为源点和汇点，可以得到 $I_1 + I_2 = I_0$、$I_3 + I_4 = -I_0$、$I_5 + I_6 + I_7 + I_8 = 0$。因此，节点压力的泊松方程以从式(3.4)～式(3.6)中导出。

通过设置 $\mathrm{pr}_k = 0$ 来作为基本压力水平，可以通过求解式(3.7)来确定其他节点处的压力，并且可以通过式(3.3)来计算通过每个管状路径的流量。

$$\sum_{e_{i,j}} \frac{d_{i,j}}{l_{i,j}}(\mathrm{pr}_i - \mathrm{pr}_j) = \begin{cases} I_0, & 若 v_i = v_s \\ 0, & 若 v_i \neq v_s 且 v_i \neq v_k \\ -I_0, & 若 v_i = v_k \end{cases} \tag{3.7}$$

此外，如前所述，除了节点处的压力之外，管状网络的自适应行为也与管状路径的厚度密切相关，相应地，管状路径的厚度可以由管导电率和通过管的流量之间的反馈机制决定。

$$\frac{\mathrm{d}}{\mathrm{d}t} d_{i,j} = f(|Q_{i,j}|) - \delta d_{i,j} \tag{3.8}$$

其中,函数 $f(|Q_{i,j}|)$ 表示的是由流量引起的管道的扩张,通常被表述为具有单调递增性质的连续函数,同时满足 $f(0)=0$。比如函数 $f(\cdot)$ 可以定义为 $f(|Q_{i,j}|)=2\times|Q_{i,j}|$。式(3.8)右侧的第二项对应于管的收缩。参数 δ 是一个正实数,表示由危险引起的管道导电率下降率。

通过上述机制,网络中的管状路径将相互竞争有限的流量,使得那些非关键管状路径中的原生质流逐渐消失。经过一定次数的迭代后,管状网络中只剩下连接两个食物源的最短路径。

3.3.3　算法设计

本节提出了 PORA——受绒泡菌启发的用于 OARSMT 构建的绕障布线算法。图 3.4 显示了 PORA 的流程图。

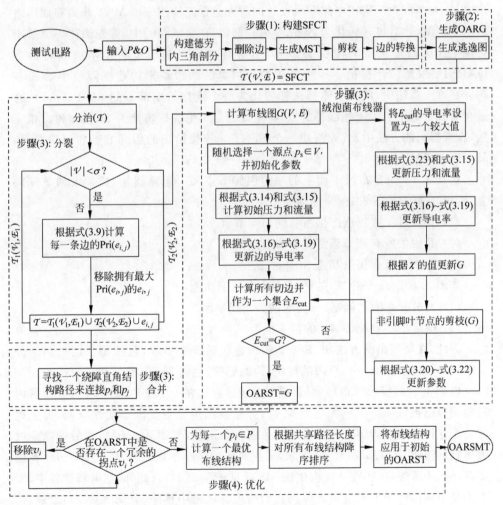

图 3.4　PORA 的流程图

该流程图包括 4 个主要步骤。

(1) 构建 SFCT。构建一个连接给定的引脚节点和拐点的 SFCT,进而对布线平面进行划分。

(2) 生成 OARG。OARG 连接所有引脚节点,同时构建障碍物,并将其作为基础图。

(3) 生成 OARST。提出了一种有效的分治策略指导下的绒泡菌布线器,用于在先前生成的 OARG 上构建 OARST。

(4) 优化。提出了两种改进技术,以进一步减少所构建的 OARST 的总线长。

1. 构建 SFCT

给定一个连通、加权的无向图,MST 是将所有节点连接在一起的边的子集,没有形成回路,并且具有最小的总边权重。由于构建 MST 比构建 Steiner 树容易得多,以往大多数关于集成电路布线设计的研究通常先构建一个 MST 作为布线网络的基本框架,然后将其转化为 Steiner 树。例如,在文献[48]中,首先构建一个最小终端生成树来连接所有的引脚节点,然后通过利用基于边的技术将其转换为 OARST。文献[79]提出了一种基于粒子群算法的策略来构建绕障最小 Steiner 树。在这个算法中,所有个体都被初始化为一个连接给定节点的 MST。然后,通过在布线平面中引入一些额外的点,将生成的最小生成树转换为 Steiner 树。相应地,在所提出的方法中,首先构建一个 SFCT 来连接给定的引脚节点和一些拐点,其可以定义如下。

定义 3.7 给定布线平面上的一组引脚节点和一组障碍物,如果下列条件成立,则树 T 被称为 Steiner 全连通树:

(1) T 通过一些拐点连接所有的引脚节点。

(2) T 中的所有叶节点都是引脚节点。

(3) T 中的所有拐点都是 Steiner 点。

如图 3.4 所示。SFCT 在 PORA 中有以下功能:

(1) 通过分而治之策略,有效地划分布线平面。

(2) 确定最终 OARSMT 的基本框架。

因此,在所提出的方法中,SFCT 的构建包括 5 个步骤,包括德劳内三角剖分(Delaunay Triangulation,DT)的构建、边的删除、生成 MST、剪枝和边的转换。

以图 3.5(a)所示的布局为例,说明上述过程。在一个点集中,由于一个德劳内三角剖分已被证明至少包含一个 MST,并且候选边只被受限于线性空间,首先构建一个连接所有引脚节点和拐点的德劳内三角剖分(见图 3.5(b)),然后删除穿过障碍物的边(见图 3.5(c))。接下来,采用经典的最小生成树算法,比如 Prim 算法或 Kruskal 算法,在线性时间内生成 MST(见图 3.5(d))。此外,在剪枝过程中,所有不是引脚的叶子节点以及连接到它们的边都从树中移除(见图 3.5(e))。最后,通过移除所有非 Steiner 拐点可以生成 SFCT(见图 3.5(e))。为了保证树的连通性,一旦某个拐点被移除,相应的两个相邻节点将会连接。注意,因为图 3.5(f)中的 c_0 是 Steiner 点,所以它不会从树中移除。

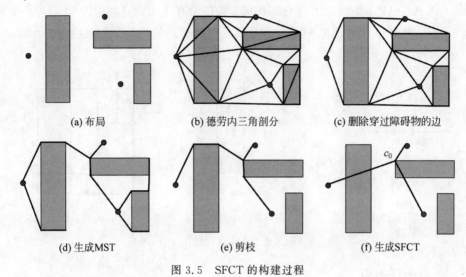

| (a) 布局 | (b) 德劳内三角剖分 | (c) 删除穿过障碍物的边 |

| (d) 生成MST | (e) 剪枝 | (f) 生成SFCT |

图 3.5　SFCT 的构建过程

2. 生成 OARG

在这一步中,将构建出来的 OARG 作为所提出的布线方法的基础图,其定义如下。

定义 3.8　给定一组引脚节点和一组障碍物,如果一个连接所有引脚节点和拐点的无向图的边都不与障碍物相交,则称该无向图为**绕障布线图**。

在提出的方法中,如图 3.6(a)中,将布线平面相对于每个引脚节点分成 4 个象限,并采用称为逃逸图的线投影技术生成一个 OARG。更具体地说,从 4 个正交方向上对所有引脚节点和拐角节点进行线段投影,当遇到组件或布线平面的边界时,投影线就中断。投影线的交点都是逃逸图中的点,点与点之间的线就是边。逃逸图构建消耗的时间为 $O(n^2)$,其中 n 是引脚节点和拐点的总数。更重要的是,已经证明了逃逸图至少包含一个最优的 OARSMT,并且得到 OARSMT 构建的候选边的时间复杂度只有 $O(n^2)$。

另一方面,为了进一步提高 OARG 构建的效率,采用了两种启发式策略来消除构建的逃逸图中的冗余点和冗余边:

(1) 线段在算法早期仅从引脚节点投影,然后再从阻挡了先前投影线的障碍物的拐点投影。

(2) 每个正交方向上的投影线长度,受到在两个相邻象限中的源点和引脚节点之间最短距离的限制。

例如,在图 3.6(a)中,由于 $x_2 - x_1 < x_3 - x_1$,所以源点 p_1 向东延伸的投影线被限制在了从 x_1 到 x_2 的区间内。

上述策略给 OARG 构建带来的优势如下:

(1) 忽略了对优化 OARG 没有影响的障碍。

(2) 从 OARG 中消除了对 OARSMT 构建没有作用的点和边。

例如,图 3.6(b)和图 3.6(c)分别显示了电路布局的一部分和对应的 OARG。

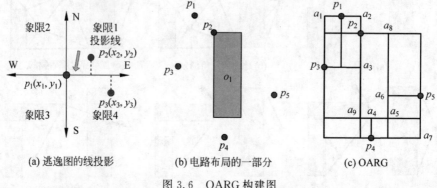

(a) 逃逸图的线投影   (b) 电路布局的一部分   (c) OARG

图 3.6　OARG 构建图

3. 生成 OARST

在完成 OARG 的构建之后,在这一步中,基于绒泡菌的觅食活动构建了绒泡菌计算的数学模型,从而给出了前面提到的绒泡菌布线器,它可以在生成的 OARG 上构建一个连接给定引脚节点的 OARST。此外,本节还提出了一种分治策略来有效地划分布线平面,从而系统地提高绒泡菌布线器的性能。

1) 分治策略

算法 3.3 给出了分治策略的伪代码。本节的算法通过不断地从先前生成的 SFCT 图中移除掉边,从而将 P 中的所有引脚节点划分为多个子集,并使用所提出的绒泡菌布线器为每个子集合构建 OARST。最后将这些 OARST 合并在一起,形成一个完整的连接所有引脚节点的 OARST。

首先,从 SFCT 中删除一条边,并生成两个子树。如果某个子树中的引脚节点数小于一个给定的阈值 σ,则直接构建一个连接这些引脚节点的 OARST;否则,生成的子树将被进一步划分为更小的树。最后,本节提出了一种多角度评估机制来选择 SFCT 的边,从而可以系统地提高分割过程的效率。

在更详细地讨论本节的方法之前,本节首先给出在所提出的评估机制中所使用的几个概念。

定义 3.9　给定一个节点集合 V,V 的**直角边界框**,用 $RBB(V)$ 表示,指覆盖 V 中所有引脚节点的最小矩形。$RBB(V)$ 用两个坐标 $(R_l(V),R_b(V))$ 和 $(R_r(V),R_t(V))$ 来表示,这两个坐标分别是矩形的左下角和右上角的位置。

算法 3.3　Divide - and - conquer($T(V,\varepsilon)$)

输入:一个 SFCT。

```
输出：一个 OARST。
1     初始化 α,β,γ,σ,S₁ 和 S₂;
2         if |V|⩽σ then
3             Physarum router(V);
4             return;
5         end
6         else
7             for 每一条边 eᵢ,ⱼ ∈ ε do
8                 根据式(3.9)计算 eᵢ,ⱼ 的优先值;
9             end
10            断开 T 中拥有最大优先值的边,并生成 T₁(V₁,ε₁) 和 T₂(V₂,ε₂);
11            Divide - and - conquer T₁(V₁,ε₁);
12            Divide - and - conquer T₂(ε₂,ε₂);
13            使用快速绕障策略合并 T₁ 和 T₂ 的 OARST;
14        end
```

定义 3.10 $V=\{v_1,v_2,\cdots,v_h\}$ 是一个节点集合, c_r 是集合 V 的重心坐标, $\mathrm{dis}(v_i,c_r)$ 表示的是 v_i 和 c_r 之间的欧几里得距离,同时本节有以下定义:

(1) 如果某个节点 $v_i \in V$ 满足 $\mathrm{dis}(v_i,c_r) > \sum_{j=1}^{h}\mathrm{dis}(v_j,c_r)/h$, 则该节点被称为**离群点**。

(2) 集合 V 的**聚合度**计算公式为 $1-h_0/h$, 其中, h_0 表示的是集合 V 中离群点的个数。

基于上面的定义,给定需要被分成两个子树 $T_1(v_1,\varepsilon_1)$ 和 $T_2(v_2,\varepsilon_2)$ 的树 $T(v,\varepsilon)$, 为 T 中的每个边计算优先值,并在具有最大优先值的边处断开树。边 $e_{i,j} \in \varepsilon$ 的优先值可以计算公式为

$$\mathrm{Pri}(e_{i,j}) = \frac{\alpha \cdot A_1(i,j) + \beta \cdot A_2(i,j) + \gamma \cdot A_3(i,j)}{A_4(i,j)} \qquad (3.9)$$

其中, α、β 和 γ 是 3 个权重系数, $A_1(i,j) \sim A_4(i,j)$ 是从不同角度设计的评估函数。这些函数解释如下。

$A_1(i,j)$ 用于评估 T 在边 $e_{i,j}$ 处断开时, T_1 和 T_2 之间的相对位置,包括图 3.7 中所示的情况。

(1) 左右布局: $R_r(V_1) < R_l(V_2)$。

(2) 上下布局: $R_b(V_1) > R_t(V_2)$。

(3) 对角线布局: $R_r(V_1) < R_l(V_2) \wedge R_b(V_1) > R_t(V_2)$ 或 $R_r(V_1) < R_l(V_2) \wedge R_t(V_1) < R_b(V_2)$。

$A_1(i,j)$ 的值会受以下规则影响:

(1) 当 T_1 和 T_2 形成对角布局时,通过合并两个子树的最优 RSMT 一定可以构建连接 V 中所有引脚节点的最优 RSMT。换句话说, T 在边 $e_{i,j}$ 处断开仍然可

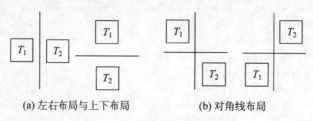

(a) 左右布局与上下布局   (b) 对角线布局

图 3.7 T_1 与 T_2 的相对位置

以保持解的最优性，$A_1(i,j)$ 因此被设置为相对较大的值。

（2）当 T_1 和 T_2 形成上下或左右布局时，意味着如果 T 在边 $e_{i,j}$ 处断开，可能找不到连接 V 中引脚节点的最优 RSMT。$A_1(i,j)$ 因此被设置为相对较小的值。

故在所提出的方法中，$A_1(i,j)$ 计算如下。

$$A_1(i,j) = \begin{cases} 10, & \text{若 } T_1 \text{ 和 } T_2 \text{ 形成一个对角线布局} \\ 5, & \text{若 } T_1 \text{ 和 } T_2 \text{ 形成上下布局 / 左右布局} \\ 0, & \text{否则} \end{cases} \tag{3.10}$$

$A_2(i,j)$ 用于计算 T 在边 $e_{i,j}$ 处断开时 T_1 和 T_2 的大小，即每个子树中包含的引脚节点个数。T 中引脚节点的平衡划分有助于提高分治策略的性能，$A_2(i,j)$ 计算公式如下：

$$A_2(i,j) = \frac{S_1}{||v_1|-|v_2|+1|} \tag{3.11}$$

其中，S_1 是常数，$|V_1|$ 和 $|V_2|$ 分别是 T_1 和 T_2 的引脚节点数。

$A_3(i,j)$ 用于计算当 T 在边 $e_{i,j}$ 处断开时，T_1 和 T_2 中引脚节点的聚合度。当一组引脚节点零星分布在布线平面上时，这些引脚节点的聚集度相对较低，由于障碍物的阻挡，不得不在引脚节点之间构建折线路径。因此，必须利用大量的 Steiner 点并将其添加到构建的 OARST 中，从而增加了问题的复杂性。在提出的方法中，目标是找到一个子解，使得生成的子树中引脚节点的聚集度可以尽可能地提高。例如，将图 3.8(a) 中的树分成两个子树，图 3.8(b) 和图 3.8(c) 分别通过在边 $e_{4,5}$ 和 $e_{5,6}$ 处断开树，得到两种不同的解。然而图 3.8(b) 的结果不太令人满意，因为 p_5 和 p_8 能成为两个离群点，导致子树 T_1 中引脚节点的聚集度较低。相比之下，在图 3.8(c) 中，两个子树中引脚节点的聚合度都比较高。因此，$A_3(i,j)$ 计算如下：

$$A_3(i,j) = \frac{S_2}{N_1+1} + \frac{S_2}{N_2+1} \tag{3.12}$$

其中，S_2 是常数，N_1 和 N_2 分别是 T_1 和 T_2 的离群点个数。

$A_4(i,j)$ 用于计算引脚节点 p_i 和 p_j 之间绕障路径的复杂性。如图 3.9 所示，对于边 $e_{i,j}$，有两种类型的连接 p_i 和 p_j 的 L 形路径。在构建 p_i 和 p_j 之间的

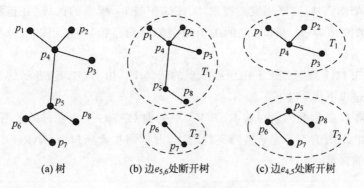

图 3.8　树分裂的样例

直角路径时,假设两条 L 形路径都被障碍物阻挡,则不可避免地需要一些中间节点/Steiner 点,从而增加了路径寻找的复杂性。因此,本节的算法倾向于在 L 形路径被障碍物阻挡的边上将树断开,然后使用快速绕障策略合并生成的 OARST。基于上述分析,$A_4(i,j)$ 计算如下:

$$A_4(i,j) = \begin{cases} 1, & \text{若 } e_{i,j} \text{ 的两条 L 形路径均被障碍物阻挡} \\ 1.5, & \text{否则} \end{cases} \tag{3.13}$$

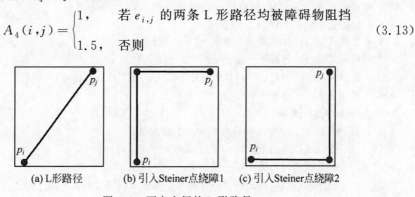

图 3.9　两点之间的 L 形路径

2) 绒泡菌布线器

如上所述,在将给定的引脚节点划分成多个子集之后,将调用绒泡菌布线器为每个子集中的引脚节点构建一个 OARST(见算法 3.4)。

OARST 的构建基于之前生成的 OARG。然而,对于 SFCT 引脚节点的子集 V_s,在 OARST 构建期间没有必要搜索整个 OARG。绒泡菌布线器只需要考虑 OARG 的一个子图,满足其中至少包含一个连接 V_s 中引脚节点的最优 OARST 即可。以如图 3.6(c)所示的布局为例,假设需要找到一个连接引脚节点 p_1、p_2 和 p_3 的 OARST,那么绒泡菌布线器只需要搜索矩形 a_1-a_2-a_3-p_3 所覆盖的区域,即由 3 个引脚节点形成的直角边界框。需要注意的是,如果引脚节点的直角边界框完全被障碍物阻挡,那么也应该考虑这些被障碍物覆盖的区域。例如,在图 3.6(c)中,由于 p_3 和 p_5 形成的直角边界框被障碍物 o_1 阻挡,所以在构建连接两个引脚节点的 OARST 时,应该相应地搜索 OARG 中被 o_1 覆盖的区域(在这种情况下,OARST 被简化为 p_3 和 p_5 之间的最短绕障直角路径)。基于以上分析,有以下定义。

定义 3.11 给定 SFCT 中引脚节点的子集 V_s,由 $G(V,E)$ 表示的 V_s 的布线图可以通过以下步骤生成:

(1) 将 G 初始化为通过将 RBB(V_s)映射到 OARG 上而获得的子图。

(2) 如果 RBB(V_s)完全被障碍物阻挡,则 G 将扩大到包括 OARG 中这些障碍物所覆盖的区域。

算法 3.4　Physarum router(V_s)

输入:一个 SFCT 中的顶点子集合 V_s。

输出:一个连接 V_s 中所有顶点的 OARST。

1　　计算 V_s 的布线图 $G(V,E)$;

2　　随机选择一个顶点 $p_s \in V_s$ 作为源点;

3　　初始化 E 中的边的 $d_{i,j}(0)$ 值为一个较小值;

4　　初始化 $V_s - p_s$ 中的顶点的 $pr_i(0)$ 值为 0;

5　　初始化参数 η, ξ 和 $\chi(1)$ 的数值;

6　　根据式(3.14)计算每一个顶点 $v_i \in V$ 的 $pr_i(0)$;

7　　根据式(3.15)计算每一条边 $e_{i,j} \in E$ 的 $Q_{i,j}(0)$;

8　　根据式(3.16)~式(3.19)计算每一条边 $e_{i,j} \in E$ 的 $d_{i,j}(1)$;

9　　初始化 $E_{cut} = \varnothing$ 和 $t = 1$;

10　**while** $E_{cut} \neq E'$ **do**

11　　　设置 E_{cut} 中的边的导电率为一个较大值;

12　　　根据式(3.23)更新每一个顶点 $v_i \in V$ 的 $pr_i(t)$;

13　　　根据式(3.14)更新每一条边 $e_{i,j} \in E$ 的 $Q_{i,j}(t)$;

14　　　根据式(3.16)~式(3.19)计算每一条边 $e_{i,j} \in E$ 的 $d_{i,j}(t+1)$;

15　　　根据 $\chi(t)$ 的值更新 G;

16　　　对 G 进行非引脚叶节点剪枝;

17　　　根据当前布线图 G 更新 E_{cut};

18　　　根据式(3.20)~式(3.22)更新参数 η, ξ 和 χ;

19　　　$t = t+1$;

20　**end**

在提出的绒泡菌布线器中,对于布线图 $G(V,E)$ 的一组引脚节点 V_s,使用 $pr_i(t)$ 和 $d_{i,j}(t)$ 分别表示第 t 次迭代时,引脚节点 $v_i \in V$ 处的压力和边 $e_{i,j} \in E$ 的导电率。遵循 3.3.2 节中讨论的绒泡菌计算的基本模型,从 V_s 中随机选择一个用 p_s 表示的引脚节点作为源点,并让 V_s 中剩余的引脚节点作为汇点。此外,汇点处的压力被设置为 0 作为基本压力水平,且边的电导率被设置为一个较小值。假设源点的流量为($|V_s|-1$)$\times I_0$,流入每个汇点的流量为 I_0,每条边 $e_{i,j} \in E$ 的长度为 len(i,j),其中,$|V_s|$ 为 V_s 中的引脚节点的个数,在第 t 次迭代时 G 覆盖的区

域所对应的泊松方程如下。

$$\sum_{e_{i,j}} \frac{d_{i,j}(t)}{\text{len}(i,j)} \times (\text{pr}_i(t) - \text{pr}_j(t)) = \begin{cases} (|V_s| - 1) \times I_0, & \text{若 } v_i = p_s \\ -I_0, & \text{若 } v_i \in V_s - p_s \\ 0, & \text{若 } v_i \in V - V_s \end{cases}$$

(3.14)

通过计算上述方程组，能够获得各引脚节点 $v_i \in V$ 处的初始压力。相应地，在第 t 次迭代时通过每条边 $e_{i,j} \in E$ 的流量，由 $Q_{i,j}(t)$ 表示，可以计算为

$$Q_{i,j}(t) = \frac{d_{i,j}(t)}{\text{len}(i,j)} \times (\text{pr}_i(t) - \text{pr}_j(t))$$

(3.15)

此外，采用营养吸收/消耗模型来模拟绒泡菌的形态变化。每条边 $e_{i,j} \in E$ 的状态按照以下规则更新：

（1）流体流经 $e_{i,j}$，则为该边提供营养。

（2）边 $e_{i,j}$ 通过消耗营养来进行流体输送。

（3）边 $e_{i,j}$ 所包含的营养的变化会进一步影响边的导电率。

因此，在第 t 次迭代时由通过 $e_{i,j}$ 的流量所提供的营养，由 $N_{i,j}^+(t)$ 表示，可以计算为

$$N_{i,j}^+(t) = \eta \times \frac{|Q_{i,j}(t)|}{|Q_{i,j}(t)| + 1}$$

(3.16)

其中，η 表示边的吸收因子，$|Q_{i,j}(t)|$ 是在第 t 次迭代时通过 $e_{i,j}$ 的流量的绝对值。此外，在第 t 次迭代中由边 $e_{i,j}$ 所消耗的营养，由 $N_{i,j}^-(t)$ 表示，计算如下：

$$N_{i,j}^-(t) = \xi \times \text{len}(i,j) \times d_{i,j}(t)$$

(3.17)

其中，ξ 是边的消耗因子。相应地，在第 t 次迭代时通过边 $e_{i,j}$ 的流量对导电率产生的变化可以计算为

$$\frac{\mathrm{d}}{\mathrm{d}t} d_{i,j}(t) = N_{i,j}^+(t) - N_{i,j}^-(t)$$

(3.18)

最后，在第 $t+1$ 次迭代时，边 $e_{i,j}$ 的导电率可以计算为

$$d_{i,j}(t+1) = d_{i,j}(t) + \frac{\mathrm{d}}{\mathrm{d}t} d_{i,j}(t)$$

(3.19)

另一方面，在上述绒泡菌布线器的数学模型中，边缘导电率的差异在算法的早期通常很小，但是通过边的流量的差异相对较大。因此，营养吸收（即全局搜索）控制着绒泡菌的形态变化。因此，通过将式（3.16）中的 η 设置为相对较大的值并将式（3.17）中的 ξ 设置为相对较小的值，以此来增强绒泡菌布线器的搜索效率。相反，随着迭代次数的增加，边的导电率的差异逐渐增大，营养消耗（即局部搜索）在迭代的后期阶段控制着绒泡菌的形态变化。相应地，相对较大的 ξ 和较小的 η 会增强绒泡菌布线器的局部搜索能力。基于以上分析，提出了参数 η 和 ξ 的动态更新策略，其公式如下：

$$\eta = \eta_u - \frac{\eta_u - \eta_l}{sp} \times t \tag{3.20}$$

$$\xi = \xi_l + \frac{\xi_u - \xi_l}{sp} \times t \tag{3.21}$$

其中,$\eta_u(\xi_u)$ 和 $\eta_l(\xi_l)$ 分别是参数 η (ξ) 的上界和下界,sp 是预先定义的区间距离,t 表示迭代次数。值得注意的是,在第一次迭代中,η 和 ξ 分别初始化为 η_u 和 ξ_l。

在计算第 $t+1$ 次迭代时所有边的导电率之后,从 G 中删去满足 $d_{i,j}(t+1) < \chi(t+1)$ 条件的边,其中 $\chi(t+1)$ 是第 $t+1$ 次迭代时的边导电率阈值。然后,可以通过从 V_s 中随机选择另一个源点来建立新的泊松方程,并且通过该方程可以相应地更新引脚节点处的压力和通过边的流量。绒泡菌布线器会不断更新布线图,直到生成一个连接 V_s 中引脚节点的 OARST。同样,由于迭代次数越多,边的导电率越大,为了加快算法的收敛速度,参数 χ 动态更新公式为

$$\chi(t+1) = \chi(t) + \Delta c \tag{3.22}$$

其中,Δc 是用户定义的常量。

3) 加速策略

这里将两种加速方法结合到所提出的绒泡菌布线器中,其中包括非引脚叶节点剪枝和泊松近似法,从而可以进一步提高算法的搜索效率。

(1) 非引脚叶节点剪枝:在 OARST 构建过程中,每次迭代删去导电率小于阈值的边后,可能会在布线图中加入一些非引脚叶节点,导致产生一些无法到达任何引脚节点的死路。如果这些冗余节点以及它们的边可以直接从布线图中删除,则绒泡菌布线器的效率可以相应地提高。为此,在每次迭代后计算布线图中引脚节点的度数,然后移除度数为 1 的非引脚节点以及连接到这些引脚节点的边。值得注意的是,从图中除去节点后,可能会生成新的非固定叶节点。因此,本节的算法不断地执行节点删除操作,直到所有剩余的叶节点都是引脚节点。

采用图 3.10 作为例子来说明上面的剪枝方法。可以看出,节点 v_1、v_4 和 v_5 以及连接它们的边都从图中删除了。请注意,v_5 是通过从图中删除 v_4 而得到的新的非引脚叶节点。

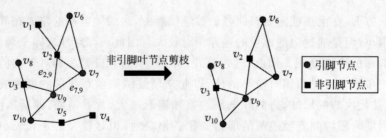

图 3.10 非引脚叶节点剪枝样例

（2）泊松近似法：另一方面，文献[69]和文献[77]中的模拟结果表明，每个引脚节点的压力变化是连续的，并且在两次迭代之间变化相对较小。此外，绒泡菌布线器更注重整体的变化趋势和最终的 OARST 结构，而不是布线图的中间状态。因此，本节采用一种近似方案，将 $pr_j(t)=pr_j(t-1)$ 代入式（3.16）计算引脚节点压力。

$$
\begin{cases}
\displaystyle\sum_{e_{i,j}} \frac{d_{i,j}(t)\times(pr_i(t)-pr_j(t-1))}{len(i,j)} = (\mid V_s\mid-1)\times I_0, & \text{若 } v_i = p_s \\[3mm]
pr_i(t) = 0, & \text{若 } v_i \in V_s - p_s \\[3mm]
\displaystyle\sum_{e_{i,j}} \frac{d_{i,j}(t)\times(pr_i(t)-pr_j(t-1))}{len(i,j)} = 0, & \text{若 } v_i \in V - V_s
\end{cases}
$$

$$(3.23)$$

4）绒泡菌布线器的终止条件

OARST 构建过程中需要考虑的另一个问题是：决定绒泡菌布线器的终止条件。这个问题对于生物启发算法来说非常重要，因为多余的迭代计算不仅降低了算法的效率，而且对解的质量没有显著的影响。然而，大多数以前的工作仍然使用预定义的最大迭代次数来控制算法的执行，因此，这可能导致解的质量降低或者运行时间的增加。

为了解决上述问题，以便能够更精确地控制绒泡菌布线器的执行，算法在 OARST 构建期间的每次迭代之后，计算布线图中的一组切边 E_{cut}。E_{cut} 对绒泡菌布线器有两方面的好处。

（1）由于所提出的算法的目标是构建一个布线图，意味着一旦生成一个 OARST，布线图中剩余的所有边都应该是切边。相应地，一旦满足 $E_{cut}=E_r$ 的条件，就可以终止绒泡菌布线器的执行，其中，E_r 是在执行完边的删除操作之后，布线图中剩余的边的集合。

（2）由于在 OARST 构建过程中，任何切边都不能从布线图中移除，否则布线图将被分成不连通的子图。因此，这些切边的导电率可以设置为相对较大的值，从而加速算法的收敛。

此外，可以从一系列实验中观察到，当几条具有相同代价的边连接到布线图中的同一个节点时，可能会产生无效解。到目前为止，以前大多数的研究都忽略了这个问题。如图 3.10 所示，假设图中的边 $e_{2,9}$ 和 $e_{7,9}$ 具有相同的长度，随着迭代次数的增加，两条边的导电率趋于相同的值。因此，假设两条边的导电率小于阈值，则能够同时从图中删除这两条边，从而产生不连通的图。为了解决这个问题，规定布线图中每个引脚节点的度在每次迭代中最多可以减少 1。这样，当从图中移除连接到相同节点且具有相同导电率的边时，至少一条边将被添加到集合 E_{cut} 中，从而确保布线图的连通性。

4. 优化

由于生成的 OARST 可能仍然包括一些次优的布线路径，所以在这一步中，实现了两种优化技术来进一步优化 OARST 的结构,从而可以进一步减少总的线路长度。

1) 冗余弯曲消除

由于构建的 OARG 通常在每对引脚节点之间包含多条直线布线路径,这一特性可能为绒泡菌布线器提供更多的布线选择。然而,另一方面,一些冗余弯曲可能同时被加入到 OARST 中,因为绒泡菌布线器以随机方式选择引脚节点之间的布线路径。因此,提出了一种边合并技术来消除这些冗余点。对于所构建的 OARST 中的度数为 2 的非引脚节点 v_i,假设 v_j 和 v_k 是 v_i 的相邻节点,如果在 v_j 和 v_k 之间存在不与任何障碍物相交的 L 形路径(见图 3.9,每对引脚节点之间有两条可行的 L 形路径),且对应的线长不大于布线路径 $v_j \to v_i \to v_k$ 的线长,从 OARST 中删去 v_i,直接连接 v_j 和 v_k。重复执行上述步骤,直到 OARST 中没有冗余的弯曲。

2) Steiner 点重定位

此外,本节提出了另一种称为 Steiner 点重定位的技术,将 OARST 中的次优结构转换为最优结构。

例如,图 3.11(a)显示了一个在无障碍平面上的度数为 2 的引脚节点 v_i。图 3.11(b)~图 3.11(e)显示了 v_i 的所有可行布线路径组合。显然,图 3.11(e)中的路径组合是最优结构,因为 Steiner 点 s 的引入增加了公共路径的线长。在所提出的算法中,对于每个引脚节点 $p_i \in P$,假设 p_i 的度数为 w,枚举所有 2^w 种布线路径组合,选择线长最短的绕障结构作为 p_i 的布线结果。然后,根据公共路径的长度对所有布线路径组合进行降序排序,并将这些结构依次应用于原始的 OARST 中。值得注意的是,两个引脚节点之间的布线路径一旦在优化过程中确定,就不会改变,即使后来其他路径组合给出了不同的布线路径。

(a) 度数为2的v_i　(b) 可行布线路径1　(c) 可行布线路径2　(d) 可行布线路径3　(e) 可行布线路径4

图 3.11　Steiner 点重定位的描述

3.3.4　实验结果

所提出的 PORA 算法是用 C 语言实现的,并在一台具有 2.3GHz CPU 和 8GB 内存的 PC 上进行了测试。本节用 25 个基准电路来验证 PORA 的有效性,其中,rst01~rst10 是 RSMT 问题的基准电路,ind1~ind5 是来自 Synopsys 的用于 OARSMT 问题的工业电路,rc01~rc10 是绕障问题的基准电路。表 3.7 中的 Pin♯和 Obs♯分别代表基准电路中引脚节点和障碍物的数量。$w\%$ 计算公式为

(others-PORA)/others×100%。此外,本节中使用的参数设置如表 3.7 所示。

表 3.7　PORA 中的参数设置

α	β	γ	S_1	S_2	I_0	η_u
0.3	0.3	0.2	10.0	5.0	1.0	0.02
η_l	ξ_u	ξ_l	Δc	$\chi(1)$	$d_{i,j}(0)$	sp
0.0001	0.0003	0.00001	0.0004	0.0008	0.5	200

1. 验证动态参数和加速策略

由于 PORA 可以应用于绕障和无障碍的布线问题,并且障碍物的存在只能增加 OARG 的规模,即得到一个有更多引脚节点和边的 OARG,直接在无障碍的基准测试问题上运行 PORA 来研究绒泡菌布线器的收敛性。这些电路中引脚节点的数量为 10~500。在实验中评估了 4 种不同的迭代策略。

(1) SP:仅使用一组静态参数的迭代策略。

(2) DP:仅使用动态参数的迭代策略。

(3) AM:仅使用加速方法的迭代策略。

(4) DP+AM:使用动态参数和加速方法的迭代策略。

图 3.12 展示了关于上述迭代策略的比较结果,其中横轴和纵轴分别表示电路中包含的引脚节点的数量和 PORA 执行的迭代次数。从图 3.12 可以得出以下结论:

(1) 加速方法和动态参数均可以提高绒泡菌布线器的执行效率(见图 3.12(a)和图 3.12(b))。此外,在加速算法方面,所提出的加速方法比动态参数更有效,主要是因为后者用于加强绒泡菌布线器的搜索能力,对算法收敛性的影响是间接的。

(2) 因为具有大量引脚节点的电路在每次迭代之后,通常会产生更多的非引脚叶节点和切边,所提出的加速方法的效果随着输入大小的增加而增强(见图 3.12(a))。

(3) 加速方式和动态参数互相兼容,两者结合可以进一步提高绒泡菌布线器的性能(见图 3.12(c)和图 3.12(d))。

2. 验证 RSMT 的构建

如上所述,RSMT 可以看作 OARSMT 的特例,而 PORA 可以为一组引脚节点生成 RSMT,而不需要任何修改。需要注意的是,如果输入电路只包含引脚节点,构建的 OARG 将退化为 Hanan 网格。

因此,下面首先将 PORA 与另一种生物启发的算法进行比较,即一种基于粒子群算法的 RSMT 构建方法。表 3.8 展示了比较结果。可以看出,在所有测试用例中,PORA 缩减的线长范围是-1.59%~2.44%,平均缩减率为 1.11%。分析

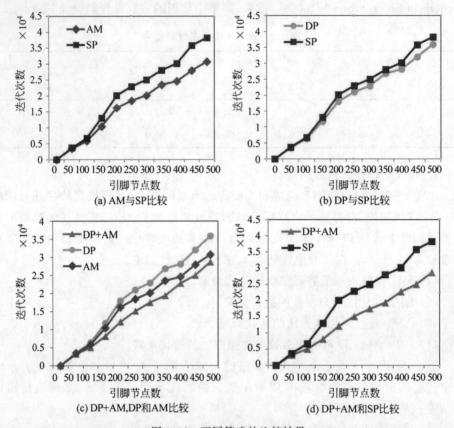

图 3.12　不同策略的比较结果

得知,有两个原因产生了这个结果:

(1) 由于构建出来的 MST 会作为 RSMT 的基本框架,这将最终的布线结构限制在相对较小的解空间内,从而导致一些 Steiner 点的位置不令人满意。因此,在大多数测试情况下,文献[44]中的布线结果比 PORA 的布线结果差。

(2) 在电路 rst02 和 rst09 中,尽管一些引脚节点零星分布在布线平面上,在先前构建的 MST 的帮助下,文献[44]的算法仍然可以找到连接这些引脚节点的一些最短路径。此外,遗传算子的加入,例如交叉和变异操作,进一步提高了粒子群策略的寻路效果。因此,就这两个测试样例而言,PORA 的结果稍差。另一方面,文献[49]提出了一种有效的绕障路线设计的启发式方法,该方法在不考虑障碍物的阻挡的情况下,可以生成连接一组引脚节点的 RSMT。然而,由于文献[49]中的方法首先构建连接引脚节点的 MST,然后将 MST 中的边直接转换成直线路径,候选 Steiner 点的位置被限制在非常小的空间内,产生了许多独立的布线路径。与文献[49]所提的方法相比,从表 3.8 可以看出,PORA 缩短的线长范围是 $-2.37\%\sim3.19\%$,平均缩减率为 0.89%。

表 3.8　RSMT 构建的比较结果

基准测试问题	Pin#	Obs#	PORA	线长		Δw %	
				[44]	[49]	[44]	[49]
rst01	10	0	509	604	590	2.32	0.00
rst02	10	0	1983	1952	1937	−1.59	−2.37
rst03	50	0	46 224	46 997	46 533	1.64	0.66
rst04	50	0	52 548	53 660	54 280	2.07	3.19
rst05	80	0	43 551	44 071	44 762	1.18	2.71
rst06	80	0	72 351	73 246	72 476	1.22	0.17
rst07	100	0	7645	7833	7723	2.40	1.01
rst08	100	0	7834	7889	7859	0.70	0.32
rst09	200	0	7889	7792	7765	−1.24	1.57
rst10	500	0	23 421	24 007	23 820	2.44	1.68
平均值						1.11	0.89

表 3.9 中的第 2～6 行列出了 PORA、文献[44]和文献[49]所提出的 3 种在构建 RSMT 时 CPU 的运行时间。为了确保比较的公平性,从文献[44]和文献[49]的作者那里得到了相应的二进制文件,并在计算机上运行这两种算法。可以看到,PORA 有着很高的效率,并且在所有基准测试中的运行速度都高于文献[44]的方法。此外,文献[49]中的启发式算法的运行速度非常快,因为它采用了"一次性通过"的设计方式,但是在大多数测试用例中,构建出来的 RSMT 的质量是低于本算法的。

表 3.9　CPU 运行时间的比较

CPU 运行时间/s				
RSMT 构建(PORA/[44]/[49])				
rst01	rst02	rst03	rst04	rst05
0.02/0.14/0.00	0.03/0.10/0.00	0.35/0.82/0.00	0.34/0.74/0.00	1.69/2.51/0.00
rst06	rst07	rst08	rst09	rst10
1.77/2.69/0.00	2.00/3.77/0.00	3.05/4.15/0.00	4.95/8.32/0.00	9.74/14.75/0.00
OARSMT 构建(PORA/[49]/[79])				
ind1	ind2	ind3	ind4	ind5
0.57/0.00/0.02	0.66/0.00/0.02	0.50/0.00/0.02	1.32/0.00/0.02	1.54/0.00/0.03
rc01	rc02	rc03	rc04	rc05
0.64/0.00/0.01	2.25/0.00/0.02	1.12/0.00/0.07	2.40/0.00/0.13	3.68/0.00/0.19
rc06	rc07	rc08	rc09	rc10
4.55/0.00/0.31	8.17/0.00/1.26	9.34/0.00/2.07	11.20/0.00/2.43	20.45/0.00/3.80

3. 验证 OARSMT 的构建

本节将 PORA 算法与几种最先进的 OARSMT 算法进行了比较。表 3.10 展示了比较结果。文献[47]提出了在 λ 几何布线平面的绕障算法,当 λ 设置为 2 时,它可以构建 OARSMT。从表 3.10 可以看出,PORA 在所有基准测试中的表现优于文献[47]的方法,平均线长减少了 22.41%。显然,PORA 的表现比文献[47]的方法好得多。这主要是因为文献[47]中的方法在构建 OARSMT 时引入了大量冗余的 Steiner 点,且 OARSMT 中大多数的布线路径是相互独立的。换句话说,由文献[47]的方法生成的布线路径很少彼此共享,从而产生较差的布线结果。与文献[48]中的方法(基于生成图的绕障布线算法)相比,PORA 在基准测试中缩短的线长范围是 −3.18% ~ 5.00%,平均缩减率为 1.72%。文献[49]提出了一种有效的四步绕障算法,它可以在直线和 X 结构中构建绕障最小 Steiner 树。从表 3.10 可以看出,在所有基准测试中,PORA 缩短的线长范围是 −0.65% ~ 4.75%,平均缩减率为 1.77%。分析得知,有两个原因产生了这样的结果:

(1) 由于文献[49]中的方法只从障碍物的边界选择 Steiner 点和拐点,相应的绕障路径被限制在有限的布线区域内,导致一些布线路径相对较长。相比之下,在本节所提出的方法中,生成的 Steiner 树中的中间节点是通过探索整个布线平面的设计空间来选择的,生成的 Steiner 点能有较为满意的位置。

(2) 在文献[49]方法中,最终的绕障最小 Steiner 树的结构主要由先前构建的 MST 来决定。相比之下,在所提出的方法中,最终的 OARSMT 的高层结构由 SFCT 决定。此外,引脚节点之间的详细布线由所提出的绒泡菌布线器来决定。换句话说,PORA 为布线路径的构建提供了更大的灵活性,使得布线长度更短。

此外,将 PORA 算法与文献[79]中基于粒子群算法的混合布线方法进行了比较。考虑到文献[79]的方法允许在布线平面中使用对角线,为了确保比较的公平,将文献[79]方法生成的所有非直线路径替换为绕障直线路径。可以看出,PORA 缩短的线长范围是 −2.13% ~ 3.24%,平均缩减率为 1.16%,这进一步证明了所提出的绒泡菌布线器的强大优化能力。

表 3.10 中的第 7~13 行分别列出了 PORA、文献[49]和文献[79]中方法在构建 OARSMT 时的 CPU 运行时间。表中没有列出文献[47]和文献[48]中方法的 CPU 运行时间,因为无法获得这两种算法的二进制文件/源代码。从表 3.10 中可以看出,文献[49]中方法的运行时间最短。此外,文献[49]中方法和 PORA 都可以在可接受的运行时间内为每个基准电路构建一个 OARSMT。

表 3.10　OARSMT 构建的比较结果

| 基准测试问题 | Pin# | Obs# | PORA | 线长 | | | | Δw% | | | |
				[47]	[48]	[49]	[79]	[47]	[48]	[49]	[79]
ind1	10	32	622	—	639	618	609	—	2.66	−0.65	−2.13
ind2	10	43	9500	—	10 000	9800	9691	—	5.00	3.06	1.97
ind3	10	59	600	—	623	613	613	—	3.69	2.12	2.12
ind4	25	79	1109	—	1126	1146	1118	—	1.51	3.23	0.81
ind5	33	71	1345	—	1379	1412	1365	—	2.47	4.75	1.47

续表

基准测试问题	Pin#	Obs#	PORA	线长				Δw%			
				[47]	[48]	[49]	[79]	[47]	[48]	[49]	[79]
rc01	10	10	26 334	30 410	27 540	27 630	27 015	13.40	4.38	4.69	2.52
rc02	30	10	42 462	45 640	41 930	43 290	43 882	6.96	−1.27	1.92	3.24
rc03	50	10	54 722	58 570	54 180	56 940	54 737	6.57	−1.00	3.90	0.03
rc04	70	10	60 925	63 340	59 050	61 990	60 800	3.81	−3.18	1.72	−0.21
rc05	100	10	75 146	83 150	75 630	75 685	75 685	9.63	0.64	0.71	0.71
rc06	100	500	84 030	149 725	86 381	84 662	85 808	43.9	2.72	0.75	2.07
rc07	200	500	113 056	181 470	117 093	113 672	113 672	37.7	3.45	0.48	0.54
rc08	200	800	118 277	202 741	122 306	119 177	122 057	41.7	3.29	0.76	3.10
rc09	200	1000	117 722	214 850	119 308	117 074	117 993	45.2	1.33	−0.55	0.23
rc10	500	100	167 781	198 010	167 978	167 219	169 443	15.3	0.12	−0.34	0.98
			平均值					22.41	1.72	1.77	1.16

此外,图 3.13 展示了由 PORA 生成的两个工业电路布线图。可以看出,连接每对引脚节点的布线路径绕过了所有障碍物,同时使 OARSMT 的线长最小。

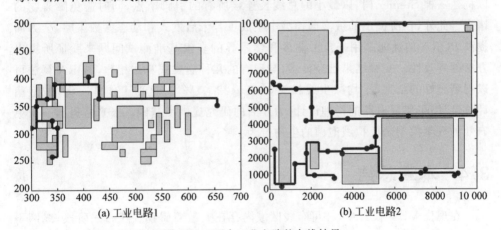

图 3.13　两个工业电路的布线结果

4. 关于受绒泡菌启发的 Steiner 树构建的讨论

如上所述,文献[77]还提出了一种基于绒泡菌生物学行为的 SMT 构建方法。因此,下面详细讨论 PORA 方法和文献[77]中的方法之间的差异,从而总结所提出的方法的主要优点。具体分析如下。

问题模型:文献[77]中的方法主要解决传统的 SMT 问题,以欧氏度量和直线度量构建 Steiner 树。相比之下,本节提出的问题是构建一个连接一组引脚节点的直线 Steiner 树,同时避免障碍物的拥塞,即 OARSMT 构建问题。由于传统的 SMT 问题即使不考虑障碍也已被证明是 NP-难的,障碍的存在会进一步增加问题的复杂性。换句话说,与文献[77]中的方法相比,PORA 具有更强的鲁棒性和更强大的优化能力。

问题规模:在文献[77]中考虑的问题规模远远小于本问题中的规模。更准确地说,在所提出的方法中,除了有效的绒泡菌计算模型之外,还有几种启发式方法,包括分治策略、非引脚叶节点剪枝策略等,被结合到所提出的算法中,以从根本上提高绒泡菌计算的性能。此外,提出了两种优化技术,进一步有效地减少由绒泡菌布线器生成的绕障 Steiner 树的线长。所有上述特征使 PORA 能够应用于大规模优化问题。例如,在文献[77]中,每个测试用例中的引脚节点数小于 20,相比之下,在本实验中,总共使用了 25 个基准电路来测试 PORA 的性能。其中,最大的电路包含了 200 个引脚节点和 1000 个障碍物。换句话说,PORA 需要考虑的引脚节点数达到了 4200(在本问题模型中,每个障碍包括 4 个引脚节点)。

3.3.5 结论

本节研究了集成电路物理设计中的绕障布线问题,提出了一种被称为 PORA 的有效方法来系统地解决这个问题。对于给定的一组引脚节点和一组障碍物,通过数学模拟多头绒泡菌的生物行为,从而探索整个布线平面的设计空间,PORA 可以构建一棵 Steiner 树,以最小的总线长连接所有的引脚节点,同时避免障碍物的堵塞。此外,在所提出的绒泡菌模型中集成了若干启发式和动态参数策略,全方面提高 PORA 的性能。用来自工业界和学术界的多组基准测试问题来验证所提出方法的有效性。实验结果已经证实,与现有的几种启发式算法相比,PORA 算法可以得到更好的结果(平均减少线长 1.16%~22.41%)。这项工作首次将"绒泡菌计算"应用于集成电路的物理设计,为今后的研究提供了基础。未来将提出一个更有效的数学模型来模拟绒泡菌的生物行为。

3.4 本章总结

在现代 VLSI 设计中,在可布线区域内存在大量障碍物。在布线阶段,线网不能直接穿过障碍区域。基于此背景,提出了单层以及多层绕障直角结构 Steiner 最小树算法,主要的研究内容及创新之处如下:

(1) 为了应对在解决工程问题中,GSTP 问题规模较大,算法调用频率高,实时性要求高的挑战,本章在启发式算法基础上,通过引入改进策略,提出基于候选 Steiner 点的通用启发式算法框架 SPCF。实验表明,针对不同应用场景所提出来的求解质量以及运行时间的需求,可以利用不同的策略之间进行组合来实现两者之间的权衡。与现有的启发式算法相比较,SPCF 具有求解质量高、运行时间短的特点。

(2) 受到生物群体的智能行为的启发,研究发现多头绒泡菌在处理路径查找和网络构建问题中具有较好的性能。本章为了进一步挖掘绒泡菌算法的潜力,提出了基于绒泡菌算法的绕障直角结构 Steiner 最小树算法 PORA。实验表明,在工业界以及学术界上多组测试问题中,相比现有的启发式算法,PORA 的表现较好。

参考文献

[1] Sherwani NA. *Algorithms For Vlsi Physical Design Automation*[M]. New York,Boston, Dordrecht,London,Moscow: Kluwer Academic Publishers,2002.

[2] 徐宁,洪先龙. 超大规模集成电路物理设计理论与算法[M]. 北京:清华大学出版社,2009.

[3] Ganley JL,Cohoon JP. Routing a multi-terminal critical net: Steiner tree construction in the presence of obstacles[C]//Circuits and Systems,1994 ISCAS '94,1994 IEEE International Symposium on. 1994; 1: 113-116.

[4] Shen Z, Chu CCN, Ying-Meng L. Efficient rectilinear Steiner tree construction with rectilinearblockages[C]//Computer Design: VLSI in Computers and Processors,2005 ICCD 2005 Proceedings 2005 IEEE International Conference on2005. p. 38-44.

[5] 朱祺,王垠,杨经洪. 考虑障碍的多端点最小直角 Steiner 树构造算法[J]. 计算机辅助设计与图形学学报,2005,17(2): 223-230.

[6] Wu P-C,Gao J-R,Wang T-C. A Fast and Stable Algorithm for Obstacle-Avoiding Rectilinear Steiner Minimal Tree Construction[C]//Proceedings of the 2007 Asia and South Pacific Design Automation Conference: IEEE Computer Society; 2007. p. 262-267.

[7] Li L,Young EFY. Obstacle-avoiding rectilinear Steiner tree construction[C]//Proceedings of the 2008 IEEE/ACM International Conference on Computer-Aided Design. 2008,523-528.

[8] Lin CW, Chen S-Y, Chi-Feng L, Yao-Wen C, Chia-Lin Y. Obstacle-Avoiding Rectilinear Steiner Tree Construction Based on Spanning Graphs[J]. *Computer-Aided Design of Integrated Circuits and Systems*,*IEEE Transactions on*. 2008,27(4): 643-653.

[9] Long J,Zhou H,O. MS. EBOARST: An Efficient Edge-Based Obstacle-Avoiding Rectilinear Steiner Tree Construction Algorithm[J]. *Computer-Aided Design of Integrated Circuits and Systems*,*IEEE Transactions on*. 2008,27(12): 2169-2182.

[10] 刘耿耿,王小溪,陈国龙,等. 求解 VLSI 布线问题的离散粒子群优化算法[J]. 计算机科学,2010,37(10): 197-201.

[11] Ajwani G,Chu C,Mak W-K. FOARS: FLUTE Based Obstacle-Avoiding Rectilinear Steiner Tree Construction [J]. *Computer-Aided Design of Integrated Circuits and Systems*,*IEEE Transactions on*. 2011,30(2): 194-204.

[12] Tao H, Liang L, Young EFY. On the Construction of Optimal Obstacle-Avoiding Rectilinear Steiner Minimum Trees[J]. *Computer-Aided Design of Integrated Circuits and Systems*,*IEEE Transactions on*. 2011,30(5): 718-731.

[13] Liu C-H,Kuo S-Y,Lee DT,Lin C-S,Weng J-H,Yuan S-Y. Obstacle-Avoiding Rectilinear Steiner Tree Construction: A Steiner-Point-Based Algorithm[J]. *Computer-Aided Design of Integrated Circuits and Systems*,*IEEE Transactions on*. 2012,31(7): 1050-1060.

[14] Tao H,Young EFY. ObSteiner: An Exact Algorithm for the Construction of Rectilinear Steiner Minimum Trees in the Presence of Complex Rectilinear Obstacles[J]. *Computer-Aided Design of Integrated Circuits and Systems*,*IEEE Transactions on*. 2013,32(6):

882-893.

[15] Chow W-K, Li L, Young EFY, Sham C-W. Obstacle-avoiding rectilinear Steiner tree construction in sequential and parallel approach[J]. *Integration, the VLSI Journal*. 2014, 47(1): 105-114.

[16] Andrew B. Kahng, Jens Lienig, IgorL. Markov, Jin Hu. *VLSI Physical Design: From Graph Partitioning to Timing Closure*[M]. Springer. 2011, 160-164.

[17] Karp R. Reducibility Among Combinatorial Problems [M]//Complexity of Computer Computations. Springer, Boston, MA, 1972: 85-103.

[18] Dreyfus SE, Wagner RA. The steiner problem in graphs[J]. *Networks*. 1972, 1(3): 195-207.

[19] Polzin T, Daneshmand SV. Improved algorithms for the Steiner problem in networks[J]. *Discrete Applied Mathematics*. 2001, 112(1-3): 263-300.

[20] Robins G, Zelikovsky A. Tighter Bounds for Graph Steiner Tree Approximation[J]. *SIAM J Discret Math*. 2005, 19(1): 122-134.

[21] Byrka J, Grandoni F, Rothvoss T, SanitA L. Steiner Tree Approximation via Iterative Randomized Rounding[J]. *J ACM*. 2013, 60(1): 1-33.

[22] Aragao M, Werneck R F. On the Implementation of MST-based Heuristics for the Steiner Problem in Graphs[C]// Revised Papers from the International Workshop on Algorithm Engineering & Experiments. Springer-Verlag, 2002, p. 1-15.

[23] Kou L, Markowsky G, Berman L. A fast algorithm for Steiner trees[J]. *Acta Informatica*. 1981, 15(2): 141-145.

[24] Takahashi H, Matsuyama A. An approximate solution for the Steiner problem in graphs [J]. *Math Japonica*. 1980, 6: 573-5777.

[25] Rayward-Smith VJ, Clare A. On finding steiner vertices[J]. *Networks*. 1986, 16(3): 283-294.

[26] Uchoa E, Werneck RF. Fast local search for the steiner problem in graphs[J]. *J Exp Algorithmics*. 2012, 17: 2.1-2.22.

[27] MP de Aragao CR, E Uchoa, RF Werneck. Hybrid Local Search for the Steiner Problem in Graphs[C]//Extended Abstracts of the 4th Metaheuristics International Conference. 2001: 429-433.

[28] Leung Y, Li G, Xu Z-B. A genetic algorithm for the multiple destination routing problems [J]. *Evolutionary Computation*, IEEE Transactions on. 1998, 2(4): 150-161.

[29] Wen-Liang Z, Jian H, Jun Z. A novel particle swarm optimization for the Steiner tree problem in graphs [C]//Evolutionary Computation, 2008 IEEE Congress on. 2008: 2460-2467.

[30] Qu R, Xu Y, Castro J, Landa-Silva D. Particle swarm optimization for the Steiner tree in graph and delay-constrained multicast routing problems[J]. *J Heuristics*. 2013, 19(2): 317-3142.

[31] 余燕平, 仇佩亮. 一种改进的 Steiner 树启发式算法[J]. 通信学报, 2002, 23(11): 35-41.

[32] 李汉兵, 喻建平, 谢维信. 局部搜索最小路径费用算法[J]. 电子学报, 2000, 28(5): 92-95.

[33] 胡光岷, 李乐民, 安红岩. 最小代价多播生成树的快速算法[J]. 电子学报, 2002, 30(6): 880-882.

[34] 蒋廷耀,李庆华.多播路由算法 MPH 的时间复杂度研究[J].电子学报,2004,32(10): 1706-1708.

[35] 周灵,孙亚民.基于 MPH 的时延约束 Steiner 树算法[J].计算机研究与发展,2008,5: 810-816.

[36] 徐剑,倪宏,邓浩江,等.改进的时延约束 Steiner 树算法[J].西安交通大学学报,2013,47 (8): 38-43.

[37] Koch T,Martin A,Vo S. *SteinLib: An Updated Library on Steiner Tree Problems in Graphs*[M]. Springer US,2001.

[38] Waxman BM,Imase M. Worst-case performance of Rayward-Smith's Steiner tree heuristic [J]. *Information Processing Letters*. 1988,29(6): 283-287.

[39] P. Yang,H. Yang,W. Qiu W et al. Optimal approach on net routing for VLSI physical design based on Tabu-ant colonies modeling[J]. *Appl. Soft Comput*. 2014,21: 376-381.

[40] C. Chu,Y. C. Wong,Fast and accurate rectilinear Steiner minimal tree algorithm for VLSI design[C]//Proceedings of the international symposium on Physical design,2005,pp. 28-35.

[41] M. Hanan,On Steiner's problem with rectilinear distance[J]. *SIAM J. Appl. Math*. 1996, 14 (2): 255-265.

[42] M. Brazil,M. Zachariasen,Steiner trees for fixed orientation metrics[J]. *J. Global Optim*. 2009,43(1): 141.

[43] C. Chu,Y. C. Wong,FLUTE: Fast lookup table based rectilinear Steiner minimal tree algorithm for VLSI design[J]. *IEEE Trans. Comput.-Aided Des. Integr. Circuits Syst*. 2009,27(1): 70-83.

[44] G. G. Liu,G. L. Chen,W. Z. Guo,Z. Chen,DPSO-based rectilinear Steiner minimal tree construction considering bend reduction[C]//Proceedings of International Conference on Natural Computation,2011,pp. 1161-1165.

[45] C. H. Liu,S. Y. Yuan,S. Y. Kuo,S. C. Wang,High-performance obstacle-avoiding rectilinear steiner tree construction[J]. *ACM Trans. Des. Autom. Electron. Syst*. 2009, 14(3): 613-622.

[46] M. R. Garey,D. S. Johnson,The rectilinear Steiner tree problem is NP-complete[J]. *SIAM J. Appl. Math*. 1977,32(4): 826-834.

[47] T. T. Jing,Z. Feng,Y. Hu,et al. λ-OAT: λ-geometry obstacle-avoiding tree construction with O(nlogn) complexity[J]. *IEEE Trans. Comput.-Aided Des. Integr. Circuits Syst*. 2007,26(11): 2073-2079.

[48] J. Y. Long,H. Zhou,S. O. Memik,EBOARST: an efficient edge-based obstacle-avoiding rectilinear Steiner tree construction algorithm[J]. *IEEE Trans. Comput.-Aided Des. Integr. Circuits Syst*. 2008,27(12): 2169-2182.

[49] X. Huang,W. Z. Guo,G. G. Liu,C. L. Chen,FH-OAOS: a fast four-step heuristic for obstacle avoiding octilinear Steiner tree construction[J]. *ACM Trans. Des. Autom. Electron. Syst*. 2016,21(3): 1-30.

[50] L. Li,Z. C. Qian,E. F. Y. Young,Generation of optimal obstacle-avoiding rectilinear Steiner minimum tree[C]//Proceedings of International Conference on Computer-Aided Design-Digest of Technical Papers,2009,21-25.

[51] T. Huang, E. F. Y. Young, ObSteiner: an exact algorithm for the construction of rectilinear Steiner minimum trees in the presence of complex rectilinear obstacles[J]. *IEEE Trans. Comput.-Aided Des. Integr. Circuits Syst.* 2013, 31(6): 882-893.

[52] C. K. Koh and P. H. Madden, Manhattan or non-Manhattan? A study of alternative VLSI routing architectures[C]//Proceedings of the ACM Great Lakes Symposium on VLSI, 2000, 47-52.

[53] J. Luo, Q. Liu, Y. Yang et al.. An artificial bee colony algorithm for multi-objective optimisation[J]. *Appli. Soft Comput.* 2017, 50: 235-251.

[54] J. Kennedy, Particle swarm optimization[C]//Proceedings of International Conference on Neural Networks, 1955, 1942-1948.

[55] Y. C. Chuang, C. T. Chen, C. Hwang. A simple and efficient real-coded genetic algorithm for constrained optimization[J]. *Appl. Soft Comput.* 2016, 38: 87-105.

[56] T. Nakagaki, H. Yamada, A Toth, Intelligence: maze-solving by an amoeboid organism [J]. *Nature.* 407(28): 470-470.

[57] T. Nakagaki, M. Iima, T. Ueda, et al.. Minimum-risk path finding by an adaptive amoebal network[J]. *Phys. Rev. Lett.* 2007, 99(6): 1-4.

[58] A. Adamatzky, Physarum machines: encapsulating reaction-diffusion to compute spanning tree[J]. *Naturwissenschaften.* 2007, 94(12): 975-980.

[59] A. Tero, S. Takagi, T. Saigusa, et al.. Rules for biologically inspired adaptive network design[J]. *Science.* 2010, 327(5964): 439-442.

[60] T. Atsushi, K. Ryo, N. Toshiyuki. A mathematical model for adaptive transport network in path finding by true slime mold[J]. *J. Theor. Biol.* 2007, 244(4): 553-564.

[61] A. Adamatzky, Routing Physarum with repellents[J]. *Euro. Phys. Jour. E*, 2010, 31(4): 403-410.

[62] S. Tsuda, J. Jones, A. Adamatzky et al.. Routing Physarum with electrical flow/current [J]. *Inter. Jour. Nanotech. Molec. Comput.* (IJNMC), 2011, 3(2): 56-70.

[63] A. Adamatzky, Steering plasmodium with light: Dynamical programming of Physarum machine[J]. *arXiv preprint arXiv.* 2009.

[64] V. Evangelidis, J. Jones, N. Dourvas et al.. Physarum machines imitating a Roman road network: the 3D approach[J]. *Scient. Repor.*, 2017, 7(1): 1-14.

[65] J. G. H. Whiting, R. Mayne, N. Moody et al. Practical circuits with physarum wires[J]. *Biome. Engin. Lett.*, 2016, 6(2): 57-65.

[66] D. Schenz, Y. Shima, S. Kuroda et al.. A mathematical model for adaptive vein formation during exploratory migration of Physarum polycephalum: routing while scouting[J]. *Jour. Phys. D: Appl. Phys.*, 2017, 50(43): 1-14.

[67] C. Gao, C. Yan, A. Adamatzky, Y. Deng. A bio-inspired algorithm for route selection in wireless sensor networks[J]. *IEEE Commu.* 2014, Lett. 18(11): 2019-2022.

[68] M. C. Zhang, C. Q. Xu, J. F. Guan, et al.. A novel Physarum-inspired routing protocol for wireless sensor networks[J]. *J. Distri. Sens. Netw.* 2013, 9(6): 761-764.

[69] Y. N. Song, L. Liu, H. D. Ma, A. V. Vasilakos. A biology-based algorithm to minimal exposure problem of wireless sensor networks[J]. *IEEE Trans. Netw. Serv. Manag.* 2014, 11(3): 417-430.

［70］ K. Li,C. E. Torres,K. Thomas et al.. Slime mold inspired routing protocols for wireless sensor networks［J］. *Swarm Intelligence*,2011,5(3-4)：183-223.

［71］ X. G. Zhang，S. Mahadevan，A bio-inspired approach to traffic network equilibrium assignment problem［J］. *IEEE Trans. Cybern.* 2018,48(4)：1304-1315.

［72］ M. A. I. Tsompanas,G. C. Sirakoulis,A. I. Adamatzky,Evolving transport networks with cellular automata models inspired by slime mould［J］. *IEEE Trans. Cybern.* 2015,45(9)：1887-1899.

［73］ H. Yang,M. Richard,Y. Deng. A bio-inspired network design method for intelligent transportation［J］. *Inter. Jour. Unconventional Comput.* 2019,14(3/4)：199-215.

［74］ H. Yang，Y. Deng，J. Jones. Network division method based on cellular growth and physarum inspired network adaptation［J］. *Inter. Jour. Unconventional Comput.* 2018,13(6)：477-491.

［75］ H. Yang,Q. Wan,Y. Deng. A bio-inspired optimal network division method［J］. *Physica A.* 2019,527：121259.

［76］ X. Zhang,F. T. S. Chan,A. Adamatzky,et al. An intelligent physarum solver for supply chain network design under profit maximization and oligopolistic competition［J］. *Inter. Jour. Produc. Reser.* 2017,55(1)：244-263.

［77］ L. Liu,Y. N. Song,H. Y. Zhang,et al.. Physarum optimization：a biology-inspired algorithm for the Steiner tree problem in networks［J］. *IEEE Trans. on Comput.* 2015,64(3)：818-831.

［78］ M. Caleffi,I. P. Akyildi,L. Paura. On the solution of the Steiner tree NP-hard problem via Physarum bionetwork［J］. *IEEE/ACM Trans. Netw.* 2015,23(4)：1092-1106.

［79］ X. Huang,G. G. Liu,W. Z. Guo,et al.. Obstacle-avoiding algorithm in X-architecture based on discrete particle swarm optimization for VLSI design［J］. *ACM Trans. Des. Autom. Electron. Syst.* 2015,20(2)：1-28.

［80］ S. Pettie,V. Ramachandran. An optimal minimum spanning tree algorithm［J］. *Jour. of ACM.* 2002,49(1)：16-34.

［81］ D. T. Lee,B. J. Schachter. Two algorithms for constructing a Delaunay triangulation［J］. *Inter. Jour. of Comput. Infor. Sci.* 1980,9(3)：219-242.

［82］ J. L. Ganley,J. P. Cohoon,Routing a multi-terminal critical net：Steiner tree construction in the presence of obstacles［C］//Proceedings of IEEE International Symposium on Circuits and Systems,1994,pp. 113-116.

［83］ W. K. Chow,L. Li,E. F. Y. Young,C. W. Sham. Obstacle-avoiding rectilinear Steiner tree construction in sequential and parallel approach［J］. *Integ. ,the VLSI J.* 2014,47(1)：105-114.

第 4 章　考虑障碍中布线资源重利用的直角结构 Steiner 最小树算法

4.1　引言

在传统绕障直角结构 Steiner 最小树（Obstacle-Avoiding Rectilinear Steiner Minimum Tree，OARSMT）问题中，障碍占据了所有布线金属层，布线需要避开所有障碍。现代 VLSI 设计中的障碍往往只占据了设备层和某几个较低的布线金属层，并没有完全阻断所有布线金属层绕线，仍然可以将线网布在障碍区域的顶部。信号在较长线网中传递时会产生信号失真，通过在线网中插入缓冲器可以对失真信号进行整形。但是障碍占据了设备层，因此在障碍区域内不能放置缓冲器。为了避免信号的失真，确保信号的完整性，位于障碍区域部分的直角结构 Steiner 树需要满足电压转换速率约束（slew constraint）。其中，电压转换速率是信号电压从波谷升到波峰所需时间，实践中通常是指信号电压从 10% 波峰值升到 90% 波峰值的时间。利用障碍内部资源布线，可以节约障碍外部的布线资源，有效缩短总线长，节约缓冲器资源、减少时延、降低功耗和减少布线拥挤度。然而，障碍内布线的电压转换速率约束增加了 Steiner 树构造的复杂程度。文献[1-5]中，分别对此问题进行了建模和不同程度的简化，并提出了相应的求解方法。本章将该问题称为考虑障碍中布线资源重利用的直角结构 Steiner 最小树算法（Rectilinear Steiner Minimum Tree algorithm with REusing Routing Resource on the top of the obstacles，RSMT-RERR）。显然，RSMT 和 OARSMT 是 RSMT-RERR 问题在约束值取极值时的两种特例，而且 OARSMT 的解是 RSMT-RERR 问题的一个可行解。图 4.1 为一个三引脚电路的 3 种互连方案。图 4.1(a)采用 RSMT 互连 3 个引脚，得到的总线长最短，而障碍内连通分量最大，相应电压转换速率最大。图 4.1(b)采用 OARSMT 互连 3 个引脚，得到总线长最长，障碍内的连通分量为零。图 4.1(c)采用 RSMT-RERR 互连 3 个引脚，权衡考虑了总线长和障碍内连通分量引起电压转换速率。

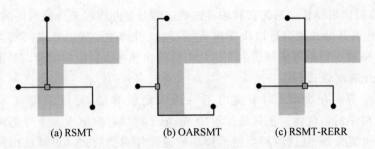

图 4.1　3 种问题对比

4.2　相关工作

2003 年,Muller-Hannemann 和 Peyer 在文献[1]中提出了求解 RSMT-RERR 的简化模型——限制长度的 Steiner 最小树(Length-Restricted Steiner Minimum Tree,LRSMT)。在该模型中,Steiner 树在障碍内的连通分量长度不超过门限值 L。他们修改 DNH 算法来构造 LRSMT 问题的可行解。该算法的运行时间为 $O(n \lg n)$,其中,n 表示 Hanan 网格图的规模。在他们随后的工作中还将这个方法拓展到了 X 架构下。

2014 年,Stephan 等人在文献[4]沿用了 LRSMT 模型。他们在可视图(visibility graph)的基础上,构建范围可视图(reach-aware visibility graph)。引脚和障碍拐点中两点间满足 LRSMT 问题约束的最短路径一定包含在范围可视图中。通过修改 DNH 算法来构造 Steiner 树,并证明了所得解是近似比为 2 的算法对应的解。假设复杂障碍的拐点数不超过一个常数,则范围可视图包含 $O(k \lg k)$ 条边和顶点,算法的复杂度是 $O(k(\lg k)^2)$,k 表示引脚和障碍拐点的总个数。在预处理过程,将直径小于 L 的小障碍都忽略,这样可以减小范围可视图的规模和构造时间。在后期处理中,使用 Prim 算法重新连接极大无障碍区域内的引脚以改善求解质量。为了保证范围可视图中包含的解满足约束条件,将 LRSMT 模型进一步简化,使得范围可视图不包含障碍内部的 Steiner 点。因此,该算法所得的 Steiner 树,在障碍内部的部分都是路径,而不会包含任何 Steiner 点。这种简化会增加总线长。

文献[2]和文献[3]中引入了一种更加精确的模型,称为带电压转换速率约束的绕障直角结构 Steiner 最小树(OARSMT_SC)。该模型使用 PERI 模型计算准确的电压转换速率,并保证可行解在障碍内部的部分子树不违反电压转换速率约束。

文献[3]设计了一种启发式算法。他们首先构造出一个初始 RSMT 结构。在修复过程中,引入 3 种降低电压转换速率的基本操作,并建立一个整数线性规划(Integer Linear Programming,ILP)模型来修正违反约束的电压转换速率。使用增量法逐个修复违反约束部分,修正过程将初始 RSMT 分割成多个连通分量。最后,使用障碍内限制长度的迷宫算法将这些连通分量互连起来得到最终的可行解。ILP 模型中具体的约束数量取决于障碍的形状、引脚的位置以及求解精度。需要计算 ILP 模型中每种可能候选内部树的电压转换速率。文献中实验结果说明其迷宫算法消耗时间较长。

Huang 等人在文献[2]中提出了一种确定性算法,可以求得嵌入在扩展 Hanan 网格中的最优解。任何最优解的 Steiner 树均可分解成一个外部树集合和一个内部树集合,而且这两种类型的树结构遵循简单的形式。该算法由两个阶段构成:生成一个组候选内部树和一个组候选外部树;从这两组树中选择一些树组合成一个最优解 Steiner 树。根据扩展 Hanan 网格的定义可知,其中包含了原始 Hanan 网格和逃逸图,也就是说,其中包含了 RSMT 和 OARSMT 问题的最优解。即便如此,扩展 Hanan 网格并不一定包含有 LRSMT 问题的最优解,显然也不包含 OARSMT_SC 问题的最优解。此外,由于 ILP 问题的规模较大,耗时较长,所以该算法达不到物理设计对实时性的要求。

LRSMT 中简化了约束模型,提高了求解效率,但对约束的计算不够准确,容易引起绕行或者违反实际约束,增加了后续工作的难度。OARSMT_SC 中可以精确满足约束,但在设计过程中需要频繁计算较为复杂的电压转换速率。

直角结构 Steiner 树相关问题(RSMT、OARSMT 和 LRSMT)经常转换成图中 Steiner 树问题(Steiner Tree Problem in Graphs,GSTP)问题。在该方案中,首先构造至少包含一个最优解或者近优解的布线图,即将原始问题转换成为 GSTP 问题;再选用一种确定性或者启发式算法来求解这个 GSTP 问题。测试结果表明,这种方案具有较好的效果和效率。布线图的准确性(即包含最佳近优解的质量)和规模,影响 Steiner 树构造算法的效率和效果。用于求解 RSMT-RERR 问题的布线图中必须包含有 RSMT 问题的近优解和 OARSMT 问题的近优解。例如,文献[1]和文献[2]中所用的扩展 Hanan 网格,就是将 RSMT 问题的布线图和 OARSMT 问题的布线图组合起来。但构造扩展 Hanan 网格需要花费很长的运行时间和很大的内存空间,而且扩展 Hanan 网格平方级数的规模也导致 Steiner 树构造算法消耗较长的运行时间。

通过上述分析可知,构造较小规模、具有较高准确性的布线图,尽可能减少电压转换速率的计算次数,以及提高 GSTP 问题求解质量,是求解 RSMT-RERR 问题的关键所在。

本节在 SPCF 算法框架上,提出了一种解决 RSMT-RERR 问题的启发式算法,用 RSMT-RERR-H 表示。具体工作如下。

(1) 使用 GeoSteiner 软件包构造扩展直角结构满 Steiner 树网格作为布线图,确保布线图中至少包含一个 RSMT 问题的最优解和一个 OARSMT 问题的近优解,并将 RSMT-RERR 问题转换成带约束的 GSTP 问题。

(2) 使用 SS_SPCH 算法在扩展直角结构满 Steiner 树网格中标记出候选

Steiner 点 SPC_I。

（3）通过修改 SPH 算法,设计了一种逐步生长的启发式 Steiner 树构造算法来求解带约束的 GSTP 问题。在扩展直角结构满 Steiner 树网格中连通所有的引脚和指定的候选 Steiner 点;通过限制生长确保部分解满足约束,并运用预计算策略减少电压转换速率的计算次数。

（4）使用 IS-II 改善策略进一步提高求解质量,并兼顾消除绕行路径。

4.3　问题的表示和基础知识

4.3.1　RSMT-RERR 问题定义

由于缓冲器不能在两障碍共用边界线上插入,为了更精确地计算电压转换速率,本节使用严格复杂直角结构障碍定义。

定义 4.1　严格复杂直角结构障碍　障碍是直角结构多边形,不同障碍不能相互叠加,也不能共用边界线,可以共用拐点。

在测试例子中,将存在共享边界线的障碍合并成一个更大的障碍。

本节使用两种不同约束条件的模型来构造直角结构 Steiner 树:OARSMT_SC 和 LRSMT。这两种约束统称为 RSMT-RERR 约束。

定义 4.2　RSMT-RERR 问题　在矩形布线区域内,有一组引脚 $P = \{p_0, p_1, \cdots, p_l\}$,一组严格复杂直角结构障碍 $O = \{o_0, o_1, \cdots, o_k\}$,其中引脚 p_0 是信号源,其他引脚为宿点;引脚不允许位于障碍的内部,但是可以位于障碍的边界上;在满足 RSMT-RERR 约束条件下,构造直角结构 Steiner 树连接所有引脚,使得总线长度最短。

定义 4.3　内部树和外部树　T 表示 RSMT-RERR 问题的一个解,障碍边界将 T 分割成两组子树:内部树和外部树,内部树是某障碍内部的连通分量,外部树是所有障碍外部的连通分量。

定义 4.4　内部树的驱动节点和接收节点　T 表示 RSMT-RERR 问题的一个解,内部树其中一个叶子节点沿着 T 距离 p_0 最近,称为驱动节点,其他叶子称为接收节点。

图 4.2 为含四引脚电路的布线图,其中包含 1 棵内部树和 4 棵外部树。

4.3.2　约束相关知识

为了便于描述,约束相关符号如表 4.1 所示。如图 4.2 所示,信号源 p_0 沿着 Steiner 树 T 将信号驱动到所有宿点上。内部树中信号从驱动节点 v_{in} 传递到所有的接收节点 v_{out_i}。为了判断 T 是否违反约束,假定缓冲器插入在 T 上可能的最佳位置上,但不能插入障碍内部,也就是内部树上。为了驱动信号穿过内部树,假定在靠近驱动节点 v_{in} 之前的位置插入一个缓冲器(b_{in});为了屏蔽下游电容,在靠

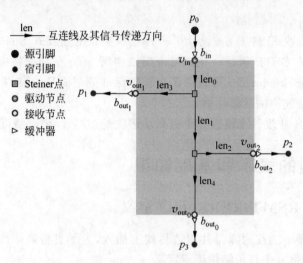

图 4.2　含四引脚电路的布线图

近每个接收节点 v_{out_i} 之后的位置都插入一个缓冲器(b_{out_i})。电压转换速率约束是指：由 b_{in} 驱动的信号在任何接收节点 v_{out_i} 上的电压转换速率不超过特定的门限值 MAX_SC。

表 4.1　约束相关的符号表示

符号	含　义	符号	含　义
R_b	b_{in} 的电压转换速率阻抗	S_v	v 点处的电压转换速率
K_b	b_{in} 的固有电压转换速率	$S_{\text{step}}(v,u)$	v 点到 u 点的步进电压转换速率
c_b	缓冲器的输入电容	Elmore(v,u)	v 点到 u 点之间的 Elmore 时延
r_b	缓冲器的输出电阻	$S_{v_{\text{in}}}$	b_{in} 上的输出电压转换速率
r_0	单位长度线上电阻	$C_t(v)$	v 点处的下游负载电容
c_0	单位长度线上电容	c_v	v 点处的电容
v_{in}	内部树的驱动节点	Succ(v)	v 点的直接后继节点集合
v_{out_i}	内部树的第 i 个接收节点	Path(v_i,v_j)	v_i 和 v_j 之间的路径
b_{in}	驱动节点前的缓冲器	MAX_SC	内部树电压转换速率门限值
b_{out_i}	第 i 个接收节点后的缓冲器	MAX_LR	内部树总线长门限值
len$_i$	相关线段的长度		

　　本节将一个内部树中最大的接收节点电压转换速率称为内部树电压转换速率；将一个可行解中最大的内部树电压转换速率称为该解的电压转换速率。

　　如图 4.2 所示，在该内部树中，上游节点(信号源)v_{in} 之前插入了缓冲器 b_{in}，下游节点(宿点)v_{out_0} 之后插入了缓冲器 b_{out_0}，它们之间的路径上不能插入任何缓冲器。v_{out_0} 处的电压转换速率由式(4.1)～式(4.5)计算。其中 $S_{\text{step}}(v_{\text{in}},v_{\text{out}_0})$ 与 v_{in} 和 v_{out_0} 之间的 Elmore 时延相关，如式(4.2)；本节使用 PERI 模型计算电

压转换速率。$S_{v_{in}}$ 取决于 b_{in} 的输入电压转换速率和负载电容,文献[19]中给出一个简化计算方法如式(4.3)。

$$S_{v_{out_0}} = \sqrt{S_{v_{in}}^2 + S_{step}(v_{in}v_{out_0})^2} \tag{4.1}$$

$$S_{step}(v_{in}v_{out_0}) = \ln 9 \times Elmore(v_{in}v_{out_0}) \tag{4.2}$$

$$S_{v_{in}} = R_b \times C_t(v_{in}) + K_b \tag{4.3}$$

$$C_t(v) = c_v + \sum_{u \in Succ(v)} C_t(u) \tag{4.4}$$

$$Elmore(v_i, v_j) = \sum_{v_r \in Path(v_i, v_j)} r \times C_t(v_r) \tag{4.5}$$

在 Elmore 时延模型中,互连线和缓冲器都建模成电容电阻电路。如图 4.3(a) 所示,将互连线看作均匀分布的电阻电容线(uniformly distributed RC line),并建模成一个 π 形集中电阻电容电路,一半的线上电容(wire capacitance)位于上游节点,剩下的一半线上电容位于下游节点。如图 4.3(b)所示,缓冲器可以建模成:一个与上游相连的输入电容(input capacitance)c_b,一个与下游相连的输出电阻(output resistance)r_b。图 4.4 给出了图 4.2 中内部树对应的电阻电容电路树。式(4.5)为节点 v_i 和 v_j 之间的 Elmore 时延计算公式,其中,r 表示路径 $Path(v_i, v_j)$ 上的一个线上电阻,v_r 则表示该线上电阻的位置。例如,v_{in} 到 v_{out_0} 之间的 Elmore 时延如式(4.6)所示。

$$\begin{aligned}
&len_0 \times r_0 \times \left(0.5 \times len_0 \times c_0 + \sum_{i=1}^{4} len_i \times c_0 + \sum_{j=0}^{2} \times c_{b.out_j}\right) + \\
&len_1 \times r_0 \times \left(0.5 \times len_1 \times c_0 + (len_2 + len_4) \times c_0 + c_{b.out_0} + c_{b.out_2}\right) + \\
&len_2 \times r_0 \times \left(0.5 \times len_2 \times c_0 + c_{b.out_2}\right)
\end{aligned} \tag{4.6}$$

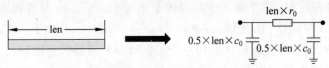

(a) 均匀分布电阻电容线的π形集中电阻电容电路

(b) 缓冲器的电阻电容电路

图 4.3　电阻电容电路模型

由于内部树的电压转换速率与该树的总线长关系密切,LRSMT 问题将电压转换速率约束简化为限制内部树的总线长不超过门限值 MAX_LR。在 LRSMT 中,只需要计算内部树的总线长,而不需要计算复杂的内部树电压转换速率。

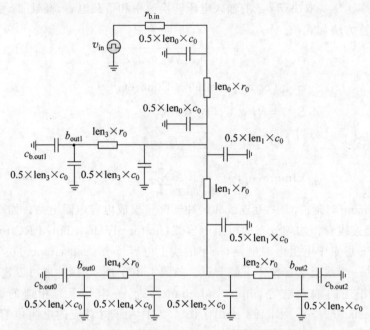

图 4.4　图 4.2 中内部树对应的电阻电容电路树

4.4　算法设计

RSMT-RERR-H 算法将 LRSMT 和 OARSMT_SC 两种模型下的 RSMT-RERR 问题均转换成带约束的 GSTP 问题。如图 4.5 所示，本节算法共由 4 个步骤组成。

(1) 构造布线图：本节算法中布线图是通过 GeoSteiner 软件构造出扩展直角结构满 Steiner 树网格（Rectilinear Full Steiner Tree Grid，RFSTG），布线图中包含至少一个 RSMT 问题的最优解和一个 OARSMT 问题的近优解，并在布线图中标记出位于障碍内部的顶点和边。

(2) 标记候选 Steiner 点：为了提高所构造 Steiner 树的质量，本算法分别使用 SS_SPCH 算法和 IS-II 策略标记候选 Steiner 点 SPC_{I} 和 SPC_{II}，SPC_{I} 用于步骤（3）中的 Steiner 树构造，SPC_{II} 用于步骤（4）中的局部搜索。

(3) Steiner 树构造：在满足 RSMT-RERR 约束下，使用布线图中的边，将所有引脚和 SPC_{I} 都互连起来，得到一个 Steiner 树初始解。

(4) 改善过程：将 SPC_{II} 作为可插入的关键节点，执行插入关键节点局部搜索策略，改善初始解的质量。

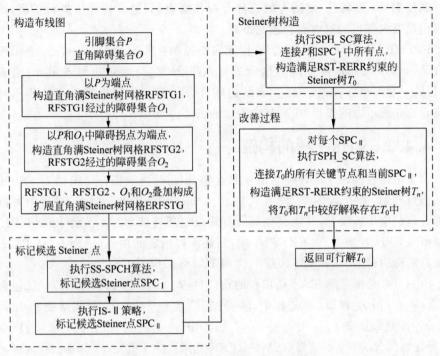

图 4.5　算法 RSMT-RERR-H 的框图

4.4.1　布线图的生成

为了求解 RSMT-RERR 问题,需要进一步扩展 RFSTG。为了便于描述,本节中提到的障碍内部不包括障碍边界。先将引脚集合 P 看作端点集,运行 GeoSteiner 软件,获得一个初始的 RFSTG,用 RFSTG1 表示。将所有被 RFSTG1 经过内部的障碍标记为 O_1。为了满足 RSMT-RERR 约束,需要将 O_1 中障碍的拐点与周围引脚连接起来。将 O_1 中障碍的拐点和所有引脚视为端点,再构建出相应的 RFSTG,用 RFSTG2 表示。将所有被 RFSTG2 穿过内部的障碍标记为 O_2。最后,将 RFSTG1、RFSTG2 和 $O_1 \bigcup O_2$ 中所有阻碍边界都附加起来,构成扩展直角结构满 Steiner 树网格。显然,ERFSTG 在规模和构造的运行时间上,与 RFSTG 具有相同的属性。

定义 4.5　内部点、外部点和边界点　在 ERFSTG 中,位于障碍内部的顶点称为内部点,位于障碍外部的顶点称为外部点,剩下的顶点都在障碍的边界上,称为边界点。

定义 4.6　外部边和内部边　在 ERFSTG 中,位于障碍内部的边称为内部边,位于障碍外部或者障碍边界上的边称为外部边。

定义 4.7　逃逸点和逃逸距离　距离某内部点最近的边界点称为该内部点的逃逸点,它们之间在 ERFSTG 上的最短距离称为逃逸距离。

利用 Dijkstra 算法,将所有的边界点视作源点,只沿着内部边进行扩展,即可计算出所有内部点的逃逸点和逃逸距离。

ERFSTG$=(V,E,\omega)$ 是一个带权无向连通图。$V=\{v_1,v_2,\cdots,v_n\}$ 表示顶点集合,V_{in} 表示内部点集合,V_{ex} 表示外部点集合,V_{boun} 表示边界点集合,则 $P\subseteq V_{ex}\bigcup V_{boun}$。$E=\{e_1,e_2,\cdots,e_m\}$ 表示边集合,E_{in} 表示内部边集合,E_{ex} 表示外部边集合。ω 表示边的权重,在本节中为边的长度。

4.4.2　Steiner 树的构造

由于电压转换速率的计算与信号源点和 Steiner 树的拓扑结构相关。SPH 算法从源点开始,采用逐步生长的方式构造 Steiner 树。因此,在生长过程中可以计算部分解的电压转换率,并能避免部分解违反电压转换率。本节将 RSMT-RERR 约束引入 SPH 算法中,在 ERFSTG 中,互连一些指定的顶点(记为 S,且 $P\subseteq S$)。将该算法称为带 RSMT-RERR 约束的 SPH,标记为 SPH_SC。

SPH_SC 是部分解 T_i 不断增长的迭代过程:初始化时,部分解 T_0 仅包含有 p_0 点,$V_0=\{p_0\}$;在第 i 次迭代中,将一个新顶点 $v_i\in S\backslash V_{i-1}$ 使用路径 $\text{Path}(v_i\rightarrow T_{i-1})$ 连接到部分解 T_{i-1} 上,$T_i=T_{i-1}\bigcup\text{Path}(v_i\rightarrow T_{i-1})$,$V_i$ 表示 T_i 的顶点集合,保证新部分解 T_i 不违反 RSMT-RERR 约束。为了确定 v_i 和路径 $\text{Path}(v_i\rightarrow T_{i-1})$,采用了修改版 Dijkstra 算法。在修改版 Dijkstra 算法的每次扩展中,不仅要考虑当前扩展点回溯到部分解的路径长度,还要检查将扩展关联的路径加入到部分解后的 RSMT-RERR 约束。

在修改版 Dijkstra 算法中,主要修改了算法的扩展,其过程如图 4.6 所示。w 表示当前扩展点,u 是即将被访问的 w 邻居,它们之间的边是 e。细线表示的路径 P',是使用扩展信息从 w 回溯到部分解的路径。P' 的另一个起止顶点 v 是部分解上的一个点。$w.\text{dist}$ 表示 w 回溯到部分解路径的长度,即 P' 的长度,初始化时设为无穷大。

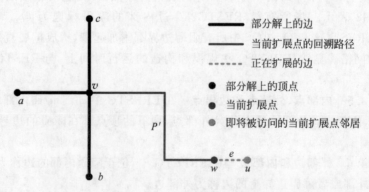

图 4.6　修改版 Dijkstra 算法在障碍内部扩展的示意图

首先考虑求解 OARSMT_SC 问题。如果 e 是外部边，扩展与原 Dijkstra 算法相同。如果 e 是内部边，那么根据 P' 的组成成分不同，分成两种情形考虑。

在第一种情形中，v 是部分解中某个内部树 $v.\text{IT}$ 上的内部点，P' 上所有的边都是内部边，而且 w 也是内部点。因此，e、P' 和 $v.\text{IT}$ 都位于同一个障碍内部，它们组成新的内部树用 IT' 表示。将 v 称为 w 在 $v.\text{IT}$ 上的前驱，记为 $w.\text{prec}$。$w.\text{dist2}$ 表示 w 与 $w.\text{prec}$ 之间路径的长度，即图 4.6 中 P' 的长度。$w.\text{slew}$ 表示 w 所在内部树（由 P' 和 $v.\text{IT}$ 组成）的电压转换速率。P 表示 P' 和 e 构成的路径，不妨用变量 x 表示 P 的长度。可以用一个关于 x 的一元多项式 $f_i^{\text{IT}'}(x)$ 来表示 IT' 的第 i 个接收点的电压转换速率平方值。假设有 q 个接收点，即有 $i\in\{1,2,\cdots,q\}$。$f_i^{\text{IT}'}(x)$ 的多项式系数都大于 0，则当 $x\geqslant0$ 时，$f_i^{\text{IT}'}(x)$ 是单调递增函数。内部树 IT' 的电压转换速率是 $\max\limits_{i\in\{1,2,\cdots,q\}}(\sqrt{f_i^{\text{IT}'}(x)})$。因此，多项式组 $f_i^{\text{IT}'}(x)(i\in\{1,2,\cdots,q\})$ 中只需要保留可能具有最大值的多项式即可，根据多项式的单调递增特性和帕累托效率，忽略某些多项式，以减少运算量。保留下来的多项式组 $f_i^{\text{IT}'}(x)(i\in\{1,2,\cdots,q'\})$，称为 v 的关联多项式组。为了确保 IT' 没有违反约束，则要满足 $f_i^{\text{IT}'}(x)\leqslant\text{Max\_SC}^2$，$\forall i\in\{1,2,\cdots,q'\}$。使用牛顿迭代法（Newton-Raphson method）可以求解一元多次方程 $f_i^{\text{IT}'}(x)=\text{Max\_SC}^2$，即可得到相应的 x 最大取值 Max_x_i。因此，内部树 $v.\text{IT}$ 上的内部点 v 的障碍内最大可扩展距离 $v.\text{Max\_ED}=\min\limits_{i\in\{1,2,\cdots,q\}}(\text{Max\_x}_i)$。顶点 u 是否被扩展，即更新 u 关联的信息并压入到堆栈中，需要根据下列逻辑进行判断：首先，x 加上 u 点的逃逸距离（记为 $u.\text{esc}$）不大于 $v.\text{Max\_ED}$，这表明 IT' 没有违反最大电压转换速率约束；如果 $x<u.\text{dist}$，则 u 点新的扩展方案比旧的方案离源点更近，顶点 u 被扩展；如果 $x=u.\text{dist}$，并且 u 点在旧的扩展方案中的 $u.\text{slew}$ 大于 IT' 电压转换速率，则顶点 u 被扩展。

第一种情形以外均为第二种情形，路径 P 中一定包含一个完全由内部边组成的且以 u 为起止顶点的极大内部路径 P''（可能只包含 e），P'' 的另一个起止顶点记作 v'，令 $u.\text{prec}=v'$，$v'.\text{IT}$ 只包含一个顶点 v'，P'' 构成新的内部树用 IT'。转换后，第二种情形是第一种情形的简化形式，顶点 u 是否被扩展的判断逻辑与第一种情形相同。对于仅含有一条路径的内部树，以它的长度为变量，同样得出一个计算电压转换速率的多项式 $f(x)$，可以计算出 v' 在障碍内最大可扩展距离 Max_PL。由于 $f(x)$ 和 Max_PL 在算法中会被频繁使用，所以需要在 SPH_SC 算法初始化时预先计算。

每次调用 Dijkstra 算法后，若有新增内部树或者有内部树被更新，则更新这些内部树上每个内部顶点的以下信息：该内部顶点的关联多项式组和在障碍内最大可扩展距离。这些信息将在下一次调用 Dijkstra 算法时使用，不需要在扩展时计算内部树的电压转换速率。

由上述过程分析可以得到 SPH_SC 算法的 3 个特点。

（1）内部顶点关联多项式组和障碍内最大可扩展距离的预先计算，可以避免 Dijkstra 算法在障碍内部扩展时频繁计算内部树的电压转换速率。只在待扩展点信息需要更新时，才使用预先得到的关联多项式来计算待扩展点的电压转换速率。

（2）内部点逃逸距离的使用，可以有效减少 Dijkstra 算法在障碍内部扩展次数和电压转换速率的计算次数。

（3）SPH_SC 算法构造的 Steiner 树时，每次使用 Dijkstra 算法只产生一条新增路径，内部树上内部点的最大可扩展距离是相互独立的。因此，SPH_SC 算法构造的 Steiner 树不会违反 RSMT-RERR 约束。

在考虑求解 LRSMT 时，只需要在修改版 Dijkstra 算法的扩展中，将计算内部树的电压转换速率替换为计算内部树的总线长即可。

与 SS_SPCH 算法类似，除了首次迭代，SPH_SC 每次迭代过程中的 Dijkstra 算法也不需要从头开始。只需要将新加入到部分解中的顶点视为源点即可。此外，在 SPH_SC 生成的 Steiner 树中，存在一些不必要的路径。这些路径的一个起止顶点是 1 度的非引脚顶点，其他顶点均为度数为 2 的非引脚顶点。从集合 $S \backslash P$ 中的顶点出发，遍历树上的边实现剪枝操作，直到将这些路径从 Steiner 树上删除。

性质 4.1 在 ERFSTG 上，SPH_SC 算法运行时间是 $O(|S||V|\lg(|V|))$。

证明：布线图 ERFSTG 是连通图，且每个顶点的度数不超过 4。Dijkstra 算法所耗运行时间是 $O(|V|\lg|V|)$。SPH_SC 算法中互连的顶点集合为 S，共执行 $|S|$ 次 Dijkstra 算法，剪枝操作在线性时间 $O(|V|)$ 内完成。因此，SPH_SC 算法运行时间是 $O(|S||V|\lg(|V|))$。

4.4.3　改善过程

改变内部树驱动点或者拓扑结构都会影响该内部树的电压转换速率。EDP_KPE 策略会引起内部树驱动点和拓扑结构的变化，会引起电压转换速率的频繁计算，且不能保证将两棵内部子树互连仍然不违反电压转换速率约束。本节采用以 SPH_SC 为构造算法的 EDP_RS 策略来消除绕行路径。

为了避免困难节点对求解质量的影响，本节使用 IS-Ⅱ策略标记 SPCⅡ候选 Steiner 点。针对每个 SPCⅡ点，利用 SPH_SC 算法将该 SPCⅡ点和原可行解的关键节点互连起来，若新解更优，则替换原解。

本节中 EDP_RS 和 IS-Ⅱ策略均以 SPH_SC 算法为构造算法，并不断重复构造 Steiner 树。为了提高效率，本节将它们合二为一。该改善过程消耗了算法主要的运行时间。

性质 4.2 改善过程所耗时间是 $O(|P|^2|V|\lg(|V|))$。

证明：由相关性质可知，可行解 Steiner 树的 Steiner 点个数不超过 $|P|-2$，SPH_SC 算法连接的顶点数是 $O(|P|)$，IS-Ⅱ策略构造 Steiner 树的次数也是 $O(|P|)$。根据性质 4.1，SPH_SC 算法耗时 $O(|P||V|\lg(|V|))$。因此，改善过

程时间复杂度为 $O(|P|^2|V|\lg(|V|))$。

在实践中,可以进一步限制改善过程中 SPH_SC 算法的执行次数,将其设置为较小的常数值,称之为简化改善过程,则时间复杂度为 $O(|P||V|\lg(|V|))$。

4.5　测试结果

本节使用 RSMT-RERR-H 算法对 22 个测试电路进行了测试。在严格复杂直角结构障碍定义下,测试电路 IND5 在较小约束值时(MAX_LR≤LBB×1％且 MAX_SC＝0)无可行解,详见测试结果。

4.5.1　求解 LRSMT 问题

求解 LRSMT 问题时,约束值 MAX_LR 设置为测试电路的矩形布线区域边界较长边长(记作 LBB)的不同比例长度,MAX_LR 具体约束值如表 4.2 所示。

表 4.2　MAX_LR 具体约束值

测试电路	LBB	MAX_LR				
		0	LBB×1％	LBB×5％	LBB×10％	∞
IND1	66 160	0	4.03	20.15	40.3	∞
IND2	403	0	71	355	710	∞
IND3	7100	0	3.55	17.75	35.5	∞
IND4	355	0	4.65	23.25	46.5	∞
IND5	465	0	5	25	50	∞
RC01	500	0	98.9	494.5	989	∞
RC02	9890	0	97.9	489.5	979	∞
RC03	9790	0	99.5	497.5	995	∞
RC04	9950	0	99.7	498.5	997	∞
RC05	9970	0	99	495	990	∞
RC06	9900	0	99.87	499.35	998.7	∞
RC07	9987	0	99.95	499.75	999.5	∞
RC08	9995	0	99.98	499.9	999.8	∞
RC09	9998	0	99.98	499.9	999.8	∞
RC10	9998	0	99.8	499	998	∞
RC11	9980	0	99.99	499.95	999.9	∞
RC12	9999	0	328.08	1640.4	3280.8	∞
RT01	32 808	0	10.23	51.15	102.3	∞
RT02	1023	0	81.89	409.45	818.9	∞
RT03	8189	0	10.23	51.15	102.3	∞
RT04	1023	0	10.23	51.15	102.3	∞
RT05	1023	0	40.94	204.7	409.4	∞

表 4.3～表 4.6 列出了 RSMT-RERR-H 算法采用简化改善过程和完整改善过程求解 LRSMT 问题得到的线长。其中第 2 列是文献［13］提出的传统 OARSMT 最新算法所得解的线长,该算法使用的是矩形障碍,即障碍的共享边界上是允许走线的。最后一行是 RSMT-RERR-H 算法相对 OARSMT 算法改进率的均值。采用简化改善过程,MAX_LR 不为 0 时,RSMT-RERR-H 算法所用障碍外线长要比 OARSMT 减少 3.15%～17.44%,所用总线长减少 1.59%～5.51%;当 MAX_LR 为 0 时,本节算法所用的线长要比 OARSMT 多 2.39%。采用完整改善过程, MAX_LR 不为 0 时,RSMT-RERR-H 算法所用障碍外线长要比 OARSMT 减少 3.65%～18.74%,所用总线长减少 2.01%～5.77%;当 MAX_LR 为 0 时,本节算法所用的线长要比 OARSMT 多 1.48%。

表 4.3 RSMT-RERR-H 算法采用简化改善过程求解 LRSMT 问题所得外部树线长

测试电路	OARSMT[14]	外部树的总线长				
		0	LBB×1%	LBB×5%	LBB×10%	∞
IND1	604	614	614	604	604	604
IND2	9600	10 900	10 900	9100	9100	9100
IND3	600	678	678	600	590	590
IND4	1092	1155	1155	1092	1092	1092
IND5	1353	INF.	INF.	1325	1313	1315
RC01	25 980	25 980	25 980	25 290	25 290	25 290
RC02	41 350	42 590	42 590	42 030	40 690	40 060
RC03	54 360	54 660	54 660	53 240	53 330	52 340
RC04	59 530	59 980	59 980	57 100	55 720	55 570
RC05	74 720	75 320	75 320	73 150	72 730	72 170
RC06	81 290	81 697	80 777	77 768	77 488	77 488
RC07	110 851	112 194	110 126	107 382	107 210	107 210
RC08	115 516	116 176	112 992	109 344	109 104	109 104
RC09	113 254	116 313	113 439	107 314	107 135	107 135
RC10	166 970	167 850	167 760	165 410	165 350	165 350
RC11	234 875	235 652	234 961	234 531	234 531	234 531
RC12	758 717	762 357	759 910	759 910	759 910	759 910
RT01	2193	2200	1871	1817	1817	1817
RT02	46 965	48 035	45 718	45 690	45 690	45 690
RT03	8136	8281	7759	7738	7737	7737
RT04	9832	10 345	7840	7788	7788	7788
RT05	52 318	54 456	43 885	43 477	43465	43 465
AVE		−2.81	2.23	11.05	12.86	13.98

INF. 表示无法获得不违反约束的可行解。

［(604−614)/604＋(9600−10 900)/9600＋…＋(52 318−54 456)/52 318］/21＝−2.81(这里 INF 不参与计算,所以/21)

表 4.4　RSMT-RERR-H 算法采用简化改善过程求解 LRSMT 问题所得 Steiner 树线长

测试电路	OARSMT[14]	Steiner 树的总线长				
		0	LBB×1%	LBB×5%	LBB×10%	∞
IND1	604	614	614	604	604	604
IND2	9600	10 900	10 900	9100	9100	9100
IND3	600	678	678	600	590	590
IND4	1092	1155	1155	1092	1092	1092
IND5	1353	INF.	INF.	1325	1313	1315
RC01	25 980	25 980	25 980	25 290	25 290	25 290
RC02	41 350	42 590	42 590	42 030	40 690	40 060
RC03	54 360	54 660	54 660	53 240	53 330	52 340
RC04	59 530	59 980	59 980	57 100	55 720	55 570
RC05	74 720	75 320	75 320	73 150	72 730	72 170
RC06	81 290	81 697	80 777	77 768	77 488	77 488
RC07	110 851	112 194	110 126	107 382	107 210	107 210
RC08	115 516	116 176	112 992	109 344	109 104	109 104
RC09	113 254	116 313	113 439	107 314	107 135	107 135
RC10	166 970	167 850	167 760	165 410	165 350	165 350
RC11	234 875	235 652	234 961	234 531	234 531	234 531
RC12	758 717	762 357	759 910	759 910	759 910	759 910
RT01	2193	2200	1871	1817	1817	1817
RT02	46 965	48 035	45 718	45 690	45 690	45 690
RT03	8136	8281	7759	7738	7737	7737
RT04	9832	10 345	7840	7788	7788	7788
RT05	52 318	54 456	43 885	43 477	43 465	43 465
AVE		−2.81	1.04	4.45	4.88	5.07

INF. 表示无法获得不违反约束的可行解。

表 4.5　RSMT-RERR-H 算法采用完整改善过程求解 LRSMT 问题所得外部树线长

测试电路	OARSMT[14]	外部树的总线长				
		0	LBB×1%	LBB×5%	LBB×10%	∞
IND1	604	614	614	584	584	584
IND2	9600	10 800	10 800	7900	7600	7600
IND3	600	668	668	560	524	439
IND4	1092	1155	1155	976	906	919
IND5	1353	INF.	INF.	1142	1057	1046
RC01	25 980	25 980	25 980	24 960	24 960	24 960
RC02	41 350	42 570	42 570	41 600	39 680	35 050
RC03	54 360	54 660	54 660	52 510	50 870	48 740
RC04	59 530	59 980	59 980	56 100	53 870	52 560
RC05	74 720	75 080	75 080	71 860	70 540	65 740
RC06	81 290	80 884	79 508	65 768	64 383	64 383
RC07	110 851	110 173	107 703	94 731	93 751	93 605

续表

测试电路	OARSMT[14]	外部树的总线长				
		0	LBB×1%	LBB×5%	LBB×10%	∞
RC08	115 516	114 340	109 364	93 290	92 813	92 813
RC09	113 254	113 902	109 700	87 773	86 500	86 500
RC10	166 970	167 330	167 220	159 720	159 680	159 680
RC11	234 875	234 603	233 404	231 481	231 481	231 481
RC12	758 717	755 358	751 184	751 184	751 184	751 184
RT01	2193	2155	1783	1619	1619	1619
RT02	46 965	46 821	44 522	44 080	44 080	44 080
RT03	8136	8090	7513	7453	7401	7401
RT04	9832	10 227	7443	7171	7171	7171
RT05	52 318	53 222	40 605	37 375	37 123	37 123
AVE		−1.77	2.72	11.31	13.14	14.85

INF. 表示无法获得不违反约束的可行解。

表 4.6   RSMT-RERR-H 算法采用完整改善过程求解 LRSMT 问题所得 Steiner 树线长

测试电路	OARSMT[14]	Steiner 树的总线长				
		0	LBB×1%	LBB×5%	LBB×10%	∞
IND1	604	614	614	604	604	604
IND2	9600	10 800	10 800	9100	9100	9100
IND3	600	668	668	600	590	587
IND4	1092	1155	1155	1092	1092	1092
IND5	1353	INF.	INF.	1325	1313	1315
RC01	25 980	25 980	25 980	25 290	25 290	25 290
RC02	41 350	42 570	42 570	42 010	40 670	40 040
RC03	54 360	54 660	54 660	53 010	53 100	52 110
RC04	59 530	59 980	59 980	57 100	55 720	55 570
RC05	74 720	75 080	75 080	72 930	72 520	71 950
RC06	81 290	80 884	80 395	77 654	77 483	77 483
RC07	11 0851	11 0173	10 9087	10 6596	10 6475	10 6329
RC08	11 5516	11 4340	11 2112	10 9066	10 8844	10 8844
RC09	11 3254	11 3902	11 2363	10 7204	10 7020	10 7020
RC10	16 6970	16 7330	16 7220	16 4950	16 4910	16 4910
RC11	23 4875	23 4603	23 3957	23 3282	23 3282	23 3282
RC12	75 8717	75 5358	75 6210	75 6210	75 6210	75 6210
RT01	2193	2155	1868	1817	1817	1817
RT02	46 965	46 821	45 291	45 263	45 263	45 263
RT03	8136	8090	7698	7690	7690	7690
RT04	9832	10 227	7822	7776	7776	7776
RT05	52 318	53 222	43 697	43 334	43 334	43 334
AVE		−1.77	1.51	4.69	5.10	5.32

INF. 表示无法获得不违反约束的可行解。

表 4.7 和表 4.8 列出了 RSMT-RERR-H 算法采用简化改善过程和完整改善过程求解 LRSMT 问题相对文献[4]算法的改进率,最后一行是改进率的均值。MAX_LR 较大时,文献[4]的算法求解质量主要依赖于 FLUTE 算法。在 MAX_LR 为无穷大时,RSMT-RERR-H 算法采用简化改善过程结果和文献[4]的实验结果相仿,改进率为 −0.04%;采用完整改善过程改进率可达 0.21%。其他约束值时,RSMT-RERR-H 算法使用两种改善过程的求解质量比文献[4]的算法分别提高了 1.53%～2.10% 和 2.18%～2.49%。

表 4.7　RSMT-RERR-H 算法采用简化改善过程求解 LRSMT 问题相对算法[4]的改进率

测试电路	简化改善过程改进率				
	0	LBB×1%	LBB×5%	LBB×10%	∞
IND1	2.44	2.44	0.83	0.83	0.83
IND2	−2.75	−2.75	0.00	0.00	0.00
IND3	0.00	0.00	0.00	−0.51	−0.51
IND4	0.43	0.43	4.12	2.66	0.00
IND5	0.00	0.00	2.94	2.28	−0.23
RC01	5.31	5.31	0.00	0.00	0.00
RC02	0.99	0.99	1.21	1.89	3.17
RC03	0.77	0.77	2.65	4.37	0.25
RC04	0.53	0.53	0.54	0.72	−0.43
RC05	−0.35	−0.35	0.25	1.00	−0.78
RC06	4.21	4.24	5.42	6.01	−0.02
RC07	1.81	1.85	3.60	2.92	−0.02
RC08	3.63	3.24	4.06	5.49	0.44
RC09	1.55	1.53	4.99	6.01	0.40
RC10	0.30	0.35	0.91	0.59	−0.45
RC11	−0.10	−0.01	0.13	0.37	−1.67
RC12	3.94	3.41	3.41	3.41	−0.72
RT01	3.77	7.54	0.00	0.00	0.00
RT02	3.05	2.28	0.18	0.18	0.12
RT03	1.20	3.54	4.57	3.99	−0.52
RT04	2.62	4.08	0.00	0.00	0.00
RT05	1.93	3.63	4.84	6.06	−0.84
AVE	1.60	1.96	2.03	2.19	−0.04

表 4.8　RSMT-RERR-H 算法采用完整改善过程求解 LRSMT 问题相对算法[4]的改进率

测试电路	完整改善过程改进率				
	0	LBB×1%	LBB×5%	LBB×10%	∞
IND1	2.44	2.44	0.83	0.83	0.83
IND2	−1.85	−1.85	0.00	0.00	0.00
IND3	1.50	1.50	0.00	−0.51	0.00

续表

测试电路	完整改善过程改进率				
	0	LBB×1％	LBB×5％	LBB×10％	∞
IND4	0.43	0.43	4.12	2.66	0.00
IND5	0.00	0.00	2.94	2.28	−0.23
RC01	5.31	5.31	0.00	0.00	0.00
RC02	1.03	1.03	1.26	1.94	3.22
RC03	0.77	0.77	3.09	4.82	0.69
RC04	0.53	0.53	0.54	0.72	−0.43
RC05	−0.03	−0.03	0.55	1.30	−0.47
RC06	5.25	4.73	5.57	6.02	−0.01
RC07	3.68	2.82	4.37	3.63	0.81
RC08	5.29	4.05	4.32	5.74	0.68
RC09	3.70	2.50	5.09	6.12	0.51
RC10	0.61	0.68	1.19	0.86	−0.19
RC11	0.35	0.42	0.66	0.91	−1.14
RC12	4.91	3.92	3.92	3.92	−0.24
RT01	5.94	7.71	0.00	0.00	0.00
RT02	5.72	3.25	1.12	1.12	1.07
RT03	3.58	4.36	5.23	4.63	0.09
RT04	3.80	4.32	0.15	0.15	0.15
RT05	4.29	4.08	5.19	6.39	−0.54
AVE	2.60	2.41	2.28	2.43	0.22

表 4.9 和表 4.10 为 RSMT-RERR-H 算法求解 LRSMT 问题所耗的求解时间,倒数第二行是 RSMT-RERR-H 算法测试 22 个例子所耗总时间,最后一行是引用文献[4]中数据计算得到的测试 22 个例子所耗总时间。RSMT-RERR-H 算法的运行时间受约束值 MAX_LR 变化影响较小,采用简化改善过程的平均消耗总时间 0.77 秒。根据文献[4]中报道的数据,平均消耗总时间为 0.60 秒。文献[4]中,约束值 MAX_LR 越大,考虑的障碍就越少,所需的时间也越少。由于文献[4]中使用的测试硬件明显优于本节测试硬件,因此运行时间对比仅作参考。RSMT-RERR-H 算法采用完整改善过程比采用简化改善过程消耗更多的运行时间,平均消耗总时间为 6.89 秒,符合算法的设计预期。

表 4.9　RSMT-RERR-H 算法采用简化改善过程求解 LRSMT 问题的耗时(单位:秒)

测试电路	简化改善过程耗时				
	0	LBB×1％	LBB×5％	LBB×10％	∞
IND1	0.00	0.00	0.00	0.00	0.00
IND2	0.00	0.00	0.00	0.00	0.00
IND3	0.00	0.00	0.00	0.00	0.00
IND4	0.00	0.00	0.00	0.00	0.00

续表

测试电路	简化改善过程				
	0	LBB×1％	LBB×5％	LBB×10％	∞
IND5	0.00	0.00	0.00	0.00	0.00
RC01	0.00	0.00	0.00	0.00	0.00
RC02	0.00	0.00	0.00	0.00	0.00
RC03	0.00	0.00	0.00	0.00	0.00
RC04	0.00	0.00	0.00	0.00	0.00
RC05	0.00	0.00	0.00	0.00	0.00
RC06	0.03	0.03	0.02	0.02	0.02
RC07	0.03	0.03	0.03	0.03	0.03
RC08	0.07	0.07	0.07	0.07	0.07
RC09	0.07	0.07	0.07	0.07	0.07
RC10	0.02	0.02	0.02	0.02	0.02
RC11	0.05	0.05	0.05	0.05	0.05
RC12	0.24	0.24	0.24	0.23	0.24
RT01	0.01	0.01	0.01	0.01	0.01
RT02	0.01	0.01	0.01	0.01	0.01
RT03	0.01	0.01	0.01	0.01	0.01
RT04	0.07	0.06	0.06	0.06	0.06
RT05	0.21	0.18	0.17	0.17	0.17
SUM	0.82	0.78	0.76	0.75	0.76
SUM[4]	1.36	0.68	0.38	0.38	0.18

表 4.10　RSMT-RERR-H 算法采用完整改善过程求解 LRSMT 问题的耗时（单位：秒）

测试电路	完整改善过程耗时				
	0	LBB×1％	LBB×5％	LBB×10％	∞
IND1	0.00	0.00	0.00	0.00	0.00
IND2	0.00	0.00	0.00	0.00	0.00
IND3	0.00	0.00	0.00	0.00	0.00
IND4	0.00	0.00	0.00	0.00	0.00
IND5	0.00	0.00	0.00	0.00	0.00
RC01	0.00	0.00	0.00	0.00	0.00
RC02	0.00	0.00	0.00	0.00	0.00
RC03	0.00	0.00	0.00	0.00	0.00
RC04	0.00	0.00	0.00	0.00	0.00
RC05	0.01	0.01	0.01	0.01	0.01
RC06	0.11	0.11	0.10	0.10	0.10
RC07	0.22	0.23	0.22	0.21	0.21
RC08	0.53	0.64	0.57	0.56	0.56
RC09	0.49	0.52	0.50	0.50	0.51
RC10	0.30	0.30	0.31	0.31	0.31

续表

测试电路	完整改善过程耗时				
	0	LBB×1%	LBB×5%	LBB×10%	∞
RC11	1.10	1.10	1.09	1.09	1.08
RC12	2.02	2.03	2.02	2.03	2.03
RT01	0.01	0.01	0.01	0.01	0.01
RT02	0.03	0.02	0.02	0.02	0.02
RT03	0.06	0.06	0.06	0.06	0.06
RT04	0.31	0.24	0.24	0.25	0.26
RT05	1.84	1.76	1.65	1.65	1.64
SUM	7.03	7.03	6.80	6.80	6.80

表 4.11 和表 4.12 列出了 RSMT-RERR-H 算法所求解中最大内部树的总线长,均小于表 4.2 中相应的 MAX_LR,测试数据表明 RSMT-RERR-H 求解 LRSMT 问题均未违反约束。

表 4.11 RSMT-RERR-H 算法采用简化改善过程求解
LRSMT 问题所得解中最大内部树的总线长

测试电路	简化改善过程最大内部树的总线长				
	0	LBB×1%	LBB×5%	LBB×10%	∞
IND1	0	0	20	20	20
IND2	0	0	200	400	400
IND3	0	0	10	26	26
IND4	0	0	23	39	49
IND5	INF.	INF.	23	44	44
RC01	0	0	170	170	170
RC02	0	0	410	580	4000
RC03	0	0	120	880	1140
RC04	0	0	480	850	1550
RC05	0	0	410	910	2230
RC06	0	97	487	752	752
RC07	0	91	498	590	590
RC08	0	99	472	698	698
RC09	0	98	494	604	604
RC10	0	70	450	510	510
RC11	0	96	290	290	290
RC12	0	80	80	80	80
RT01	0	10	37	37	37
RT02	0	74	244	244	244
RT03	0	8	15	55	55
RT04	0	10	40	40	40
RT05	0	40	170	213	213

INF. 表示无法获得不违反约束的可行解。

表 4.12 RSMT-RERR-H 算法采用完整改善过程求解

LRSMT 问题所得解中最大内部树的总线长

测试电路	完整改善过程最大内部树的总线长				
	0	LBB×1%	LBB×5%	LBB×10%	∞
IND1	0	0	20	20	20
IND2	0	0	200	400	400
IND3	0	0	10	26	46
IND4	0	0	23	39	49
IND5	INF.	INF.	23	44	44
RC01	0	0	170	170	170
RC02	0	0	410	580	4000
RC03	0	0	380	880	1140
RC04	0	0	480	850	1550
RC05	0	0	410	910	2230
RC06	0	97	487	752	752
RC07	0	91	498	590	590
RC08	0	99	472	698	698
RC09	0	98	500	604	604
RC10	0	0	390	390	390
RC11	0	96	290	290	290
RC12	0	80	80	80	80
RT01	0	10	37	37	37
RT02	0	74	244	244	244
RT03	0	8	14	55	55
RT04	0	10	40	40	40
RT05	0	39	170	213	213

INF. 表示无法获得不违反约束的可行解。

4.5.2 求解 OARSMT_SC 问题

求解 OARSMT_SC 问题时,测试电路中并没有提供相关的技术参数。本节假定测试电路上的单位长度为微米,其他技术参数的设定参考文献[19]和文献[23]中所用值,具体参数见表 4.13。为了设置具体的电压转换速率约束值,首先使用 SPH 算法为每个测试电路构造一棵 Steiner 树,将树的电压转换速率用 $slew_{max}$ 表示。$slew_{min}$ 表示只含有 0 长度路径的内部树的电压转换速率。测试中使用下列 5 个不同的约束值来测试每个电路。

表 4.13 RSMT-RERR-H 算法求解 OARSMT_SC 问题的具体技术参数

R_b	K_b	c_b	r_b	r_0	c_0
300fs/fF	60 000fs	3.8fF	450Ω	0.56Ω/μm	0.48fF/μm

（1）0 slew。

（2）20% slew：$\text{slew}_{\min} + 20\%(\text{slew}_{\max} - \text{slew}_{\min})$。

（3）50% slew：$\text{slew}_{\min} + 50\%(\text{slew}_{\max} - \text{slew}_{\min})$。

（4）80% slew：$\text{slew}_{\min} + 80\%(\text{slew}_{\max} - \text{slew}_{\min})$。

（5）无穷大 slew。

MAX_SC 具体约束值见表 4.14。

表 4.14　MAX_SC 具体约束值（单位：飞秒）

测试电路	$\text{slew}_{\max}$	$\text{slew}_{\min}$	MAX_SC		
			20% slew	50% slew	80% slew
IND1	66 160	61 255	62 236	63 708	65 179
IND2	202 987	61 255	89 602	132 121	174 641
IND3	66 929	61 255	62 390	64 092	65 794
IND4	78 713	61 255	64 747	69 984	75 222
IND5	75 132	61 255	64 031	68 194	72 357
RC01	277 298	61 255	104 464	169 277	234 089
RC02	5 053 577	61 255	1 059 720	2 557 416	4 055 113
RC03	960 705	61 255	241 145	510 980	780 815
RC04	1 373 994	61 255	323 803	717 625	1 111 446
RC05	2 504 714	61 255	549 947	1 282 985	2 016 023
RC06	54 5192	61 255	15 8043	303 224	448 405
RC07	608 905	61 255	170 785	335 080	499 375
RC08	465 361	61 255	142 077	263 308	384 540
RC09	470 785	61 255	143 161	266 020	388 879
RC10	475 040	61 255	144 012	268 148	392 283
RC11	221 109	61 255	93 226	141 182	189 139
RC12	87 306	61 255	66 465	74 281	82 096
RT01	69 981	61 255	63 001	65 618	68 236
RT02	168 496	61 255	82 704	114 876	147 048
RT03	78 326	61 255	64 670	69 791	74 912
RT04	76 737	61 255	64 352	68 996	73 641
RT05	172 951	61 255	83 594	117 103	150 612

表 4.15～表 4.18 与表 4.3～表 4.6 中内容类似，分别列出了 RSMT-RERR-H 算法采用简化改善过程和完整改善过程求解 OARSMT_SC 问题得到的线长。采用简化改善过程，MAX_SC 不为 0 时，RSMT-RERR-H 算法所用障碍外线长要比 OARSMT 减少 6.12%～17.44%，所用总线长减少 2.81%～5.51%；当 MAX_SC 为 0 时，本节算法所用的线长要比 OARSMT 多 2.42%。采用完整改善过程，MAX_SC 不为 0 时，RSMT-RERR-H 算法所用障碍外线长要比 OARSMT 减少 6.80%～18.13%，所用总线长减少 3.07%～5.75%；当 MAX_SC 为 0 时，本节算法所用的线长要比 OARSMT 多 1.94%。

表 4.15 RSMT-RERR-H 算法使用简化改善过程求解 OARSMT_SC 问题所得外部树线长

测试电路	OARSM[14]	外部树的总线长				
		0slew	20%slew	50%slew	80%slew	∞slew
IND1	604	614	614	604	591	584
IND2	9600	10 900	10 900	10 400	7900	7600
IND3	600	678	678	560	560	524
IND4	1092	1155	1007	945	906	919
IND5	1353	INF.	1277	1168	1064	1046
RC01	25 980	25 980	25 980	24 960	24 960	24 960
RC02	41 350	42 590	39 700	39 700	39 700	35 070
RC03	54 360	54 660	53 120	53 120	51 480	49 350
RC04	59 530	59 980	56 840	53 870	53 870	52 560
RC05	74 720	75 320	72 200	70 750	69 210	66 080
RC06	81 290	81 697	74 677	67 086	64 939	64 457
RC07	11 0851	11 2194	10 4784	95 295	94 207	94 207
RC08	11 5516	11 6176	10 4768	97 529	93 005	92 510
RC09	11 3254	11 6313	10 1755	89 761	87 299	87 299
RC10	16 6970	16 7850	16 3950	16 0130	15 9980	15 9530
RC11	23 4875	23 5652	23 4478	23 3584	23 3132	23 2741
RC12	75 8717	76 2357	76 0400	75 5470	75 5534	75 4879
RT01	2193	2200	1830	1685	1656	1619
RT02	46 965	48 035	44 976	44 976	44 796	44 521
RT03	8136	8281	7476	7483	7483	7430
RT04	9832	10 401	7306	7179	7136	7136
RT05	52 318	54 540	39 214	38 127	37 283	37 333
AVE		−2.85	5.17	9.68	12.33	13.98

INF. 表示无法获得不违反约束的可行解。

表 4.16 RSMT-RERR-H 算法使用简化改善过程求解 OARSMT_SC 问题所得 Steiner 树线长

测试电路	OARSMT[14]	Steiner 树的总线长				
		0slew	20%slew	50%slew	80%slew	∞slew
IND1	604	614	614	614	604	604
IND2	9600	10 900	10 900	10 500	9100	9100
IND3	600	678	678	600	600	590
IND4	1092	1155	1097	1092	1092	1092
IND5	1353	INF.	1357	1333	1320	1315
RC01	25 980	25 980	25 980	25 290	25 290	25 290
RC02	41 350	42 590	40 690	40 690	40 690	40 060
RC03	54 360	54 660	53 240	53 240	53 330	52 340
RC04	59 530	59 980	57 360	55 720	55 720	55 570
RC05	74 720	75 320	73 150	72 730	72 680	72 170
RC06	81 290	81 697	78 984	77 887	77 612	77 488

续表

测试电路	OARSMT[14]	Steiner 树的总线长				
		0slew	20％slew	50％slew	80％slew	∞slew
RC07	11 0851	11 2194	10 8701	10 7484	10 7210	10 7210
RC08	11 5516	11 6176	11 1100	11 0123	10 9344	10 9104
RC09	11 3254	11 6313	10 9982	10 7629	10 7135	10 7135
RC10	16 6970	16 7850	16 5720	16 5450	16 5560	16 5350
RC11	23 4875	23 5652	23 4961	23 4609	23 4632	23 4531
RC12	75 8717	76 2357	76 1324	76 0280	76 0470	75 9910
RT01	2193	2200	1911	1827	1817	1817
RT02	46 965	48 035	45 718	45 718	45 690	45 690
RT03	8136	8281	7723	7738	7738	7737
RT04	9832	10 401	7809	7791	7788	7788
RT05	52 318	54 540	43 641	43 535	43 465	43 465
AVE		—2.85	2.28	3.88	4.76	5.07

INF. 表示无法获得不违反约束的可行解。

表 4.17　RSMT-RERR-H 算法使用完整改善过程求解 OARSMT_SC 问题所得外部树线长

测试电路	OARSMT[14]	外部树的总线长				
		0slew	20％slew	50％slew	80％slew	∞slew
IND1	604	614	614	604	591	584
IND2	9600	10 800	10 800	10 400	7900	7600
IND3	600	678	678	560	560	485
IND4	1092	1155	1007	945	906	919
IND5	1353	INF.	1277	1173	1064	1046
RC01	25 980	25 980	25 980	24 960	24 960	24 960
RC02	41 350	42 570	39 680	39 680	39 680	35 050
RC03	54 360	54 660	53 120	52 510	50 870	48 740
RC04	59 530	59 980	56 840	53 870	53 870	52 560
RC05	74 720	75 110	71 860	70 540	68 870	65 740
RC06	81 290	81 306	74 395	67 256	64 865	64 266
RC07	11 0851	11 1084	10 4235	94 889	93 801	93 801
RC08	11 5516	11 5414	10 4883	96 279	93 473	92 996
RC09	11 3254	11 5017	10 1023	89 793	86 503	86 503
RC10	16 6970	16 7330	16 3450	16 0020	15 9660	15 9680
RC11	23 4875	23 4603	23 3404	23 2159	23 1693	23 1481
RC12	75 8717	75 8306	75 6718	75 1777	75 1951	75 1491
RT01	2193	2190	1830	1685	1656	1619
RT02	46 965	47 121	44 509	44 522	44 383	44 080
RT03	8136	8196	7442	7453	7453	7401
RT04	9832	10 321	7312	7214	7171	7171
RT05	52 318	53 879	39 024	37 966	37 087	37 137
AVE		—2.30	5.44	9.89	12.55	14.49

INF. 表示无法获得不违反约束的可行解。

表 4.18　RSMT-RERR-H 算法使用完整改善过程求解 OARSMT_SC 问题所得 Steiner 树线长

测试电路	OARSMT[14]	Steiner 树的总线长				
		0slew	20%slew	50%slew	80%slew	∞slew
IND1	604	614	614	614	604	604
IND2	9600	10 800	10 800	10 500	9100	9100
IND3	600	678	678	600	600	587
IND4	1092	1155	1097	1092	1092	1092
IND5	1353	INF.	1357	1333	1320	1315
RC01	25 980	25 980	25 980	25 290	25 290	25 290
RC02	41 350	42 570	40 670	40 670	40 670	40 040
RC03	54 360	54 660	53 240	53 010	53 100	52 110
RC04	59 530	59 980	57 360	55 720	55 720	55 570
RC05	74 720	75 110	72 930	72 520	72 460	71 950
RC06	81 290	81 306	78 888	77 773	77 607	77 483
RC07	11 0851	11 1084	10 8353	10 6799	10 6525	10 6525
RC08	11 5516	11 5414	11 1008	10 9622	10 9249	10 9027
RC09	11 3254	11 5017	10 9403	10 7548	10 7023	10 7023
RC10	16 6970	16 7330	16 5030	16 5010	16 4890	16 4910
RC11	23 4875	23 4603	23 3957	23 3321	23 3204	23 3282
RC12	75 8717	75 8306	75 7705	75 6623	75 6864	75 6517
RT01	2193	2190	1911	1827	1817	1817
RT02	46 965	47 121	45 278	45 291	45 263	45 263
RT03	8136	8196	7676	7690	7690	7690
RT04	9832	10 321	7790	7779	7776	7776
RT05	52 318	53 879	43 514	43 414	43 348	43 348
AVE		−2.30	2.53	4.11	4.98	5.31

INF. 表示无法获得不违反约束的可行解。

表 4.19 和表 4.20 为 RSMT-RERR-H 算法求解 OARSMT_SC 问题所耗的求解时间,倒数第一行是 RSMT-RERR-H 算法测试 22 个例子所耗总时间。RSMT-RERR-H 算法的运行时间受约束值 MAX_SC 变化影响较小,采用简化改善过程的平均消耗总时间 0.88 秒。由于文献[3]中没有明确所使用的具体技术参数,因此未能与其对求解质量进行对比。从文献[3]中所列的运行时间来看,RSMT-RERR-H 算法具有一定的效率优势。RSMT-RERR-H 算法采用完整改善过程耗时较多,平均消耗总时间为 7.53 秒。

表 4.19　RSMT-RERR-H 算法使用简化改善过程求解 OARSMT_SC 问题的耗时(单位:秒)

测试电路	简化改善过程耗时				
	0slew	20%slew	50%slew	80%slew	∞slew
IND1	0.00	0.00	0.00	0.00	0.00
IND2	0.00	0.00	0.00	0.00	0.00

测试电路	简化改善过程耗时				
	0slew	20%slew	50%slew	80%slew	∞slew
IND3	0.00	0.00	0.00	0.00	0.00
IND4	0.00	0.00	0.00	0.00	0.00
IND5	0.00	0.00	0.00	0.00	0.00
RC01	0.00	0.00	0.00	0.00	0.00
RC02	0.00	0.00	0.00	0.00	0.00
RC03	0.00	0.00	0.00	0.00	0.00
RC04	0.00	0.00	0.00	0.00	0.00
RC05	0.00	0.00	0.00	0.00	0.00
RC06	0.03	0.03	0.03	0.03	0.03
RC07	0.03	0.04	0.04	0.04	0.03
RC08	0.07	0.08	0.08	0.08	0.08
RC09	0.07	0.08	0.08	0.08	0.08
RC10	0.02	0.03	0.03	0.03	0.03
RC11	0.06	0.06	0.06	0.06	0.06
RC12	0.25	0.25	0.26	0.25	0.25
RT01	0.01	0.01	0.01	0.01	0.01
RT02	0.01	0.01	0.01	0.01	0.01
RT03	0.02	0.02	0.02	0.02	0.02
RT04	0.06	0.07	0.07	0.07	0.07
RT05	0.19	0.21	0.21	0.21	0.20
SUM	0.82	0.89	0.90	0.89	0.87

表 4.20 RSMT-RERR-H 算法使用完善改善过程求解 OARSMT_SC 问题的耗时(单位:秒)

测试电路	完整改善过程耗时				
	0slew	20%slew	50%slew	80%slew	∞slew
IND1	0.00	0.00	0.00	0.00	0.00
IND2	0.00	0.00	0.00	0.00	0.00
IND3	0.00	0.00	0.00	0.00	0.00
IND4	0.00	0.00	0.00	0.00	0.00
IND5	0.00	0.00	0.00	0.00	0.01
RC01	0.00	0.00	0.00	0.00	0.00
RC02	0.00	0.00	0.00	0.00	0.00
RC03	0.00	0.00	0.00	0.00	0.00
RC04	0.00	0.00	0.00	0.00	0.00
RC05	0.01	0.01	0.01	0.01	0.01
RC06	0.11	0.12	0.12	0.11	0.11
RC07	0.22	0.25	0.24	0.23	0.24
RC08	0.53	0.70	0.72	0.68	0.68
RC09	0.52	0.60	0.63	0.60	0.62

续表

测试电路	完整改善过程耗时				
	0slew	20%slew	50%slew	80%slew	∞slew
RC10	0.30	0.32	0.32	0.33	0.33
RC11	1.10	1.16	1.12	1.14	1.15
RC12	2.04	2.12	2.18	2.20	2.28
RT01	0.01	0.01	0.01	0.01	0.01
RT02	0.03	0.02	0.02	0.02	0.02
RT03	0.06	0.07	0.07	0.07	0.07
RT04	0.31	0.29	0.29	0.29	0.28
RT05	1.88	1.97	1.88	1.86	1.86
SUM	7.12	7.64	7.61	7.55	7.67

表 4.21 和表 4.22 列出了 RSMT-RERR-H 算法所求解电压转换速率,均小于表 4.14 中的相应 MAX_SC,测试数据表明 RSMT-RERR-H 求解 OARSMT_SC 问题均未违反约束。

表 4.21　RSMT-RERR-H 算法使用简化改善过程求解 OARSMT_SC 问题所得解的电压转换速率

测试电路	简化改善过程				
	0slew	20%slew	50%slew	80%slew	∞slew
IND1	0	0	63 165	63 806	65 420
IND2	0	0	93 229	143 195	270 205
IND3	0	0	63 165	63 165	66 929
IND4	0	63 165	68 272	70 574	78 713
IND5	INF.	63 165	68 191	71 078	74 581
RC01	0	0	126 978	126 978	126 978
RC02	0	407 612	407 612	407 612	5 053 577
RC03	0	102 191	102 191	680 645	960 705
RC04	0	263 178	650 914	650 914	1 373 994
RC05	0	277 298	710 911	1 568 464	2 504 714
RC06	0	145 983	299 699	373 262	545 192
RC07	0	166 647	334 073	361 414	361 414
RC08	0	140 895	259 975	323 022	465 361
RC09	0	142 640	258 993	387 780	387 780
RC10	0	143 472	256 217	256 217	256 217
RC11	0	91 514	125 930	171 476	196 653
RC12	0	66 413	73 702	81 268	87 306
RT01	0	62 959	64 942	67 191	69 981
RT02	0	82 599	82 599	141 533	168 496
RT03	0	64 251	64 251	64 251	78 444
RT04	0	64 251	67 660	70 875	70 875
RT05	0	82 217	116 535	150 492	150 492

INF. 表示无法获得不违反约束的可行解。

表 4.22　RSMT-RERR-H 算法使用完整改善过程求解 OARSMT_SC
问题所得解的电压转换速率

测试电路	完整改善过程				
	0slew	20％slew	50％slew	80％slew	∞slew
IND1	0	0	63 165	63 806	65 420
IND2	0	0	93 229	143 195	270 205
IND3	0	0	63 165	63 165	66 929
IND4	0	63 165	68 272	70 574	78 713
IND5	INF.	63 165	68 191	71 078	74 581
RC01	0	0	126 978	126 978	126 978
RC02	0	407 612	407 612	407 612	5 053 577
RC03	0	102 191	256 217	680 645	960 705
RC04	0	263 178	650 914	650 914	1 373 994
RC05	0	277 298	710 911	1 568 464	2 504 714
RC06	0	145 983	295 315	373 262	545 192
RC07	0	166 647	334 073	361 414	361 414
RC08	0	140 895	259 975	323 022	465 361
RC09	0	142 640	258 993	387 780	387 780
RC10	0	143 195	256 217	256 217	256 217
RC11	0	91 514	125 929	177 401	196 653
RC12	0	66 413	73 702	81 100	87 306
RT01	0	62 959	64 942	67 191	69 981
RT02	0	82 599	82 599	141 533	168 496
RT03	0	64 027	64 027	64 027	78 444
RT04	0	64 027	67 660	70 875	70 875
RT05	0	82 217	116 535	150 492	150 492

INF. 表示无法获得不违反约束的可行解。

4.5.3　测试小结

当约束值为 0(MAX_SC＝0 或者 MAX_LR＝0)时,RSMT-RERR 问题退化为 OARSMT 问题。RSMT-RERR-H 算法所得解的线长要比 OARSMT 长,这和不同的障碍定义有较大关系。由表 4.9、表 4.10 和表 4.19、表 4.20 可知,RSMT-RERR-H 算法求解 OARSMT_SC 问题仅比求解 LRSMT 问题多消耗 9％左右运行时间,即计算电压转换速率的耗时仅占总耗时的 9％左右。这表明在构造 Steiner 树的过程中,计算电压转换速率所消耗时间很少。

测试结果表明,RSMT-RERR-H 算法在合理时间内,有效求解了 OARSMT_SC 问题和 LRSMT 问题。与传统 OARSMT 算法进行对比,该算法不仅充分利用障碍上的布线资源,节约了障碍外部的布线资源,而且有效缩短了布线所需的总线长;不仅可以节约缓冲器资源,也可以降低电路功耗。

4.6　本章总结

　　本章提出一种考虑复杂直角结构障碍中布线资源再利用的 Steiner 树构造方法。该算法以扩展直角结构满 Steiner 树网格为布线图,设计了考虑电压转换速率和限制长度约束的 SPH 算法,通过限制生长确保部分解满足约束,并运用预计算策略减少电压转换速率的计算次数。为了提高求解质量,根据 Steiner 点所处位置的特点,在布线图中标记了两种类型的候选 Steiner 点,分别用于构造 Steiner 树和以插入关键节点局部搜索为基础的改善过程。测试结果表明,使用 OARSMT_SC 模型所消耗的运行时间几乎与 LRSMT 模型相同,但是提供了更精确的电压转换速率的计算。和传统 OARSMT 算法相比,本章算法充分利用障碍上的布线资源,节约了障碍外部的布线资源,而且有效缩短了布线所需的总线长。

参考文献

［1］ Müller-Hannemann M, Peyer S. Approximation of Rectilinear Steiner Trees with Length Restrictions on Obstacles［C］//Dehne F, Sack J-R, Smid M, editors. Algorithms and Data Structures: Springer Berlin Heidelberg, 2003, p. 207-218.

［2］ Huang T, Young EFY. Construction of rectilinear Steiner minimum trees with slew constraints over obstacles［C］//Proceedings of the International Conference on Computer-Aided Design. San Jose, California: ACM, 2012, p. 144-151.

［3］ Zhang Y, Chakraborty A, Chowdhury S, Pan DZ. Reclaiming over-the-IP-block routing resources with buffering-aware rectilinear Steiner minimum tree construction［C］// Computer-Aided Design (ICCAD), 2012 IEEE/ACM International Conference on 2012. p. 137-143.

［4］ Held S, Spirkl ST. A fast algorithm for rectilinear steiner trees with length restrictions on obstacles［C］//Proceedings of the 2014 on International symposium on physical design. Petaluma, California, USA: ACM; 2014. p. 37-44.

［5］ Müller-Hannemann M, Schulze A. Approximation of Octilinear Steiner Trees Constrained by Hard and Soft Obstacles［C］//Arge L, Freivalds R, editors. Algorithm Theory - SWAT 2006: Springer Berlin Heidelberg; 2006. p. 242-254.

［6］ Mehlhorn K. A faster approximation algorithm for the Steiner problem in graphs［J］. *Information Processing Letters*. 1988, 27(3): 125-128.

［7］ Hanan M. On Steiner's Problem with Rectilinear Distance［J］. *SIAM Journal on Applied Mathematics*. 1966, 14(2): 255-265.

［8］ Clarkson K, Kapoor S, Vaidya P. Rectilinear shortest paths through polygonal obstacles in $O(n(\log n)^{3/2})$ time［C］//Proceedings of the third annual symposium on Computational geometry. Waterloo, Ontario, Canada: ACM; 1987. p. 251-257.

［9］ Kashyap CV, Alpert CJ, Liu F, Devgan A. PERI: a technique for extending delay and slew metrics to ramp inputs［C］//Proceedings of the 8th ACM/IEEE international workshop on

Timing issues in the specification and synthesis of digital systems. Monterey, California, USA：ACM；2002. p. 57-62.

[10] Ganley JL, Cohoon JP. Routing a multi-terminal critical net：Steiner tree construction in the presence of obstacles［C］//Circuits and Systems, 1994 ISCAS '94, 1994 IEEE International Symposium on. 1994；1：113-116.

[11] Li L, Young EFY. Obstacle-avoiding rectilinear Steiner tree construction［C］//Proceedings of the 2008 IEEE/ACM International Conference on Computer-Aided Design. 2008：523-528.

[12] Lin CW, Chen S-Y, Chi-Feng L, Yao-Wen C, Chia-Lin Y. Obstacle-Avoiding Rectilinear Steiner Tree Construction Based on Spanning Graphs［J］. *Computer-Aided Design of Integrated Circuits and Systems, IEEE Transactions on.* 2008, 27(4)：643-653.

[13] Liu C-H, Kuo S-Y, Lee DT, Lin C-S, Weng J-H, Yuan S-Y. Obstacle-Avoiding Rectilinear Steiner Tree Construction：A Steiner-Point-Based Algorithm［J］. *Computer-Aided Design of Integrated Circuits and Systems, IEEE Transactions on.* 2012, 31(7)：1050-1060.

[14] Chow W-K, Li L, Young EFY, Sham C-W. Obstacle-avoiding rectilinear Steiner tree construction in sequential and parallel approach［J］. *Integration, the VLSI Journal.* 2014, 47(1)：105-114.

[15] Warme D, Winter P, Zachariasen M. GeoSteiner Software for Computing Steiner Trees ［Online］. http://www. geosteiner. com/, 2001.

[16] H. B. Bakoglu. *Circuits, interconnections, and packaging for VLSI*［M］. MA：Addison-Westy, 1990.

[17] Elmore WC. The Transient Response of Damped Linear Networks with Particular Regard to Wideband Amplifiers［J］. *Journal of Applied Physics.* 1948, 19(1)：55-63.

[18] Kashyap CV, Alpert CJ, Liu F, Devgan A. Closed-form expressions for extending step delay and slew metrics to ramp inputs for RC trees［J］. *Computer-Aided Design of Integrated Circuits and Systems, IEEE Transactions on.* 2004, 23(4)：509-516.

[19] Shiyan H, Alpert CJ, Jiang H, Karandikar SK, Zhuo L, Weiping S, et al. Fast Algorithms for Slew-Constrained Minimum Cost Buffering［J］. *Computer-Aided Design of Integrated Circuits and Systems, IEEE Transactions on.* 2007, 26(1)：2009-2022.

[20] Ho T Y, Chang Y W, Chen S J. *Full-Chip Nanometer Routing Techniques*［M］. Springer Netherlands, 2007. 36-37.

[21] LAWLER EL. The Steiner Problem and Other Dilemmas［J］. *In：Holt RaW, editor. Combinatorial Optimization：Networks and Matroids.* 1976.

[22] 徐宁, 洪先龙. 超大规模集成电路物理设计理论与算法［M］. 北京：清华大学出版社, 2009：1-4, 146-164.

[23] Zhang Y, Pan D Z. Timing-driven, over-the-block rectilinear steiner tree construction with pre-buffering and slew constraints［C］//Proceedings of the 2014 on International symposium on physical design. Petaluma, California, USA：ACM；2014. p. 29-36.

第 5 章

直角结构总体布线算法

5.1 引言

5.1.1 绪论

集成电路产业是当今最重要的行业之一,其发展水平已成为衡量国家工业发展水平的重要指标。集成电路产业提供的核心技术能促进各产业体系的创新,推动国民经济的增长,并可以为全球数字化提供强大的动力。另外,由于当前美国对华的技术壁垒,集成电路产业逐渐成为中美科技战的主战场。由此可见,如今正是发展我国高质量集成电路产业的黄金时期。

集成电路产业的发展催生了电子设计自动化(Electronic Design Automation,EDA)软件,而 EDA 软件作为工业设计必备的工具,进一步促进着集成电路产业的发展。在过去的 60 多年里,基于摩尔定律的预言,EDA 软件有力地支撑起集成电路产业,并有效地带动了集成电路产业的发展。随着集成电路工艺的发展,现代芯片的设计变得越来越复杂。作为芯片设计的第一环,技术人员必须借助 EDA 软件来完成芯片设计与优化。

EDA 软件贯穿整个集成电路的设计流程,从高级系统设计到制造。随着制程技术进入纳米时代,芯片密度不断增大,这对 EDA 软件的研究提出了巨大挑战。EDA 软件随着制造工艺的发展不断地更新。EDA 软件基本算法更新改进操作会有效改善集成电路设计的整体效益。因此,布线是 EDA 算法研究中一个极其重要的课题。

在整个超大规模集成电路(Very Large Scale Integration,VLSI)设计过程中,物理设计是与产品研制和生产最紧密相关的一个设计过程,直接关系到芯片设计的周期、生产成本和产品质量。布线是整个 VLSI 物理设计中最为耗时和关键的环节之一,它受工业影响很大,面临的机遇和挑战很多。

为解决复杂的布线问题,传统上将电路布线分成两大阶段进行处理,分别是总体布线和详细布线。作为拥塞估计器,总体布线算法需要快速且准确地评估布局的质量,及时将拥塞信息反馈给布局器,让布局器能设计出更容易布线的布局方案。作为布线引导器,总体布线算法需要生成一个充分考虑设计规则的布线方案,给详细布线提供准确的指导,从而减少后续详细布线负担和时间。由此可见,总体布线是整个 VLSI 设计中极其重要的阶段,其结果将决定整个电路设计的质量。

总体布线应考虑多种布线指标。在现代 VLSI 设计中,总线广泛用于功能单元之间并行传递信号。随着制造工艺的发展和系统级芯片(System On a Chip,SOC)设计概念的出现,知识产权(Intellectual Property,IP)模块的广泛应用已成为芯片设计的主流,这使得总线在芯片设计中的数量急剧增加。尤其对于多核的SOC 芯片而言,总线是决定时序和功耗的决定性因素,这对功能模块之间总线的互连提出了更高的要求。目前,总体布线算法的研究没有充分考虑总线的设计规则问题,这导致总线时序紊乱,严重影响芯片的性能。因此,亟需一种考虑总线的总体布线算法来有效地解决总线的时序匹配问题。

另外,随着多金属层的布线工艺技术的普及,层分配广泛地应用于总体布线中,以实现片上互联系统的精密布通。而目前的层分配算法大多都聚焦于通孔数和时延的优化,忽略了总线的特殊性。因此,对于考虑总线的总体布线问题,现有的层分配算法对总线偏差等布线指标的优化能力有限。

综上所述,为了减轻后续详细布线的设计负担,需要对总线进行正确且有效的早期规划,有效降低总线出现设计违规的可能性。为了提升总体布线方案的准确性,需要在总体布线阶段更加全面地考虑各种布线指标,尽可能地满足工业设计需求。由此可见,在总体布线阶段考虑总线的设计规则将是一个充满挑战且有意义的课题。

5.1.2 国内外研究现状

制造工艺的不断发展,给 EDA 软件带来了新的挑战。为了促进对总体布线算法的研究,国际物理设计研讨会(International Symposium on Physical Design,ISPD)分别在 2007 年和 2008 年举办了两次总体布线竞赛。另外,为了使总体布线更好地引导详细布线解决各种布线设计规则,计算机辅助设计国际会议(International Conference on Computer Aided Design,ICCAD)在 2019 年举办了基于 DEF/LEF 工业文档的开源总体布线竞赛。同时,为了有效解决工业界中总线布线出现的新问题,ICCAD 在 2018 年举办了考虑障碍的总线布线竞赛,以促进新一代芯片的产出。在 ISPD 和 ICCAD 竞赛的共同促进下,涌现出了许多优秀的总体布线算法以及总线布线算法。本节将从总体布线算法和总线布线算法两个方面分别进行介绍。

1. 总体布线算法

在 VLSI 布线结构中,布线区域通常是多层的。因此,总体布线问题通常抽象

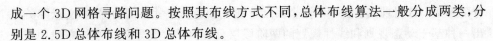

成一个 3D 网格寻路问题。按照其布线方式不同,总体布线算法一般分成两类,分别是 2.5D 总体布线和 3D 总体布线。

1) 2.5D 总体布线

2.5D 总体布线是指首先将多层的布线资源和引脚等信息映射到 2D 平面上,然后在 2D 平面上完成布线,最后使用层分配将所有的边指定到各个层上。因为 2.5D 总体布线是在 2D 平面上布线,与 3D 总体布线相比,在时间复杂度上有较大的优势,所以大多数的总体布线算法都使用该方法。文献[13]提出了一种高效的总体布线算法,采用一种拥塞驱动的 Steiner 树算法来构建线网拓扑结构,并使用一种边转移技术来改善拓扑。为了提高可布线性,文献[14]提出了单调布线和多起点、多终点迷宫布线算法,以时间代价换取高质量布线方案。文献[15]提出的算法是在文献[14]所提算法的基础上引入了“虚拟容量”的概念,即在预先估计通道容量的使用情况后,使用“虚拟容量”引导后面的迷宫布线,不仅有效地减少了溢出数,还提高了整个算法的运行效率。文献[16]提出的算法以最小化通孔数为目标,在文献[15]所提算法的基础上,提出了考虑通孔的 Steiner 树构造算法和三拐弯布线算法,实现了通孔数的优化。文献[17]提出了两种新颖的动态模式布线算法,在动态调整的布线区域中,以较少的时间代价取得了更好的总体布线方案。文献[18]提出了一种基于禁止布线区域的拆线重布算法。该算法在迭代过程中,通过限制布线区域,可不断降低布线拥塞。文献[19]提出了一种单调布线和自适应的多起点、多终点迷宫布线相结合的布线算法。文献[20]提出的算法通过修改文献[19]所提算法的代价函数和拆线重布的顺序,进一步提升了算法的有效性。文献[21]提出的算法以热点区域减少为目标,将对温度的考量加入到文献[20]所提出的算法中,使用了两种基于温度的代价函数,有效地减少了热点区域并解决了其内存浪费的问题。文献[22]提出的算法使用伪随机法决定线网布线顺序,并且使用改进的拆线重布方法来消除布线拥挤。文献[24]提出了的算法采用点移动和基于协商的 A* 算法,可得到一个高质量的布线解。文献[25]提出了一种多阶段的总体布线算法,在不同阶段针对不同布线指标,确定不同的拆线重布顺序,最终实现了布线质量的提高。此外,在 2019 年 ICCAD 总体布线竞赛的激励下,文献[26]提出了一种详细布线驱动的总体布线算法,通过 L 形布线与 A* 算法的有效结合,可生成一个满足详细布线设计规范的总体布线方案。

2.5D 总体布线需要通过层分配算法实现最终的 3D 布线。现有层分配问题的研究主要集中在通孔数和时延的优化上。最小化通孔在层分配中是 NP-难问题。文献[24]提出的算法采用整数线性规划模型求解通孔最小化问题。文献[28]提出的算法先对准备进行层分配的线网集合进行排序,再按照顺序采用动态规划方法为每个线网寻找最优的层分配方案。为了降低文献[28]所提算法陷入局部最优解的可能性,文献[29]提出的算法先对线网进行分解,然后再对线网进行排序,最后采用一种基于协商机制的重分配算法以跳出局部最优情况,从而获得一个更好的层分配方案。针对现实工业中不同金属层上线宽和通孔尺寸不同的问题,文献[30]提出一种基于动态规划和线性规划的两阶段层分配算法。为了降低总体布线中通孔设计约束对后续详细布线的影响,在文献[30]所提算法的基础上,文献[31]中的通孔溢出和边溢出模型代替了原本模型。由于互连线的延迟对 VLSI 设计的影响越来越大,在减少通孔数的同时,研究人员也尝试优化层分配方案的时延问题。以时延为优化目标,文献[32]提出了一种时延驱动的动态规划算法,是对文献[29]所提出的算法进行拓展。该算法可以有效解决层分配阶段的时延优化问题。文献[33]提出的基于拉格朗日松弛法的层分配算法,迭代地优化所有线网的时延。在文献[34]提出的一种运用双轨线与宽线对关键线网的时延进行优化的算法基础上,文献[35]提出的算法通过调整线网的层分配顺序以及代价函数,进一步优化了关键线网的最大时延和总时延。

2) 3D 总体布线

3D 总体布线是指直接在 3D 网格图是进行布线。由于 3D 总体布线在寻路过程中直接考虑了通孔,在溢出和线长上,它比 2.5D 总体布线有明显的优势。但随着布线问题规模的扩大,3D 总体布线的缺陷也越来越明显。文献[36]提出的算法将总体布线问题细分为矩形区域上规模较小的子问题,并使用预先定义的候选布线集,通过整数线性规划求解这些子问题。文献[36]提出的算法在最大限度地减少总溢出和总线长方面发挥了出色的作用,但付出了巨大的时间代价。随着制程技术的发展,总体布线问题规模也不断增大。为了提高算法的效率,同时保留 3D 总体布线方法在减少通孔数的优势,文献[37]提出的算法通过简化 3D 网格图,并使用高效的多层框架在 3D 网格图上拥挤的区域重新布线,使其在减少时间复杂度的同时布线结果接近原有的 3D 布线结果。

总的来看,上述总体布线算法主要侧重于溢出、线长和时间等布线指标的优化。由于没有充分考虑总线约束的布线,这些算法对于考虑总线的总体布线问题很难保持总线的各信号位的时序同步。同时,作为总体布线中的后阶段,已有的层分配算法也没有充分考虑总线信号位之间的时序同步问题。

2. 总线布线算法

对于总线布线的不同优化目标,很多机构已经进行了一系列的相关研究。针对时序优化,利用文献[38]提出的带有布线延迟估计的布局模型检测潜在的违规情况。文献[39]提出的算法是一种在控制芯片面积和减少布线线长的同时最小化布线通孔数的算法。文献[40]提出的算法是一种既可以最大限度地减少总线偏差,又可优化线长的有效算法。文献[41]提出的算法是一种用于高性能印制电路板的总线长度匹配算法,以确保满足最大和最小长度约束。文献[42]提出的方法是一种称为"虚拟线网拓扑"的方法,来复用布线拓扑。文献[43]提出的算法是一种用于通用布线拓扑的长度匹配的无网格布线算法,有效地处理不受拓扑限制的实际设计。针对考虑障碍物的总线布线问题,文献[44]提出的算法是一种采用最长公共子序列和多商品流的启发式算法。此外,针对 2018 年 ICCAD 总线布线竞赛,文献[46]提出的算法是一种基于有向无环图的总线布线算法,满足总线的特定拓扑。文献[47]提出的算法是一种同时对总线的所有信号位进行布线,来实现拓扑一致构建的总线布线算法。在 A* 算法的基础上,文献[48]提出的算法是基于布线长度限制的总线布线算法。

综上所述,现有的研究工作很少考虑总线和非总线的综合布线。因此,本章针对总体布线中存在的问题展开研究,期望能提供更全面的总体布线工具,即不仅可以有效提高可布线性,还拥有综合考虑各种布线约束的能力。

5.1.3 本章主要工作

本章基于工业上的现实发展和需求,通过 2.5D 总体布线方法实现工业上的多金属层布线工艺,重点开展总体布线前期中拥塞估计与解决的问题、总体布线中总线和非总线线网的布线问题以及总体布线中层分配阶段总线偏差的优化问题等方面的算法研究工作,来弥补现有总体布线算法在总线和非总线线网布线方面存在的不足。本章提出了一种新颖的总体布线框架——考虑总线的偏差驱动总体布线算法框架,如图 5.1 所示。

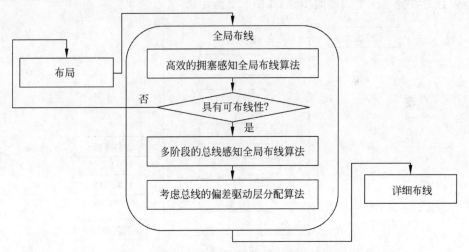

图 5.1 考虑总线的偏差驱动总体布线算法框架

针对不同的设计阶段,总体布线算法有不同的目标,起着不同的作用。与传统的总体布线框架相比,该框架不仅可以在布线早期预估存在的拥塞情况,还可以全面考虑总线的设计约束,给详细布线提供了高可布线性和高准确性的总体布线方案。总的来说,本研究在满足芯片的各种布线约束下,不仅有效地解决时序匹配问题,而且优化了总线和非总线线网的溢出数和线长,进一步提升了总体布线方案的质量。

本章具体的研究内容和主要贡献如下。

当总体布线和布局器协作时,总体布线如何快速且准确地反馈拥塞信息给布局器是一个重要的研究目标。另外,总体布线作为详细布线的引导者时,总体布线如何减少拥塞程度以有效减轻详细布线的负担是另一个难题。

因此,本章提出了一种高效的拥塞感知总体布线算法(C-GR),以溢出、时间和线长为优化目标,适用于详细布局和总体布线之间的拥塞估计和解决。该算法引入了一种混合拓扑优化策略,来降低线网的拥塞程度;设计了一种基于区间划分的拥塞区域识别方法,来确定线网拆线重布的顺序;构建了一种基于拥塞松弛的启发式搜索算法,来实现线网的拆线重布。实验结果表明,所提算法能"高效"且准确地识别出拥塞区域,布线结果不仅具有较少的拥塞,还具有较短的线长。

5.2　问题描述

5.2.1　物理设计概述

VLSI 物理设计是将电路设计转化成芯片上的精确几何布局,直接影响电路的性能、功耗和功率。物理设计介于电路设计与制造之间,具有高复杂性。因此,物理设计通常分为 5 个关键的步骤,如图 5.2 所示。

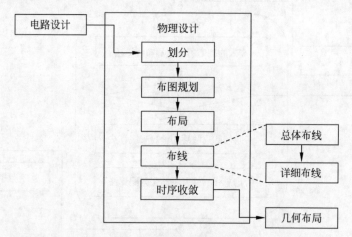

图 5.2　物理设计流程图

下面对各个阶段分别进行简要介绍。

(1)划分:将电路分解成多个子电路或者模块,并且同时考虑不同子电路或者模块之间的连接数目最小化,使之能够单独设计或者分析。

(2)布图规划:将分解后的子电路或模块根据芯片的大小做相应位置的摆放,即决定子电路或模块的形状和位置,使之能使整体利用芯片的面积最佳。

(3)布局:根据布图规划,决定各个子电路或者模块中元件的最佳空间位置,同时考虑可布线性、时序、功耗和线长等指标。

（4）布线：根据布局方案，在有限的布线资源下，完整地连接各个子电路或者模块之间所有的信号引脚。

（5）时序收敛：利用布局和布线来优化电路性能。

物理设计直接影响芯片设计的生产周期、生产成本以及质量。随着制程技术的改良，物理设计受到的影响是最大的。

布线决定整个物理设计的成败，影响整个物理设计的质量。一个电路设计经过了划分、布图规划和布局后，才开始进行布线。这意味着该布局的现有资源已经固定，需要在有限的布线资源下，完成高质量的布线。布线分成两个阶段：总体布线和详细布线。在总体布线阶段，将每个线网的各部分合理地分配到各个布线单元中去，实现不同布线单元之间的布线，得到每个线网的大致布线路径。在详细布线阶段，根据总体布线的结果，完成每个线网在每个布线通道中的具体路径，得到最终的布线方案。

5.2.2　术语和定义

下面简要列出 VLSI 布线阶段所涉及的常用术语。

定义 5.1　引脚　一个电子终端，用于连接给定的构件到它的外部环境。在任意的金属层上，用 3 个坐标值 x、y、z 表示，代表该引脚在芯片的位置。

定义 5.2　线网　在相同电势下的需要连接的引脚集合。若一个线网有 3 个或者 3 个以上的引脚，则称该线网为多引脚线网。只有两个引脚的线网称为两引脚线网。

定义 5.3　金属层　芯片的布线层，通常指制造工艺等级。每个金属层都有一个布线偏好方向，要么水平，要么垂直。

定义 5.4　轨道　每个金属层中一条可用的水平或者垂直连线通路。轨道方向和布线偏好方向是一致的。

定义 5.5　通孔　指金属层之间的连线，用于连通不同金属层的布线结构。该连线具有相同的 x、y 坐标，但 z 坐标不同。

定义 5.6　布线区域　指包含了布线轨道的区域。

定义 5.7　通道容量　指两个布线单元之间存在的布线轨道数量。

5.2.3　总体布线模型图

总体布线问题是一个经典的图论问题。下面介绍总体布线模型图。

在 VLSI 布线中，布线区域分布在多个金属层，总体布线一般将每层划分为大小相同的单元，每个单元称为布线单元。图 5.3(a)给定 4 层金属层且每层被分成 3×3 个布线单元的总体布线结构图。在总体布线阶段，z 层的布线区域通常用网格图 $G^z = (V^z, E^z)$ 表示，节点 $v^z \in V^z$ 代表布线单元，边 $e^z \in E^z$ 代表相邻布线单元对 (v_i^z, v_j^z) 的连接边。边 E^z 由两部分组成，分别是布线边 E_e^z 和通孔边 E_v^z。其中,布线边 $e_i^z \in E_e^z$ 表示其连接的布线单元对 (v_i^z, v_j^z) 位于同一层。通孔边 $e^z \in E_v^z$ 代表其连接布线单元对 $(v_i^z, v_i^{z'})$ 位于不同层。而通道容量 $c(e^z)$ 代表布线单元对 (v_i^z, v_j^z) 之间可用的布线轨道资源数,$d(e^z)$ 则是边 e^z 实际使用的轨道数。图 5.3(b) 是图 5.3(a) 对应的总体布线网格图。

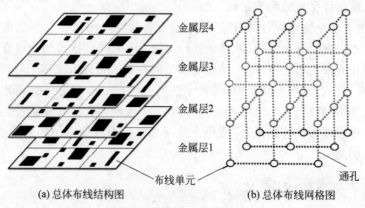

图 5.3   总体布线模型图

5.2.4   总体布线方法

在总体布线问题中,有两种方法可以解决 3D 总体布线问题,分别是 3D 总体布线和 2.5 总体布线。3D 总体布线算法是在 3D 布线网格图上直接进行寻路。虽然该方法可能会获得更好的布线结果,但是十分耗时。2.5D 总体布线是将 3D 布线网格图压缩为 2D 布线网格图,完成 2D 布线后,执行层分配算法得到 3D 布线方案。由于布线规模不断增大,2.5D 总体布线是主流的总体布线方法。下面通过图 5.4 来解释 2.5D 总体布线方法。

给定一个有 3 个金属层的总体布线图以及一个有 3 个引脚的线网,如图 5.4(a) 所示。首先,将该 3 层的布线图投影到 2D 平面上,得到一个单层的布线图,并将线网的所有引脚也映射到对应的布线单元中,如图 5.4(b) 所示。然后,执行 2D 总体布线算法,以获得 2D 总体布线方案,如图 5.4(c) 所示。最后,执行层分配算法,将该线网的每条布线边分配到合适的金属层,并通过通孔保持连通,以得到最终的 3D 总体布线方案,如图 5.4(d) 所示。

1. 2D 布线方法

本节将介绍本章所使用到的 2D 布线方法。

1) L 形布线

L 形布线是一种快速的布线算法。它只会搜索边界框所在的路径,因此,路径只有一个拐弯。L 形布线总共有两种搜索路径,分别是上 L 形和下 L 形,布线时一般选择代价小的路径。

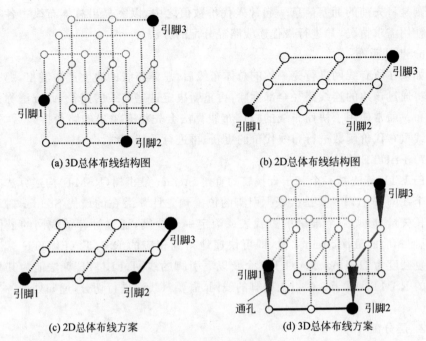

(a) 3D总体布线结构图　　　　(b) 2D总体布线结构图

(c) 2D总体布线方案　　　　(d) 3D总体布线方案

图 5.4　一种总体布线算法

2）混合单向单调布线

文献[50]提出的布线算法是混合单向单调布线（Hybrid Unilateral Monotonic Routing，HUMR）。给定一个重布边界框，HUMR 的路径由重布边界框中的两条路径组成。HUMR 将重布边界框中每个点都看成"中间点"，分别计算引脚对中两个引脚到"中间点"的代价，最终选择两条代价最小的路径组成最终路径。每条路径限定为只有在水平或者垂直其中一个方向不能产生绕行且代价最小。

3）自适应的多起点多终点迷宫布线

在拆完有溢出的引脚对的路径后，整棵布线树被分成了两棵子树。自适应的多起点多终点迷宫布线（Adaptive Multi-source Multi-sink Maze Routing，AMMMR）分别将每棵子树上所有的引脚看成起点和终点。然后，遍历起点和终点组成了所有路径。最后，选择代价最小的路径作为新路径。

4）A*迷宫布线

A*算法是一种高效的迷宫布线搜索算法。在搜索路径的过程中，A*算法会提前估计当前状态点到终点的各条路径的信息，并结合起点到当前状态点的权重，选择可能产生最佳解的路径进行处理。

5）协商布线

在总体布线中，通常会将每一个线网的线长以及拥塞情况等信息转化成一个代价值赋予布线边，作为线网经过该边时需承担的代价，此代价值即为布线的权值。在进行布线的过程中，会对每一条连线寻找其布线权重最小的路径。而协商布线则是将先前的拥塞信息一起计入代价数值之中,以突显出总体布线中各布线边的使用需求情况,并进行最佳连线路径分配的方法。

6) 拆线重布

如果在所有线网进行完一轮的总体布线后,总体布线的边上产生溢出,那么通常会将通过该边的连线路径全部拆除,再重新决定这些连线的路径,此方法称为拆线重布。通常使用了协商布线的总体布线算法会先将有溢出的路径拆线后,先依据布线重布代价函数进行布线代价的更新,再进行重新布线。

7) FLUTE 算法

FLUTE 算法是一个基于查找表的直角 Steiner 最小树(RSMT)构建算法。对于每个线网,FLUTE 算法会根据引脚的位置预先计算潜在的最优 Steiner 树和最优线长矢量,形成一个准确的查找表。给定一个线网,通过计算该线网的最优线长,返回相应的最优 Steiner 树,即可快速地得到相应的 RSMT。FLUTE 算法的时间复杂度为 $O(n\log n)$。对于 9 个及以下引脚的线网,FLUTE 算法能为其找到最优的 RSMT。对于 9 个以上引脚的线网,需要对线网进行切分,递归处理各个子线网。

2. 层分配

层分配是 2.5D 总体布线方法中重要的阶段。在层分配阶段,需要在不更改 2D 布线拓扑且不增加任何溢出的前提下,将每个线网的每条布线边分配到合适的金属层上,得到最终的 3D 总体布线方案。作为总体布线的后阶段,层分配应避免拥塞,同时实现时延、通孔数和串扰等性能指标的优化。现有实现层分配算法的策略有两种:顺序分配策略和并行分配策略。顺序分配策略按照特定的顺序依次对每个线网进行层分配,一个线网完成层分配后,更新布线空间的资源使用情况,再对下一个线网进行层分配。顺序分配策略所用的时间短,但是对线网的层分配顺序有依赖性,容易产生局部最优解。并行分配策略主要是基于整数线性规划,可以对所有线网进行并行分配。并行分配策略可以有效避免层分配对分配顺序的依赖性问题,理论上可以得到最优解。但是由于如今布线规模庞大,并行分配策略十分耗时,甚至可能会存在无法求解的情况。因此,大多数层分配算法都采用顺序分配策略。

5.2.5 总体布线的优化目标

按照引脚在布线单元中的位置,将其映射到总体布线网格图 $G^z = (V^z, E^z)$ 中相应的顶点上。总体布线的目标是为每个线网在 $G^z = (V^z, E^z)$ 上找到能将其中所有引脚连接起来的一条正确的路径。

总体布线的质量在不同阶段由不同目标衡量,溢出和线长是最常见的优化指标。在完成详细布局后,为了快速地判断布局的有效性,需要执行总体布线算法来评估拥塞并解决拥塞。因此,针对拥塞估计问题,总体布线算法的目标是可布线性、运行时间以及线长。为了给详细布线一个准确的布线引导方案,需要总体布线算法综合考虑多种布线指标。在当今的 VLSI 设计中,总线的地位越来越高,在总体布线中无法忽略。因此,针对总体布线和详细布线的匹配度问题以及总线布线的设计约束问题,总体布线算法的优化目标是溢出、线长和总线偏差。作为总体布线的一部分,层分配算法将决定最终的 3D 布线方案。在考虑总线的层分配问题中,需要线长优化和总线偏差等布线指标。

5.3　C-GR:高效的拥塞驱动总体布线算法

5.3.1　引言

在纳米制程下,可布线性是 VLSI 设计中最重要的问题之一。总体布线作为布线的重要组成部分,上承详细布局,下启详细布线。对于详细布局而言,总体布线算法可以及时快速地反馈拥塞信息给布局器,以优化详细布局的结果,从而避免其生成无效的布局方案。对于详细布线而言,总体布线算法有效地解决了布线拥塞的问题,详细布线的负担大幅度减轻且所需的时间有效降低。

一般存在两种策略来识别拥塞区域,以提升可布线性。第一种策略是通过引脚的密度、线网的边界框或 Steiner 树算法来估计布线区域的潜在拥塞。虽然这种拥塞估计方法速度很快,但是通常无法得到详细布线中真实的布线路径。因此,这种拥塞估计策略准确性十分低。第二种策略是直接执行总体布线算法来分析布线拥塞。这种拥塞估计策略可以精确地识别拥塞信息,但是,这种方法的效率明显比第一种方法低。

综上,为了获得高质量的总体布线方案,同时兼顾算法的运行效率,本节基于第二种拥塞估计策略,提出了一种高效的拥塞驱动总体布线算法,称为 C-GR。C-GR 不仅能快速且准确地识别出拥塞区域,而且能有效地解决拥塞。本节工作的贡献如下。

(1) 针对线网拓扑构建问题,基于 Prim 算法和分治法,本节算法引入了一种混合拓扑优化(Hybrid Topology Optimization,HTO)策略。该策略可以根据线网的特征,构建不同的布线拓扑结构,从而达到降低布线区域的拥塞的目的。

(2) 为了有效地识别拥塞区域,本节算法设计了一种基于区间划分的拥塞区域识别(Congestion Area Identification,CAI)方法。该方法可以准确地识别出拥塞区域内的溢出线网,并确定其进行拆线重布的顺序。

(3) 为了提高可布线性,本节算法构建了一种基于拥塞松弛的启发式搜索(Congestion-Relaxed based Heuristic Search,CRHS)算法,用来实现线网的拆线重布。该算法通过设计重布区域和代价函数,既能高效地解决溢出,又可以优化线网的线长。

实验结果表明,本节所提出的高效的拥塞驱动总体布线算法 C-GR 能准确且快速地识别出拥塞区域,并能有效地提高可布线性。与文献[45]中的算法相比,C-GR 在总的溢出上平均减少了约 16.3%,并且优化了约 23.7% 的平均运行时间。此外,C-GR 还取得了约 1.2% 的线长优化。

5.3.2 问题描述

正如 5.2 节所述,总体布线问题是一个典型的图论问题,布线区域被建模成化为网格图 $G^z = (V^z, E^z)$。其中,V^z 表示布线单元集合,E^z 表示连接布线单元的边集。边 e^k 的通道容量 $c(e^k)$ 代表第 k 层上相邻布线单元之间可用的布线轨道数量,而 $d(e^k)$ 则表示实际已使用的布线轨道数量。当实际已占用的轨道数量大于可用的轨道数时,则出现边溢出 $o(e^k)$。$o(e^k)$ 的计算方式如式(5.1)所示。

值得注意的是,与 ISPD07 和 ISPD08 竞赛规定一样,所有的通孔边 E_v^z 的容量是不受限制的。因此,通孔边 E_v^z 的溢出不做计算。另外,布线边 E_e^z 的拥塞程度 $\text{cong}(e^z)$ 侧面体现出设计的可布线性。$\text{cong}(e^z)$ 的计算方式如式(5.2)所示。

$$o(e^k) = \begin{cases} d(e^k) - c(e^k), & \text{如果 } d(e^k) > c(e^k) \\ 0, & \text{否则} \end{cases} \tag{5.1}$$

$$\text{cong}(e^z) = \frac{d(e^z)}{c(e^z)} \tag{5.2}$$

一个优质的总体布线算法致力于为每个线网生成无溢出路径。对于拥塞驱动的总体布线算法而言,溢出数的最小化比其他指标有更高的优先级。除了溢出数这个主要目标,平均运行时间(CPU)和总的线长(TWL)也是本节的优化目标。

因此,拥塞驱动的总体布线问题可以描述为:给定一个 z 层的总体布线图 $G^z = (V^z, E^z)$,每条布线边的通道容量 $d(e^z)$,以及线网集合 $N = \{N_1, N_2, \cdots, N_m\}$。对于每个线网 $N_j \in N, 1 \leqslant j \leqslant m$,都有一组引脚 $P = \{p_1, p_2, \cdots, p_k\}$。由引脚所在布线单元中的位置,把其映射到 $G^z = (V^z, E^z)$ 中相应的顶点上。拥塞驱动的总体布线的目标是为 N_j 在 $G^z = (V^z, E^z)$ 上找能将 N_j 的引脚连接起来的一条正确路径,使得总的溢出数(TWO)和总的线长(TWL)最小化。TWO 和 TWL 的计算方式如下所示:

$$\text{TWO} = \sum_{e^z \in E_e^z} o(e^z) \tag{5.3}$$

$$\text{TWL} = \sum_{e^z \in E_v^z} d(e^z) \times V_{\text{cost}} + \sum_{e^z \in E_e^z} d(e^z) \tag{5.4}$$

其中,z 是金属层数;V_{cost} 是通孔代价。

5.3.3 C-GR 算法设计与实现

1. 算法总体设计流程

C-GR 算法的流程图如图 5.5 所示。该算法主要由 3 个阶段组成:初始阶段、主阶段和层分配阶段。在初始阶段,先将 3D 布线信息投影到 2D 布线平面上,并采用一种混合拓扑优化策略,以减少布线区域的初始拥塞程度,从而得到一个较好的初始布线方案。在主阶段,首先,为了确定线网拆线重布的区域和顺序,提出了一种基于区间划分的拥塞区域识别方法;然后,使用一种基于拥塞松弛的启发式搜索算法,可以有效优化溢出,并防止线长增加过多;最后,更改代价函数,在保证溢出不增加的前提下,为有溢出的线网找到一条没有溢出的路径,可以更好地提升可布线性。在层分配阶段,使用一种最小化通孔数的层分配算法将 2D 总体布线方案还原为 3D 总体布线方案。下面详细介绍 C-GR 算法的各个阶段以及所使用的策略。

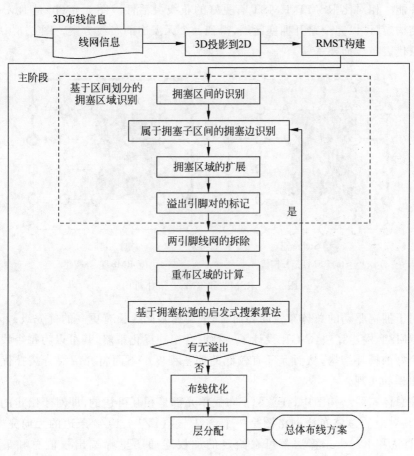

图 5.5　C-GR 算法的设计流程

2. 初始阶段

一个优质的初始总体布线方案,不仅可以减少拥塞程度,还可以减少后续拆线重布的时间代价。初始布线阶段的目的是快速地得到一个较好的总体布线初始解。正如 5.2.4 节所述,2.5D 总体布线方法比直接 3D 总体布线方法有明显的时间优势。因此,对于 C-GR 而言,2.5D 总体布线方法是一个最佳的选择。

在初始阶段,C-GR 需要将 3D 布线网格图和线网信息投影到 2D 平面上,并依次处理每个线网,构建其拓扑结构,来得到一个优质的初始布线方案。

对于拓扑结构的构建,直角最小生成树(Rectilinear Minimal Spanning Tree,RMST)和 RSMT 都是线网连接的常用模型。下面用图 5.6 展示两者各自的优缺点。虽然 RSMT 可以生成比 RMST 线长更短的树结构,但是 RSMT 会生成 Steiner 点,并且有很多的直接相连的两引脚线网,使得布线灵活性降低,增加了不必要的拥塞,最终影响到芯片的功率,如图 5.6(a)所示。除此之外,初始布线方案的拥塞较多,会导致后续拆线重布需要付出更多时间代价去减少溢出,严重影响算法的性能。相对比 RSMT,RMST 有更好的布线灵活性。图 5.6(b)是 RMST 的拓扑结构,其可以完全避开拥塞区域,得到一个无溢出的布线方案。图 5.6 中的矩形区域代表布线拥塞。

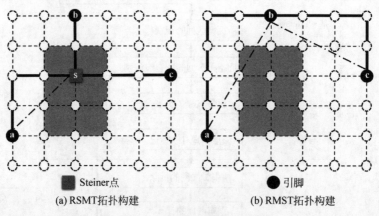

$\blacksquare$ Steiner点 $\bullet$ 引脚

(a) RSMT拓扑构建   (b) RMST拓扑构建

图 5.6 RSMT 和 RMST 拓扑对比

对于拥塞驱动的总体布线问题而言,平均拥塞比线长有更高的优先级。因此,基于 RMST 构建算法,C-GR 设计了一种混合拓扑优化策略,其可以为每个线网生成一个好的拓扑结构,从而保证有较低的拥塞程度。下面将介绍混合拓扑优化策略的原理和实现。

在总体布线结构图中,任意两个布线单元都是相互可达的,即对于给定的节点集 V,其对应的总体布线网格图是一个含 $|V| \times (|V|-1)/2$ 条边的无向完全图。Prim 算法和 Kruskal 算法都可在给定的加权连通图里筛选出权值总和最小的 RMST。Prim 算法的时间复杂度为 $O(n^2)$,其运行效率只与网格图上的节点数相关,适用于稠密图。而 Kruskal 算法的时间复杂度为 $O(e\log e)$,其运行效率与边数相关,适用于稀疏图。鉴于总体布线的网格图十分稠密,为了高效地构建 RMST,C-GR 使用基于节点选择的 Prim 算法。具体步骤如下:对于一个给定的 2D 总体布线网格图 $G^1 = (V^1, E^1)$,首先,Prim 算法将 G^1 上的节点分成两类,一类是已包含在生成树中的节点(集合 A),剩下的节点则为另一类(集合 B),初始状态时,所

有的节点都位于集合 B；然后，任意选择集合 B 中一个节点作为起点；紧接着，选择集合 B 到集合 A 中的权值最小的节点加入到集合 A，重复以上步骤，直到集合 B 中没有节点；最终，可以得到 RMST。

另外，为了进一步降低拥塞程度，除了使用 Prim 算法生成 RMST 以减少不必要节点的方法，还可以适当调整 RMST 的拓扑结构。因为当引脚数大于 3 时，其对应的 RMST 有可能并不是唯一的，此时应当选择各边较为分散的 RMST 作为总体布线初始方案，以减少潜在的拥塞。为此，可以先运用分治算法剔除一些边，将 $G^1 = (V^1, E^1)$ 里的 $|V| \times (|V| - 1)/2$ 条边减少到 $O(|V|)$ 条较为分散的边，然后调用最小生成树构建算法生成 RMST。该算法可在 $O(n\log n)$ 的时间效率下构建各条边较为分散的 RMST。

基于以上的理论分析可知，Prim 算法和分治法有各自的优势。Prim 算法在引脚数较少时，构建 RMST 的效率优于分治法。分治法在引脚数较多时，构建 RMST 结构灵活性和效率比 Prim 算法高。因此，为了能同时有效地发挥两种算法的性能，C-GR 引入了引导因子 λ，将这两种 RMST 拓扑构建算法有效混合。具体的实现方式如下：假设给定线网中的待布线引脚数为 n，当 $n \leqslant \lambda$ 时，该线网使用 Prim 算法进行 RMST 拓扑构建，否则使用分治法构建拓扑。

对于初始阶段代价函数的选择，应该尽可能体现出拥塞的情况，以引导线网生成的拓扑均衡分布。因此，在初始阶段，C-GR 使用逻辑斯谛方程作为布线边的基本代价函数 b_e。b_e 的计算方式如下所示。

$$b_e = 1 + \frac{h}{1 + e^{-k \times (d(e) - c(e))}} \qquad (5.5)$$

其中，e 是 2D 总体布线网格图 $G^1 = (V^1, E^1)$ 上的布线边；k 和 h 是用户自定义的参数，分别设为 0.8 和 2。

下面以图 5.7 为例，解释初始阶段使用该代价函数的原因。

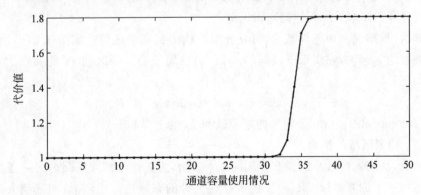

图 5.7　布线边的基本代价变化趋势

给定当前布线边 e 的通道容量为 35，即 $c(e) = 35$。根据通道容量的使用情况，分成两种情况考虑。

(1) 当 $d(e)$ 接近 $c(e)$ 时，即通道容量即将耗尽，说明该布线边 e 的资源竞争激烈，期望后续的线网尽可能不使用该布线边的布线资源。因此，该布线边的代价将急剧增加。

(2) 当 $d(e)$ 远小于 $c(e)$ 时，即通道容量过剩，说明布线边 e 的资源剩余丰硕，鼓励后续的线网去使用该布线边的资源。因此，该布线边的代价几乎不增加。

综上所述，该代价函数可以根据当前的通道容量情况，显现出不同差异，达到有效平衡拥塞的目的。

3. 主阶段

提高可布线性是拥塞驱动的总体布线问题的主要目标。因此，主阶段的目的是拥塞区域的识别与溢出的减少。

1) 重布顺序的确定

在基于拆线重布的总体布线算法中，线网的拆线重布顺序对最终的总体布线方案有极大的影响。通常而言，倾向于先对布线边界框较小的线网进行拆线重布，这是因为该线网的布线灵活性比布线边界框大的线网差。但是，由于缺乏对布线区域拥塞程度的考虑，此布线顺序往往无法得到一个较好的布线方案。

因此，为了得到一个优质的两引脚线网的拆线重布顺序，C-GR 设计并使用一种基于区间划分的拥塞区域识别方法。通过计算拥塞值，定义拥塞区间，该方法可以快速且准确地得到拥塞区域以及两引脚线网的拆线重布顺序，从而为减少溢出做好准备。

基于区间划分的拥塞区域识别方法具体做法如下。

(1) 拥塞区间的定义。

首先，计算所有布线边的拥塞程度。在最大拥塞值与 1 之间平均划分为 10 个不同区间 $I_1, I_2, \cdots, I_{10}$。如图 5.8(a) 所示，整个布线图中所有布线边的最大拥塞值为 2，所以它的子区间为 $\{[2,1.9),[1.9,1.8),[1.8,1.7),\cdots,[1.1,1)\}$。

(2) 属于拥塞子区间的拥塞边识别。

其次，根据拥塞边的拥塞值，将其分配给相应拥塞子区间。如图 5.8(a) 所示，对于拥塞边 e 来说，它属于子区间 $[1.5,1.4)$。属于拥塞子区间 I_i 的拥塞边 e 的定义如下：

$$e \in I_i, \quad \text{如果 } I_i.\min < \mathrm{cong}(e) \leqslant I_i.\max$$

其中，$I_i.\max$ 和 $I_i.\min$ 分别是拥塞子区间 I_i 的上界和下界。

(3) 拥塞区域的扩展。

然后，从拥塞值最小的拥塞子区间 I_{10} 开始，为在这个拥塞区间内每一条拥塞边 e 生成一个拥塞区域 $\mathrm{CR}(e)$。由于存在大量的布线边溢出，若从拥塞值大的拥塞子区间 I_1 开始，则会造成后续的迷宫布线花费大量的时间代价以及线长代价去生成无溢出路径。换言之，先解决拥塞值较小的拥塞子区间，可以让拥塞值较大的拥塞子区间有更多的布线选择，有利于加速算法。

拥塞区域的大小是由该拥塞边邻近的拥塞程度决定的,不断扩大直到该区域内所有边的平均拥塞程度不大于拥塞区间的 $I_i.\min$。如图 5.8(a)所示,虚线所围成的拥塞区域的平均拥塞值 $\mathrm{Avg}_{\mathrm{cong}}(\mathrm{CR}(e))=(3/2+2/2+3/2+4/2)/4=3/2$,其值大于 1.4。因此,拥塞区域进行 4 个方向的扩展,如图 5.8(b)所示。虚线所围成的拥塞区域的平均拥塞值 $\mathrm{Avg}_{\mathrm{cong}}(\mathrm{CR}(e))=1.1$,小于当前最小拥塞值 1.4,停止扩展。$\mathrm{Avg}_{\mathrm{cong}}(\mathrm{CR}(e))$ 的计算方式如下所示:

$$\mathrm{Avg}_{\mathrm{cong}}(\mathrm{CR}(e))=\frac{\sum_{e\in\mathrm{CR}}\mathrm{cong}(e)}{n} \tag{5.6}$$

其中,n 是拥塞区域 $\mathrm{CR}(e)$ 内布线边的边数。

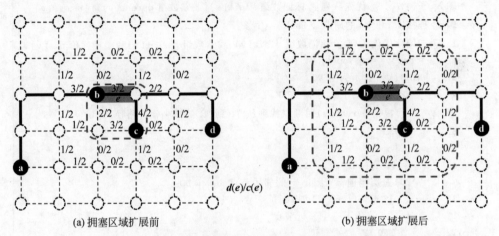

(a)拥塞区域扩展前　　　　　　　　　　(b)拥塞区域扩展后

图 5.8　拥塞边 e 的拥塞区域扩展

(4) 两引脚线网的标记。

最后,标记拥塞区间中对应拥塞区域内的所有两引脚线网。值得注意的是,一旦两引脚线网中任一个引脚在拥塞区域内,那么它会被标记。

2) 拆线重布

为了提高电路可布线性,需要对已经标记好的两引脚线网进行拆线重布来优化溢出。

C-GR 的具体做法如下:假设线网 N 的拓扑 T 中一条边 e 发生了溢出。首先,将从 T 中拆除包含边 e 的两引脚线网的路径,这样 T 就拆分成两棵独立的子树 T_1 和 T_2,将其中一棵子树 T_1 上的所有引脚当成起点,另一棵子树 T_2 上所有的引脚当成终点;然后,计算进行重新布线的区域大小,以确定路径搜索的空间;最后,使用基于拥塞松弛的启发式搜索算法进行拆线重布。

通常情况下,溢出和线长无法同时优化。在拆线重布时,为了有效地优化溢出,通常需要进行绕行,这会导致线长的增加。因此,在优化溢出的前提,为了有效防止线长过多增加,C-GR 提出了一种基于拥塞松弛的启发式搜索算法。该算法结合了

A^* 算法和自适应的多起点、多终点迷宫算法的优点,利用自适应的多起点、多终点迷宫算法来扩充路径搜索的解空间大小,并引入 A^* 算法的启发式函数来对路径搜索的节点进行评估。基于拥塞松弛的启发式搜索算法的伪代码如算法 5.1 所示。假设 $dis(v)$ 是从 T_1 到节点 v 路径上所有布线边的总代价,$parent(v)$ 是记录 T_1 到节点 v 的最短路径上节点 v 的前一个节点,$visit(v)$ 用来标记节点 v 的访问状态。第 4~24 行是基于贪心选择的路径扩展。第 9~22 行是遍历当前节点 cur_v 的邻居节点 nei_v。当 $dis(cur\_v)+cost(cur\_v,nei\_v)<dis(nei\_v)$ 时,更新路径代价和线索数组。第 23 行是选择 Q 中代价最小的节点进行操作。

算法 5.1　基于拥塞松弛的启发式搜索算法

输入:子树 T_1,T_2,优先队列 Q,标记数组 $visit(v)$,线索数组 $parent(v)$,代价 $dis(v)$

输出:连接 T_1 和 T_2 的新路径 Path

1.　初始化优化队列 Q,标记数组 $visit(v)$、线索数组 $parent(v)$ 和路径代价 $dis(v)$
2.　令 cur_v = Q.Top();
3.　**WHILE** 队列 Q 不为空 **DO**
4.　　　**IF** cur_v 属于 T_2 子树 **THEN**
5.　　　　　根据 $parent(v)$ 回溯以找到从 T_1 到 T_2 的最小代价路径 Path
6.　　　**END IF**
7.　　　Q.Pop();
8.　　　令 visit(cur_v) = 1;
9.　　　**FOR** 遍历当前节点 cur_v 的邻居节点 nei_v **DO**
10.　　　　**IF** visit(cur_v) **THEN**
11.　　　　　　遍历下一个邻近节点
12.　　　　**END IF**
13.　　　　**IF** dis(nei_v) > dis(cur_v) + cost(cur_v, nei_v) **THEN**
14.　　　　　　dis(nei_v) = dis(cur_v) + cost(cur_v, nei_v);
15.　　　　　　更新 parent(nei_v) 节点为 cur_v;
16.　　　　　　**IF** nei_v 存在于 Q 队列中 **THEN**
17.　　　　　　　　对队列 Q 更新节点 nei_v;
18.　　　　　　**ELSE**
19.　　　　　　　　向队列 Q 插入节点 nei_v;
20.　　　　　　**END IF**
21.　　　　**END IF**
22.　　　**END FOR**
23.　　　令 cur_v = Q.Top();
24.　**END WHILE**

---

3) 代价函数的选择

在拆线重布过程中,代价函数的选择对布线的结果起决定性的作用。为了有效减少溢出且避免线长过多增加,基于拥塞松弛的启发式算法引入了类似 A^* 算法的代价函数 $cost(N)$。该代价函数计算方式如下所示:

$$cost(N) = H(v) + P(v) \times \rho \tag{5.7}$$

其中,ρ 是权重因子;$H(v)$ 是当前节点 v 到终点的估计路径代价;$P(v)$ 是起点到当前节点 v 的实际路径代价。

启发函数 $H(v)$ 的选取很关键。为了避免在路径搜索时线长的过多增加,基于拥塞松弛的启发式搜索算法启发函数为

$$H(v) = \mid x_v - x_{\text{sink}} \mid + \mid y_v - y_{\text{sink}} \mid \tag{5.8}$$

其中,x_v、y_v 分别是当前节点 v 的横、纵坐标;x_{sink}、y_{sink} 分别是在曼哈顿距离下离 v 最近接收引脚的横、纵坐标。

为了有效权衡拥塞程度和线长,基于拥塞松弛的启发式搜索算法设计了一种有效的代价函数 $P(v)$ 来评估实际路径代价,$P(v)$ 的计算方式如下所示:

$$P(v) = \sum_{e \in P} (b_e + h_e + p_e + \text{vc}_e) \tag{5.9}$$

其中,P 表示该路径;b_e 是边 e 的基础代价;h_e 是历史代价;p_e 是拥塞惩罚项;vc_e 是通孔代价。

b_e 和 vc_e 是自适应的代价函数,它们的计算方式为

$$b_e = 1 - e^{-\alpha \times e^{-\beta \times i}} \tag{5.10}$$

$$\text{vc}_e = \lfloor 4 \times b_e \rfloor \times v_g \tag{5.11}$$

其中,α 和 β 是用户自定义的参数;i 是迭代的次数;v_g 是估计通孔数。

下面通过图 5.9 来解释设计 b_e 的原因。图中颜色的深浅表示布线区域的拥塞程度。颜色越深,表明拥塞程度越严重。给定一个两引脚线网,路径 1 是只考虑线长得到的路径。路径 3 是过度重视拥塞而忽略线长得到的路径。路径 2 是同时考虑线长和拥塞得到的路径。通常,相比路径 1 和路径 3,路径 2 是最佳的路径。它比路径 1 经过更少的拥塞区域,比路径 3 占用更少的布线资源。但是,在布线过程中,3 种布线路径都是需要的。在布线初期,由于布线资源丰富,倾向于选择类似路径 1 的路径,使得线长最小化。在布

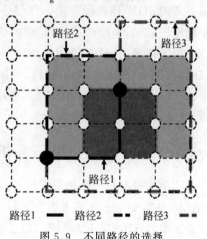

图 5.9 不同路径的选择

线中期,为了避免布线资源过度使用,造成后续布线的线网发生溢出,倾向于选择路径 2。为了尽可能避免溢出,路径 3 是布线末期的最佳布线选择。

另外,h_e 和 p_e 的值会随着迭代次数的增加而变大。h_e 和 p_e 的计算方式为:

$$h_e^{i+1} = h_e^i + 1, \quad \text{如果 } o(e) > 0 \tag{5.12}$$

$$p_e = \left[\left(\text{cong}(e) + \frac{1}{c(e)} \right) \times f(h_e, i) \right]^k \tag{5.13}$$

其中,i 是迭代的次数;k 是用户自定义的参数;f 是与 h_e 和 i 相关的函数。

当所有布线边的溢出数达到用户预设值时,基于拥塞松弛的启发式搜索算法不再使用基于历史代价的代价函数式(5.7)来评价路径。为了尽可能地优化溢出这一最重要的布线指标,布线边将使用新的代价函数 $cost(e)$。$cost(e)$ 的计算方式如下所示:

$$cost(e) = \begin{cases} C, & \text{如果 } o(e) > 0 \\ 0, & \text{否则} \end{cases} \tag{5.14}$$

其中,C 是用户自定义的参数,设为 100。

为了提高 C-GR 的运行效率,在使用基于拥塞松弛的启发式搜索算法前,会设计一个重布区域来限制路径搜索的区域。这个重布边界框的初始大小等于进行重布的两引脚线网所围成的边界框大小。值得注意的是,在当前重布区域内无法找到一条无溢出的路径,重布区域会在下一次迭代时向四周扩大一个布线单元。换句话说,重布区域的大小会随着迭代次数的增加而变大,以增大路径搜索的空间,从而实现溢出的减少。

本阶段结束条件是所有布线边的溢出数为 0 或者迭代次数达到用户预设值。

4. 层分配阶段

在求解完 2D 总体布线问题后,C-GR 使用一种最小化通孔的层分配算法来得到最终的 3D 总体布线方案。该层分配算法首先根据线长和引脚数确定线网的层分配顺序,然后使用动态规划算法,依次将每个线网分配到合适的金属层上。

由于拥塞的识别与溢出的减少是拥塞驱动的总体布线问题的主要目标。如果 2D 布线无法有效解决溢出问题,则说明布局的结果并不理想。为了提高算法的效率,可能选择不运行层分配阶段,直接将拥塞信息反馈给布局器,让布局器重新布局,达到提高可布线性的目的。

5.3.4 实验结果与分析

本节所提算法 C-GR 由 C/C++ 语言编程实现,并在 CPU Intel Xeon 2.0GHz,RAM 96GB 的 Linux 服务器上运行。本节给出了所有基准电路集的详细描述。为了验证本节算法 C-GR 所提出 HTO 以及 CRHS 的有效性,对总的溢出(TWO)、总的线长(TWL)和平均运行时间(CPU)3 个指标进行实验对比。

1. 实验数据集

C-GR 所使用的基准电路集均来自 2008 年 ISPD 总体布线算法竞赛,表 5.1 展示了它们对应的基准电路名称(Benchmark)、布线单元数目(G-Cell)、金属层数(Layer)和线网数量(Net)。其中,所有的基准电路都是多金属层结构,并且每个金属层上的布线单元的数目都是几十万。最重要的是,基准电路中线网的规模从 219 794 增加到 2 228 930,从而显示出布线的规模越来越大,复杂度越来越高,这也充分说明了布线问题在 VLSI 物理设计中的地位愈发重要。

表 5.1 ISPD08 基准电路

Benchmark	G-Cell	Layer	Net
adaptec1	324×324	6	219 794
adaptec2	424×424	6	260 159
adaptec3	774×779	6	466 295
adaptec4	774×779	6	515 304
adaptec5	465×468	6	867 441
bigblue3	555×557	8	1 122 340
bigblue4	403×405	8	2 228 930
newblue2	557×463	6	463 213
newblue4	455×458	6	636 195
newblue5	637×640	6	1 257 555
newblue6	463×463	6	1 286 452

2. 混合拓扑优化策略的有效性验证

为了验证本节所提出的 HTO 的有效性。首先,使用 FLUTE 算法构建 RSMT 的布线方案与 Prim 算法、分治法构建 RMST 的布线方案进行对比,实验结果如表 5.2 所示。由实验结果可知,两种 RMST 构建算法对实验结果都存在一定的提升,但是也存在相应的缺点。相比于 FLUTE 算法,Prim 算法和分治法在 CPU 上有明显的优势。但是就 TWL 而言,Prim 算法和分治法都付出了约 0.4% 的代价。另外,对于基准电路 newblue4,分治法在 TWO 上发生了恶化,说明其在 TWO 的优化上存在局限性。

表 5.2 不同算法构建拓扑结构的比较

Benchmark	FLUTE			Prim			分治法		
	TWO	TWL (e5)	CPU (min)	TWO	TWL (e5)	CPU (min)	TWO	TWL (e5)	CPU (min)
adaptec1	0	62.7	11.8	0	62.4	9.5	0	62.3	9.4
adaptec2	0	63.4	2.7	0	63.7	2.1	0	63.7	2.2
adaptec3	0	146.9	4.7	0	148.2	4.3	0	148.1	4.3
adaptec4	0	135.7	2.1	0	137.4	2.1	0	137.3	2.1
adaptec5	0	167.0	16.7	0	167.2	12.6	0	167.0	12.7
bigblue3	0	142.3	3.6	0	143.6	3.4	0	143.3	3.4
bigblue4	138	241.6	14.2	118	242.6	13.5	114	242.6	14.1
newblue2	0	85.2	0.7	0	86.2	0.6	0	86.1	0.6
newblue4	190	140.3	23.9	182	140.5	19.8	212	141.2	30.6
newblue5	0	246.0	15.1	0	248.2	13.1	0	247.9	13.8
newblue6	0	197.5	32.4	0	195.9	23.4	0	195.7	23.4
RATIO	**1**	**1**	**1**	0.915	1.004	0.816	1.006	1.004	0.912

为了进一步提升性能,C-GR 有效地结合了这两种 RMST 拓扑优化算法,提出了 HTO 策略。根据线网的特征,自主决定线网生成 RMST 拓扑结构的方式。

在 HTO 策略中,引导因子 λ 是确定线网拓扑生成方式的阈值参数。如果 λ 设置太小,则线网的拓扑结构生成都由分治法生成,容易造成拓扑过于分散。如果 λ 设置过大,则线网的拓扑都因 Prim 算法生成,又很容易引起拥塞。考虑到基准用例中线网的引脚数量一般较小,此处 λ 只取 2~10 的整数进行参数实验,实验结果如表 5.2 和表 5.3 所示。

表 5.3　λ 取不同值时的效果比较

λ	MWO	TWL(e5)	CPU/min
2	212	148.7	10.6
3	**184**	**148.2**	9.1
4	192	148.6	9.6
5	228	148.2	9.6
6	186	148.6	9.3
7	192	148.6	9.6
8	202	148.2	10.1
9	202	148.6	9.5
10	200	148.2	9.3

从图 5.10 的趋势中可以发现,随着引导因子 λ 的变化,最大溢出数(MWO)、TWL 和 CPU 也发生相应的变化。由此可知,引导因子 λ 的取值对实验结果影响巨大。从表 5.3 的数据中也可以看出,当引导因子 $\lambda=5$ 时,MWO 的结果最差。另外,$\lambda=2$ 时,C-GR 的运行效率最差。当 $\lambda=3$ 时,实验得到的 TWL、MWO 和 CPU 三者都是最优的,故最终引导因子 λ 取 3。

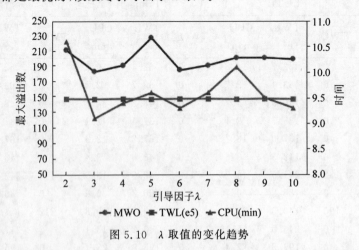

图 5.10　λ 取值的变化趋势

表 5.4 给出了使用 HTO 与使用 FLUTE 算法构建 RSMT 的实验数据对比。分析实验结果可知,对于 TWO 而言,所提出的 HTO 策略比 FLUTE 算法优化了

约 23.4%。对于每个基准电路，HTO 策略的运行效率明显比 FLUTE 高。这是因为 HTO 策略构建的线网拓扑结构质量高，初始布线方案的溢出数少，使得后续拆线重布执行迷宫布线算法的次数变少，节约了大量的时间。但是，由于 RSMT 布线结构在线长的优势，所提策略在 TWL 上出现了约 0.1% 的恶化。总体上看，所提出的 HTO 策略能有效地解决 RSMT 构建拓扑存在的拥塞过于集中的问题，并在一定程度上缩短布线算法的运行时间。

表 5.4　混合拓扑优化策略的优化效果

Benchmark	FLUTE			HTO		
	TWO	TWL(e5)	CPU/min	TWO	TWL(e5)	CPU/min
adaptec1	0	62.7	11.8	0	62.3	9.5
adaptec2	0	63.4	2.7	0	63.7	2.2
adaptec3	0	146.9	4.7	0	148.1	4.3
adaptec4	0	135.7	2.1	0	137.3	2.2
adaptec5	0	167.0	16.7	0	167.0	12.8
bigblue3	0	142.3	3.6	0	143.3	3.4
bigblue4	138	241.6	14.2	100	242.5	14.0
newblue2	0	85.2	0.7	0	86.1	0.6
newblue4	190	140.3	23.9	184	140.7	18.6
newblue5	0	246.0	15.1	0	248.0	13.2
newblue6	0	197.5	32.4	0	190.9	19.4
RATIO	1	1	1	0.866	1.001	0.783

3. 基于拥塞松弛的启发式搜索算法的有效性验证

为了验证本节所提出的 CRHS 的有效性，将该算法与 AMMMR 进行了实验对比，实验结果如表 5.5 所示。从表 5.5 的实验数据可以看出，CRHS 比 AMMMR 在 TWL 上优化约 1.3%。这是因为所提出的 CRHS 能够在拆线重布的迭代过程中同时考虑布线图拥塞程度和线长因素的影响，从而避免了线长在拆线重布阶段过多的增加。但是，由于前期没有构建一个优质的拓扑结构，而且后期限制了线长的增加，使得拆线重布的次数增加，最终导致了 CPU 的恶化。由此可见，该算法需要搭配一个优质的初始布线方案。

表 5.5　基于拥塞松弛的启发式搜索算法的优化效果

Benchmark	AMMMR			CRHS		
	TWO	TWL(e5)	CPU/min	TWO	TWL(e5)	CPU/min
adaptec1	0	62.7	11.8	0	61.8	12.6
adaptec2	0	63.4	2.7	0	62.5	2.8
adaptec3	0	146.9	4.7	0	144.8	5.1
adaptec4	0	135.7	2.1	0	133.8	2.4

续表

Benchmark	AMMMR			CRHS		
	TWO	TWL(e5)	CPU/min	TWO	TWL(e5)	CPU/min
adaptec5	0	167.0	16.7	0	164.7	17.2
bigblue3	0	142.3	3.6	0	140.3	3.9
bigblue4	138	241.6	14.2	110	238.2	20.1
newblue2	0	85.2	0.7	0	84.0	0.6
newblue4	190	140.3	23.9	208	140.1	19.7
newblue5	0	246.0	15.1	0	242.6	16.1
newblue6	0	197.5	32.4	0	194.7	40.0
RATIO	**1**	**1**	**1**	**0.970**	**0.987**	**1.099**

4. 与其他总体布线算法的对比

为了验证本节算法 C-GR 的有效性,与文献[45]提出的总体布线算法进行对比,实验结果如表 5.6 所示。

表 5.6   最终优化效果

Benchmark	[45]			C-GR		
	TWO	TWL(e5)	CPU/min	TWO	TWL(e5)	CPU/min
adaptec1	0	62.7	11.8	0	61.5	10.2
adaptec2	0	63.4	2.7	0	63.0	2.1
adaptec3	0	146.9	4.7	0	145.9	4.6
adaptec4	0	135.7	2.1	0	135.4	2.1
adaptec5	0	167.0	16.7	0	164.5	13.8
bigblue3	0	142.3	3.6	0	141.3	3.5
bigblue4	138	241.6	14.2	96	239.5	18.7
newblue2	0	85.2	0.7	0	85.0	0.6
newblue4	190	140.3	23.9	186	140.1	20.9
newblue5	0	246.0	15.1	0	244.3	13.4
newblue6	0	197.5	32.4	0	188.1	20.5
RATIO	**1**	**1**	**1**	**0.837**	**0.988**	**0.863**

从表 5.6 可以看出,相较于文献[45]中的总体布线算法,本节算法 C-GR 在 TWO、TWL 和 CPU 方面分别取得了约 16.3%、1.2% 和 13.7% 的优化效果。最重要的是,从表 5.6 中的数据可以看出,对于每个基准电路,C-GR 在 TWL 都取得了一定的优化。

可见,C-GR 所提出的混合拓扑优化策略通过减少初始布线拓扑结构中节点的数量,并合理分散初始拓扑结构中边的分布位置,实现了降低电路中初始布线方案拥塞的目的,从而减小 TWO。另外,该策略还能进一步减少后续拆线重布的迭代次数,缩短了整体流程的 CPU。除此之外,C-GR 设计了一种基于区间划分的拥塞区域识别方法能快速且有效地标记溢出线网,得到一个优质的拆线重布顺序。基于该方法,C-GR 所提出的基于拥塞松弛的启发式搜索算法能够在迭代拆线重布过程中,不仅考虑当前线网对当前区域内布线图拥塞程度的影响,而且还结合线长因素的影响,最终有效减少 TWL。

综上所述,本节算法 C-GR 不仅能有效识别和解决电路的拥塞,还能对 VLSI 总体布线的拥塞预测以及布局的优化带来帮助。

5.3.5　小结

本节针对拥塞估计以及可布线性判断问题,提出了一种高效的拥塞驱动总体布线算法(C-GR)。首先,引入了一种混合拓扑优化策略,可根据线网的特征,构建多种不同的拓扑结构的 RSMT,从而能够有效降低布线区域的拥塞程度,得到一个高质量的初始布线方案。然后,设计了一种基于区间划分的拥塞区域识别方式,能快速且准确地识别出拥塞区域,从而为后续拆线重布得到一个优质的重布顺序。最后,构建了一种基于拥塞松弛的启发式搜索算法,以有效地平衡拥塞程度和线长对布线结果的影响。实验结果表明,本节所提出的 C-GR 算法能对 TWO、TWL 以及 CPU 这 3 个重要的评价指标均取得有效的优化。

5.4　本章总结

总体布线作为物理设计中重要的设计阶段,上承详细布局,下启详细布线。本章提出了一个新颖的总体布线框架,主要的研究内容及创新之处如下。

为了提高拥塞估计的准确性和布局的可布线性,本章针对总体布线下拥塞估计和可布线性提高问题,以溢出、时间以及线长为目标,提出了一种拥塞驱动的总体布线算法 C-GR。C-GR 由 3 个阶段组成,分别为初始阶段、主阶段和层分配阶段。第一阶段,C-GR 使用一种混合拓扑优化策略来构建线网拓扑结构,力求得到一个较好的初始布线方案。第二阶段,C-GR 设计了一种基于区间划分的拥塞区域识别方法,并采用一种基于拥塞松弛的启发式搜索算法,实现线网的拆线重布。第三阶段,C-GR 使用一种最小化通孔的算法得到最终的 3D 总体布线方案。实验数据表明,所提出的算法 C-GR 能快速地识别拥塞区域,拥有较强的拥塞解决能力。

参考文献

［1］　朱晶. 我国集成电路产业高端化突破面临的问题研究及有关建议［J］. 中国集成电路,
2020,29(Z3): 14-19.

［2］　于燮康. 我国集成电路产业面临的问题、挑战和发展途径［J］. 集成电路应用,2016,33(4):

4-5.

[3] Lavagno L, Markov I L, Martin G, et al. *Electronic Design Automation for IC Implementation, Circuit Design, and Process Technology*[M]. Boca Raton: CRC Press, 2016.

[4] Kahng A B, Lienig J, Markov I L, et al. *VLSI Physical Design: From Graph Partitioning to Timing Closure*[M]. Berlin: Springer Netherlands, 2011.

[5] 徐宁, 洪先龙. 超大规模集成电路物理设计理论与方法[M]. 北京: 清华大学出版社, 2009.

[6] Wolf W. *Modern VLSI Design: IP-Based Design*[M]. Boston: Pearson Education Press, 2009

[7] Tang H, Liu G G, Chen X H, et al. A survey on steiner tree construction and global routing for VLSI design[J]. *IEEE Access*, 2020, 8: 68593-68622.

[8] Chen X H, Liu G G, Xiong N X, et al. A survey of swarm intelligence techniques in VLSI routing problems[J]. *IEEE Access*, 2020, 8: 26266-26292.

[9] Nam G J, Yildiz M, Pan D Z, et al. ISPD placement contest updates and ISPD 2007 global routing contest[C]//Proceedings of the International Symposium on Physical Design. 2007: 167-167.

[10] Nam G J, Sze C, Yildiz M. The ISPD global routing benchmark suite[C]//Proceedings of the International Symposium on Physical Design. 2008: 156-159.

[11] Dolgov S, Volkov A, Wang L T, et al. 2019 CAD Contest: LEF/DEF based global routing [C]//Proceedings of the IEEE/ACM International Conference on Computer-Aided Design. 2019: 1-4.

[12] Cheng Y H, Yu T C, Fang S Y. Obstacle-avoiding length-matching bus routing considering nonuniform track resources[J]. *IEEE Transactions on Very Large Scale Integration Systems*, 2020, 28(8): 1881-1892.

[13] Pan M, Chu C. FastRoute: a step to integrate global routing into placement[C]// Proceedings of the IEEE/ACM International Conference on Computer Aided Design. 2006: 464-471.

[14] Pan M, Chu C. FastRoute 2.0: a high-quality and efficient global router[C]//Proceedings of the Asia and South Pacific Design Automation Conference. 2007: 250-255.

[15] Zhang Y H, Xu Y, Chu C. FastRoute 3.0: a fast and high quality global router based on virtual capacity[C]//Proceedings of the IEEE/ACM International Conference on Computer-Aided Design. 2008: 344-349.

[16] Xu Y, Zhang Y H, Chu C. FastRoute 4.0: global router with efficient via minimization [C]//Proceedings of the Asia and South Pacific Design Automation Conference. 2009: 576-581.

[17] Cao Z, Jing T T, Xiong J J, et al. Fashion: a fast and accurate solution to global routing problem[J]. *IEEE Transactions on Computer-Aided Design of Integrated Circuits and Systems*, 2008, 27(4): 726-737.

[18] Chen H Y, Hsu C H, Chang Y W. High-performance global routing with fast overflow reduction[C]//Proceedings of the Asia and South Pacific Design Automation Conference. 2009: 582-587.

[19] Gao J R, Wu P C, Wang T C. A new global router for modern designs[C]//Proceedings of the Asia and South Pacific Design Automation Conference. 2008: 232-237.

[20] Chang Y J,Lee Y T,Gao J R,et al. NTHU-Route 2.0：a robust global router for modern design[J]. *IEEE Transactions on Computer-Aided Design of Integrated Circuits and Systems*,2010,29(12)：1931-1944.

[21] Lee Y T,Chang Y J,Wang T C. A temperature-aware global router[C]//Proceedings of the International Symposium on VLSI Design,Automation and Test. 2010：279-282.

[22] Dai K R,Liu W H,Li Y L. NCTU-GR：efficient simulated evolution-based rerouting and congestion-relaxed layer assignment on 3-D global routing[J]. *IEEE Transactions on Very Large Scale Integration Systems*,2012,20(3)：459-472.

[23] Liu W H,Kao W C,Li Y L,et al. NCTU-GR 2.0：multithreaded collision-aware global routing with bounded-length maze routing[J]. *IEEE Transactions on Computer-Aided Design of Integrated Circuits and Systems*,2013,32(5)：709-722.

[24] Cho M,Lu K,Yuan K,et al. BoxRouter 2.0：a hybrid and robust global router with layer assignment for routability[J]. *ACM Transactions on Design Automation of Electronic Systems*,2009,14(2)：1-21.

[25] 朱自然,陈建利,朱文兴.基于多阶段拆线重布的总体布线算法[J].计算机辅助设计与图形学学报,2016,28(11)：2000-2008.

[26] Liu J W,Pui C W,Wang F Z,et al. CUGR：detailed-routability-driven 3D global routing with probabilistic resource model[C]//Proceedings of the IEEE/ACM Design Automation Conference. 2020：1-6.

[27] Naclerio N J,Masude S,Nakajima K. The via minimization problem is NP-complete[J]. *IEEE Transactions on Computers Society*,1989,38(11)：1604-1608.

[28] Lee T H,Wang T C. Congestion-constrained layer assignment for via minimization in global routing[J]. *IEEE Transactions on Computer-Aided Design of Integrated Circuits and Systems*,2008,27(9)：1643-1656.

[29] Liu W H,Li Y L. Negotiation-based layer assignment for via count and via overflow minimization[C]//Proceedings of the Asia and South Pacific Design Automation Conference. 2011：539-544.

[30] Shi D H,Tashjian E,Davoodi A. Dynamic planning of local congestion from varying-size vias for global routing layer assignment[C]//Proceedings of the Asia and South Pacific Design Automation Conference. 2016：372-377.

[31] Shi D H,Tashjian E,Davoodi A. Dynamic planning of local congestion from varying-size vias for global routing layer assignment[J]. *IEEE Transactions on Computer-Aided Design of Integrated Circuits and Systems*,2017,36(8)：1301-1312.

[32] Ao J C,Dong S Q,Chen S,et al. Delay-driven layer assignment in global routing under multi-tier interconnect structure[C]//Proceedings of the International Symposium on Physical Design. 2013：101-107.

[33] Liu D R,Yu B,Chowdhury S,et al. TILA-S：timing-driven incremental layer assignment avoiding slew violations [J]. *IEEE Transactions on Computer-Aided Design of Integrated Circuits and Systems*,2018,37(1)：231-244.

[34] Han S Y,Liu W H,Ewetz R,et al. Delay-driven layer assignment for advanced technology nodes[C]//Proceedings of the Asia and South Pacific Design Automation Conference. 2017：456-462.

[35] Zhang X H, Zhuang Z, Liu G G, et al. MiniDelay: multi-strategy timing-aware layer assignment for advanced technology nodes[C]//Proceedings of the Design, Automation & Test in Europe Conference & Exhibition. 2020: 586-591.

[36] Wu T H, Davoodi A, Linderoth J T. GRIP: scalable 3D global routing using integer programming[C]//Proceedings of the Annual Design Automation Conference. 2009: 320-325.

[37] Xu Y, Chu C. MGR: multi-level global router[C]//Proceedings of the IEEE/ACM International Conference on Computer-Aided Design. 2011: 250-255.

[38] Pasricha S, Dutt N D, Bozorgzadeh E, et al. FABSYN: floorplan-aware bus architecture synthesis[J]. IEEE Transaction on Very Large Scale Integration Systems, 2006, 14(3): 241-253.

[39] He O, Dong S Q, Bian J N, et al. Bus via reduction based on floorplan revising[C]// Proceedings of the ACM Great Lakes Symposium on VLSI. 2010: 9-14.

[40] Wu P H, Ho T Y. Bus-driven floorplanning with bus pin assignment and deviation minimization[J]. Transactions on Integration the VLSI Journal, 2012, 45(4): 405-426.

[41] Ozdal M M, Wong M D F. A length-matching routing algorithm for high performance printed circuit boards[J]. IEEE Transactions on Computer-Aided Design of Integrated Circuits and Systems, 2006, 25(12): 2784-2794.

[42] Mo F, Brayton R K. A semi-detailed bus routing algorithm with variation reduction[C]// Proceedings of the International Symposium on Physical Design. 2007: 143-150.

[43] Yan T, Wong M D F. BSG-Route: a length-constrained routing scheme for general planar topology[J]. IEEE Transactions on Computer-Aided Design of Integrated Circuits and Systems, 2009, 28(11): 1679-1690.

[44] Zhang R, Pan T Y, Zhu L, et al. A length matching routing method for disordered pins in PCB design[C]//Proceedings of the Asia and South Pacific Design Automation Conference, 2015: 402-407.

[45] Liao P X, Wang T C. A bus-aware global router[C]//Proceedings of Synthesis and System Integration of Mixed Information Technologies. 2018: 20-25.

[46] Hsu C H, Hung S C, Chen H, et al. A DAG-based algorithm for obstacle-aware topology-matching on-track bus routing[C]//Proceedings of the ACM/IEEE Design Automation Conference. 2019: 1-6.

[47] Chen J S, Liu J W, Chen G J, et al. MARCH: maze routing under a concurrent and hierarchical scheme for buses[C]//Proceedings of the ACM/IEEE Design Automation Conference. 2019: 1-6.

[48] Kim D, Do S, Lee S Y, et al. Compact topology-aware bus routing for design regularity[J]. IEEE Transactions on Computer-Aided Design of Integrated Circuits and Systems. 2020, 39(8): 1744-1749.

[49] Kastner R, Bozorgzadeh E, Sarrafzadeh M. Pattern routing: use and theory for increasing predictability and avoiding coupling[J]. IEEE Transactions on Computer-Aided Design of Integrated Circuits and System, 2002, 21(7): 777-790.

[50] Liu W H, Li Y L, Koh C K. A fast maze-free routing congestion estimator with hybrid unilateral monotonic routing[C]//Proceedings of IEEE/ACM International Conference on Computer-Aided Design. 2012: 713-719.

[51] 青鸿阅. 基于并行 A～ * 算法的 VLSI 线网布线研究[D]. 黑龙江：哈尔滨工业大学,2016.

[52] Chu C, Wong Y. FLUTE：fast lookup table based rectilinear steiner minimal tree algorithm for VLSI design[J]. *IEEE Transactions on Computer-Aided Design of Integrated Circuits and System*,2008,27(1)：70-83.

[53] Lou J, Thakur S, Krishnamoorthy S, et al. Estimating routing congestion using probabilistic analysis[J]. *IEEE Transactions on Computer-Aided Design of Integrated Circuits and Systems*,2002,21(1)：32-41.

[54] Westra J,Bartels C,Groeneveld P. Probabilistic congestion prediction[C]//Proceedings of the International Symposium on Physical Design. 2004：204-209.

[55] 孟畅,蔡懿慈. 基于数据场的总体布线拥挤度计算模型[J]. 微电子学,2013,43(2)：296-300.

[56] Liu W H,Wei Y G,Sze C,et al. Routing congestion estimation with real design constraints[C]//Proceedings of ACM/EDAC/IEEE Design Automation Conference. 2013：1-8.

[57] Zhou Z H, Chahal S, Ho T Y, et al. Supervised-learning congestion predictor for routability-driven global routing[C]//Proceedings of the International Symposium on VLSI Design,Automation and Test. 2019：1-4.

第 6 章

直角结构 VLSI 层分配算法

6.1 引言

　　超大规模集成电路(Very Large Scale Integration,VLSI)是支撑信息技术发展的核心,其发展对促进科技创新、加快经济增长和推动社会进步有深远的影响,故长期受到诸多国家和领域的广泛关注。随着超大规模集成电路的制程水平在纳米级持续推进,线网数量急剧上升,布线密度显著提高,进而导致时延(Delay)大幅度增长。时延作为衡量超大规模集成电路时序特性的关键标准之一,其大小对集成电路的性能有非常重要的影响。并且,由于当下的超大规模集成路设计流程更加复杂,各部分之间紧密交互,为了给后续阶段提供更优质的方案和更准确的引导,有必要在电路物理设计阶段生成布线结果的同时有效地对时延进行评估和优化。作为物理设计中的关键环节,层分配(Layer Assignment)所给出的布线方案对集成电路的时序特性有决定性影响。因此,构建高效的时延驱动层分配算法,并将先进制程技术引入层分配过程,对降低线网时延进而改善集成电路时序特性有重要意义。

　　近年来,随着制程工艺的进步,超大规模集成电路技术快速发展,时延显著增大,这对集成电路的时序特性造成了严重的负面影响。物理设计中的层分配在调整时延方面发挥着重要作用。具体地说,在多层布线结构中,线网包含导线(Wire)和通孔(Via)两种连接介质,故线网时延主要由导线时延和通孔时延组成。而在先进制程中,位于不同布线层的默认规则线(Default-Rule Wire)的导线宽度不一致,这导致位于不同层的导线电阻有差异,并且连接不同层的通孔电阻也有差异。由于时延的计算取决于电阻和电容两个电学特征,所以电阻的变化将直接引起时延的变化。层分配将给定二维(Two Dimension,2D)布线方案中的每个线网的每个导线段分配到三维(Three Dimension,3D)布线区域中合适的布线层并产生通孔,因此层分配结果决定了线网中各导线所在的层和各通孔的位置,进而对时延产生影响。

随着集成电路规模持续扩大,时延日益成为影响电路性能的重要因素。为了给出高质量电路物理设计方案,非默认规则线(Non-Default-Rule Wire)这一先进制程技术引起了各界的广泛关注。非默认规则线有宽线(Wide Wire)和并行线(Parallel Wire)两种实现形式。图 6.1 给出了一个说明示例。在图 6.1 中,垂直矩形表示引脚,水平矩形表示连接引脚的导线,虚线表示布线轨道。图 6.1(b)、图 6.1(c)和图 6.1(d)分别展示了使用默认规则线、宽线和并行线连接引脚的情况。由图 6.1 可知,与默认规则线相比,非默认规则线通过增大导线宽度降低导线电阻,进而优化导线时延。

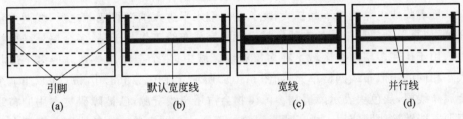

| 引脚 | 默认宽度线 | 宽线 | 并行线 |
| (a) | (b) | (c) | (d) |

图 6.1   导线类型示例

此外,通孔柱(Via Pillar)作为优化通孔时延的关键先进制程技术,在工业界高性能电路设计中发挥着不可忽视的作用。图 6.2 给出了一个包含通孔柱和常规通孔的结构实例。在图 6.2 中,垂直立方体表示常规通

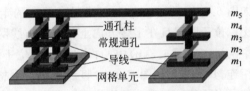

图 6.2   通孔柱和常规通孔结构示例

孔,水平立方体和浅色立方体分别表示位于奇偶层的导线,最底部立方体表示布线网格单元(Grid Cell,G-Cell)。m_j 表示第 j 个金属布线层。由图 6.2 可知,左侧的通孔柱结构以并联常规通孔的方式降低通孔电阻,进而降低通孔时延。然而,无论是非默认规则线的应用,还是通孔柱的应用,通常都需要消耗更多的布线资源。因此,研究如何在布线资源有限的情况下合理有效地使用这两种技术以充分优化电路的时序特性具有重要的实际意义和理论价值。

另外,在总体布线中通孔尺寸经常被忽略。而实际上通孔是具有几何特征的导体介质,故会占用布线资源。忽略通孔尺寸(Via Size)是一种理想化假设,与实际生产设计不相符合,同时也增大了总体布线和详细布线的不匹配程度。因此,作为总体布线和详细布线的中间过程,层分配不应忽略通孔尺寸这一因素。在先进制程背景下,计算通孔尺寸需要充分考虑不同布线层导线宽度的差异。此外,在引入非默认规则线和通孔柱两种先进制程技术之后,还需要进一步考虑导线类型和通孔类型对通孔尺寸的影响。在此基础上,进一步评估通孔对布线资源的消耗情况,这有利于在层分配过程中改善方案的可布线性(Routability),为详细布线提供更好的引导基础。

6.2 问题描述

6.2.1 先进制程下的时延驱动层分配问题

层分配是总体布线和详细布线的中间阶段,在整个物理设计的布线流程中起到承上启下的关键作用。具体地说,层分配算法基于 2D 总体布线结果,将每个线网的每个导线段分配到合适的布线层,生成层分配结果即 3D 总体布线结果。该结果进一步作为后续阶段的基础,为详细布线提供具体引导。

随着集成电路规模不断扩大,尤其是制程水平进入纳米级范畴之后,线网数量激增,依靠单金属层结构的布线区域已无法完成布线工作。于是,多金属层结构被引入用于构建多层布线区域。在多层布线区域中,每个金属层被划分成多个形状大小相同的矩形布线网格单元,如图 6.3(a)所示。在图 6.3(a)中,m_j 表示第 j 个金属布线层,灰色块表示障碍物。障碍物会占用布线资源,已被障碍物占用的布线资源不能够被线网使用。由于所有引脚位于同一个网格单元中的线网不需要在总体布线过程中做具体处理,因此在总体布线中每个布线网格单元被抽象成一个点,如图 6.3(b)所示。每个布线层有特定的走线方向,且相邻布线层的走线方向正交。位于同层且在走线方向上相邻的布线网格单元由网格边(Grid Edge)相连,其中网格边如图 6.3(b)中的横线所示。位于不同层且相邻的布线网格单元由通孔相连,其中通孔如图 6.3(b)竖线所示。网格边中包含多条布线轨道,每个布线轨道可以承载一条默认规则线。一条网格边中包含的布线轨道数量称为该网格边的容量。一个布线层的默认规则线的宽度称为该层的默认线宽。在先进制程中,由于上层的默认线宽大于下层的默认线宽,因此对于大小相同的布线网格单元,上层的布线轨道数量小于下层的布线轨道数量。

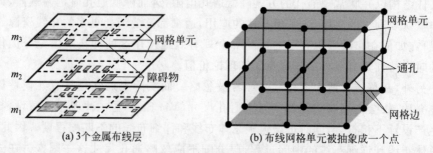

(a) 3 个金属布线层　　　　　(b) 布线网格单元被抽象成一个点

图 6.3　多层布线区域图

层分配是根据 2D 总体布线结果,在多层布线区域中将每条导线分配到合适的布线层,并通过通孔完成位于不同层的相邻布线网格单元的连接,最终生成 3D 布线结果的过程。图 6.4 给出了层分配过程示意图。2D 布线结果中有 n_1 和 n_2 两个线网的布线方案,3D 布线区域中 m_j 表示第 j 个金属布线层。通过层分配,n_1

和 n_2 的每条导线被分配到合适的布线层,并且使用通孔连接同一线网中位于不同层的导线。

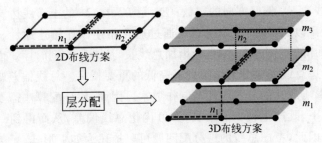

图 6.4 层分配过程示意图

因此,层分配问题可被表述如下。在 3D 布线区域中,假设网格单元集合由 V_k 表示,网格边集合由 E_k 表示,k 层结构布线区域由 $G_k(V_k, E_k)$ 表示。G_k、V_k 和 E_k 的水平投影分别由 G、V 和 E 表示,则 $G_k(V_k, E_k)$ 的 2D 模型可表示为 $G(V, E)$。设 S 表示 G 上的 2D 总体布线方案,S_k 表示 G_k 上的 3D 总体布线方案。层分配的任务是将 S 的每个导线段分配给 G_k 的相应网格边,并用通孔进一步完成线网内部的连接以获得 S_k。

由于电阻的大小与导体的横截面积呈负相关,因此上层较大的默认线宽对应较低的导线电阻。并且,时延的计算取决于导体电阻和电容的乘积,电阻越小,时延越低。所以,在层分配过程中,充分利用上层的布线资源有利于降低时延。而在超大规模集成电路中,需要处理的线网数量大,上层的布线资源有限,把每个线网的每个导线段都分配到上层会超过上层的导线承载能力,严重损害层分配方案的可布线性。因此,如何合理地利用上层布线资源以尽可能地降低时延是时延驱动层分配的关键问题。

6.2.2 考虑总线的偏差驱动层分配问题

层分配的主要任务是将 2D 总体布线方案的每条边分配到合适的金属层上,以获得最终的 3D 总体布线方案。因此,假设 $G^z = (V^z, E^z)$ 的 2D 模型以 $G^1 = (V^1, E^1)$ 表示,其中,节点 $v^1 \in V^1$ 代表 2D 平面上的布线网格单元,$e^1 \in E^1$ 代表 2D 平面上相邻布线网格单元对 (v_i^1, v_j^1) 的连接边。假设 S^1 代表线网 N 在 G^1 上的 2D 总体布线方案,假设 S^z 表示 N 在 G^z 上的 3D 总体布线方案。为了确保层分配结果的合法性和可布线性,S^z 的所有布线边必须满足拥塞约束条件。随着制造工艺等级的提升,布线层出现奇数层的情况。根据文献[28]提出的拥塞约束计算方式,它将最大溢出平均地分配到各层上,由于未考虑偏好方向层数不同的情况,因此它无法得到正确结果。因此,D-LA 对其进行了重新构建。新的拥塞约束条件如下:

$$\text{TWO}(E^z) = \text{TWO}(E^1) \tag{6.1}$$

$$\text{MWO}(E^z) = \left\lceil \frac{\text{MWO}(E^1)}{t} \right\rceil \qquad (6.2)$$

式中：t 是布线边 E^z 偏好方向的层数；E^1 是 E^z 在 G^1 的上布线边。

　　进行层分配以后，不同金属层之间通过通孔相连以保持连通性。通孔的存在不仅会影响芯片的制作成本，而且会增加总线长，从而影响到时序。而线长和总线偏差是衡量考虑总线的层分配结果质量高低的重要指标。总线偏差影响芯片的性能，而线长则影响芯片的可布线性与制作成本。因此，层分配算法需要在满足各种约束条件前提下，既产生较少的线长，亦可优化总线偏差，从而得到一个高质量的层分配结果。因此，考虑总线的层分配问题可以描述为如下形式。

　　给定 3D 总体布线图 $G^z = (V^z, E^z)$，2D 布线网格图 $G^1 = (V^1, E^1)$，每条边 $e^k \in E^k$ 的通道容量 $c(e^z)$，一个非总线线网集合 $\text{NB} = \{\text{NB}^1, \text{NB}^2, \cdots, \text{NB}^m\}$ 和一个总线集合 $B = \{B^1, B^2, \cdots, B^n\}$。其中，对于每个非总线线网 $\text{NB}^j \in \text{NB}, 1 \leqslant j \leqslant m$，给定其在 $G^1 = (V^1, E^1)$ 上的 2D 布线结果 $S^1(\text{NB}^j)$。对于每个总线 $B^i \in B, 1 \leqslant i \leqslant n$，给定其信号的数量 q 以及在 $G^1 = (V^1, E^1)$ 上的 2D 布线结果 $S^1(B^i)$。而每个信号位可被看成一个单独的总线线网，即 $B^i = \{\text{BN}_1^i, \text{BN}_2^i, \cdots, \text{BN}_q^i\}$ 和 $S^1(B^i) = \{S^1(\text{BN}_1^i), S^1(\text{BN}_2^i), \cdots, S^1(\text{BN}_q^i)\}$。根据线网 N 在 $G^1 = (V^1, E^1)$ 上的 S^1，在保证其 2D 拓扑结果不变的前提下，将 S^1 的每条边分配给 $G^z = (V^z, E^z)$ 的相应层上，得到最终的 3D 的布线结果 S^z。S^z 需要在满足边拥塞约束条件下，最小化总的总线偏差（TBD）和总的线长（TWL）。TBD 和 TWL 的计算方式分别如 6.6 节中的式（6.25）和 6.5 节中的式（6.22）所示。

6.3　国内外研究现状及发展动态分析

　　物理设计中的布线问题多年来一直是超大规模集成电路领域的研究热点。以边界扩张为基础，文献[9]提出的算法是一种点对点布线路径的搜索算法。文献[10]和文献[11]提出的高效的布线算法是将粒子群优化算法与传统布线方法相结合。文献[12]提出的方法以布局布线过程中电源、时钟、总线和信号线为研究点，对相关设计方法进行讨论和探究。物理设计布线逐渐形成包括总体布线和详细布线的组合流程。总体布线注重效率，要求在较短的时间内给出一个总体引导方案。在过去几十年里，学术界涌现了一些研究总体布线的布线器，例如 NCTU-GR 2.0、NTHU-Route 2.0、BonnRoute、FGR、FastRoute 4.0、BoxRouter 2.0、Archer、GRIP、CUGR 和 FuzzRoute。由于受到时间的限制，部分因素在总体布线中没有被仔细考虑。详细布线以总体布线的结果为基础，详细考虑在总体布线中被忽略的因素，给出更加具体的布线结果。因此，详细布线具有较高的复杂度。近年来已有学者针对详细布线展开研究。文献[20-23]提出的算法以设计规则优化为目标，文献[20-22]提出的算法基于迷宫布线算法设计详细布线流程，文献[23]

提出的算法基于整数线性规划方法设计详细布线流程。文献[24]的详细布线算法以轨道分配为基础优化设计规则约束。文献[25]以 A* 算法为基础提出了一种有效的详细布线设计方案。文献[26]提出的算法致力于优化详细布线中的信号串扰,从而给出更高质量的详细布线方案。由于总体布线和详细布线之间存在着许多不匹配之处,因此作为总体布线的收尾阶段,层分配算法设计引起了各界的广泛关注。近些年,已有许多工作围绕层分配问题展开研究,致力于提高层分配方案的质量,进而使总体布线更好地向详细布线过渡。

在层分配中,网格边溢出最小化和通孔数最小化是常见的优化目标,文献[27]和文献[28]提出的一种基于拥塞松弛的动态规划层分配算法,用来研究高性能拥塞驱动的 3D 总体布线,采用层移动策略,进行拆线和重新分配,以进一步减少通孔数。文献[29]提出的总体布线的动态通孔容量拥塞评估方法,考虑了通孔容量和局部线网对布线区域造成的影响。文献[31]提出的方法考虑了通孔对布线资源的占用情况,将协商思想应用于解决层分配过程中通孔数最小化和通孔溢出最小化问题。文献[32]提出的一种在层分配过程中用于感知大小变化的通孔对布线区域拥塞情况的影响的模型,致力于降低总体布线和详细布线的不匹配程度。

随着超大规模集成电路技术的快速发展,时延严重限制了集成电路的性能。层分配作为物理设计中的一个重要组成部分,在大幅度降低时延方面具有巨大的潜力。文献[34]和文献[35]中的研究表明了时序驱动的最小代价层分配问题是NP 完全问题。文献[36]和文献[37]的工作是研究了多层总体布线中时延驱动层分配问题,并在时延模型中考虑了导线和通孔的电阻和电容。文献[38]提出了一种求解时序驱动层分配问题的算法,给出了寻找最优线网时延的方法,并提出了基于拉格朗日松弛方法的迭代优化算法。文献[39]提出了一种拥塞驱动的物理综合流程,将适当的约束应用到布线器上。文献[40]提出的布线算法在层分配过程中考虑了时序关键路径。文献[41]的工作是利用拉格朗日松弛方法将时序驱动的增量层分配与时序引擎分离,其中流量守恒条件的应用是关闭时序引擎的关键。文献[42]和文献[43]的工作致力于在层分配阶段优化关键路径的时序特性,提出了求解该问题的整数线性规划方法,进而给出了自适应四重划分算法来提高求解效率。上述文献[33-43]的工作均没有将非默认规则线技术用于时延优化,而文献[44]的工作弥补了这一空白,并且在时延驱动层分配工作中考虑了耦合效应,提高了时延计算的准确性。此外,缓冲器插入技术也是层分配问题的研究内容之一,文献[34]的工作利用了缓冲插入技术优化电路的时序特性。天线违规最小化是层分配问题中的另一目标,文献[47]和文献[48]的工作在消除天线违规方面提供了有效的解决方法。

综上所述,近些年有许多工作围绕层分配下的时延优化开展研究。但在关注时延优化的同时,通孔尺寸往往被忽略,这会导致总体布线和详细布线的不匹配程度增大。另一方面,虽然文献[44]的工作将非默认规则线引入纳米级物理设计过程,但所提出算法的性能仍有可提高的空间。并且,尚未有在布线阶段应用通孔柱技术优化布线方案的时序特性的研究。同时,因为线网借助导线和通孔完成引脚连接,所以导线时延和通孔时延是线网时延的主要组成部分。在先进制程中,非默认规则线的应用可以优化导线时延,通孔柱的应用可以优化通孔时延,若能将这两种先进制程技术合理结合,则可以构成一个相对完整的基于先进制程的线网时延优化技术体系。因此,在设计规则约束下,提出能够充分利用先进制程技术优化时延并且同时考虑通孔尺寸的算法,进而构建一个高效的层分配器,并期望它可直接应用于先进制程下的时延驱动层分配问题,具有重要的理论价值和实际意义。

6.4　基于非默认规则线的时延驱动层分配算法

6.4.1　引言

在先进制程中,不同布线层默认线宽的差异导致了不同层导线电阻的差异和连接不同层通孔电阻的差异。由于时延计算需要考虑导体电阻,因此电阻的差异会影响时延大小。层分配将 2D 总体布线结果中每个线网的每个导线段分配到各个布线层并产生通孔,因此层分配方案决定了线网中各导线段所在的布线层和通孔所在的位置,进而在很大程度上决定了线网时延的大小。并且,后续的详细布线是在层分配结果的基础上进一步细化的布线方案。因此,若在层分配过程中没有充分考虑时延优化,导致给出的层分配结果的时序特性不佳,则会大大增加后续阶段的优化负担并对最终效果产生负面影响。

因此,层分配过程中的时延优化问题引起了广泛关注。时延驱动层分配问题是 NP 完全问题,文献[36]和文献[37]的工作给出了适用于多层布线结构的时延和通孔最小化的层分配流程。文献[38]和文献[39]提出的用于探索最小线网时延的层分配算法和利用流量守恒条件关闭时序引擎的时序驱动层分配算法基于拉格朗日松弛方法。降低时序关键路径时延是优化层分配方案时序特性的有效方式,文献[42]和文献[43]的工作根据整数线性规划提出了优化时序关键路径的自适应算法,并且划分布线区域来并行开展层分配过程,最终提高算法效率。

在评估时延的过程中,需要考虑耦合效应的存在。具体地说,由于距离相近的导线会通过电磁场相互作用,进而引起导线电学特性的变化,例如导线电容的变化。因此,如果在层分配过程中忽略由耦合效应引起的导线电学特性的变化,则时延的评估结果与实际情况会存在很大偏差。在层分配的时延优化研究中,很多工作都没有考虑耦合效应。为了提高时延计算的准确性,文献[44]的工作提出了考虑耦合效应的时延主导层分配算法,但该算法所给出的层分配方案的质量尚有可优化空间。

评估线网时延的基础是获取每个导线段和通孔段的时延。在计算当前导线段或通孔段的时延过程中,需要用到当前段的下游电容。因此,在确定当前段的最小代价层分配方案时,需要考虑下游段的分配方案。于是,对于每一个线网,时延驱动的层分配过程可以分解为若干相互联系的阶段,在每一个阶段均需要做出选择,并且当前阶段的选择会受到上一个阶段的影响。可以看出,线网的时延驱动层分配问题的最优解可以通过其子问题的最优解获取,因此该问题具有最优子结构属性,故本节采用动态规划方法构建层分配算法的基础框架。为了更好地应用动态规划方法求解时延驱动层分配问题,在动态规划探索解空间的过程中考虑了耦合效应对时延计算造成的影响,以进一步提高时延评估的准确度。

　　除了充分利用上层布线资源,应用先进制程中的非默认规则线也是降低导线时延的有效方式。非默认规则线通过增大导线宽度降低导线电阻,进而优化导线时延。然而,使用非默认规则线的代价之一是消耗更多的布线资源。因此,对于进入纳米级范畴的超大规模集成电路,面对并不充裕的布线资源,需要充分考虑非默认规则线的使用范围和条件,否则会严重损害最终方案的可布线性。

　　基于以上分析,本节设计了一种基于非默认规则线的时延驱动层分配算法,用以求解层分配阶段的时延最小化问题。并且,考虑到通孔的制造成本较大,该算法在优化时延的同时也致力于降低3D布线方案的通孔数。首先,提出了一种考虑耦合效应的动态规划层分配算法以提高时延评估的准确性。其次,设计了一种融合导线段异化策略的基于协商重分配算法,用来在保障可布线性的前提下优化时序关键导线时延。再次,提出了一种非默认规则线控制策略,用来控制非默认规则线的使用范围和使用条件。最后,设计相应的仿真实验,利用实验验证所提出算法的可行性和有效性。

6.4.2　相关知识

1. 非默认规则线

　　非默认规则线是先进制程中的关键技术之一,对优化导线时延有重要意义。非默认规则线有两种类型:宽线和并行线。由于光刻制造工艺的限制,在多层布线区域的下层,非默认规则线需要以并行线的形式实现。而在多层布线区域的上层,非默认规则线以宽线的形式实现。并行线和宽线通过不同的方式扩大线宽以实现导线电阻降低,进而达到优化导线时延的目的。

　　如图6.5给出了使用非默认规则线和默认规则线分别连接两个引脚的对比示意图。图6.5中垂直矩形表示引脚,水平矩形表示导线,虚线表示布线轨道。图6.5(a)展示了使用宽线和默认规则线分别连接两个引脚的情况。与默认规则线相比,宽线的导线宽度更大,占据了额外的布线资源,在布线间距约束下导致与其相邻的两个布线轨道不能被使用。图6.5(b)展示了使用并行线和默认规则线分别连接两个引脚的情况。一组并行线以包含两条默认规则线的形式实现导线宽度增大。与默认规则线相比,非默认规则线占用更多的布线资源,但是合理应用非默认规则线能够有效降低导线时延进而提高电路的时序特性。

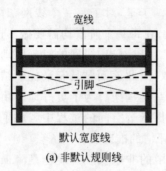 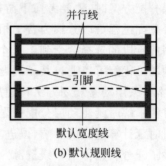

(a) 非默认规则线   (b) 默认规则线

图 6.5　使用非默认规则线与默认规则线连接引脚对比示意图

2. 导线拥塞约束

在多层布线区域中,每条连接同层走线方向上相邻布线网格单元的网格边包含布线轨道。在不考虑通孔尺寸的情况下,一条布线轨道可以被导线或障碍物所使用。当一条网格边中被占用的轨道数量大于该网格边的容量时,称该网格边发生溢出。

$$\text{overflow}(e) = \begin{cases} u(e) - c(e), & \text{若 } u(e) > c(e) \\ 0, & \text{其他} \end{cases} \tag{6.3}$$

式中,3D 网格边 e 当前的使用量由 $u(e)$ 表示,容量由 $c(e)$ 表示。

层分配是将 2D 布线方案转换为 3D 布线方案的过程,具有很强的灵活性,因此需要充分考虑该阶段所生成方案的可布线性。尤其是在引入先进制程技术之后,使用非默认规则线会占用更多的布线资源,所以引入拥塞约束对 3D 布线方案进行限制有很强的必要性。本节遵循以下拥塞约束:

$$\text{TWO}(S_k) = \text{TWO}(S) \tag{6.4}$$

$$\text{MWO}(S_k) = \lceil \text{MWO}(S) \times (2/k) \rceil \tag{6.5}$$

其中,MWO 和 TWO 分别表示全局的最大网格边溢出和总的网格边溢出。S 表示给定的 2D 布线方案,S_k 表示根据 S 在 k 层布线区域上生成的一个 3D 布线方案。式(6.4)限定 3D 布线方案总的网格边溢出等于 2D 布线方案总的网格边溢出。式(6.5)确保 2D 布线方案中溢出情况最严重的 2D 网格边所承载的导线能够被均匀地分配给 k 层布线区域中对应的 3D 网格边。式(6.5)考虑了不同布线层的不同走线方向。在本节中,没有遵循该约束的线网被称为违规线网。

3. Elmore 时延计算模型

Elmore 时延计算模型被广泛应用于线网时延的评估。一个线网包括一个信号发射器和多个信号接收器。发射器具有驱动电阻,接收器具有负载电容。线网中每个段 s 的时延 $d(s)$ 计算如下:

$$d(s) = R(s) \times (C_{\text{down}}(s) + C(s)/2) \tag{6.6}$$

式中: $R(s)$、$C(s)$ 和 $C_{\text{down}}(s)$ 分别表示 s 的电阻、电容和下游电容。

时延 $d(p)$ 是从某一接收器到发射器的路径 p 上所有段的时延之和。时延 $d(p)$ 计算如下：

$$d(p) = \sum_{s \in S} d(s) \tag{6.7}$$

式中：S 表示路径 p 上所有段的集合。

线网时延是该线网所有路径时延的加权之和。线网 n 的时延 $d(n)$ 的计算如下：

$$d(n) = \sum_{p \in P} \alpha_p \times d(p) \tag{6.8}$$

式中：P 表示线网中所有路径的集合；α_p 表示路径 p 的权重；α_p 被设置为 $|P|$ 的倒数，让线网中的每条路径具有相同的权重。其中，$|P|$ 表示集合 P 中的元素个数。

4. 耦合效应

耦合效应在广义上是指物体之间通过相互作用从而对彼此产生影响的现象。其中，相互作用可以通过热力场、引力场和电磁场等发生；产生的影响可以归结为物体自身属性和状态的变化，例如，形状变化、运动状态变化和电学特性变化等。在超大规模集成电路中，线网数量多，布线密度大，导线之间会通过电磁场相互作用从而引起自身电学特性的变化，比如导线电容的变化。由于时延计算依赖于导体的电容值，所以在时延驱动的层分配工作中不应忽略耦合效应的存在。

耦合效应的强度与导线之间的距离有关。距离越近，耦合效应强度越大。如图 6.6 所示的两个布线区域，左区域中导线 $wire_1$ 和导线 $wire_2$ 之间的距离为 $distance_{1-2}$，右区域中导线 $wire_3$ 和导线 $wire_4$ 之间的距离为 $distance_{3-4}$。因为 $distance_{1-2}$ 小于 $distance_{3-4}$，故 $wire_1$ 与 $wire_2$ 之间的耦合效应强度大于 $wire_3$ 与 $wire_4$ 之间的耦合效应强度。

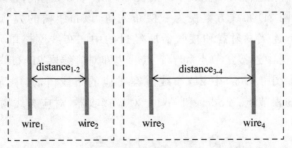

图 6.6 导线距离与耦合效应的关系示意图

耦合效应的强度还与导线密度有关。导线密度越大，耦合效应的强度越大。如图 6.7 所示的两个大小相同的布线区域，左区域的导线数量大于右区域的导线数量，即左区域的导线密度 $density_1$ 大于右区域的导线密度 $density_2$。因此左区域耦合效应的强度大于右区域耦合效应的强度。

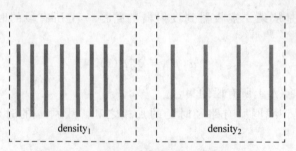

图 6.7　导线密度与耦合效应的关系示意图

6.4.3　算法设计

通过 6.4.1 节和 6.4.2 节对层分配问题性质的分析和对动态规划方法的调研,可以发现应用动态规划方法解决层分配问题是一个很好的选择,并且已有研究表明动态规划在层分配问题求解中的有效性。由于导线的耦合效应对时延计算有很大影响,故设计了一种考虑耦合效应的动态规划层分配算法,以提高层分配过程中时延评估的准确度。为了保障层分配方案的可布线性,故应用协商思想解决线网的违规问题,并在此过程中应用所提出的导线段异化策略保障时延的优化效果。由于非默认规则线在时延优化方面有巨大潜力,但会消耗更多的布线资源,因此设计一种控制策略,在应用非默认规则线优化时延的同时保障层分配方案的可布线性。

1. 考虑耦合效应的动态规划层分配算法

2D 布线方案作为层分配算法的输入,可以用树结构对其进行表示。具体地说,每个线网有多个引脚,这些引脚中包含一个信号发射器和多个信号接收器,每个接收器都需要和发射器相连才可以完成信号的传输,如图 6.8(a)所示为线网 2D 布线方案实例。可以把线网 2D 布线方案视为一棵布线树,该布线树的根节点是发射器,叶子节点是接收器,连接发射器和接收器所经过的中间布线网格单元作为布线树的中间节点。布线树中连接父节点和子节点的边即对应线网 2D 布线方案中的导线。图 6.8(b)展示了图 6.8(a)中 2D 布线方案对应的布线树,其中,$node_1$ 对应发射器,作为布线树的根节点;$node_5$ 和 $node_6$ 对应接收器,对应布线树的叶子节点。

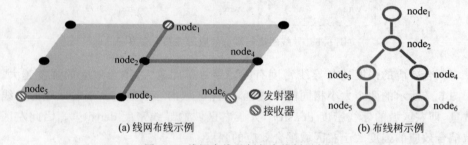

(a) 线网布线示例　　　　　　　　　　　(b) 布线树示例

图 6.8　线网布线示例与布线树示例

　　为了更好地描述所设计的动态规划层分配算法,引入部分变量辅助说明,具体定义如表 6.1 所示。

表 6.1　动态规划层分配算法涉及变量定义表

变量名称	定　　义
$n(V_n,E_n)$	一个线网 2D 布线方案对应的布线树
V_n	布线树 n 的节点集合
E_n	布线树 n 的边集合
P_n	布线树 n 对应线网的引脚集合
G_k	k 层总体布线区域
v_i	布线树的一个节点
$ch(v_i)$	节点 v_i 的子节点集合
wt	导线类型集合
e_i	连接当前节点与其父节点的边
t_j	一种导线类型
$R(v_i,L,t_j)$	当节点 v_i 使用 t_j 类型导线与其父节点相连,该导线被分配到第 L 层,以节点 v_i 为根节点的子树的层分配方案
$S(v_i)$	以节点 v_i 为根节点的子树的层分配方案的集合

　　基于动态规划的层分配算法以广度优先搜索模式探索解空间,以自底向上的方式从叶子节点到根节点将每条导线分配到一条对应的 3D 网格边。在此基础上,以自顶向下的方式从根节点到叶子节点选择代价最小的方案作为该线网最终的层分配方案。该算法的伪代码如算法 6.1 所示。

算法 6.1　基于动态规划的层分配算法
输入: $n(V_n,E_n)$, P_n, G_k
输出: 电路层分配方案
Rec(v_i, n, P_n)
1.　　**for** 每一个在 ch(v_i)中的节点 v_j **do**
2.　　　**if** v_j 没有被访问 **then**
3.　　　　Rec(v_j, n, P_n)
4.　　　**end if**
5.　　**end for**
6.　　**if** v_i 是一个根节点 **then**
7.　　　$S(v_i)$←EnumSol($v_{i,L}$, x, P_n)
8.　　　TopDownAssignment($S(v_i)$, G_k)
9.　　**else**
10.　　**for** 每一层 L **do**
11.　　　wt = Rem(e_i, L)
12.　　　**for** $j = 0$ to $|wt|-1$ **do**
13.　　　　**if** v_i 是一个叶节点 **then**
14.　　　　　R($v_{i,L}$, t_j)←LeafSol($v_{i,L}$, t_j, P_n)

```
15.        else
16.          R(v_{i,L}, t_j)←EnumSol(v_{i,L}, t_j, P_n)
17.        end if
18.        S(v_i) = S(v_i)⋃R(v_{i,L}, t_j)
19.      end for
20.    end for
21.  end if
```

基于动态规划的层分配算法中包含了 4 个主要函数。下面对这 4 个函数的主要功能进行描述。

（1）Rem()函数探索连接当前节点与其父节点的导线在不同布线层上对应的导线类型。Rem()函数首先检查 L 层的对应 3D 网格边的剩余可用轨道数量。若剩余可用轨道数量大于或等于非默认规则线所需轨道数量，则在该 3D 网格边上可以使用非默认规则线或默认规则线；若剩余可用轨道数量仅可支持默认规则线，则在该 3D 网格边上只能使用默认规则线；若无剩余可用轨道数量，则尽量避免将导线分配到该 3D 网格边上。

（2）LeafSol()函数探索可行的层分配方案，确定连接当前节点与其父节点的导线所在布线层和导线类型。

（3）EnumSol()函数探索可行的层分配方案，对于以 v_i 为根节点的子树，在考虑子树可行层分配方案的前提下，确定连接与其父节点的导线的类型和所在布线层。需要注意的是，若当前节点为根节点，则当前节点没有父节点，因此无须确定连接当前节点与其父节点的导线的类型和所在布线层。

（4）TopDownAssignment()函数基于最小代价层分配方案，以自顶向下的方式将每个线网的 2D 布线方案中的每条导线以具体的导线类型分配到 3D 布线层的相应网格边，并通过通孔连接位于不同层的导线和引脚，进而完成线网内部的连接。

基于动态规划的层分配算法的输入是各个线网的 2D 布线方案所对应的布线树、引脚信息和布线区域数据，输出是各个线网的层分配方案。该算法的核心是递归函数 Rec()。在处理一棵布线树时，对于当前访问的节点 v_i，首先检查是否该节点的子节点均被访问。在第 2 行和第 3 行，对于尚未被访问的子节点调用 Rec()函数进行访问。若当前节点的所有子节点均被访问，则判断当前节点的类型。若当前节点是根节点，则在 EnumSol()探索可行的层分配方案之后，通过 TopDownAssignment()生成该线网对应的最小代价层分配方案，如第 6～8 行所示。否则，在第 11 行通过 Rem 探索连接当前节点与其父节点的导线类型和所在布线层。对于叶子节点，在第 14 行应用 LeafSol()探索可行的层分配方案。对于中间节点，在第 16 行应用 EnumSol()探索可行的层分配方案。在第 18 行收集叶子节点或中间节点的可行层分配方案。

图 6.9 展示了基于动态规划的层分配实例。在如图 6.9(a)所示的线网中，
$node_0$ 是发射器，$node_2$ 和 $node_3$ 是接收器。在对应的布线树中，根节点 $node_0$ 是
中间节点 $node_1$ 的父节点，中间节点 $node_1$ 是叶子节点 $node_2$ 和 $node_3$ 的父节点。
图 6.9(b)展示了考虑相邻层走线方向正交的多层布线区域。在该例子中，假设在
m_1 层和 m_2 层非默认规则线的实现形式是并行线，在 m_3 层和 m_4 层非默认规则
线的实现形式是宽线。在探索层分配方案的过程中，根据算法自底向上的性质，在
处理 $node_1$ 时已完成对 $node_2$ 和 $node_3$ 的处理。假设当前导线段 s_2 和 s_3 对应的
导线已被分配到具体布线层，导线段 s_1 对应的导线正在等待分配。具体地说，由
于 3D 网格边 $e_{2,2}$ 和 $e_{2,4}$ 上的剩余可用布线轨道数量充足，s_2 对应的导线可以以
默认规则线或非默认规则线的形式被分配到 $e_{2,2}$ 或 $e_{2,4}$ 上；由于 3D 网格边 $e_{3,1}$
和 $e_{3,3}$ 上的剩余可用布线轨道数量有限，s_3 对应的导线只能以默认规则线的形式
被分配到 $e_{3,1}$ 或 $e_{3,3}$ 上。因此，s_2 对应的导线有 4 个可选的层分配方案，s_3 对应
的导线有 2 个可选的层分配方案。所以，对于以 $node_1$ 为根节点的子树，EnumSol
会给出 8 个层分配方案。图 6.9(c)～图 6.9(j)展示了当 s_1 对应的导线以宽线形
式被分配到 3D 网格边 $e_{1,3}$ 上时，所有可行的层分配方案。

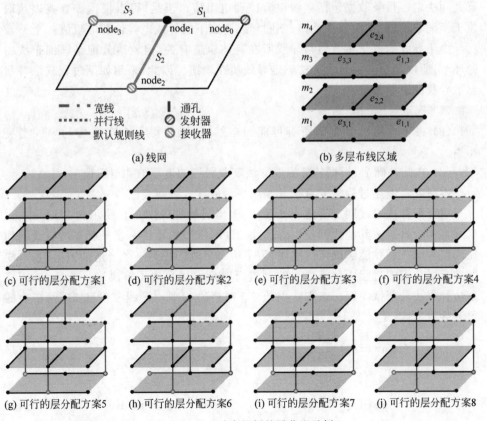

图 6.9　基于动态规划的层分配示例

基于动态规划的层分配算法的代价函数包括时延、通孔数和拥塞 3 个部分。具体表达式如下：

$$\text{cost}(n) = \alpha \times d(n) + \beta \times \text{vc}(n) + \gamma \times \sum_{s \in n} \text{cong}(s) \qquad (6.9)$$

式中，n 表示一个线网；$\text{cost}(n)$ 表示该线网层分配方案的代价；$d(n)$ 和 $\text{vc}(n)$ 分别表示 n 的时延和通孔数；s 表示 n 中的一个连接相邻网格单元的段；$\text{cong}(s)$ 表示分配 s 时产生的拥塞代价。

为了提高时延评估的准确度，算法考虑了耦合效应对导线电容造成的影响。由于距离相近的导线之间的耦合效应强度更大，故被分配到同一 3D 网格边的导线间的耦合效应强度更大。因此，引入 3D 网格边的导线密度并定义如下：

$$\text{wd}(e_{i,j}) = \frac{\text{tu}(e_{i,j})}{\text{ta}(e_{i,j})} \qquad (6.10)$$

其中，$\text{wd}(e_{i,j})$ 表示 3D 网格边 $e_{i,j}$ 的导线密度；$\text{tu}(e_{i,j})$ 表示 $e_{i,j}$ 中已用于布线的轨道数量；$\text{ta}(e_{i,j})$ 表示 $e_{i,j}$ 中可用于布线的轨道数量。

为了有效地考虑耦合效应对时延计算的影响，在层分配过程开始之前，算法预先构建查找表。该查找表的主键由导线所在布线层、导线类型和导线密度 3 个因素共同决定。每条数据包括导线电容值和电阻值。于是，可以根据该查找表获取位于不同布线层、不同导线类型、不同导线密度下的导线电容值和电阻值。

由于导线的电学参数值与导线所在具体轨道有关，但轨道分配是详细布线中的环节，所以在层分配阶段无法确定导线所在轨道。因此，采用如下过程获取各状态下导线的电学参数：

(1) 确定导线的类型。

(2) 将导线随机分配到所有可能的布线层，以使得每个布线层的导线密度相当。

(3) 在此基础上，根据特征提取方法获取导线的电容值和电阻值。

本研究将上述过程重复百次并获取平均值存入查找表。

层分配算法对线网进行逐一处理，对于当前处理线网正在使用的 3D 网格边，后续可能会再次被其他线网使用。因此，3D 网格边的导线密度只有在所有线网均完成层分配之后才能够确定。然而，为了给每个线网找到一个合适的方案，在对线网进行层分配的过程中就需要对线网进行时延评估。为了解决这一矛盾，采用概率估计方法处理该问题。该方法引入 2D 网格边的平均导线密度和 3D 网格边的预测导线密度，定义如下：

$$\text{awd}(e_i) = \frac{\text{tu}(e_i)}{\text{ta}(e_i)} \qquad (6.11)$$

$$\text{pwd}(e_{i,j}) = \begin{cases} 1, & \text{若 } e_{i,j} \text{ 存在溢出} \\ \text{wd}(e_{i,j}), & \text{若 } \text{wd}(e_{i,j}) \geqslant \text{awd}(e_i) \\ \text{awd}(e_i), & \text{其他} \end{cases} \qquad (6.12)$$

其中，awd(e_i)表示 2D 网格边 e_i 的平均导线密度；tu(e_i)表示 e_i 中已被用于布线的轨道数量；ta(e_i)表示 e_i 中可用于布线的轨道数量；pwd($e_{i,j}$)表示 3D 网格边 $e_{i,j}$ 的预测导线密度。

通过这种方式，可以在层分配过程中对当前处理线网的时延进行严格的评估以逼近线网时延的真实值。在处理完所有线网之后，每条 3D 网格边的导线密度可确定。因此，为了时延计算的严谨性，在层分配完成后，算法将基于确切的 3D 网格边导线密度重新计算每个线网的时延，进而提升时延评估的准确性。

2. 融合导线段异化策略的基于协商重分配算法

在层分配过程中，若某一条 3D 网格边上所承载的导线数量过多，导致被占用的轨道数量大于轨道容量，则该 3D 网格边发生溢出，导致可布线性恶化。使整体层分配方案违反拥塞约束的线网称为违规线网。为了保障层分配方案的可布线性，应用协商思想解决线网违规问题，保证生成的层分配方案遵循 6.4.2 节中的导线拥塞约束。此外，该算法还融合了导线段异化策略，在解决线网违规问题的同时优化时延。

基于协商重分配算法解决线网违规问题的基本思想是在已有层分配方案的基础上，增大有溢出 3D 网格边的使用代价以降低该边被使用的概率。该算法的具体流程如图 6.10 所示。

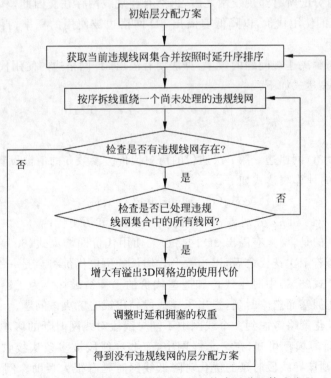

图 6.10 融合导线段异化策略的基于协商重分配算法流程

对该算法的具体描述如下。

(1) 获取当前层分配方案中违规线网的集合,并按照线网时延从小到大的顺序对集合中的线网进行排序。以线网时延升序排序,是为了在后续拆线重分配过程中,优先拆线重分配时延较小的违规线网可以尝试解决违规问题。这是考虑到时延较小线网的规模较小,因而对这些线网进行拆线重分配的成本更低。并且,这种方式可以尽可能保留时延较大线网已占据的低时延布线资源,有利于在解决违规问题的过程中保障时延的优化效果。

(2) 算法按序拆线重分配一个尚未处理的违规线网,并且在拆线重分配当前线网之后立即执行违规检查,以实时监测全局的违规情况是否已消除。随着拆线重分配违规线网,3D 网格边的溢出逐渐减少。当 3D 网格边的溢出消除时,部分违规线网转化为非违规线网。与将所有违规线网拆线重分配之后再做违规检查相比,实时监测全局违规情况的优势在于可以及时发现违规情况的解除,避免对部分线网进行不必要的拆线重分配,进而降低运行时间。

(3) 若电路的违规情况已经消除,则得到没有违规线网的层分配方案。若电路中仍存在违规线网,则检查是否已处理违规线网集合中的所有线网。若该集合中尚有违规线网未被处理,则按序拆线重分配一个尚未处理的违规线网。

(4) 若违规线网集合中的所有违规线网均已处理,但仍然没有满足拥塞约束,说明在拆线重分配所有违规线网之后,仍然有违规线网存在。因此,算法增大有溢出 3D 网格边的使用代价,以降低有溢出 3D 网格边被使用的概率,再进入新一轮的拆线重分配。

为了提高解决违规问题的效率,算法使有溢出 3D 网格边的使用代价以指数形式增长,具体表达式如下:

$$h_e^{i+1} = \begin{cases} h_e^i + \rho \times 2^i, & \text{若 } e \text{ 存在溢出} \\ 0, & \text{其他} \end{cases} \tag{6.13}$$

其中,h_e^i 表示 3D 网格边 e 第 i 次迭代的历史代价。参数 ρ 的值被设置为 0.05。

$\mathrm{cong}(s)$ 的计算表达式如下:

$$\mathrm{cong}(s) = \mathrm{overflow}(e) \times h_e \tag{6.14}$$

其中,$\mathrm{overflow}(e)$ 和 h_e 分别是 3D 网格边 e 的溢出和历史代价。

需要注意的是,增大有溢出 3D 网格边的使用代价即增大式(6.9)中的拥塞代价。故在经历若干次迭代之后,以指数形式增长的历史代价将会是一个较大的值。这直接导致了式(6.9)中时延代价和拥塞代价的平衡被破坏。为了避免在协商过程中过度关注拥塞而忽略时延,提出了导线段异化策略解决该问题。

导线段异化策略考虑到一个线网中不同导线段对线网时延的影响不同。根据Elmore 时延计算模型可知,在一个线网中,有些导线段被多条从接收器到发射器的路径包含,则该导线段时延的优化对降低线网时延有很大帮助。例如在图 6.11中,s_1 被线网中所有路径所包含,所以优化 s_1 的时延对降低整个线网的时延有很大帮助。将 s_1、s_2、s_3 做对比可以更加明显地看出，s_1 被线网中 4 条路径所包含，s_2 被线网中 2 条路径所包含，s_3 被线网中 1 条路径所包含。因此，对线网时延的影响方面，$s_1 > s_2 > s_3$。所以，在基于协商的重分配过程中，需要更加重视这些会对多条路径产生影响的导线段。

然而，仅仅关注导线段影响的路径数与线网总路径数的比值是不够全面的。例如，图 6.11 中的 s_1 与图 6.12 中的 s_1，两者影响的路径数与线网总路径数的比值相等，均为 1。但是布线树 2 对应的线网规模小于布线树 1 对应的线网规模，因此降低图 6.12 布线树 2 中 s_1 导线时延对全局电路的优化影响小于降低图 6.11 布线树 1 中 s_1 导线时延对全局电路的优化影响。

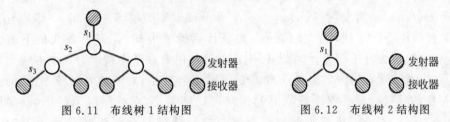

图 6.11　布线树 1 结构图　　　　　　图 6.12　布线树 2 结构图

根据以上分析，在基于协商的重分配过程中，应用所设计的导线段异化策略对时延代价和拥塞代价的平衡进行调整，即对式(6.9)中时延代价的系数做如下调整：

$$\alpha = \alpha \times k_s \tag{6.15}$$

$$k_s^{i+1} = k_s^i + \sum_{p \in P_s} d(p) / |P| \tag{6.16}$$

其中，α 是式(6.9)中时延代价的系数；k_s 是在基于协商的重分配过程中对 α 进行调整的变量；i 表示基于协商重分配算法中的迭代次数；P 表示线网中接收器到发射器的路径集合，该集合中元素的数量用 $|P|$ 表示；P_s 是包含导线段 s 的路径集合，p 是该集合中的一个元素。

导线段异化策略使时延代价在基于协商的重分配过程中与拥塞代价同步增长，且使时延较大的导线段得到充分的关注。通过这种方式，在解决违规问题的同时兼顾时延优化，为给出高性能布线方案奠定基础。

3. 非默认规则线的控制策略

作为先进制程中优化时序特性的关键技术，非默认规则线在降低时延方面有巨大潜力。然而非默认规则线比默认规则线占用更多的布线资源，因此需要对非默认规则线的使用进行控制，以在保障可布线性的前提下充分发挥非默认规则线对时延的优化能力。

在一个线网中，靠近发射器的导线段通常对线网时延有较大的影响。在如图 6.13 所示的线网 1 中，$node_1$ 为发射器，$node_4$ 和 $node_5$ 为接收器。由 Elmore 时延计算模型可知，与其他导线段相比，靠近发射器的导线段 s_1 因具有更大的下游电容导致其时延较大。

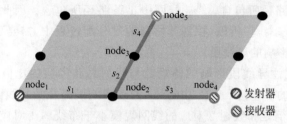

图 6.13   线网 1 的 2D 布线方案

然而,并非所有靠近发射器的导线段都具有上述特性。在如图 6.14 所示的线网 2 中,$node_1$ 为发射器,$node_3$、$node_5$ 和 $node_6$ 为接收器。s_1 和 s_2 都是与发射器直接相连的导线段。由 Elmore 时延计算模型可知,s_1 具有较大的下游电容,对应的导线时延较大。因此,s_1 对应的导线时延在整个线网时延中占较大比例,对线网时延有较大的影响。而 s_2 的下游电容较小,对应的时延较小。因此,s_2 对应的导线时延在整个线网时延中所占比例较小,对线网时延的影响有限。对比 s_1 和 s_2 可知,并非所有靠近发射器的导线段都会对线网时延产生较大影响。

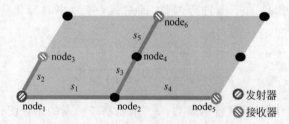

图 6.14   线网 2 的 2D 布线方案

基于以上分析,将一个线网中的所有导线段分为时序关键导线段与时序非关键导线段。首先,定义节点 $node_i$ 的特征值 $Ca(node_i)$ 如下:

$$Ca(node_i) = \frac{distance(node_i)}{distance(leafnode_{max-i})} \qquad (6.17)$$

其中,$distance(node_i)$ 是节点 $node_i$ 到发射器的单位距离。如图 6.14 所示的线网 2,$node_3$ 到发射器的单位距离为 1,$node_5$ 到发射器的单位距离为 2。$distance(leafnode_{max-i})$ 是经过 $node_i$ 的所有路径中,距发射器最远的接收器到发射器的单位距离。在如图 6.14 所示的线网 2 中,对于 $node_2$,经过 $node_2$ 的路径有两条,包含 $node_5$ 和 $node_6$ 两个接收器。$node_5$ 到发射器的单位距离为 2,$node_6$ 到发射器的单位距离为 3,因此 $distance(leafnode_{max-2})$ 的值为 3。

对于线网 n,引入门限值 $limit(n)$ 以界定时序关键导线段与时序非关键导线段。若线网中的节点 $node_i$ 对应的特征值 $Ca(node_i)$ 小于该线网的门限值 $limit(n)$,则连

接 $node_i$ 与其父节点的导线段为时序关键导线段,否则为时序非关键导线段。考虑到时延较大线网对电路的时序特性有较大的影响,故定义 $limit(n)$ 如下:

$$limit(n) = -\frac{order(n)}{k} + b \qquad (6.18)$$

其中,$order(n)$ 是线网 n 在线网时延降序排序下的次序,例如,最大时延线网 n_{md} 对应的 $order(n_{md})$ 为 1;系数 k 和 b 分别设置为 50 000 和 0.5。因此,对于时延越大的线网 n,$order(n)$ 越小,$limit(n)$ 越大,则 n 中时序关键导线段占的比例越高,这对优化全局电路的时序特性有积极影响。为了保障可布线性,所提出的算法仅允许在线网时延降序排序下前 5% 的大时延线网中的时序关键导线段使用非默认规则线,其他导线段只能使用默认规则线。

非默认规则线的控制策略根据线网拓扑的特征考虑了导线的时序关键性,以自适应的方式动态调整每个线网的门限值。通过这种方法控制非默认规则线的使用,以在保障可布线性的前提下利用非默认规则线的时延优化能力改善电路的时序特性。

4. 算法流程概述

本节所提出的算法包含 3 个阶段:初始阶段、修复阶段和优化阶段。各阶段的具体细节如下:

(1) 初始阶段根据给定的 2D 布线方案,在考虑时延、拥塞和通孔数的情况下,应用考虑耦合效应的动态规划层分配算法逐一处理每个线网,得到全局电路的 3D 布线方案。该阶段以时延为主要目标,同时禁止任何线网使用非默认规则线,以避免在初始阶段造成严重的拥塞问题而增加后续修复阶段的负担。

(2) 修复阶段的任务是对已有的 3D 布线方案进行调整,使其满足导线拥塞约束以改善可布线性。在修复阶段,算法首先检查初始层分配阶段的 3D 布线方案是否满足拥塞约束。若不满足,则应用融合导线段异化策略的基于协商重分配算法对违规线网进行拆线重分配来解决违规问题。在拆线重分配过程中按照线网时延升序对线网进行排序,在降低时间开销的同时保障时延的优化效果。

(3) 优化阶段基于已有的满足拥塞约束的层分配方案进一步优化线网时延。在优化阶段,算法首先按照线网时延对所有线网进行降序排序,并按照此顺序逐一对各个线网进行拆线重分配。若某个线网拆线重分配之后的 3D 布线方案的线网时延大于原方案的线网时延,则保留原先的 3D 布线方案。并且,为了充分发挥非默认规则线这一先进制程技术的时延优化潜力,算法应用非默认规则线的控制策略确定前 5% 线网的时序关键导线段,并允许这些导线段使用非默认规则线优化时延。

根据上述 3 个阶段在算法中所处位置的不同,设计侧重点不同的层分配流程,相互配合以获取一个时延低、通孔少、可布线性好的层分配方案。

6.4.4　实验结果

所提出的算法通过 C++ 编程实现,运行环境为 3.5GHz Intel Xeon CPU、128GB 内存的 Linux 工作站。本节实验的测试电路数据源自国际设计自动化顶级会议比赛数据。布局方案由 NTUplace4 产生,2D 总体布线方案由 NCTU-GR 2.0 生成。每个测试电路(Circuit)的布线区域规模和需要处理的线网数量如表 6.2 所示。其中,"#grid"表示每个布线层中网格单元的数量,"#layer"表示多层布线区域的层数,"#net"表示电路中需要处理的线网数量。由表 6.2 可知,每个测试电路对应的布线区域均为多层结构,每个布线层上的布线网格单元数量为 $10^5 \sim 10^6$。每个测试电路中所需处理的线网数量均在 5×10^5 以上,尤其是电路 cir3 和 cir4 中所需处理的线网数量已超过 10^6。

表 6.2　测试用例特征表

测试电路	#grid	#layer	#net
cir1	770×891	9	990 899
cir2	800×415	9	898 001
cir3	649×495	9	1 006 629
cir4	499×713	9	1 340 418
cir5	426×570	9	833 808
cir6	631×878	9	935 731
cir7	444×518	9	1 293 436
cir8	406×473	9	619 815
cir9	465×404	9	697 458
cir10	321×518	9	511 685

为了说明所提出的基于非默认规则线的时延驱动层分配算法(NWB)的性能,将 NWB 与一具有较好优化效果的时延驱动层分配算法 MIS 在相同实验环境下进行对比。实验结果对比如表 6.3 和表 6.4 所示。表 6.3 给出了算法 NWB 与算法 MIS 在时序关键线网的平均时延方面的对比,其中,0.5%TAD、1%TAD 和 5%TAD 分别表示按照线网时延降序排序下前 0.5%、1% 和 5% 线网的平均时延。表 6.4 给出了算法 NWB 与算法 MIS 在总时延、最大时延、通孔数和运行时间方面的对比,其中,TD、MD、#vc 和 RT 分别表示电路总时延、最大线网时延、通孔数和运行时间。实验结果中时延数据的单位均为皮秒,运行时间单位为秒。由实验结果可知,与 MIS 相比,NWB 在前 0.5%、1% 和 5% 线网的平均时延、总时延和最大时延方面分别取得了 38%、33%、24%、18% 和 48% 的优化比例。通孔数方面 NWB 与 MIS 相当,而运行时间略大于 MIS。由于 NWB 和 MIS 均遵循导线拥塞约束,并且所有测试电路的 2D 布线方案均无网格边溢出,故由这两种算法生成的层分配方案的溢出值均为零。

表 6.3 算法 NWB 与算法 MIS 在时序关键线网的平均时延方面的对比

测试电路	0.5%TAD		1%TAD		5%TAD	
	MIS	NWB	MIS	NWB	MIS	NWB
cir1	206	130	162	109	64	50
cir2	144	83	102	63	31	22
cir3	89	51	63	40	21	16
cir4	62	40	42	29	13	10
cir5	67	43	47	32	16	12
cir6	143	106	86	65	24	19
cir7	56	37	39	27	12	9
cir8	87	49	59	37	19	14
cir9	84	48	63	39	24	17
cir10	34	22	25	17	10	8
均值	97	61	69	46	23	18
比值	1.00	0.62	1.00	0.67	1.00	0.76

表 6.4 算法 NWB 与算法 MIS 在总时延、最大时延、通孔数和运行时间方面的对比

测试电路	TD		MD		#vc		RT	
	MIS	NWB	MIS	NWB	MIS	NWB	MIS	NWB
cir1	2 583 560	2 192 510	882	476	6 794 969	6 956 863	769	1004
cir2	968 633	744 996	950	501	6 094 468	6 239 228	459	592
cir3	776 375	621 461	429	205	5 993 170	6 013 516	529	508
cir4	725 804	596 599	348	176	9 008 199	9 172 437	551	628
cir5	481 759	398 646	282	167	4 928 392	5 010 385	433	387
cir6	872 834	728 810	2186	1520	5 463 358	5 474 800	382	426
cir7	622 306	518 611	1269	539	8 180 039	8 416 097	559	596
cir8	481 751	383 521	400	200	3 917 782	3 935 723	250	311
cir9	641 783	511 645	357	163	3 899 307	3 865 765	467	397
cir10	215 510	186 626	605	282	2 960 095	2 974 187	165	185
均值	837 032	688 343	771	423	5 723 978	5 805 900	456	503
比值	1.00	0.82	1.00	0.52	1.00	1.01	1.00	1.10

与 MIS 相比,即使 NWB 采用了需要占用更多布线资源的非默认规则线,但对于每个测试用例,NWB 所产生的层分配方案均无溢出,说明所提出的算法能够严格地控制非默认规则线的使用范围,进而保障层分配方案的可布线性不会因非默认规则线的使用而恶化。另一方面,非默认规则线的应用对优化层分配方案的时序特性有很大帮助。由表 6.3 和表 6.4 可知,与 MIS 相比,NWB 在电路总时延、最大线网时延、前 0.5%、1% 和 5% 线网的平均时延均取得了大幅度的优化比例。此外,非默认规则线的引入导致层分配过程更加灵活多样,可行的层分配方案数量更多,因此需要更多的时间探索解空间。

为了进一步说明所提出算法 NWB 的性能,将 NWB 与一应用非默认规则线的

时延优化层分配算法 ATN 在相同实验环境下进行对比。实验结果对比如表 6.5
和表 6.6 所示。表 6.5 给出了算法 NWB 与算法 ATN 在时序关键线网的平均时
延方面的对比。表 6.6 给出了算法 NWB 与算法 ATN 在总时延、最大时延、通孔
数和运行时间方面的对比。由实验结果可知,与 ATN 相比,NWB 在前 0.5%、1%
和 5%线网的平均时延分别取得 9%、8%和 7%的优化比例;在总时延、最大时延、
通孔数和运行时间上分别取得 4%、11%、3%和 11%的优化比例。同样地,由于
NWB 和 ATN 均遵循导线拥塞约束,并且所有测试电路的 2D 布线方案均无网格
边溢出,故由这两种算法生成的层分配方案的溢出值均为零。

表 6.5　算法 NWB 与算法 ATN 在时序关键线网的平均时延方面的对比

测试电路	0.5%TAD		1%TAD		5%TAD	
	ATN	NWB	ATN	NWB	ATN	NWB
cir1	145	130	116	109	51	50
cir2	89	83	66	63	23	22
cir3	57	51	44	40	17	16
cir4	43	40	31	29	11	10
cir5	46	43	34	32	13	12
cir6	110	106	68	65	20	19
cir7	40	37	30	27	10	9
cir8	56	49	42	37	15	14
cir9	54	48	43	39	19	17
cir10	25	22	19	17	9	8
均值	67	61	49	46	19	18
比值	1.00	0.91	1.00	0.92	1.00	0.93

表 6.6　算法 NWB 与算法 ATN 在总时延、最大时延、通孔数和运行时间方面的对比

测试电路	TD		MD		#vc		RT	
	ATN	NWB	ATN	NWB	ATN	NWB	ATN	NWB
cir1	2 222 970	2 192 510	504	476	7 129 655	6 956 863	1026	1004
cir2	775 357	744 996	535	501	6 382 992	6 239 228	672	592
cir3	654 807	621 461	254	205	6 202 333	6 013 516	572	508
cir4	624 896	596 599	233	176	9 335 272	9 172 437	725	628
cir5	413 723	398 646	212	167	5 120 143	5 010 385	427	387
cir6	750 541	728 810	1602	1520	5 592 279	5 474 800	462	426
cir7	542 782	518 611	582	539	8 500 960	8 416 097	679	596
cir8	407 862	383 521	205	200	4 038 943	3 935 723	349	311
cir9	544 414	511 645	186	163	4 122 687	3 865 765	448	397
cir10	193 844	186 626	305	282	3 038 941	2 974 187	233	185
均值	713 120	688 343	462	423	5 946 421	5 805 900	559	503
比值	1.00	0.96	1.00	0.89	1.00	0.97	1.00	0.89

由于 NWB 和 ATN 均应用了非默认规则线,故 NWB 取得的优化效果得益于算法设计和策略方法更为合理高效。与 ATN 相比,NWB 在初始阶段考虑拥塞问题降低了修复阶段的负担,并且在修复阶段实时监测布线区域的拥塞情况以避免不必要的拆线重分配,这有利于降低修复阶段时间开销,进而缩短运行时间。此外,在基于协商思想的拆线重绕过程中,通过导线段异化策略避免过度关注拥塞代价和忽略时延代价,因此可以使得修复阶段完成后所给出的层分配方案具有较好的时序特性。另一方面,所提出的控制策略将非默认规则线应用于时序关键线网的时序关键段,既有效地优化了线网时延,又保障了层分配方案的可布线性。因此,所提出的算法能够取得显著的优化效果。

6.4.5 小结

本节提出了一种基于非默认规则线的时延驱动层分配算法。该算法基于动态规划构建基础层分配算法,并考虑集成电路中的耦合效应以提高时延评估的准确性。协商思想被用于解决违规问题,并且设计导线段异化策略以权衡时延代价和拥塞代价。提出一种控制策略限定非默认规则线的使用范围,可以在应用非默认规则线优化时延的同时保障良好的可布线性。与现有工作进行实验对比表明,所提出算法具有可观的优化效果。

6.5 通孔尺寸感知的时延驱动层分配算法

6.5.1 引言

层分配根据 2D 总体布线结果生成 3D 布线结果,并将 3D 布线结果作为详细布线阶段的引导。可见,层分配在物理设计布线中起着承上启下的作用,需要尽可能使其给出的方案满足下一阶段的需求。在总体布线中,由于原本具有长度和宽度的布线网格单元被抽象成没有几何特征的点,导致连接不同层相邻网格单元的通孔的尺寸常常被忽略。然而,在详细布线阶段,通孔不是简单的线段,而是具有更加具体几何特征的立体模型。这不仅增大了总体布线和详细布线的不匹配程度,而且无法评估通孔对布线区域拥塞情况造成的影响。由于层分配是衔接总体布线和详细布线的中间过程,所以在层分配阶段考虑通孔尺寸因素是解决上述问题的关键。

近些年,一些研究围绕该问题给出了相应的解决方案。为了考虑通孔对布线区域拥塞情况的影响,文献[29]和文献[30]的工作提出了动态通孔容量评估方法和考虑通孔尺寸的启发式层分配算法。文献[31]的工作是应用协商思想优化层分配方案的通孔数和通孔溢出。在先进制程中,由于不同布线层的默认线宽存在差异,因此连接不同相邻层的通孔的尺寸有所区别。于是文献[32]的工作是提出了一种评估尺寸变化的通孔对布线区域拥塞情况影响的模型。文献[29-32]的工作虽然提出了不同的方法来解决通孔产生的拥塞问题,但是没有关注层分配方案的时序特性。另一方面,现有致力于优化时序特性的层分配工作忽略了通孔尺寸这一重要因素,因此缺少对通孔产生的拥塞问题的考虑。此外,在引入先进制程中的非默认规则线技术之后,尚无工作考虑非默认规则线对通孔尺寸计算造成的影响。

基于当前研究现状,为了弥补上述空缺,本节设计一种通孔尺寸感知的时延驱动层分配算法,用来在优化布线方案时序特性的同时充分考虑通孔对布线区域拥塞情况的影响。首先,构建了通孔尺寸模型,用来计算引入非默认规则线之后的通孔尺寸,为后续考虑通孔在布线区域中造成的拥塞问题奠定基础。其次,分析并归纳网格单元的布线资源与轨道布线资源,进一步分析导致溢出的原因。再次,设计了一种多角度拥塞感知策略用以优化层分配方案的可布线性和时序特性。最后,设计相应的仿真实验,通过实验验证所提出算法的可行性和有效性。

6.5.2　相关知识

1. 矩形网格单元的溢出判断

通孔的作用是连接同一个线网所经过的位于相邻层的两个布线网格单元。不同线网不能共用连接两个相同布线网格单元的通孔。

例如,图 6.15(b)给出了一个根据图 6.15(a)所示的 2D 布线方案生成的线网 n_1 和 n_2 的层分配方案。在 n_1 中,通孔 via_1 用于连接位于 m_1 层和 m_2 层的导线。在 n_2 中,通孔 via_2 用于连接位于 m_1 层和 m_2 层的导线。via_1 和 via_2 所连接的是两个相同的布线网格单元,但由于 via_1 和 via_2 属于不同的线网,因此不能将 via_1 和 via_2 用一个通孔代替。由上述示例可以发现,在不考虑通孔尺寸的情况下,位于相邻层的两个布线网格单元之间可连接通孔的数量无法准确估计,故无法考虑通孔造成的拥塞问题。

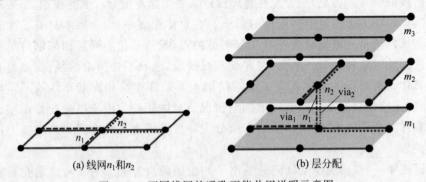

(a) 线网 n_1 和 n_2　　　　(b) 层分配

图 6.15　不同线网的通孔不能共用说明示意图

考虑通孔尺寸的前提是将总体布线中被抽象成点的网格单元在逻辑上还原成具有几何特征的矩形网格单元。如图 6.16 所示,图中黑色圆点表示抽象后没有几何特征的布线网格单元,竖线表示抽象后水平投影没有长度和宽度的通孔。将抽象的布线网格单元和通孔还原之后,布线网格单元是具有长度和宽度的矩形网格单元,通孔是具有长度、宽度和高度的长方体。还原之后的矩形网格单元具有面积容量和边界容量。

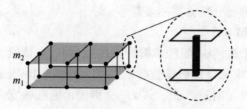

图 6.16　抽象布线网格单元和通孔的实际形状

当一个网格单元被占用的面积量超过其面积容量,或者其任意边界的被使用量超过其容量时,称该布线网格单元发生溢出。判断多层布线区域中的网格单元 g 是否发生溢出的公式如下:

$$\mathrm{overflow}(g) = (u(\mathrm{ga}) > c(\mathrm{ga})) \parallel (u(\mathrm{gb}_i) > c(\mathrm{gb}_i)), \quad i \in \{1,2,3,4\}$$

$$(6.19)$$

其中,ga 表示 g 的面积资源。gb_i 表示 g 的 4 条边界中第 i 条边界的边界资源。$u(\mathrm{ga})$ 和 $c(\mathrm{ga})$ 分别表示 g 的当前面积使用量和面积容量。$u(\mathrm{gb}_i)$ 和 $c(\mathrm{gb}_i)$ 分别表示 g 的第 i 条边界的当前边界使用量和边界容量。若 $\mathrm{overflow}(g)$ 的值为真,则表示 g 发生溢出;否则表示 g 没有发生溢出。

2. 网格单元的布线资源

布线网格单元的布线资源会被线网和障碍物所占用。在布线过程中,线网对布线资源的消耗主要由导线和通孔产生。例如,在图 6.17 中展示的矩形网格单元具有 5 条由虚线表示的布线轨道,其中轨道 3 被导线占用,轨道 5 被障碍物占用。并且,由于该障碍物占用部分轨道 4 布线时的所需间距,因此轨道 4 不能够被用于布线。轨道 1 上有一通孔垂直穿过布线网格单元,因此轨道 1 不能够被其他线网所使用。上

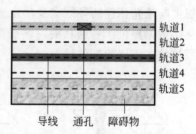

图 6.17　通孔、导线和障碍物对布线
网格单元布线资源的占用

述情况均可视为通孔、导线和障碍物对布线网格单元边界资源的消耗。另一方面,通孔、导线和障碍物有其各自的面积,因此会消耗布线网格单元的面积资源。

6.5.3　模型构建与算法设计

6.5.1 节和 6.5.2 节调研和分析了层分配过程中通孔对布线资源的影响,进一步说明了在层分配过程中考虑通孔尺寸的重要性和必要性。因此,本节在考虑先进制程中布线区域的特性和非默认规则线技术的前提下构建一具有强灵活性的

通孔尺寸模型。并且,对比分析了网格单元的布线资源模型和网格边的轨道布线资源模型,并做归纳以统一两种模型,在此基础上进一步讨论了层分配中发生溢出的原因。最后,设计了一种多角度拥塞感知策略改善布线区域的拥塞情况,从提高可布线性的角度改善层分配方案的质量。

1. 通孔尺寸模型

通孔是连接一个线网中位于相邻层导线或引脚的导体段。在通孔和导线的连接处,通孔的宽度要求保证能够覆盖导线宽度。如图 6.18 所示,w_{wire} 和 s_{wire} 分别表示导线的宽度和所需间距。w_{via} 和 s_{via} 分别表示通孔的宽度和所需间距。连接处通孔的宽度需要大于或等于导线的宽度,即 w_{via} 大于或等于 w_{wire}。为了减少对布线资源的消耗,通孔的宽度往往控制在能够正好覆盖导线宽度,如图 6.19 所示。在图 6.19 中,w_{via} 等于 w_{wire},导线和通孔的间距即 s_{wire} 和 s_{via} 也对应相等。

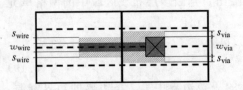

图 6.18 默认规则线尺寸与通孔尺寸(1)

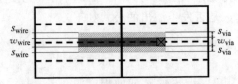

图 6.19 默认规则线尺寸与通孔尺寸(2)

通孔的宽度只是通孔水平投影的一个几何特征,另一几何特征即通孔水平投影的长度由该通孔连接的另一条导线确定。这是布线区域相邻布线层走线方向正交所决定的。如图 6.20(a)所示,通孔的长度和宽度分别由 m_1 布线层和 m_2 布线层上与通孔相连的导线宽度决定。具体布线层的默认线宽在物理设计阶段由电路测试数据提供。若通孔的一端或两端没有导线连出,则通孔的长度或宽度取决于所连接布线层的默认线宽。

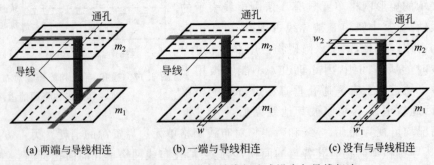

(a) 两端与导线相连   (b) 一端与导线相连   (c) 没有与导线相连

图 6.20 通孔两端、一端与导线相连或没有与导线相连

在图 6.20(b)中,通孔在 m_2 布线层有导线连出,在 m_1 布线层没有导线连出,因此该通孔的长度和宽度分别由 m_2 布线层的导线宽度和 m_1 布线层的默认线宽 w 决定。在图 6.20(c)中,通孔在 m_1 布线层和 m_2 布线层均无导线连出,因此该通孔的长度和宽度分别由 m_1 布线层的默认线宽 w_1 和 m_2 布线层的默认线宽 w_2

决定。

因为并行线由两条默认规则线组成,故定义并行线的等效导线宽度为默认规则线的导线宽度的 2 倍,并行线的等效间距等于默认规则线所需的间距,如图 6.21 所示。与并行线相连的通孔的宽度和间距分别等于并行线的等效导线宽度和等效间距。

由于宽线的导线宽度大于默认规则线的导线宽度,导致宽线所占轨道的相邻两个轨道不能够被用于布线。因此,引入一条宽线会占用 3 个布线轨道。故定义宽线的等效导线宽度为默认规则线的导线宽度的 3 倍,宽线的等效间距为默认规则线所需间距的 3 倍,如图 6.22 所示。与宽线相连的通孔的宽度和间距分别等于宽线的等效导线宽度和等效间距。

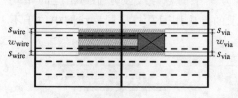

图 6.21 并行线尺寸与通孔尺寸

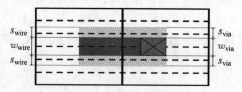

图 6.22 宽线尺寸与通孔尺寸

该通孔尺寸模型考虑了先进制程下多层布线区域中不同布线层上默认线宽不同的特点,不仅能够匹配默认规则线在不同布线层上宽度的变化,而且能够适应非默认规则线在多层布线区域中的应用。因此,在该模型下,通孔尺寸可以根据所连通的层和所连接导线的类型自适应变化,具有很强的灵活性。

2. 布线资源体系

网格单元布线资源模型中的布线资源包括面积资源和边界资源。布线网格单元面积资源是指布线网格单元中能够被通孔、导线和障碍物所占用的面积。布线网格单元的边界资源是指在该布线网格单元中与走线方向垂直的边界上,能够被通孔、导线和障碍物所占用的长度。

6.5.2 节中网格边的轨道布线资源模型是根据布线层的默认线宽,将布线网格单元的边界资源折算成网格边的布线轨道资源。如图 6.23 所示,将抽象后的多层布线区域局部还原,可以看出,图中所标注的 3D 网格边含有 5 个用虚线表示的布线轨道,轨道数量由与走线方向垂直的布线网格单元边界的长度与默认线宽 w_{wire} 和导线所需间距 s_{wire} 共同确定。因此,网格边的轨道布线资源实际上是布线网格单元边界资源的另一种表述方式。网格边的轨道布线资源模型考虑了导线和障碍物对布线资源的占用情况,但没有考虑通孔对布线资源的消耗。而网格单元布线资源模型综合考虑了上述各因素,因此应用网格单元布线资源模型可以更为充分地考虑层分配过程中布线区域的拥塞问题。

布线区域的溢出是由于布线资源被过度占用造成的。其中,占用布线资源的物体包括通孔、导线和障碍物。为了判断造成布线区域发生溢出的原因,即溢出问题是

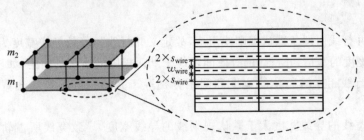

图 6.23   网格边轨道资源与布线网格单元边界资源

由通孔引起的,还是由导线或者障碍物引起的,将层分配阶段拆分为如图 6.24 所示的 3 个子阶段。图 6.24(a)所示的是线网的 2D 布线方案,记为层分配的第一阶段。图 6.24(b)所示的是将线网的 2D 布线方案中的各导线段分配到相应的布线层,记为层分配的第二阶段。图 6.24(c)所示的是应用通孔连接同一线网中位于不同层的导线或引脚,记为层分配的第三阶段。

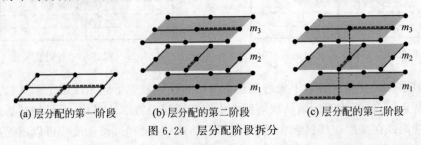

(a) 层分配的第一阶段   (b) 层分配的第二阶段   (c) 层分配的第三阶段

图 6.24   层分配阶段拆分

引理 6.1   对于层分配的 3 个子阶段,任何一个子阶段无溢出情况的先导条件是其前一个阶段无溢出情况。即如果某一个子阶段的溢出问题没有在进入下一个子阶段之前解决,则该溢出问题在后续子阶段无法解决。

证明:设 2D 布线区域的布线资源为 $\text{Rsc}_{2\text{D}}$,3D 布线区域中第 j 布线层的布线资源为 $\text{Rsc}_{3\text{D}-j}$。则 $\text{Rsc}_{2\text{D}} = \sum\limits_{j=1}^{k} \text{Rsc}_{3\text{D}-j}$,其中,$k$ 表示多层布线区域中布线层的总数。设导线所需的布线资源为 Rsc_{wire},障碍物所需的布线资源为 $\text{Rsc}_{\text{obstacle}}$,通孔所需的布线资源为 Rsc_{via}。若层分配的第一阶段发生溢出,则 $\text{Rsc}_{\text{wire}} + \text{Rsc}_{\text{obstacle}} > \text{Rsc}_{2\text{D}}$,因为 $\text{Rsc}_{2\text{D}} = \sum\limits_{j=1}^{k} \text{Rsc}_{3\text{D}-j}$,所以 $\text{Rsc}_{\text{wire}} + \text{Rsc}_{\text{obstacle}} > \sum\limits_{j=1}^{k} \text{Rsc}_{3\text{D}-j}$。于是,在层分配的第二阶段也会发生溢出。而相对于层分配的第一阶段和第二阶段,第三阶段会引入 Rsc_{via}。因此,若第二阶段发生溢出,即 $\text{Rsc}_{\text{wire}} + \text{Rsc}_{\text{obstacle}} > \sum\limits_{j=1}^{k} \text{Rsc}_{3\text{D}-j}$。因为 $\text{Rsc}_{\text{via}} \geqslant 0$,所以 $\text{Rsc}_{\text{wire}} + \text{Rsc}_{\text{obstacle}} + \text{Rsc}_{\text{via}} > \sum\limits_{j=1}^{k} \text{Rsc}_{3\text{D}-j}$。

若布线区域在层分配的第三阶段没有出现溢出情况,则表明最终的层分配方案不存在溢出。对布线区域在层分配过程中发生溢出的情况做以下讨论。

（1）层分配的第一阶段发生溢出。该阶段是 2D 总体布线方案即层分配算法的输入，则该溢出问题是由于 2D 总体布线没有给出符合要求的 2D 布线方案。由于 2D 布线区域没有通孔，因此该溢出问题是由导线和障碍物引起的。

（2）层分配的第一阶段没有发生溢出，但第二阶段发生溢出。层分配的第一阶段没有发生溢出说明多层布线区域的布线资源足够支持障碍物和导线的使用。由于层分配的第二阶段是将各个线网的各个导线段分配到不同的布线层，则该溢出是由于没有合理分配导线引起的。该问题的解决方法是应用 6.5.2 节的导线拥塞约束对层分配过程进行引导。

（3）层分配的第一阶段和第二阶段没有发生溢出，但在第三阶段发生溢出。这说明在导线分配到布线层之后没有发生溢出，即障碍物和导线没有引起溢出问题。但引入通孔后，造成布线资源被过度使用导致溢出发生。因此，该情况下的溢出是由通孔导致的。图 6.25 给出了一个实例。图 6.25(a) 展示了层分配的第二阶段，在该阶段各导线段已被分配到具体的布线层。其中，m_1 和 m_5 的中间轨道被线网 n 的导线占用，m_3 层的所有轨道被其他线网的导线占用，此时整个布线区域没有发生溢出。图 6.25(b) 所示的是层分配的第三阶段，在该阶段同一线网中位于不同布线层的导线用通孔连接。此时，由于 m_3 布线层的布线资源已被其他线网的导线占用，引入通孔之后，通孔需要使用的布线资源超过 m_3 布线层的中间网格单元的剩余布线资源，因此 m_3 布线层的中间网格单元发生溢出。

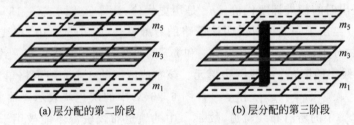

(a) 层分配的第二阶段　　　　　　(b) 层分配的第三阶段

图 6.25　引入通孔后导致溢出示例

通过上述分析，从网格单元和网格边的角度构建了更为完整的布线资源评估体系。通过细化层分配过程提取 3 个子阶段，进一步讨论了溢出发生的原因，为改善层分配方案的拥塞情况进而提高可布线性奠定基础。

3．多角度拥塞感知策略

可布线性是评价层分配方案质量的重要考量，改善可布线性的直接方法是优化布线区域的拥塞情况。先前的许多工作仅在发生 3D 网格边溢出时考虑拥塞问题，这给改善可布线性带来了很大的局限性。因为在对一导线段进行层分配时，即使有两种或多种方案均不会导致溢出问题，但是这些方案在影响局部拥塞情况和后续布线的灵活性方面会有所区别。此外，由通孔引起的溢出在考虑拥塞问题时经常被忽略，这会增大总体布线和详细布线的不匹配程度。因此，为了更好地研究拥塞问题，应当综合考虑提供布线资源的布线区域与占用布线资源的物体之间的相互关系。

基于以上分析,提出多角度拥塞感知策略优化布线区域的拥塞情况进而改善可布线性,同时降低总体布线和详细布线之间的不匹配程度。该策略从多个角度考虑占用布线资源的物体与提供布线资源的布线区域之间的相互关系。由于布线资源可以被导线、通孔和障碍物占用,拥塞代价函数定义如下:

$$\text{cong}(s) = \text{cong}(o) + \text{cong}(v) + c\text{ong}(w) \tag{6.20}$$

$$\text{cong}(o) = \frac{\text{dc}(e_o)}{\text{tc}(e)} + \frac{\text{dc}(g_o)}{\text{tc}(g)} \tag{6.21}$$

$$\text{cong}(v) = \frac{\text{dc}(e_v)}{\text{tc}(e)} + \frac{\text{dc}(g_v)}{\text{tc}(g)} \tag{6.22}$$

$$\text{cong}(w) = \frac{\text{dc}(e_w)}{\text{tc}(e)} + \frac{\text{dc}(g_w)}{\text{tc}(g)} + \text{of}(e_w) \times h_e \tag{6.23}$$

其中,s 表示一个导线段或通孔段。o、v 和 w 分别表示障碍物、通孔和导线。s 的拥塞代价 $\text{cong}(s)$ 包括障碍物拥塞代价 $\text{cong}(o)$,通孔拥塞代价 $\text{cong}(v)$ 和导线拥塞代价 $\text{cong}(w)$。若 s 是一通孔段,则 v 表示该通孔且 $\text{cong}(w)$ 为 0。若 s 是一导线段,则 w 表示该导线段且 $\text{cong}(v)$ 为 0。e 和 g 分别表示 s 涉及的网格边和布线单元。$\text{tc}(e)$ 和 $\text{tc}(g)$ 分别表示 e 的网格边容量和 g 的面积容量。$\text{dc}(e_o)$、$\text{dc}(e_v)$ 和 $\text{dc}(e_w)$ 分别表示被障碍物、通孔和导线占用的 e 中轨道的数量。$\text{dc}(g_o)$、$\text{dc}(g_v)$ 和 $\text{dc}(g_w)$ 分别表示被障碍物、通孔和导线占用的 g 中的面积。$\text{of}(e_w)$ 是发生网格边溢出时的额外拥塞代价。h_e 是历史代价,计算公式同式(6.13)。

图 6.26 给出了一实例以说明该策略的有效性。在图 6.26 中,布线区域包含两个布线层,分别记为 m_1 和 m_3。m_1 和 m_3 的走线方向和默认线宽一致。设 $g_{i,j}$ 表示 m_j 布线层的第 i 个布线网格单元。该布线区域的 6 个布线网格单元,分别记为 $g_{1,1}$、$g_{2,1}$、$g_{3,1}$、$g_{1,3}$、$g_{2,3}$ 和 $g_{3,3}$。图 6.26(a)中的灰色块表示障碍物,该障碍物占用了 $e_{2,1}$ 中的所有布线轨道,故 $e_{2,1}$ 中的轨道布线资源不能被用于布线。同时,该障碍物还占用了 $g_{2,1}$ 和 $g_{3,1}$ 中的部分面积。目前有 3 个线网 n_1、n_2 和 n_3 需要依次在布线区域进行层分配。在图 6.26(b)中,仅完成了 n_1 的层分配。这种情况下,若仅在发生网格边溢出时产生拥塞代价,则图 6.26(c)和图 6.26(d)中所示的层分配方案对于 n_2 是等效的。并且,由于每个导线段从最低布线层向最高布线层探索布线空间,故图 6.26(c)中的方案会被最终选定。于是,n_3 的布线方案如图 6.26(c)所示。然而,若基于多角度拥塞感知策略,布线区域的不同拥塞情况会被详细区分。具体地说,选择剩余布线资源较多的布线区域可产生较低的拥塞代价。因此,在多角度拥塞感知策略的引导下,图 6.26(d)所示的层分配方案会被最终选定。

图 6.26(c)所示的层分配方案和图 6.26(d)所示的层分配方案均不会造成溢出问题。然而,如图 6.26(d)所示的层分配方案在时序特性和拥塞情况方面均优于如图 6.26(c)所示的层分配方案。因此,多角度拥塞感知策略能够引导算法选择质量更好的层分配方案。该策略能够优化布线区域的拥塞情况以降低导线和通孔

造成的溢出,同时保障良好的时序特性。

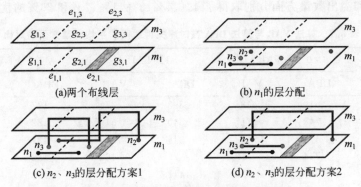

图 6.26　多角度拥塞感知策略示例说明

4．算法流程描述

本节所设计的算法首先根据布线区域的实际情况,将抽象成点的网格单元还原成具有几何特征的网格单元,进而获取网格单元的面积容量和边界容量。进一步地,根据布线资源归纳的理论基础,从网格单元的角度和网格边布线轨道的角度构建更为完整的布线资源评估体系。另一方面,根据先进制程的技术特点和布线区域特点,算法设计了能够适应布线层默认导线宽度变化和导线类型变化的通孔尺寸模型以获取通孔的尺寸,进而考虑通孔造成的拥塞问题,减小总体布线和详细布线的不匹配程度。本节将上述考虑因素与 6.4 节所提出的算法相结合,并且在各个阶段应用多角度拥塞感知策略,从改善拥塞情况的角度提高每个阶段的层分配方案的质量。

6.5.4　实验结果

所提出的算法通过 C++编程实现,运行环境与测试电路情况与 6.4 节相同。由于测试来源忽略了通孔尺寸,因此基于原设定布线区域和线网规模,考虑通孔尺寸之后会引起不可避免的溢出。本节应用国际物理设计研讨会的通孔设置进一步完善测试电路数据。由于所提出的算法遵循导线拥塞约束且 2D 布线方案无溢出,结合 6.5.3 节中的讨论可知,电路发生溢出是由通孔引起的。

由于目前尚无文献工作在考虑通孔尺寸的前提下对层分配的时延优化问题进行探索,故将所提出的通孔尺寸感知的时延驱动层分配算法(VAB)与在研究工作中实现的另一具有良好优化性能的时延驱动层分配算法(DPA)在相同的实验环境下进行对比以说明 VAB 的性能。表 6.7 给出了算法 VAB 与算法 DPA 在时序关键线网的平均时延方面的对比。0.5％TAD、1％TAD 和 5％TAD 分别表示按照线网时延降序排序下前 0.5％、1％和 5％线网的平均时延。表 6.8 给出了算法 VAB 与算法 DPA 在总时延、最大时延、溢出数量和运行时间方面的对比。其中,TD、MD、RT 和 OF 分别表示电路总时延、最大线网时延、运行时间和引入通孔而导致溢出发生的网格单元的数量。实验结果中时延数据的单位均为皮秒,运行时间单位为秒。与 DPA 相比,VAB 在前 0.5%、1% 和 5% 线网的平均时延、总时延、最大时延和溢出数量方面分别取得了 4%、4%、3%、1%、7% 和 26% 的优化比例。

表 6.7　算法 VAB 与算法 DPA 在时序关键线网的平均时延方面的对比

测试电路	0.5%TAD		1%TAD		5%TAD	
	DPA	VAB	DPA	VAB	DPA	VAB
cir1	510	485	393	375	177	172
cir2	748	717	540	519	182	177
cir3	471	452	348	334	131	128
cir4	744	719	476	462	138	135
cir5	613	590	411	397	136	132
cir6	416	397	284	271	100	98
cir7	629	603	392	377	111	108
cir8	473	454	311	298	109	106
cir9	318	299	217	204	90	87
cir10	496	475	301	289	97	95
均值	542	519	367	353	127	124
比值	1.00	0.96	1.00	0.96	1.00	0.97

与 DPA 相比,VAB 之所以能够在溢出数量方面取得显著的优化效果,是因为所提出的拥塞感知策略在层分配过程中从导线、通孔和障碍物 3 个角度对布线区域进行评估,从而降低了层分配方案的溢出数量。另一方面,由于多角度拥塞感知策略需要从多个方面对布线区域的拥塞情况进行评估,因此需要更多的时间开销。并且通过实验数据可知,在一定程度上层分配方案的可布线性与时序特性具有正相关性,这主要体现在优化可布线性对降低时延会产生积极影响。

表 6.8　算法 VAB 与算法 DPA 在总时延、最大时延、溢出数量和运行时间方面的对比

测试电路	TD		MD		OF		RT	
	DPA	VAB	DPA	VAB	DPA	VAB	DPA	VAB
cir1	9 960 030	9 864 410	9600	8699	951 399	761 125	1007	1101
cir2	7 326 300	7 250 790	8868	8284	690 707	578 038	813	882
cir3	6 387 400	6 310 550	26 865	25 422	668 531	512 176	619	675
cir4	9 204 150	9 101 280	17 030	16 071	951 433	722 034	808	915
cir5	5 071 890	5 008 890	13 346	12 576	546 070	398 452	496	551
cir6	5 451 080	5 381 780	6665	6405	596 779	364 451	486	540
cir7	7 355 780	7 270 880	57 324	50 194	721 243	545 306	752	889
cir8	3 899 820	3 857 500	26 513	24 845	456 296	325 186	373	419
cir9	3 767 260	3 745 860	5779	5379	440 278	343 971	455	488
cir10	2 746 440	2 711 670	45 408	42 681	295 550	193 203	242	275
均值	6 117 015	6 050 361	21 740	20 056	631 829	474 394	605	673
比值	1.00	0.99	1.00	0.93	1.00	0.74	1.00	1.11

为了进一步说明算法 VAB 的性能,下面将 VAB 与性能出色的 ATN 算法在相同实验环境下进行对比。由于 ATN 没有考虑通孔尺寸,所以将 6.5.3 节中的通孔尺寸模型引入 ATN 算法以评估引入通孔对布线区域拥塞情况造成的影响。表 6.9 给出了 VAB 算法与 ATN 算法在时序关键线网的平均时延方面的对比。表 6.10 给出了 VAB 算法与 ATN 算法在总时延、最大时延、溢出数量和运行时间方面的对比。由实验结果可知,与 ATN 相比,VAB 在前 0.5%、1% 和 5% 线网的平均时延、总时延、最大时延、溢出数量和运行时间方面分别取得了 5%、5%、3%、2%、1%、27% 和 4% 的优化比例。

表 6.9　算法 VAB 与算法 ATN 在时序关键线网的平均时延方面的对比

测试电路	0.5%TAD		1%TAD		5%TAD	
	ATN	VAB	ATN	VAB	ATN	VAB
cir1	522	485	399	375	179	172
cir2	753	717	541	519	182	177
cir3	476	452	350	334	132	128
cir4	742	719	476	462	139	135
cir5	613	590	411	397	137	132
cir6	416	397	284	271	101	98
cir7	627	603	391	377	112	108
cir8	473	454	312	298	110	106
cir9	324	299	222	204	92	87
cir10	490	475	299	289	98	95
均值	544	519	369	353	128	124
比值	1.00	0.95	1.00	0.95	1.00	0.97

ATN 之所以会产生更多的时间开销,是因为 ATN 在层分配的初始阶段过多地关注时延代价而忽略了拥塞代价。这直接导致初始阶段生成的很多线网的层分配方案不满足导线拥塞约束,因此需要在后续阶段开展大量的拆线重绕工作,从而增大了运行时间。而 VAB 在每个阶段均采用所提出的感知策略从多个角度评估布线区域的拥塞情况,克服了上述不足,而且能够在优化层分配方案的溢出数量的同时降低线网时延。因此,所提出的算法能够在考虑通孔尺寸的前提下,兼顾拥塞优化和时延优化,高效地得出质量较好的层分配方案。

表 6.10　算法 VAB 与算法 ATN 在总时延、最大时延、溢出数量和运行时间方面的对比

测试电路	TD		MD		OF		RT	
	ATN	VAB	ATN	VAB	ATN	VAB	ATN	VAB
cir1	10 050 400	9 864 410	8821	8699	962 640	761 125	1168	1101
cir2	7 334 860	7 250 790	8599	8284	695 084	578 038	899	882
cir3	6 407 170	6 310 550	25 255	25 422	672 324	512 176	681	675

续表

测试电路	TD		MD		OF		RT	
	ATN	VAB	ATN	VAB	ATN	VAB	ATN	VAB
cir4	9 244 380	9 101 280	16 274	16 071	958 925	722 034	939	915
cir5	5 104 490	5 008 890	12 905	12 576	550 206	398 452	558	551
cir6	5 462 820	5 381 780	6425	6405	597 959	364 451	545	540
cir7	7 389 410	7 270 880	50 466	50 194	727 421	545 306	895	889
cir8	3 924 120	3 857 500	25 457	24 845	462 659	325 186	427	419
cir9	3 841 120	3 745 860	5391	5379	450 233	343 971	571	488
cir10	2 753 130	2 711 670	43 089	42 681	299 119	193 203	301	275
均值	6 151 190	6 050 361	20 268	20 056	637 657	474 394	698	673
比值	1.00	0.98	1.00	0.99	1.00	0.73	1.00	0.96

6.5.5 小结

本节提出了一种通孔尺寸感知的时延驱动层分配算法。该算法将总体布线中被抽象成点的网格单元还原成具有几何特征的网格单元,进而提出网格单元的面积容量和边界容量的概念。通过理论分析,将网格边的轨道布线资源与网格单元的布线资源进行归纳以构建更为完整的评估体系。本节提出了一个能够自动适应先进制程下不同布线层默认线宽变化和导线类型变化的通孔尺寸计算模型,从而更加全面细致地考虑布线区域的拥塞问题,减小总体布线和详细布线的不匹配程度;设计了多角度拥塞感知策略,从通孔、导线和障碍物的角度感知并优化布线区域的拥塞情况。相关实验表明,所提出的算法能够有效评估并优化布线区域的拥塞情况,同时优化层分配方案的时序特性。

6.6 基于通孔柱的时延驱动层分配算法

6.6.1 引言

通孔和导线是完成线网各引脚连接的两种载体,通孔时延和导线时延是线网时延的主要组成部分。然而,文献[33-43]中的时延优化层分配工作都致力于优化导线时延,而对于通孔时延的优化并没有提出针对性的优化方式和策略。近期有研究将通孔柱引入物理设计的布局过程以优化时延,但在物理设计的布线过程中,尚无文献围绕这一技术展开探索。

通孔柱是先进制程中的一项关键技术,在优化电路时序特性方面发挥着重要作用。通孔柱通过降低通孔电阻,进而达到优化通孔时延的目的。并且,若将通孔柱和非默认规则线有效结合,构建一个相对完整的基于先进制程技术的层分配时延优化体系,用来同时降低通孔时延和导线时延,则能够大幅度优化线网时延。此外需要注意的是,相比于常规通孔,通孔柱在减小通孔电阻的同时,也会引起通孔电容的增大和更多布线资源的消耗。所以,若没有合理地应用通孔柱,不仅会损害层分配方案的可布线性,而且可能对电路时序特性产生负面影响。因此,考虑如何合理使用通孔柱并将其与非默认规则线有效结合,以在保障可布线性的前提下优化时序特性具有重要的实际意义和理论价值。

基于上述分析和研究现状,本节设计了一种基于通孔柱的时延驱动层分配算法,用来进一步优化层分配方案的时序特性。首先,构建模型将通孔柱技术引入层分配,并提出一种优化方法将通孔柱和非默认规则线两种先进制程技术有效结合进而优化布线方案的时序特性。其次,由于最大时延是集成电路性能优化的重要制约因素,因此设计一种最大时延线网手术刀算法优化最大时延。再次,提出一种基于路径总长的排序策略,从调整线网处理顺序的角度进一步改善布线方案的时序特性。最后,设计相应的仿真实验,通过实验验证所提出算法的可行性和有效性。

6.6.2 相关知识

作为先进制程下优化物理设计方案时序特性的关键技术,通孔柱通过降低通孔电阻的方式优化时延。图 6.27 展示了通孔柱与常规通孔的对比。在图 6.27(a)中,一常规通孔连接 m_2 布线层的导线和 m_1 层的发射器;在图 6.27(b)中,一通孔柱连接 m_2 层的导线和 m_1 层的发射器,该通孔柱由两个连接 m_1 和 m_2 层的常规通孔组成。设连接 m_1 和 m_2 层的常规通孔电阻为 R_v,电容为 C_v,下游电容为 C_{down}。则图 6.27(b)的通孔柱的电阻为 $R_v/2$。电容为 $2 \times C_v$,下游电容为 C_{down}。

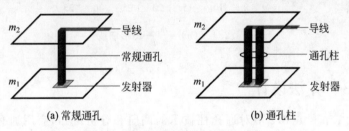

(a) 常规通孔   (b) 通孔柱

图 6.27 通孔柱与常规通孔的对比

由 Elmore 时延计算模型可知,图 6.27(a)中的通孔时延 $delay_1$、图 6.27(b)中的通孔时延 $delay_2$ 以及两者的差值分别为

$$delay_1 = R_v \times \left(C_{down} + \frac{C_v}{2} \right) = R_v \times C_{down} + \frac{R_v \times C_v}{2} \tag{6.24}$$

$$delay_2 = \frac{R_v}{2} \times \left(C_{down} + \frac{2 \times C_v}{2} \right) = \frac{R_v \times C_{down}}{2} + \frac{R_v \times C_v}{2} \tag{6.25}$$

$$delay_1 - delay_2 = \frac{R_v \times C_{down}}{2} > 0 \tag{6.26}$$

因此,通孔柱可以有效优化通孔时延。由式(6.26)可以看出,尤其是在 R_v 或者 C_{down} 的值较大时,使用通孔柱技术带来的时延优化效果更加明显。此外,若图 6.27(b)中的通孔柱由 n 个常规通孔组成,则图 6.27(b)中的通孔时延 $delay_2$ 及与 $delay_1$ 的差为

$$delay_2 = \frac{R_v}{n} \times \left(C_{down} + \frac{n \times C_v}{2} \right) = \frac{R_v \times C_{down}}{n} + \frac{R_v \times C_v}{2} \qquad (6.27)$$

$$delay_1 - delay_2 = \frac{(n-1) \times R_v \times C_{down}}{n} > 0, \quad n \geqslant 2 \qquad (6.28)$$

由式(6.28)并结合图 6.28 可知,在 R_v 和 C_{down} 一定的情况下,随着通孔柱中所包含常规通孔数量 n 的增加,$(delay_1 - delay_2)$ 的值增大,即通孔柱带来的通孔时延优化效果更加明显。另一方面,增大通孔柱中所包含常规通孔数量 n 的代价是消耗更多的布线资源。因此在应用通孔柱技术时,需要充分考虑时序特性的优化和可布线性的保障之间的权衡。

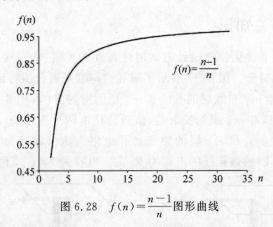

图 6.28 $f(n) = \dfrac{n-1}{n}$ 图形曲线

6.6.3 算法设计

由 6.6.1 节和 6.6.2 节对通孔柱技术的调研和分析可知,应用通孔柱技术可以有效降低通孔时延,但可能会消耗更多的布线资源。因此,本节研究如何在有效应用该技术优化层分配方案时序特性的同时,尽可能降低对布线资源的额外消耗。并且,考虑到电路中的最大时延线网对芯片性能的改善有限制作用,因此提出了最大时延线网手术刀算法,从优化全局最大线网时延的角度优化芯片的时序特性。此外,提出了一种基于线网路径总长的排序策略,从消除线网顺序的不确定性的角度,进一步提高层分配方案的质量。

1. 通孔柱优化方法

为了充分发挥先进制程下通孔柱和非默认规则线的时延优化潜力,提出了一种将通孔柱和非默认规则线有效结合的优化方法,该方法充分考虑线网时延、拥塞

情况、导线类型和通孔柱的组合形式,通孔段和导线段的时序关键性,以在降低时延的同时保障优良的可布线性。

相对于常规通孔和默认规则线,由于通孔柱和非默认规则线占用了更多的布线资源,故应严格限制通孔柱和非默认规则线的使用范围以避免损害可布线性。可基于以下实际情况考虑通孔柱和非默认规则线的使用范围。

(1) 相对时延较小的线网,时延较大的线网对全局电路的时序特性有更大的影响。

(2) 对于一个线网,仅时序关键段具有较大的时延,其中时序关键段包括时序关键导线段和时序关键通孔段。

(3) 若通孔柱被用于一个靠近接收器的通孔段,则该通孔段的各个上游段的下游电容会增大,这很可能会导致线网时延增大。

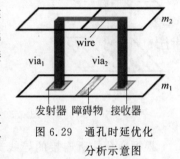

图 6.29   通孔时延优化
分析示意图

在如图 6.29 所示的层分配方案中,via_1 是靠近发射器的通孔,via_2 是靠近接收器的通孔,导线 wire 的两端分别与 via_1 和 via_2 相连。若对靠近接收器的 via_2 使用通孔柱,via_2 的通孔时延会降低,但同时会引起 via_2 的上游各段的下游电容增大,即 wire 段和 via_1 段的下游电容增大,进而导致 wire 和 via_1 时延的增大,最终可能会引起线网时延的增大。

若对靠近发射器的 via_1 使用通孔柱,via_1 的通孔时延会减小,并且不会引起 wire 和 via_2 时延的变化,进而可以有效降低线网时延。并且由式(6.26)可知,对下游电容更大的通孔段使用通孔柱可以取得更好的优化效果。由于 via_1 的下游电容大于 via_2 的下游电容,因此,相对于靠近接收器的 via_2,对靠近发射器的 via_1 使用通孔柱可以取得更好的时延优化效果。

因此,所提出的通孔柱优化方法仅允许时序关键线网的时序关键段使用通孔柱和非默认规则线,其余只能使用常规通孔和默认规则线。具体地说,该方法设定在线网时延降序排序下,前 5%的线网为时序关键线网,时序关键段的确定是根据6.4.3 节中的方法,此处不再赘述。

为了避免拥塞情况恶化,在结合通孔柱和非默认规则线时充分考虑了通孔柱的类型和导线的类型。通孔柱的类型取决于该通孔柱所连导线的类型。具体地说,由于并行线占用两个布线轨道,宽线占用 3 个布线轨道,故设置通孔柱与非默认规则线结合的基本组合如下。如图 6.30(a)所示,一个连接并行线和默认规则线的通孔柱是 2×1 类型。如图 6.30(b)所示,一个连接两对并行线的通孔柱是 2×2 类型。如图 6.30(c)所示,一个连接宽线和默认规则线的通孔柱是 3×1 类型。如图 6.30(d)所示,一个连接宽线和并行线的通孔柱是 3×2 类型。如图 6.30(e)所示,一个连接两条宽线的通孔柱是 3×3 类型。此外,若一个通孔柱连接默认规则线,则该通孔柱转变为一个常规通孔如图 6.30(f)所示。若一个通孔柱在某一层上没有与线相连,则该通孔柱的类型取决于该层的默认规则线。

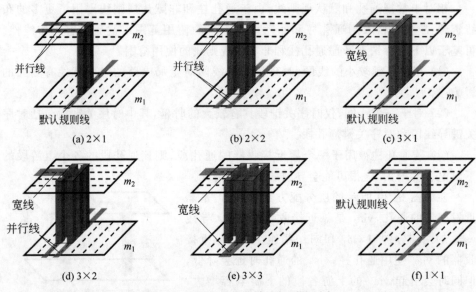

图 6.30　通孔柱与非默认规则线组合

　　根据通孔柱所连接的导线类型,通孔柱的类型在多层布线区域中可基于上述基本形式自动调整。图 6.31 给出了一多层布线区域下通孔柱和非默认规则线的组合形式。2×1 类型的通孔柱用于连接 m_2 布线层上的并行线和 m_3 布线层上的默认规则线,2×2 类型的通孔柱用于连接 m_1 布线层上的并行线和 m_2 布线层上的并行线。

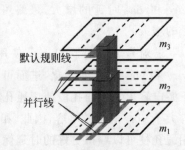

图 6.31　多层布线区域中通孔柱与非默认规则线组合示例

　　该优化方法首次在层分配过程中应用通孔柱技术,并且将通孔柱和非默认规则线合理组合,在不占用额外布线资源的情况下优化线网时延,以改善层分配方案的时序特性。

2. 最大时延线网手术刀算法

　　全局电路的最大时延是影响芯片性能的关键因素,因此设计最大时延线网手术刀算法,从调整最大时延线网层分配方案的角度优化最大时延。该算法的基本思想可概括如下:若存在部分线网与最大时延线网竞争布线资源,则将被这部分线网占用的低时延布线资源释放,为最大时延线网提供拆线重分配的空间,进而达到降低全局电路最大时延的目的。

　　图 6.32 给了一个示例用于解释说明该算法优化最大时延的过程。在图 6.32 中,n_1 是线网时延较小的线网,n_2 是最大时延线网。由图 6.32(a)展示了 n_1 和 n_2 的 2D 布线方案,由此可知 n_1 和 n_2 竞争布线资源。在多层布线区域中,每条网

格边的轨道容量为 1。相对于布线层 m_1，布线层 m_3 能够提供更低时延的布线资源。为了减小最大时延，m_3 的布线资源应当优先被最大时延线网使用。在应用最大时延线网手术刀算法之前，n_1 和 n_2 的层分配方案如图 6.32(b) 所示。m_3 的低时延布线资源被线网时延较小的 n_1 占用，最大时延线网 n_2 只能使用 m_1 的高时延布线资源。为了降低最大线网时延，最大时延线网手术刀算法在不考虑导线拥塞约束的情况下将 n_2 的层分配方案调整为如图 6.32(c) 所示的层分配方案。为了保障可布线性，该算法在考虑导线拥塞约束的情况下将 n_1 的层分配方案调整为如图 6.32(d) 所示的层分配方案。经过最大时延线网手术刀算法调整后的 n_1 和 n_2 的层分配方案如图 6.32(d) 所示。与图 6.32(b) 的层分配方案相比，图 6.32(d) 的层分配方案的最大线网时延更低，并且没有引起可布线性的恶化。

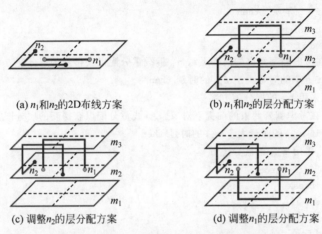

(a) n_1 和 n_2 的2D布线方案　　　　　(b) n_1 和 n_2 的层分配方案

(c) 调整 n_2 的层分配方案　　　　　(d) 调整 n_1 的层分配方案

图 6.32　最大时延线网手术刀算法示例说明

在算法 6.2 中，已有的层分配方案作为该算法的输入，优化后的层分配方案作为该算法的输出。在第 3 行，确定当前层分配方案中最大时延线网 n_{md}。在第 4 行，在不考虑导线拥塞约束的前提下，将 n_{md} 拆线重分配得到新的层分配方案，并用 n_{md2} 表示该线网。若 n_{md2} 的时延大于 n_{md} 的时延，则说明拆线重分配之后最大线网时延增大，因此采用 n_{md} 的层分配方案并结束循环，如第 5~7 行所示。否则，在考虑导线拥塞约束的前提下，对除 n_{md2} 之外的每个违规线网进行拆线重分配，如第 10~13 行所示。在拆线重分配过程中，第 i 个违规线网记为 n_i，拆线重分配之后得到新的层分配方案并用 n_{i2} 表示该线网。若 n_{i2} 的时延大于原先的最大线网时延，则保留 n_i 的层分配方案，并在考虑导线拥塞约束的前提下将 n_{md2} 拆线重分配得到 n_{md3}，如第 15 和 16 行所示。然后在第 17 行进一步检查 n_{md3} 的时延是否大于原先的最大线网时延。若是，则保留 n_{md2} 的层分配方案并结束循环，如第 18~20 行所示。需要注意的是，在第 25 行，循环结束之后的层分配方案可能存在违规线网，因此算法在第 26 行进行违规线网检查。若存在违规线网则应用协商思想对违规线网进行拆线重分配，如第 27 行所示。

算法 6.2　最大时延线网手术刀算法
输入：优化前的电路层分配方案
输出：优化后的电路层分配方案

1.　fail←false
2.　**while** fail is false **do**
3.　　确定最大时延线网 n_{md}
4.　　在不考虑拥塞约束的前提下对 n_{md} 拆线重分配以获得新的层分配方案 n_{md2}
5.　　**if** n_{md2} 的时延大于 n_{md} 的时延 **then**
6.　　　采用 n_{md} 的层分配方案
7.　　　fail←true
8.　　**else**
9.　　　**for** 线网集合中的每个违规线网 n_i **do**
10.　　　**if** n_i 是 n_{md2} **then**
11.　　　　continue
12.　　　**end if**
13.　　　在考虑拥塞约束的前提下对 n_i 拆线重分配以获得新的层分配方案 n_{i2}
14.　　　**if** n_{i2} 的时延大于 n_{md} 的时延 **then**
15.　　　　采用 n_i 的层分配方案
16.　　　　在考虑拥塞约束的前提下对 n_{md2} 拆线重分配以获得新的层分配方案 n_{md3}
17.　　　　**if** n_{md3} 的时延大于 n_{md} 的时延 **then**
18.　　　　　采用 n_{md2} 的层分配方案
19.　　　　　fail←true
20.　　　　　break
21.　　　　**end if**
22.　　　**end if**
23.　　　**end for**
24.　　**end if**
25.　**end while**
26.　**if** 电路中仍然存在违规线网 **do**
27.　　在考虑拥塞约束的前提下基于协商思想对所有违规线网进行拆线重分配
28.　**end if**

3. 路径总长排序策略

在研究过程中注意到，相对于后被处理的线网，先被处理的线网在选择布线资源时具有更大的灵活性。尤其是在层分配的初始阶段，若没有对线网的处理顺序进行深入研究而仅依赖测试电路的默认线网顺序进行层分配，则在初始阶段会产生很大的不确定性和不合理性，造成层分配初始解质量不稳定。这会增大后续阶段的优化负担，进而影响最终方案的质量。因此，提出了一种基于路径总长的排序策略，以更加合理的顺序进行初始阶段层分配，从而优化层分配方案的质量。

层分配算法的初始阶段是根据 2D 布线方案生成 3D 布线方案，该阶段的理想顺序是按照线网时延从大到小的顺序对线网进行处理，以使得线网时延较大的线网优先选择低时延布线资源。然而，在 3D 布线方案生成之前无法获知每个线网的时延,故无法依据线网时延对线网进行排序。但分析 Elmore 时延计算模型可知,线网时延的大小与线网各接收器到发射器的路径长度之和有关。具体地说,一个线网各接收器到发射器的路径长度之和越大,该线网的时延往往越大。因此,在没有线网的 3D 布线方案的情况下,根据线网各接收器到发射器的路径长度之和对线网降序排序,也可以起到使时延较大的线网优先使用布线资源的作用。

需要注意的是,线网的各接收器到发射器的路径长度之和与线网的线长不同。为了详细说明两者的区别,设图 6.33 的 2D 布线区域中水平或垂直方向相邻的布线网格单元之间的单位长度为 1。如图 6.33(a)所示线网的各接收器到发射器的路径长度之和为 6,线长为 4。此外,线网的路径之和与该线网发射器和接收器的分布有很大关系。对比图 6.33(a)和图 6.33(b)可知,两个线网的线长均为 4 且拓扑结构相似,但图 6.33(a)2D 布线方案对应的路径长度之和为 6,图 6.33(b)中 2D 布线方案对应的路径长度之和为 5。

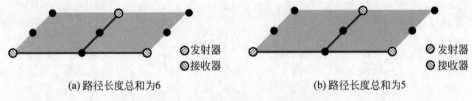

(a) 路径长度总和为6　　　　　　　　　　　　　(b) 路径长度总和为5

图 6.33　线网路径长度总和说明

排序策略根据线网的路径长度之和感知线网时延,并依此对线网进行排序,从而使得时延较大的线网有更大的概率优先选择布线资源。该策略降低了层分配初始阶段线网顺序的不确定性和不合理性,进一步规范了层分配算法的处理流程,有利于提高算法的效率和最终层分配方案的质量。

4. 算法流程描述

本节所设计的算法包含 4 个阶段。通过第一阶段和第二阶段生成满足拥塞约束的层分配方案之后,第三阶段应用最大时延线网手术刀算法从调整最大时延线网层分配方案的角度优化全局电路的最大时延。第四阶段应用通孔柱优化方法,将非默认规则线和通孔柱相结合,发挥先进制程技术组合在时延优化方面的潜力。路径总长排序策略在缺少线网 3D 布线方案的情况下,根据线网的路径总长感知线网时延并依此对线网进行排序,提高层分配初始阶段处理过程的规范性和后续阶段的效率。此外,本节所设计的算法还结合多角度拥塞感知策略和通孔尺寸模型,在改善层分配方案时序特性的同时优化可布线性,并减小总体布线和详细布线的不匹配程度。

6.6.4　实验结果

所提出的算法通过 C++ 编程实现,运行环境与测试电路情况与 6.5 节相同。由于测试电路数据来源忽略了通孔尺寸这一因素,因此在原设定布线区域和线网规模下,考虑通孔尺寸之后会引起不可避免的溢出。具体地说,结合引理 6.1 的内容可知,由于 2D 布线方案没有溢出,即层分配的第一阶段没有产生溢出。并且,由于所提出的算法遵循导线拥塞约束且层分配的第一阶段无溢出,故层分配的第二阶段也没有产生溢出。因此,层分配最终方案的溢出是在第三阶段产生的,即由通孔的引入所导致的。

为了说明所提出的基于通孔柱的时延驱动层分配算法(VPB)的性能,将 VPB 与研究过程中提出的另一具有良好优化性能的时延驱动层分配算法(DPA)在相同实验环境下进行对比。实验结果对比如表 6.11 和表 6.12 所示。

表 6.11 算法 VPB 与算法 DPA 在时序关键线网的平均时延方面的对比

测试电路	0.5%TAD		1%TAD		5%TAD	
	DPA	VPB	DPA	VPB	DPA	VPB
cir1	510	443	393	339	177	154
cir2	748	705	540	501	182	166
cir3	471	431	348	316	131	118
cir4	744	671	476	428	138	123
cir5	613	542	411	365	136	119
cir6	416	360	284	246	100	87
cir7	629	533	392	333	111	95
cir8	473	413	311	272	109	95
cir9	318	278	217	188	90	79
cir10	496	422	301	256	97	82
均值	542	480	367	324	127	112
比值	1.00	0.88	1.00	0.88	1.00	0.87

表 6.12 算法 VPB 与算法 DPA 在总时延、最大时延、溢出数量和运行时间方面的对比

测试电路	TD		MD		OF		RT	
	DPA	VPB	DPA	VPB	DPA	VPB	DPA	VPB
cir1	9 960 030	9 356 130	9600	7281	951 399	776 613	1007	1145
cir2	7 326 300	7 036 480	8868	7157	690 707	582 003	813	858
cir3	6 387 400	6 126 160	26 865	20 919	668 531	520 069	619	675
cir4	9 204 150	8 743 160	17 030	13 533	951 433	709 641	808	901
cir5	5 071 890	4 745 820	13 346	8532	546 070	382 022	496	536
cir6	5 451 080	5 125 790	6665	4569	596 779	370 439	486	534
cir7	7 355 780	6 961 710	57 324	37 129	721 243	553 016	752	890
cir8	3 899 820	3 708 430	26 513	16 838	456 296	335 142	373	415
cir9	3 767 260	3 720 000	5779	3748	440 278	364 965	455	506
cir10	2 746 440	2 584 090	45 408	29 689	295 550	197 193	242	282
均值	6 117 015	5 810 777	21 740	14 939	631 829	479 110	605	674
比值	1.00	0.95	1.00	0.70	1.00	0.75	1.00	1.11

表 6.11 给出了算法 VPB 与算法 DPA 在时序关键线网的平均时延方面的对比。其中,0.5%TAD、1%TAD 和 5%TAD 分别表示按照线网时延降序排序下前

0.5％、1％和5％线网的平均时延。表6.12给出了算法VPB与算法DPA在总时延、最大时延、溢出数量和运行时间方面的对比。实验结果中时延数据的单位均为皮秒，运行时间单位为秒。由实验结果可知，与DPA相比，VPB在前0.5％、1％和5％线网的平均时延、总时延、最大时延和溢出数量方面分别取得了12％、12％、13％、5％、30％和25％的优化比例。

VPB不仅应用了非默认规则线技术，而且引入了通孔柱技术，并通过所提出的优化方法将两种技术有效结合，同时优化导线时延和通孔时延。而DPA仅应用非默认规则线优化导线时延而没有引入相应技术优化通孔时延，故在时延方面明显大于VPB。VPB比DPA采用了更为复杂的通孔柱结构因此需要更多的时间开销。此外，VPB融合了所提出的最大时延线网手术刀算法通过合理地调整布线资源分配进一步降低电路的最大时延。另一方面，VPB的路径总长排序策略从规范层分配初始阶段线网处理次序的角度提高初始层分配方案的整体质量，这有利于最终方案质量的提高。

为了进一步说明算法VPB的性能，将VPB与性能出色的算法ATN在相同实验环境下进行对比。由于ATN没有考虑通孔尺寸这一因素，将6.5.3节中的通孔尺寸模型引入ATN算法以保证实验对比的公平性。实验结果对比如表6.13和表6.14所示。表6.13给出了算法VPB与算法ATN在时序关键线网的平均时延方面的对比。表6.14给出了算法VPB与算法ATN在总时延、最大时延、溢出数量和运行时间方面的对比。由实验结果可知，与ATN相比，VPB在前0.5％、1％和5％线网的平均时延、总时延、最大时延、溢出数量和运行时间方面分别取得了12％、13％、13％、5％、25％、26％和4％的优化比例。VPB在层分配的第一阶段根据路径总长对线网进行排序，并且在该阶段同时考虑时延和拥塞，从而能够得到质量更好的初始层分配方案。因此在第二阶段，VPB仅需对初始层分配方案进行较小幅度的调整即可满足拥塞约束，这有利于降低运行时间。VPB的第三阶段通过最大时延线网手术刀算法，使得最大时延线网充分利用低时延布线资源以优化最大时延。最后通过所提出的优化方法将非默认规则线和通孔柱相结合，构成一个相对完整的基于先进制程的线网时延优化技术体系。因此所提出的算法能够在更短的时间内给出质量更好的层分配方案。

表 6.13　算法 VPB 与算法 ATN 在时序关键线网的平均时延方面的对比

测试电路	0.5％TAD		1％TAD		5％TAD	
	ATN	VPB	ATN	VPB	ATN	VPB
cir1	522	443	399	339	179	154
cir2	753	705	541	501	182	166
cir3	476	431	350	316	132	118
cir4	742	671	476	428	139	123
cir5	613	542	411	365	137	119
cir6	416	360	284	246	101	87

续表

测试电路	0.5%TAD		1%TAD		5%TAD	
	ATN	VPB	ATN	VPB	ATN	VPB
cir7	627	533	391	333	112	95
cir8	473	413	312	272	110	95
cir9	324	278	222	188	92	79
cir10	490	422	299	256	98	82
均值	544	480	369	324	128	112
比值	1.00	0.88	1.00	0.87	1.00	0.87

表 6.14 算法 VPB 与算法 ATN 在总时延、最大时延、溢出数量和运行时间方面的对比

测试电路	TD		MD		OF		RT	
	ATN	VPB	ATN	VPB	ATN	VPB	ATN	VPB
cir1	10 050 400	9 356 130	8821	7281	962 640	776 613	1168	1145
cir2	7 334 860	7 036 480	8599	7157	695 084	582 003	899	858
cir3	6 407 170	6 126 160	25 255	20 919	672 324	520 069	681	675
cir4	9 244 380	8 743 160	16 274	13 533	958 925	709 641	939	901
cir5	5 104 490	4 745 820	12 905	8532	550 206	382 022	558	536
cir6	5 462 820	5 125 790	6425	4569	597 959	370 439	545	534
cir7	7 389 410	6 961 710	50 466	37 129	727 421	553 016	895	890
cir8	3 924 120	3 708 430	25 457	16 838	462 659	335 142	427	415
cir9	3 841 120	3 720 000	5391	3748	450 233	364 965	571	506
cir10	2 753 130	2 584 090	43 089	29 689	299 119	197 193	301	282
均值	6 151 190	5 810 777	20 268	14 939	637 657	479 110	698	674
比值	1.00	0.95	1.00	0.75	1.00	0.74	1.00	0.96

6.6.5 小结

本节提出了一种基于通孔柱的时延驱动层分配算法。该算法将通孔柱和非默认规则线相结合,构成一个相对完整的基于先进制程的线网时延优化技术体系。设计了最大时延线网手术刀算法,该算法从调整最大时延线网层分配方案的角度优化最大时延。提出了一种排序策略,该策略根据线网的路径总长感知线网时延,以提高层分配初始解的质量和后续阶段的效率。与现有工作相比,所提出的算法能够高效地优化时延和拥塞,具有较好的优化性能。

6.7 考虑总线的偏差驱动层分配算法

6.7.1 D-LA 算法设计与实现

1. 算法总体设计流程

本节介绍了考虑总线偏差的驱动层分配算法 D-LA。由于整数线性求解规模较大的问题时,存在耗时严重的问题,甚至会出现无法求解的情况。因此,D-LA采用高效且流行的顺序方法来解决层分配问题。

　　D-LA 由两个阶段组成:初始层分配阶段和偏差优化阶段。两个阶段都通过计算线网的优先级来决定层分配的顺序,并对每个线网使用一种单一线网层分配算法(Single Net Layer Assignment,SNLA),得到当前线网最少通孔代价的层分配结果。但是由于总线的优化目标不仅仅是最小化线长,更需要解决总线的时序匹配问题。因此,两个阶段所使用的优先级计算方式不同,目标不同。D-LA 的算法设计流程如图 6.34 所示。

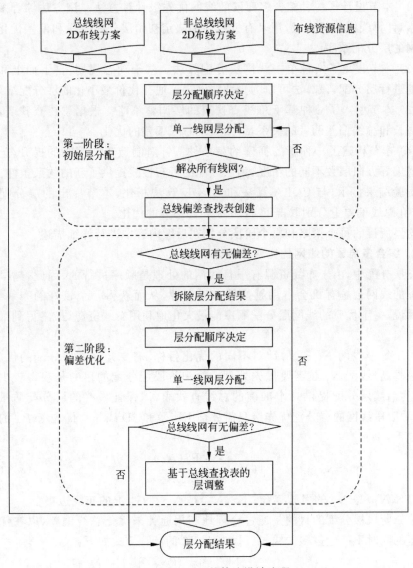

图 6.34　D-LA 的算法设计流程

在初始层分配阶段,先利用综合线长和引脚因素的代价函数确定线网的层分配顺序;再对每个线网使用 SNLA 算法得到当前线网的 3D 布线方案;最终得到总线长最小化的初始层分配方案以及一个总线查找表,以保证整个层分配结果的质量。在偏差优化阶段,首先,根据初始层分配结果,将时序紊乱的总线和所有非总线线网进行拆除;其次,使用综合多种因素的代价函数确定线网的再分配顺序,并使用 SNLA 算法;最后,基于总线查找表,使用一种基于总线查找表的层调整策略(Layer Shifting,LS),以牺牲一定限额的线长来换取总线偏差的优化,以进一步提升层分配质量,最终获得一个最佳的层分配结果。因此,本节的主要贡献如下。

(1) 本节设计了一种综合多要素的线网优先级计算方法。该方法综合多方面的因素,计算线网的优先级,用来有针对性地决定初始层分配阶段和偏差优化阶段中线网的层分配顺序。

(2) 本节提出了一种单一线网层分配算法。基于动态规划、自下而上和逐层逐边地进行层分配,该算法可以为当前线网得到通孔代价最小化的层分配结果。

(3) 本节引入了一种基于总线查找表的层调整策略。根据总线查找表,有效平衡线长和总线偏差两者的关系,继而实现总线偏差的优化。

(4) 本节构建了一种新的拥塞约束条件。针对制造工艺等级的提升,全面考虑布线偏好方向层数不同的情况,为层分配的可布性线提供了新的约束条件。

实验结果显示,与 COLA 算法和 Greedy 算法相比,本节提出的层分配算法 D-LA 在总线偏差上分别取得了 41.9% 和 15.5% 的优化。

这里所提的每个策略和每个阶段分别在后续内容中进行详细描述。

2. 综合多要素的线网优先级计算方法

在层分配中,由于布线资源有限且线网的处理是顺序进行的,因此,越早进行层分配的线网会越有机会占用越好的布线资源,从而获得一个较好的布线结果。换句话说,一个优质的线网层分配顺序能最大化地利用布线资源,最终得到最佳的布线方案。

对于每个线网 $N_i \in N$,针对不同的优化目标,需要计算其层分配的优先级。优先级越高,线网 N_i 越需要优先处理。第一阶段层分配的目的是获得较少的线长,并为后续层分配提供一个准确的总线查找表,以保证最终的层分配质量。因此,第一阶段线网的层分配优先级只需评估引脚数和 2D 线长。优先级 $P1$ 的计算方式如下:

$$P1(N_i) = \frac{|PS(N_i)|}{|ES(N_i)|} \tag{6.29}$$

式中,$PS(N_i)$ 是 N_i 的引脚集合;$ES(N_i)$ 是 N_i 在 G^1 上的布线边集合。

第二阶段层分配的目的是通过合理地利用通孔来优化总线偏差,以在优化总线偏差的同时不产生过多的线长。优先级 $P2$ 的计算方式如下:

$$P2(N_i) = \alpha \times \frac{BD^i + |PS(N_i)|}{|ES(N_i)|} + \beta \times q \tag{6.30}$$

其中，α 和 β 是用户自定义的系数；$PS(N_i)$ 是 N_i 的引脚集合；$ES(N_i)$ 是 N_i 在 G^1 上的布线边集合；BD^i 是第 i 个总线 B^i 的总线偏差；q 是 B^i 的信号数。

线网 N_i 的优先级由 2D 线长 $|ES(N_i)|$、引脚数 $|PS(N_i)|$、总线偏差 BD^i 以及总线信号位数 q 这 4 个要素综合决定。

（1）$|ES(N_i)|$：S^1 的 2D 线长越长，其需要占用越多的布线资源，造成比较好的布线资源利用率低。另外，2D 线长越大，其遇见布线资源耗竭而需要进行换层的情况概率越大。另外，出现拐弯的概率也越大。因此，即使占用较好的布线资源，本身也会产生很多通孔，从而使得布线资源的利用率变低。因此，2D 线长较大的线网倾向于后处理。

（2）$|PS(N_i)|$：因为具有较多引脚的线网需要频繁地连接引脚，它们的最佳布线选择方案数减少，所以往往会产生较多的通孔数。若其优先级较低，则会产生大量不必要的线长。因此，引脚较多的线网往往先处理。

（3）BD^i：B^i 中每个信号位的潜在偏差越大，越需要优先处理，从而能获得较短的线长。

（4）q：B^i 的信号位数越多，其布线资源竞争越激烈，需要先占据较好的布线资源，否则总线偏差越严重。因此，信号位数越多的总线越需要优先处理。

综上所述，线长和引脚数因素是为了限制线长，而总线偏差和总线信号位数因素是为了控制总线线网的优先级。

3．单一线网层分配算法

单一线网层分配算法的目标是为当前线网 N_i 获得一个通孔代价最小化的层分配结果。该算法的基本思想是：根据 G^z 上布线边当前的通道容量情况，在不违反边的拥塞约束条件的前提下，基于动态规划，对 $ES(N_i)$ 根据一种特定的顺序自下而上依次对每条布线边进行层分配。最后根据驱动引脚的代价，选择代价最小的层分配方案进行回溯，得到 N_i 最终的层分配结果 $S^k(N_i)$。

单一线网层分配算法步骤如下。

步骤 1，选择线网 N_i 的驱动引脚所在的节点作为根节点，使用深度优先搜索（Depth First Search，DFS）算法在 $G^1 = (V^1, E^1)$ 形成构建一棵有向布线树，得到了每条边 $e^1 \in ES(N_i)$ 的层分配顺序。

步骤 2，根据 $ES(N_i)$ 层分配顺序的逆序，得到了节点 $VS(N_i)$ 的遍历顺序。

步骤 3，遍历 $v^1 \in VS(N_i)$ 节点，在 G^k 上以自下而上的方式将 v^1 对应的父边 e^1 分配到每个层上，再利用式（6.31）计算 v^1 在 G^k 上第 k 层 v^k 的通孔代价 $mv(v^1, k)$，并记录 v^k 的父边应放置的层 $l(v^k)$。

步骤 4，若遍历到根节点，执行下一步；否则，转步骤 3。

步骤 5，根据根节点的值回溯所有节点 $VS(N_i)$，根据节点 v^1 在 G^k 上 v^k 父边所在层 $l(v^k)$，构建出最终的层分配结果 $S^k(N_i)$。

值得注意的是，在步骤 3 中任何违反边的拥塞约束条件的情况，其代价都是无穷大。

为了方便起见,定义节点 $v^1 \in V^1$ 的父节点为 pa_v(v^1),子节点为 ch_v(v^1),连接 ch_v(v^1) 的边称为子边 ch_e(v^1),连接 pa_v(v^1) 的边称为父边 pa_e(v^1)。另外,令 mv(v^1, k) 是以 v^1 为根节点,pa_e(v^1) 在 k 层的通孔代价。$v(v^1)$ 是连接在 G^k 上 v^1 对应的所有 v^k 节点的通孔代价。对于每个节点 v^1 而言,其在 G^k 对应的 v^k 需要连接 3 类物件,分别是连接其所有 pa_e(ch_v(v^1)) 的通孔、连接 pa_e(v^1) 的通孔以及连接自身引脚的通孔。除此之外,v^1 都需要记录 pa_e(v^1) 的最佳层号 $l(v^1)$ 以及 v^1 作为根节点的子树的最小通孔代价 mv(v^1, k)。mv(v^1, k) 的计算方式如下:

$$mv(v^1, k) = \min\left(\sum_{k=1}^{z} mv(ch\_v(v^1), k) + v(v^1)\right) \qquad (6.31)$$

式中,z 是金属层数;k 是 pa_e(v^1) 所在的层号;$v(v^1)$ 是 v^1 在 G^k 上所需的通孔数。

下面通过图 6.35 给出的示例来解释 SNLA 算法。给定一个有 4 个引脚的线网,如图 6.35(a) 所示。首先,选择驱动引脚所在的节点作为该线网 N_i 的根节点,并对其使用 DFS 算法,得到一棵布线有向树以及 ES(N_i) 的层分配顺序:e_1、e_2、e_3、e_4,如图 6.35(b) 所示。其次,根据 $S^1(N_i)$ 中 ES(N_i) 的逆序,得到其 VS(N_i) 的遍历顺序:v_1、v_2、v_3、v_4、v_5,如图 6.35(c) 所示。再次,计算所有节点的 mv(v^1, k) 和 $l(v^1)$ 值。以节点 v_4 为例,已知 mv(v_3, 2) = 2,其父边 e_1 可以分配到金属层 1 或者金属层 3。当 $k=1$ 时,mv(v_4, 1) = mv(v_3, 2) + $v(v_4)$ = 2 + 1 = 3,如图 6.35(d) 所示。当 $k=3$ 时,如图 6.35(e) 所示,mv(v_4, 3) = mv(v_3, 2) + $v(v_4)$ = 2 + 2 = 4,由此可得 $l(v_4)$ = 1。最后,根据所有 $l(v^1)$ 的值进行回溯,为 N_i 构建一个通孔代价最小化的层分配结果。

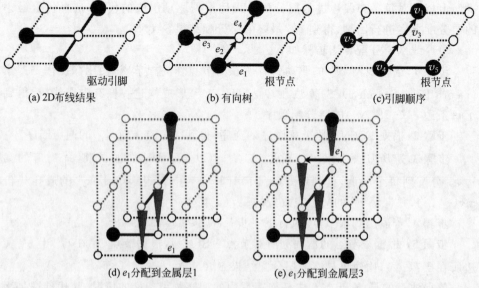

(a) 2D布线结果 (b) 有向树 (c)引脚顺序

(d) e_1分配到金属层1 (e) e_1分配到金属层3

图 6.35 SNLA 算法示例

4. 基于总线查找表的层调整策略

在 2D 布线阶段,由于布线资源的限制,为了得到溢出数少的布线结果,线网往往需要进行绕障,以获得无溢出的布线路径。尤其对于总线来说,它拥有多个信号位,拥塞程度严重,保持 2D 线长的高度一致相当困难。因此,需要在层分配阶段为存在时序偏差的线网进行优化。基于总线查找表的层调整策略提出的目的是利用通孔对线长的影响,以优化总线时序紊乱严重的信号。该策略的核心思想是:通过增加一定额度的通孔数,以此来增加较短的总线线网的线长,以换取该总线较多的总线偏差优化,从而满足总线时序匹配的设计约束。

基于总线查找表的层调整策略的伪代码如算法 6.3 所示。

算法 6.3　基于总线查找表的层调整策略

输入:BN_j^i 的布线结果 $S^z(BN_j^i)$、2D 拓扑 T、引脚集合 PS、标记数组 visit(e)、代价 cur_cost

输出:BN_j^i 新的布线结果 $S^z(BN_j^i)$

```
1.    T = NULL, PS = ∅, visit(e) = 0, cur_cost = ∞
2.    FOR i ← 1 TO |BN_j^i| DO
3.        T(BN_j^i) = DFS(S^z(BN_j^i));
4.        PS = Sort_By_Length(T(BN_j^i));
5.        FOR j ← 1 TO |PS| DO
6.            need = Cal_Expect_Length(PS_j);
7.            FOR 每一条边 e 到根节点 DO
8.                IF visit(e) == 1 THEN
9.                    continue;
10.               END IF
11.               visit(e) = 1;
12.               FOR 布线空间中的每一层 z DO
13.                   cur_cost = Cal_Cost(PS_j);
14.                   IF cur_cost < best_cost THEN
15.                       best_cost = cur_cost;
16.                   END IF
17.               END FOR
18.               更新 e 的通孔状态;
19.           END FOR
20.       END FOR
21.       更新线网 BN_j^i 查找表;
22.   END FOR
```

假设 $S^z(BN_j^i)$ 是总线信号位 BN_j^i 的 3D 布线结果,T 是 BN_j^i 的 2D 布线拓扑,visit(e)用来标记布线边 e 的调整状态,cur_cost 是布线边 e 调整到当前金属层的代价。第 1 行初始化拓扑 T,引脚集合 PS,标记数组 visit(e)以及代价 cur_cost。第 3 行是选择总线线网 BN_j^i 的驱动引脚所在的节点作为根节点,使用 DFS 算法在 $G^1 = (V^1, E^1)$ 形成构建一个有向布线树,从而得到了每条布线边 $e^1 \in S(BN_j^i)$ 的

层分配顺序。第4行是依据接收引脚到驱动引脚的长度,对所有接收引脚 PS 按长度从小到大进行排序,得到了引脚 PS 的调整顺序。第5～20行是遍历 $p \in$ PS 引脚,对其线长进行调整。并依次对 p 到根节点之间节点的父边进行的层调整。其中,第6行是利用式(6.32)计算 p 期望的额外线长。第12～17行是为当前布线边 e 找到一个可调整的新层和线网。第18行更新通孔的状态,使其保持连通性。第21行是更新总线查找表中的 B_i 值,保证总线查找表的准确性。在第6行中,BN_j^i 中接收引脚期望的额外线长,其计算方式如下:

$$\text{need}(BN_j^i) = \frac{\text{MWPG}_j^i - \text{WPG}_j^i \langle k \rangle}{V_{\text{cost}}} \tag{6.32}$$

其中,$\text{WPG}_j^i < k >$ 是总线 B^i 的驱动引脚组 PG_0^i 和第 j 个接收引脚组 PG_j^i 之间第 k 个引脚对的线长;MWPG_j^i 是 B^i 的 PG_0^i 和 PG_j^i 之间的最大线长;V_{cost} 是通孔代价。

　　基于总线查找表的层调整策略的停止条件是当调整的通孔数小于其用户自定义的阈值或者所有的布线边已调整。因为当总线 BN^i 与非总线线网 NB^i 进行换层的时候,为了保持其连通性,每条 e^k 的换层可能需要增加4个通孔。设置通孔上限阈值是为了防止线长恶意增加,避免算法无法收敛。

　　在基于总线查找表的层调整策略中,需要注意以下3点。

　　(1)调整信息标记。标记已经调整过的布线边。否则,对后调整的接收引脚所对应的布线边进行调整时,会同时影响到已调整过的接收引脚。重复的层调整既浪费时间,又会造成已调整好的引脚调整失败。

　　(2)拥塞约束条件的满足。在很多情况下,新层不存在多余的布线资源。因此,需要处理边的拥塞情况,避免层调整会造成新层的溢出。D-LA 算法处理这种情况的方式:自下而上选择新层,且优先选择不会发生溢出的层。若调整到新层后违反层分配的拥塞约束条件,则按以下规则处理:

　　① 如果新层上有非总线线网 NB^i,则选择 NB^i;

　　② 如果新层上只有总线线网 BN^i,则选择未调整过的 BN^i;

　　③ 其他情况,则不进行调整。

　　(3)信息的正确更新。两个线网的边进行层交换时,两个线网的通孔都需要更新。更新总线查找表时,需要更新总线查找表中当前总线的所有引脚组。因为调整任何接收引脚时,会影响到之前的接收引脚。

5. 第一阶段:初始层分配

　　D-LA 进行初始层分配是为了生成总线长较小的初始层分配结果以及一个准确的总线查找表,以引导后续阶段的层分配。由于初始层分配结果的质量对最终层分配方案的质量有很大影响。具体地说,如果第一阶段层分配方案的质量较差,则无法建立一个准确的总线查找表,使第二阶段的层分配得到一个令人满意的层分配结果。另外,如果第一阶段的层分配为了得到总线偏差较少的初始层分配方案,则无法考虑线长的因素。虽然总线线网会优先去占用较好的布线资源,但是这样却造成较好的布线资源利用率降低,最终使得非总线线网产生大量的线长。

一个好的初始层分配方案不仅满足拥塞约束条件以保证良好的可布线性,还要考虑各种布线指标。因此,算法 D-LA 在该阶段首先使用式(6.29)来决定线网的层分配顺序;然后,对于每个线网,根据当前布线资源的状态,使用单一线网层分配算法产生一个的通孔代价最小化的初始层分配方案;最后,基于初始层分配方案,D-LA 会生成一个总线查找表。该查找表记录了每个总线中各引脚组的总线偏差。

6. 第二阶段:偏差优化

D-LA 进行第二阶段层分配的目的是优化总线偏差,以提高芯片的性能。第二阶段层分配不仅要保证线长情况不恶化,而且要通过对时序紊乱比较严重的总线线网的重新层分配,实现总线偏差的优化。第二阶段层分配的详细步骤如下:

步骤 1,根据总线查找表,将存在偏差的总线线网 BN^i 和所有非总线线网 NB_i 全部拆除。拆除有偏差的 BN^i 的目的是对其进行重新分配,以获得更好的层分配结果。拆除 NB_i 是为了使那些被拆除的 BN^i 可以选择 NB_i 占用的布线资源。

步骤 2,为了优化总线偏差,在第二阶段使用综合 2D 线长、引脚数、信号数和总线偏差 4 个要素的代价函数来决定线网的层分配顺序。

步骤 3,由于需要避免线长恶意的增加,第二阶段依旧使用 SNLA 算法产生层分配结果。

步骤 4,如果当前线网经过 SNLA 产生的层分配结果不理想,即 $BD^i > 0$,那么将对其使用 LS 策略。

该阶段基于总线查找表,通过对布线资源的重新分配,用一定限额的通孔数来换取总线偏差的优化,最终获得一个最佳的层分配结果。

6.7.2　实验结果与分析

1. 基准电路及实验平台说明

本节所提的层分配算法 D-LA 用 C/C++语言实现,实验环境是 96GB 内存和 2.0GHz Intel Xeon CPU Linux 服务器。实验所用基准电路集由 2008 年 ISPD 举办的总体布线竞赛中所提供。每个基准电路的具体信息如表 6.15 所示。第 2 列 Bus 显示基准电路中最大的总线数;第 3 列 MaxBit 和第 4 列 MinBit 分别是一个总线中最多和最少信号位数;第 5 列 TotalBit 和第 6 列 TotalNet 分别列出了基准电路中总的总线信号数目和线网数量;第 7 列 Layer 是布线金属层数。

表 6.15 基准电路信息

基准电路	Bus	MaxBit	MinBit	TotalBit	TotalNet	Layer
adaptec1	50	64	8	1568	221 362	6
adaptec2	50	64	8	1632	261 791	6
adaptec3	50	64	8	1512	467 807	6
adaptec4	50	64	8	1416	516 720	6
adaptec5	50	64	8	1432	868 873	6
bigblue3	50	64	8	1696	1 124 036	6
bigblue4	50	64	8	1736	2 230 639	8
newblue2	50	64	8	1712	464 925	6
newblue4	50	64	8	1208	637 403	6
newblue5	50	64	8	1384	1 258 937	6
newblue6	50	64	8	1472	1 287 924	6

本节通孔的代价 V_{cost} 与 ISPD08 总体布线竞赛所规定的一样,是两个相邻布线单元之间的距离,即一个单元长度。

2. 相关方法以及策略的有效性验证

为了验证本节所提出的多要素的线网优先级计算方法以及基于总线查找表的层调整策略的有效性,分别给出了相应的实验对比,相关实验结果如表 6.16 和表 6.17 所示。

表 6.16 各种线网优先级确定方法的有效性对比

基准电路	Random		NVM		LAVA		D-LA	
	TWL(e5)	TBD	TWL(e5)	TBD	TWL(e5)	TBD	TWL(e5)	TBD
adaptec1	66.4	201 156	66.9	268 862	62.8	282 134	63.3	179 220
adaptec2	67.0	143 594	68.3	178 516	63.8	158 714	63.9	125 282
adaptec3	154.5	80 684	155.6	134 054	147.2	112 590	147.3	73 618
adaptec4	142.5	81 406	144.7	116 960	135.9	90 102	136.1	68 408
adaptec5	179.6	130 868	178.5	176 268	167.9	167 010	167.9	109 256
bigblue3	160.4	42 072	151.4	76 138	143.2	52 208	144.2	35 676
bigblue4	273.9	140 782	257.9	219 102	244.0	179 488	245.2	124 092
newblue2	90.8	68 792	92.4	116 208	85.5	74 324	86.2	51 968
newblue4	149.0	174 094	152.5	230 472	141.2	205 434	141.3	173 146
newblue5	264.4	130 226	265.6	185 568	247.1	162 182	247.2	105 514
newblue6	216.3	302 858	211.3	376 536	198.6	370 186	198.5	282 698
比值	**1.07**	**1.16**	**1.06**	**1.69**	**1**	**1.42**	**1**	**1**

表 6.17　基于总线查找表的层调整策略有效性证明

基准电路	−LS		+LS	
	TWL(e5)	TBD	TWL(e5)	TBD
adaptec1	63.4	207 954	63.3	179 220
adaptec2	63.9	127 688	63.9	125 282
adaptec3	147.1	71 972	147.3	73 618
adaptec4	135.9	74 298	136.1	68 408
adaptec5	167.7	117 774	167.9	109 256
bigblue3	142.6	40 874	144.2	35 676
bigblue4	244.5	153 280	245.2	124 092
newblue2	85.4	70 484	86.2	51 968
newblue4	141.5	176 024	141.3	173 146
newblue5	247.0	123 176	247.2	105 514
newblue6	198.6	321 022	198.5	282 698
比值	**0.998**	**1.125**	**1**	**1**

1) 多要素的线网优先级计算方法的有效性验证

表 6.16 给出了本节算法 D-LA 引入的多要素的线网优先确定方法与先前层分配工作提出的多种自适应函数的对比。其中,Random 算法是采用随机的方法确定线网进行层分配的顺序。NVM 算法采用的线网层分配顺序是根据线网线长、引脚数以及平均拥塞程度三者共同决定。LAVA 算法则是在 NVM 算法的自适应函数基础上,额外考虑了分割的次数且忽略了平均拥塞提出的。

由表 6.16 中的数据可以发现,在总的总线偏差(TBD)方面,与 Random、NVM 以及 LAVA 相比,D-LA 所使用方法分别优化了约 16%、69% 和 42%。在总的线长(TWL)方面,D-LA 分别比 Random 和 NVM 减少了约 7% 和 6%,且几乎与 LAVA 持平。因此,实验数据充分说明了该方法的有效性。

2) 基于总线查找表的层调整策略的有效性验证

本节提出的基于总线查找表的层调整策略在一定额度通孔数限制下,合理利用通孔对时序的影响,实现对总线偏差的优化,具体的优化程度如表 6.17 所示。第二大列 −LS 和第三大列 +LS 分别表示未使用基于总线查找表的层调整策略和使用了基于总线查找表的层调整策略的实验数据。

对于所有基准电路,采用基于总线查找表的层调整策略(+LS)相对于未采用该策略(−LS),前者在 TBD 取得了约 12.5% 的优化。但是,由于需要匹配总线的时序,在可接受的范围内,基于总线查找表的层调整策略牺牲了一定的线长代价。从整体的实验效果上看,对于 TBD 的优化效果明显,这可以充分说明基于总线查找表的层调整策略是有效的。

3. 与其他层分配算法的对比

为了验证本节所提出的算法 D-LA 的有效性,将 D-LA 算法与 COLA 算法和

Greedy 算法进行比较。其中,COLA 算法以最小化通孔数为目标,即最小化总线长,未考虑总线时序约束。Greedy 算法是基于贪心选择,尽可能优化时序和通孔数。

值得注意的是,由于 3 种算法都能满足两个拥塞约束条件,所以总的边溢出(TWO)和边的最大溢出(MWO)是相同的。因此,表 6.18 中省略了 TWO 和 MWO 的实验数据。

表 6.18　3 种算法的对比

基准电路	COLA		Greedy		D-LA	
	TWL(e5)	TBD	TWL(e5)	TBD	TWL(e5)	TBD
adaptec1	62.67	264 318	66.38	201 156	63.92	179 220
adaptec2	63.39	157 112	67.04	143 594	147.30	125 282
adaptec3	146.87	117 122	154.48	80 684	136.10	73 618
adaptec4	135.69	91 294	142.49	81 406	167.91	68 408
adaptec5	167.04	166 212	179.55	130 868	144.16	109 256
bigblue3	142.31	51 792	160.43	42 072	245.22	35 676
bigblue4	241.57	183 432	273.92	140 782	86.20	124 092
newblue2	85.20	81 200	90.80	68 792	141.32	51 968
newblue4	140.49	201 648	148.96	174 094	247.19	173 146
newblue5	246.01	160 290	264.42	130 226	198.45	105 514
newblue6	197.47	355 776	216.31	302 858	63.92	282 698
比值	**0.992**	**1.419**	**1.090**	**1.155**	**1**	**1**

表 6.18 给出了这些层分配算法在总线偏差(TBD)和总的线长(TWL)的实验数据和比较。与 COLA 算法相比,D-LA 产生的层分配结果,使得每个基准电路的 TWL 略微增加,而 TBD 优化比例明显。对于 TWL 而言,D-LA 平均增加了约 0.8%。TWL 增加的原因是 D-LA 为了平衡总线时序,使某些时序紊乱严重的总线信号额外地增加了通孔边。但是,对于 TBD 这一考虑总线的布线问题中最重要的优化目标来说,D-LA 平均优化了约 41.9%,这有力地提升了芯片的性能和可制造性。尤其对于基准电路 adaptec3,D-LA 算法取得了约 37.1% 的总线偏差优化,TWL 只增加了约 0.3%。相比与 Greedy 算法,D-LA 算法分别在 TWL 和 TBD 取得了约 9.0% 和 15.5% 的优化。特别地,对于基准电路 newblue2,D-LA 算法在 TWL 上不仅减少了约 5.1%,而且 TBD 优化了约 24.5%。取得如此大的改进率,主要原因是第一阶段的初始层分配为第二阶段的偏差优化提供了一个准确的总线查找表,让其全面地决定线网的再分配顺序,从而达到更好地利用布线资源的目的。另外,基于总线查找表的层调整策略优化总线偏差效果明显。

综上所述,本节所提出的算法 D-LA 通过提出多种有效的方法和策略,不仅实现总线偏差的大量优化,还从全局控制通孔代价的大小,从而保证了总线长的质量。从全局角度看,相对 COLA 算法和 Greedy 算法,本节算法 D-LA 有较为明显的布线优势。

6.7.3　小结

随着 VLSI 工艺的不断发展,总线数量的大幅度增加,使得总线时序对芯片的性能影响越来越大。针对现有的层分配算法未考虑总线的时序约束因素,本节首次提出了一种考虑总线的偏差驱动总线布线层分配算法 D-LA。该算法通过同时考虑线长、引脚数、总线信号数以及总线偏差 4 个因素来计算线网的层分配优先级,得到一个高质量的层分配顺序。最后,通过两个阶段层分配来获得一个高质量的层分配质量。实验结果表明,D-LA 不仅能优化总线偏差,并且可以同时保证总线长的高质量。此外,针对工业界的实际情况,本节还构建了一个新的拥塞约束条件,用来对布线过程拥塞问题进行有效控制。

6.8　本章总结

6.8.1　研究现状及成果

随着集成电路规模不断增长,时延成为制约芯片性能的重要因素。作为物理设计中的关键环节,层分配对电路布线方案的时延有很大影响。因此,设计高效的时延驱动层分配算法对改善芯片性能具有重要意义。此外,随着制程工艺的进步,一些先进制程技术逐渐引起了各界的关注。其中非默认规则线和通孔柱两项先进制程技术在时延优化方面具有很大的潜力。非默认规则线通过降低导线电阻进而优化导线时延,通孔柱通过降低通孔电阻进而优化通孔时延。由于导线时延和通孔时延正是线网时延的两个重要组成部分,因此合理结合非默认规则线和通孔柱构成一个相对完整的基于先进制程的线网时延优化技术体系对改善芯片的时序特性具有重要的理论价值和实际意义。

另一方面,层分配作为总体布线和详细布线的中间环节,在布线过程中起着承上启下的作用,应当将 2D 布线方案合理地转化为 3D 布线方案以更好地满足详细布线的需求。相对于 2D 总体布线,层分配的特点之一是引入通孔以连接同一线网中不同布线层上的导线和引脚。并且,通孔在详细布线中是具有几何特征的导体模型。因此,为了减小总体布线和详细布线的不匹配程度,在层分配过程中考虑通孔尺寸有很强的必要性。

在已有文献中,通孔尺寸在层分配研究中往往被忽略,这增大了总体布线和详细布线的不匹配程度。此外,在层分配中利用非默认规则线优化时延的工作尚有提升空间,且在布线领域尚无对通孔柱的时延优化效果进行研究的文献。

根据上述研究现状,本章围绕先进制程下时延驱动层分配问题展开研究,设计了一系列高效的算法以给出高质量的层分配方案,完成的主要工作如下。

（1）提出了一种基于非默认规则线的时延驱动层分配算法。为了提高时延评估的准确性，构建查找表并应用概率方法考虑耦合效应对时延计算的影响，在此基础上设计考虑耦合效应的动态规划层分配算法。基于协商思想进行拆线重分配以改善层分配方案的可布线性，并且在协商过程中融合导线段异化策略调整时延代价和拥塞代价的平衡，以在改善可布线性的同时保障层分配方案的时序特性。将非默认规则线技术应用到层分配中进一步优化时延，并且设计控制策略限定非默认规则线的使用范围，在优化时延的同时保障层分配方案的可布线性。实验结果表明，所提出的算法能够同时优化线网时延、通孔数和运行时间，是一种高效的时延驱动层分配算法。

（2）提出了一种通孔尺寸感知的时延驱动层分配算法。该算法首先将被抽象成点的网格单元在逻辑上还原成具有几何特征的网格单元，并且从网格单元的角度刻画布线资源模型。进一步通过理论分析，从网格单元的角度和网格边的角度对布线资源进行归纳，以构建更为完整的布线资源评估体系。此外，提出了一种通孔尺寸模型，该模型能够适应先进制程背景下不同布线层默认线宽的变化，以及引入非默认规则线之后导线类型的变化。在所提出的算法中，还设计了一种多角度拥塞感知策略，从导线、通孔和障碍物的角度对布线区域的拥塞情况进行感知，以提高层分配方案的质量。由实验结果可知，所提出的算法能够在考虑通孔尺寸的前提下，合理评估布线区域的溢出情况并做优化。进一步的实验分析表明，在一定程度上，可布线性和时序特性之间存在正相关，降低布线区域的溢出有利于优化布线方案的时延。

（3）提出了一种基于通孔柱的时延驱动层分配算法。该算法首次在布线过程中应用通孔柱技术优化布线方案的时序特性。设计了一种优化方法将通孔柱与非默认规则线合理结合，构成一个相对完整的基于先进制程的线网时延优化技术体系。考虑到最大线网时延对芯片性能的制约，故提出了一种手术刀算法，从优化最大时延线网层分配方案的角度降低最大时延。设计了一种排序策略，从规范层分配算法对线网的处理流程的角度，改善层分配方案的质量。此外，该算法还结合了基于非默认规则线的时延驱动层分配算法和通孔尺寸感知的时延驱动层分配算法中的方法，形成一种结合通孔柱和非默认规则线两种先进制程技术、融合多种策略和方法的时延驱动层分配算法。实验结果表明，所提出的算法能够兼顾布线方案的时序特性和可布线性，在线网时延、布线区域的溢出情况和运行时间方面有可观的优化效果。

（4）提出了一种考虑总线的偏差驱动层分配算法 D-LA。D-LA 设计了一种多要素的线网优化级计算方式，来决定两个阶段线网进行层分配的顺序；提出了一种基于总线查找表的层调整算法，有效地优化总线偏差。同时，针对工艺等级的发展，D-LA 构建了一个新的层分配拥塞约束条件，以弥补现有的不足。另外，该项工作是第一次在层分配阶段工作中考虑到总线时序匹配。

6.8.2 未来工作展望

如前所述,随着超大规模集成电路的制程水平进入纳米级范畴,时延显著增大并逐渐成为影响芯片性能的重要因素。在这一背景下,本章对相关工作展开探索,并取得一定的研究成果,但这些工作仅仅是一个开端,还有很多相关的问题需要进一步深入探究。基于作者对先进制程下层分配问题的认识,未来可在以下几方面展开研究。

(1) 除了本章所应用的非默认规则线和通孔柱之外,缓冲器插入作为另一项重要技术在改善布线方案的时序特性方面也具有很大的潜力。通过使用缓冲器切割线网使电路中各发射器到对应接收器的时间接近一致,从而进一步改善布线方案的时序特性。而在布线资源有限的情况下和控制制造成本的前提下,需要充分考虑缓冲器插入的位置和使用的数量。因此,如何合理应用缓冲器,并将缓冲器与其他先进制程技术相结合以优化布线方案的时序特性具有重要意义。

(2) 除了时延之外,松弛值(Slack)和电压转换速率(Slew)也是评价时序特性的重要因素。松弛值通过多项参数衡量所设计的方案是否满足时序要求。松弛值与时钟抖动有较强的相关性。电压转换速率指电压从某一水平转换到另一水平的所需时间。电压转换速率的评估与时延相关,并且缓冲器的使用会引起电压转换速率的变化。因此,从松弛值和电压转换速率角度改善时序特性有诸多需要进一步探索的内容。此外,将先进制程技术引入布线过程之后,对松弛值和电压转换速率产生的影响同样需要进一步探究。

(3) 关注层分配问题的特点可以发现,在2D布线方案中不存在资源竞争关系的线网可以同时进行层分配。因此,若将线网进行合理分组,使有资源竞争关系的线网归于同一组,而没有资源竞争关系的线网归于不同组,再以多线程方式对处于不同组的线网同时进行层分配,理论上可优化层分配算法的效率。其中,如何对线网集合进行具体划分从而最大化并行效率是一个值得探究的问题。

参考文献

[1] 洪先龙,严晓浪,乔长阁.超大规模集成电路布图理论与算法[M].北京:科学出版社,1998.

[2] 吴雄.国际集成电路产业发展现状与前景[J].电子与自动化,1996,(6):3-8.

[3] 徐宁,洪先龙.超大规模集成电路物理设计理论与算法[M].北京:清华大学出版社,2009.

[4] Liu W H,Mantik S,Chow W K,et al. ISPD 2019 initial detailed routing contest and benchmark with advanced routing rules[C]//Proceedings of the International Symposium on Physical Design,2019:147-151.

[5] Chu C C N,Wong M D F. Greedy wire-sizing is linear time[C]//Proceedings of the International Symposium on Physical Design,1998:39-44.

[6] Chu C C N,Wong M D F. An efficient and optimal algorithm for simultaneous buffer and wire sizing[J]. IEEE Transactions on Computer-Aided Design of Integrated Circuits and

Systems,1999,18(9):1297-1304.

[7] Lillis J,Cheng C K,Lin T T Y. Optimal and efficient buffer insertion and wire sizing[C]// Proceedings of the Custom Integrated Circuits Conference,1995:259-262.

[8] Lu L C. Physical design challenges and innovations to meet power,speed,and area scaling trend[C]//Proceedings of the International Symposium on Physical Design,2017:63.

[9] 廖海涛,史峥,张腾. 基于边界扩张的点对点布线新算法[J]. 计算机工程,2014,40(5): 299-303.

[10] 刘耿耿,庄震,郭文忠,等. VLSI 中高性能 X 结构多层总体布线器[J]. 自动化学报,2020, 46(1):79-93.

[11] 刘耿耿,王小溪,陈国龙,等. 求解 VLSI 布线问题的离散粒子群优化算法[J]. 计算机科 学,2010,37(10):197-201.

[12] 王兆勇,胡子阳,郑杨. 自动布局布线及验证研究[J]. 微处理机,2008,29(1):31-35.

[13] Chang Y J,Lee Y T,Gao J R,et al. NTHU-Route 2.0:A robust global router for modern designs[J]. *IEEE Transactions on Computer-Aided Design of Integrated Circuits and Systems*,2010,29(12):1931-1944.

[14] Gester M,Müller D,Nieberg T,et al. BonnRoute:Algorithms and data structures for fast and good VLSI routing[J]. *ACM Transactions on Design Automation of Electronic Systems*,2013,18(2):1-24.

[15] Xu Y,Zhang Y,Chu C. FastRoute 4.0:Global router with efficient via minimization[C]// Proceedings of the Asia and South Pacific Design Automation Conference,2009:576-581.

[16] Cho M,Lu K,Yuan K,et al. BoxRouter 2.0:A hybrid and robust global router with layer assignment for routability[J]. *ACM Transactions on Design Automation of Electronic Systems*,2009,14(2):32.

[17] Wu T H,Davoodi A,Linderoth J T. GRIP:Global routing via integer programming[J]. *IEEE Transactions on Computer-Aided Design of Integrated Circuits and Systems*, 2010,30(1):72-84.

[18] Liu J,Pui C W,Wang F,et al. CUGR:Detailed-routability-driven 3D global routing with probabilistic resource model[C]//Proceedings of the Design Automation Conference, 2020:1-6.

[19] Roy D,Ghosal P,Mohanty S P. FuzzRoute:A method for thermally efficient congestion free global routing in 3D ICs[C]//Proceedings of the Computer Society Annual Symposium on VLSI,2014:71-76.

[20] Chen G,Pui C W,Li H,et al. Detailed routing by sparse grid graph and minimum-area-captured path search[C]//Proceedings of the Asia and South Pacific Design Automation Conference,2019:754-760.

[21] Chen G, Pui C W,Li H, et al. Dr. CU:Detailed routing by sparse grid graph and minimum-area-captured path search[J]. *IEEE Transactions on Computer-Aided Design of Integrated Circuits and Systems*,2019,39(9):1902-1915.

[22] Li H,Chen G,Jiang B,et al. Dr. CU 2.0:A scalable detailed routing framework with correct-by-construction design rule satisfaction[C]//Proceedings of the International Conference on Computer-Aided Design,2019:1-7.

[23] Kahng A B,Wang L,Xu B. TritonRoute:An initial detailed router for advanced VLSI

technologies[C]//Proceedings of the International Conference on Computer-Aided Design，2018：1-8.

[24] Sun F K，Chen H，Chen C Y，et al. A multithreaded initial detailed routing algorithm considering global routing guides[C]//Proceedings of the International Conference on Computer-Aided Design，2018：1-7.

[25] Gonçalves S M M，Da R L S，Marques F S. An improved heuristic function for A * -based path search in detailed routing[C]//Proceedings of the International Symposium on Circuits and Systems，2019：1-5.

[26] 冯刚，马光胜，杜振军. 信号相关的串扰优化详细布线[J]. 计算机辅助设计与图形学学报，2005，17(5)：1074-1078.

[27] Dai K R，Liu W H，Li Y L. Efficient simulated evolution based rerouting and congestion-relaxed layer assignment on 3-D global routing[C]//Proceedings of the Asia and South Pacific Design Automation Conference，2009：570-575.

[28] Dai K R，Liu W H，Li Y L. NCTU-GR：Efficient simulated evolution-based rerouting and congestion-relaxed layer assignment on 3-D global routing[J]. *IEEE Transactions on Very Large Scale Integration Systems*，2012，20(3)：459-472.

[29] Hsu C H，Chen H Y，Chang Y W. Multilayer global routing with via and wire capacity considerations[J]. *IEEE Transactions on Computer-Aided Design of Integrated Circuits and Systems*，2010，29(5)：685-696.

[30] Lee T H，Wang T C. Robust layer assignment for via optimization in multi-layer global routing[C]//Proceedings of the International Symposium on Physical Design，2009：159-166.

[31] Liu W H，Li Y L. Negotiation-based layer assignment for via count and via overflow minimization[C]//Proceedings of the Asia and South Pacific Design Automation Conference，2011：539-544.

[32] Shi D，Tashjian E，Davoodi A. Dynamic planning of local congestion from varying-size vias for global routing layer assignment[C]//Proceedings of the Asia and South Pacific Design Automation Conference，2016：372-377.

[33] Hu S，Li Z，Alpert C J. A faster approximation scheme for timing driven minimum cost layer assignment[C]//Proceedings of the International Symposium on Physical Design，2009：167-174.

[34] Hu S，Li Z，Alpert C J. A fully polynomial-time approximation scheme for timing-constrained minimum cost layer assignment[J]. *IEEE Transactions on Circuits and Systems* Ⅱ：*Express Briefs*，2009，56(7)：580-584.

[35] Hu S，Li Z，Alpert C J. A polynomial time approximation scheme for timing constrained minimum cost layer assignment[C]//Proceedings of the International Conference on Computer-Aided Design，2008：112-115.

[36] Ao J，Dong S，Chen S，et al. Delay-driven layer assignment in global routing under multi-tier interconnect structure[C]//Proceedings of the International Symposium on Physical Design，2013：101-107.

[37] Dong S，Ao J，Luo F. Delay-driven and antenna-aware layer assignment in global routing under multitier interconnect structure[J]. *IEEE Transactions on Computer-Aided Design*

of Integrated Circuits and Systems, 2015, 34(5): 740-752.

[38] Yu B, Liu D, Chowdhury S, et al. TILA: Timing-driven incremental layer assignment [C]//Proceedings of the International Conference on Computer-Aided Design, 2015: 110-117.

[39] Li Z, Alpert C J, Nam G J, et al. Guiding a physical design closure system to produce easier-to-route designs with more predictable timing [C]//Proceedings of the Design Automation Conference, 2012: 465-470.

[40] Sun J, Lu Y, Zhou H, et al. Post-routing layer assignment for double patterning with timing critical paths consideration [J]. *Integration, the VLSI Journal*, 2013, 46(12): 153-164.

[41] Livramento V, Liu D, Chowdhury S, et al. Incremental layer assignment driven by an external signoff timing engine [J]. *IEEE Transactions on Computer-Aided Design of Integrated Circuits and Systems*, 2017, 36(7): 1126-1139.

[42] Liu D, Yu B, Chowdhury S, et al. Incremental layer assignment for critical path timing [C]//Proceedings of the Design Automation Conference, 2016: 1-6.

[43] Liu D, Yu B, Chowdhury S, et al. Incremental layer assignment for timing optimization [J]. *ACM Transactions on Design Automation of Electronic Systems*, 2017, 22(4): 1-25.

[44] Han S Y, Liu W H, Ewetz R, et al. Delay-driven layer assignment for advanced technology nodes [C]//Proceedings of the Asia and South Pacific Design Automation Conference, 2017: 456-462.

[45] Hu S, Li Z, Alpert C J. A fully polynomial time approximation scheme for timing driven minimum cost buffer insertion [C]//Proceedings of the Design Automation Conference, 2009: 424-429.

[46] Li Z, Alpert C J, Hu S, et al. Fast interconnect synthesis with layer assignment [C]// Proceedings of the International Symposium on Physical Design, 2008: 71-77.

[47] Lee T H, Wang T C. Simultaneous antenna avoidance and via optimization in layer assignment of multi-layer global routing [C]//Proceedings of the International Conference on Computer-Aided Design, 2010: 312-318.

[48] Lin C C, Liu W H, Li Y L. Skillfully diminishing antenna effect in layer assignment stage [C]//Proceedings of the International Symposium on VLSI Design, Automation and Test, 2014: 1-4.

[49] Ewetz R, Koh C K, Liu W H, et al. A study on the use of parallel wiring techniques for sub-20nm designs [C]//Proceedings of the Great Lakes Symposium on VLSI, 2014: 129-134.

[50] Nabors K, White J. FastCap: A multipole accelerated 3-D capacitance extraction program [J]. *IEEE Transactions on Computer-Aided Design of Integrated Circuits and Systems*, 1991, 10(11): 1447-1459.

[51] Phillips J, White J. A precorrected-FFT method for electrostatic analysis of complicated 3-D structures [J]. *IEEE Transactions on Computer-Aided Design of Integrated Circuits and Systems*, 1997, 16(10): 1059-1072.

[52] Viswanathan N, Alpert C, Sze C, et al. The DAC 2012 routability-driven placement contest and benchmark suite [C]//Proceedings of the Design Automation Conference, 2012:

774-782.

[53]　Hsu M K, Chen Y F, Huang C C, et al. Routability-driven placement for hierarchical mixed-size circuit designs[C]//Proceedings of the Design Automation Conference. 2013: 151.

[54]　Nam G J, Yildiz M, Pan D Z, et al. ISPD placement contest updates and ISPD 2007 global routing contest[C]//Proceedings of the International Symposium on Physical Design, 2007: 167.

[55]　Zhong Y, Yu T C, Yang K C, et al. Via pillar-aware detailed placement[C]//Proceedings of the International Symposium on Physical Design, 2020: 17-24.

[56]　Liao P X, Wang T C. A bus-aware global router[C]//Proceedings of Synthesis and System Integration of Mixed Information Technologies. 2018: 20-25.

第 7 章

基于轨道分配的详细布线算法

主要符号表

中 文 全 称	英 文 全 称	缩 写
电子设计自动化	Electronic Design Automation	EDA
计算机辅助设计	Computer Aided Design	CAD
超大规模集成电路	Very Large Scale Integration	VLSI
设计规则约束	Design Rule Constraints	DRC
总体布线单元	Global Routing Cell	GRC
粒子群优化算法	Particle Swarm Optimization Algorithm	PSO
一种轨道分配框架	Track Planning	TraPL
整数线性规划	Integer Linear Programming	ILP
国际设计自动化会议	Design Automation Conference	DAC
国际集成电路物理设计研讨会	International Symposium on Physical Design	ISPD
基于社会学习离散粒子群优化算法	Social Learning Discrete Particle Swarm Optimization Algorithm	SLDPSO
基于社会学习离散粒子群优化的轨道分配算法	Social Learning Discrete Particle Swarm Optimization Track Assignment Algorithm	SLDPSO-TA
基于混合离散粒子群优化的轨道分配算法	Discrete Particle Swarm Optimization Track Assignment Algorithm	DPSO-TA
基于加权二分匹配的轨道分配算法	Weighted Binary Matching Track Assignment Algorithm	WBM-TA
基于协商机制的轨道分配算法	Negotiation-based Track Assignment Algorithm	NTA
可布线性驱动的轨道分配算法	Routability Driven Track Assignment Algorithm	RDTA
设计规则约束驱动的轨道分配	Design Rule Constraints driven Track Assignment	DRCTA
设计规则约束驱动的详细布线	Design Rule Constraints driven Detailed Routing	DRCDR

7.1 引言

电子设计自动化(Electronic Design Automation,EDA)是在 20 世纪 70 年代从计算机辅助设计(Computer Aided Design,CAD)技术发展而来的,应用工业软件协助进行集成电路设计。随着工业界制造工艺不断提高,EDA 技术逐渐覆盖全部的设计过程。物理设计是集成电路后端设计的一个重要步骤,决定了各个功能元件在集成电路中的布局和连接,同时也影响了集成电路的时延、功耗等性能。

由于物理设计的复杂性,物理设计过程被划分为电路划分、布图规划、布局、时钟树综合和布线等阶段。在 VLSI 中,布线过程通常需要在有限的空间中合法地连接几十万甚至几百万个线网,因此,该过程需要花费较多时间。然而,由于芯片设计周期有限,布线过程需要在合理的时间内完成。为了降低布线过程的复杂性,该过程按照不同粒度分步骤进行,通常包括总体布线和详细布线。总体布线将整个布线区域划分为一组规则的矩形单元,然后为每个线网选出将引脚连接在一起所需要的矩形单元集合。总体布线从全局视角优化线长、通孔数量、可布线性和时序等指标以满足 VLSI 设计要求。详细布线则根据总体布线提供的指导区域在考虑精确金属形状和位置的情况下准确地将引脚连接在一起。详细布线的解空间覆盖了 VLSI 整个三维布线区域,远大于总体布线的解空间。详细布线的质量直接影响着最终 VLSI 的性能,例如,时序、信号完整性和制造的产量。在先进制程下,详细布线已经成为了最为复杂、最为耗时的设计阶段。

由于总体布线和详细布线之间有着巨大的鸿沟,学术界和工业界纷纷引入轨道分配来串联总体布线和详细布线,搭建两者之间的桥梁。很多学者基于总体布线的布线结果提取导线线段做轨道分配,却忽略了对于详细布线至关重要的线网连通性等问题,极大地影响了最终详细布线方案的可布线性。因此,研究在考虑线网连通性等问题的情况下完成轨道分配具有十分重要的意义。此外,现有关于详细布线问题的研究主要集中在优化可制造性等问题上,缺乏综合优化多种实际设计规则约束(Design Rule Constraints,DRC)的详细布线算法的研究。在考虑可布线性问题的基础上,进一步考虑设计规则约束优化问题,设计出一种优质的轨道分配算法,进而设计出一种高质量详细布线算法具有重要的意义。

7.2 问题描述

7.2.1 轨道分配问题

1. 问题描述

定义 7.1 布线通道 Panel 在多层布线问题中,每层上的布线方向是一致

的，即水平方向或垂直方向，并且要求相邻层的布线方向不同。一个水平(垂直)的
布线通道由水平(垂直)方向的一组总体布线单元(Global Routing Cell,GRC)构成
(如图 7.1(b)所示的轨道分配模型中第 1、3 层布线通道为垂直方向，而第 2 层为水
平方向)。

定义 7.2　线段 Iroute　线段定义为线网布线区域覆盖的一组 GRC 中，一个
GRC 中心点到另一个 GRC 中心点的直线路径。

定义 7.3　轨道 Track　轨道是线段放置的位置，水平(或垂直)布线通道中若
干条假想的水平(或垂直)的轨迹线称为轨道(如图 7.1(b)所示)。

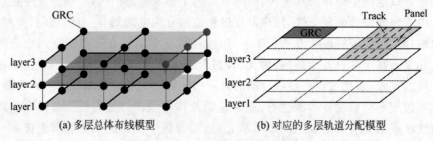

(a) 多层总体布线模型　　　　　　(b) 对应的多层轨道分配模型

图 7.1　多层轨道分配模型示意图

轨道分配问题描述如下：已知布线层数有 L 层，第 l 层有 n 个布线通道 $P_l =$
$\{p_{l,1}, p_{l,2}, \cdots, p_{l,n}\}$，给定每个线网的所有信息，包括线网的引脚集合和线段集
合。对每个布线通道 $p_{i,j}(0 \leqslant i < L, 1 \leqslant j \leqslant n)$，给定该通道的轨道集合 $T(p_{i,j})$ 和
线段集合 $I(p_{i,j})$，力求以最小代价将 $I(p_{i,j})$ 中的所有线段分配到 $T(p_{i,j})$ 中的
轨道上。轨道分配方案的代价包括冲突代价和线长代价。

2. 评价指标

本节介绍了评价轨道分配方案质量的两大指标，即冲突代价(包括重叠代价和
拥塞代价)和线长代价的具体计算过程。

定义 7.4　冲突　冲突包括重叠冲突和拥塞冲突。重叠冲突是指被放置在同
一条轨道上的线段之间发生重叠，拥塞冲突是指线段与障碍物发生交叉或重叠。

定义 7.5　冲突代价　冲突代价反映了布线方案发生冲突的程度。冲突代价
包括由重叠冲突引起的重叠代价和由拥塞冲突引起的拥塞代价。

重叠代价的计算方法：对一条被分配了 m 条线段的轨道，用一段区间来表示，
该区间由一组单位区间构成，如图 7.2 所示。每个单位区间的值定义为该区间上
线段的数量，表示 $k(2 \leqslant k \leqslant m)$ 条线段的一个公共子区间。而对于每段由 k 条线
段产生的公共区间，它的重叠代价为这段公共区间的长 l 和 $(k-1)$ 的乘积。特别
地，当 $k=0$ 或 $k=1$ 时，其重叠代价为 0。

一条轨道的重叠代价等于组成该轨道所有区间的重叠代价之和(如图 7.2 所
示轨道的重叠代价为 $l_1(k_1-1) + l_2(k_2-1) + l_3(k_3-1) = 6$)，一个布线通道的重
叠代价等于该通道内所有轨道的重叠代价之和，而所有布线通道的重叠代价之和

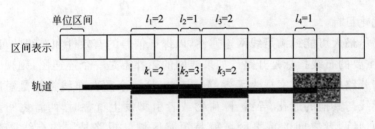

图 7.2 一条轨道的冲突代价计算示意图

就等于一个轨道分配方案的总重叠代价。

拥塞代价的计算方法：对已分配的一条线段来说，它的拥塞代价等于所有与之有重叠（部分或完全重叠）的障碍物之间的重叠长度之和，每条轨道的拥塞代价等于该轨道上所有线段的拥塞代价之和（如图 7.2 所示轨道的拥塞代价为 1），每个布线通道的拥塞代价等于该通道内所有轨道上的拥塞代价之和，而最终轨道分配结果的拥塞代价等于所有布线通道的拥塞代价之和。

定义 7.6　线长代价　一个线网的线长代价定义为线网内所有待连接组件（引脚和线段）之间的连接线长之和。

图 7.3 是一个线网（含 3 条线段和 2 个引脚）的线长代价计算示意图。其中图 7.3(a) 为线网的俯视图，v_1 和 ir_1 位于上层一个水平布线通道内，v_2 和 ir_3 位于下层一个水平布线通道内，ir_2 位于中间层一个垂直方向的布线通道内。图 7.3(b) 是以这 5 个组件为节点的加权完全图，每条边的权重代表两个相应组件之间的最短曼哈顿距离，然后构建一棵最小生成树来连接线网内的所有组件，该生成树的长度就等于该该线网的线长代价。

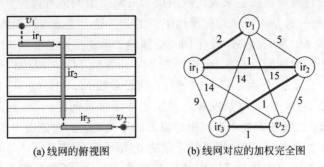

(a) 线网的俯视图　　　　(b) 线网对应的加权完全图

图 7.3 一个线网的线长代价计算示意图

7.2.2　基于轨道分配的详细布线问题

本节轨道分配问题的布线方案质量从 3 个方面衡量：①线网连通性。②设计规则约束违反情况。③布线优先权。

下面将分别从这 3 个方面描述每个布线指标，并给出惩罚值权重设置方式。设计规则约束驱动的轨道分配以最小化惩罚值为目标，该目标也同样是详细布线问题的优化目标。

需要尽最大可能地满足线网连通性，以保证信号的有效性和布线的可实施性。首先，最重要的布线指标是开路。如果线网的拓扑不是一个连通图，则视为线网开路。具有开路的布线方案视为无效解。其次，第二个重要布线指标是短路。当通孔或者导线与其他的通孔、导线、障碍物或者引脚发生重叠时，两者之间就产生了短路问题，且两者之间的重叠区域就是短路区域。短路是制约布线质量和影响VLSI性能的重要因素。

布线方案还需要考虑多种设计规则约束以满足芯片制造厂的制造要求。不同制程和不同设计可能会有不同的设计规则约束。在本节中，最普遍且最重要的几个设计规则约束将被考虑，所有设计规则约束都被记录在了输入的 LEF 文档中。第一个设计规则约束是平行走线间距约束。如图 7.4 所示，M_1 和 M_2 是两个位于同一金属层的导线，且两者之间有平行走线部分，则两者之间的平行走线间距需要满足一定长度。两个导线的最大导线宽度越大，则合法的最小平行走线间距越大。两个导线之间的平行走线长度越长，则合法的最小平行走线间距越大。

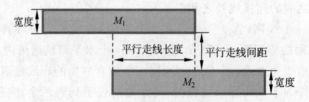

图 7.4　平行走线间距约束示意图

第二个设计规则约束是末端间距约束。末端间距约束有两种：一种是常规末端间距约束，另一种是平行末端间距约束。图 7.5 给出了末端间距约束的示意图，导线 M_1、导线 M_2 和导线 M_3 位于同一金属层。该图展示了导线 M_1 左端需要考虑的末端间距约束问题。首先，考虑导线 M_1 和导线 M_2 之间的常规末端间距约束。导线 M_2 完全位于导线 M_1 的左侧，且假设导线 M_1 和导线 M_2 的最大导线宽度，即导线 M_2 的宽度，足以触发该金属层的常规末端间距约束，则需要考虑导线 M_1 和导线 M_2 之间的常规末端间距约束。以导线 M_1 的左侧边为基准，向上下延伸规定的外部扩展长度，向左侧延伸规定的末端间距，构成了图 7.5 中导线 M_1 左侧的灰色矩形区域。若导线 M_2 与该区域重叠，则违反了常规末端间距约束；反之，则不违反。然后，考虑导线 M_1 和导线 M_2 之间的平行末端间距约束。导线 M_3 位于导线 M_1 的下侧且两者之间有平行走线部分，假设导线 M_1 和导线 M_2 的最大导线宽度，即导线 M_2 的宽度，足以触发该金属层的平行末端间距约束，则需要考虑导线 M_1 和导线 M_2 之间的平行末端间距约束。以导线 M_1 的左下角点为基准，向左延伸规定的平行外部扩展长度，向右延伸规定的内部扩展长度，向下延伸规定的平行末端间距，构成了图 7.5 中导线 M_1 下侧的灰色矩形区域。若导线 M_3 与该区域重叠，且 M_2 与 M_1 左侧的灰色区域重叠，则违反了平行末端间距约束；反之，则不违反。

第三个设计规则约束是通孔柱间距约束。任意两个通孔的通孔柱之间的间距不能小于规定的最小通孔柱间距。

第四个设计规则约束是相邻通孔柱间距约束。图7.6给出了相邻通孔柱间距约束的示意图，通孔柱 C_1、通孔柱 C_2 和通孔柱 C_3 连接相同的两个相邻的金属层。相邻通孔柱间距约束指定触发该约束的约束范围内的通孔柱数量。考虑通孔柱 C_1 及其相邻的通孔柱，假设触发约束的约束范围内的通孔柱的数量为2，由于通孔柱 C_1 的约束范围内有2个通孔柱 C_2 和 C_3，则需要考虑通孔柱 C_1 与其相邻通孔柱的间距约束。由于在通孔柱 C_1 的最小间距范围内有通孔柱 C_2，图7.6所示的情况违反了相邻通孔柱间距约束。

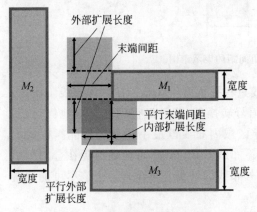

图7.5　末端间距约束示意图

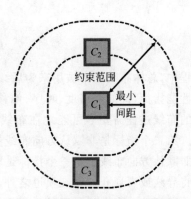

图7.6　相邻通孔柱间距约束示意图

第五个设计规则约束是角对角间距约束。角对角间距约束限制了导线或者通孔之间的对角间距，只有在两个矩形不存在平行走线部分的情况下才会被触发。图7.7给出了角对角间距约束的示意图，导线 M_1、导线 M_2 和导线 M_3 处于同一个金属层上。导线 M_2 和导线 M_3 与导线 M_1 都不存在平行走线部分，因此都会触发角对角间距约束。以导线 M_1 和导线 M_3 为例，两者中的最大导线宽度，即导线 M_3 的宽度，确定了角对角间距。该约束考虑两者间最近的对角之间的间距，以导线 M_3 的右上角为基准，向右向上各延伸角对角间距长度，构成了图7.7中的灰色区域。若导线 M_1 与灰色区域重叠，则违反了角对角间距约束；反之，则未违反约束。

第六个设计规则约束是最小面积约束。每个矩形的面积不能小于所在金属层规定的最小面积，该约束可以通过在矩形周围补充矩形的方式扩大矩形的面积避免违反约束。

布线优先权经常被用来评价布线方案的质量，虽然这方面的约束并没有硬性的规定，但是拥有好的布线优先权的布线方案通常能够在时序、可布线性和可制造性等方面具有很好的表现。第一个指标是布线指导区域遵循情况。在典型的布线

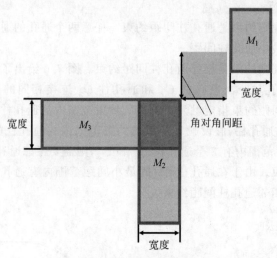

图 7.7   角对角间距约束示意图

流程中,总体布线经常被用来为后续布线过程提供指导区域。在总体布线阶段,多种性能指标,例如拥挤度、时序、偏移和信号转换等,都已经得到了有效地优化,后续的布线过程需要尽可能地在布线指导区域内布线以最小化上述性能指标的退化。第二个指标是非默认方向布线情况。布线方案应该尽可能地避免在金属层沿着非默认方向布线。第三个指标是轨道外布线的情况。布线方案应该尽可能地避免将导线或者通孔放置在轨道之外。

要评价一个布线方案的质量需要综合考虑上述的线网的连通性、设计规则约束的违反情况和布线优先权 3 方面的各种指标。因此,本节为每个评价指标赋惩罚值权重,通过计算布线方案的评分评价方案的质量,评分越小则布线方案的质量越高,反之则布线方案的质量越低。评分的计算公式如下所示:

$$\text{score} = \sum_{r \in R} c_r \times w_r \tag{7.1}$$

其中,R 表示所有评价指标的集合;c_r 表示评价指标 r 的数值;w_r 表示评价指标 r 的惩罚值权重;score 即为布线方案的评分。每个评价指标的惩罚值权重采用 2019 年国际集成电路物理设计学术竞赛的设置方式,如表 7.1 所示。

表 7.1   布线方案每项评价指标的惩罚值权重

评价指标	权重	评价指标	权重	评价指标	权重
总线长	0.5	轨道外通孔数	1	平行走线间距约束	500
总通孔数	4	非默认方向线长	1	末端间距约束	500
指导区域外线长	1	短路数	500	通孔柱间距约束	500
指导区域外通孔数	1	短路面积	500	相邻通孔柱间距约束	500
轨道外线长	0.5	最小面积约束	500	角对角间距约束	500

7.3 冲突最小化的轨道分配算法

7.3.1 引言

轨道分配让总体布线和详细布线之间不匹配程度降低。现有的大部分轨道分配算法是在不允许冲突的前提下,利用最大化分配导线段的数目来形成一个无冲突的布线方案,但是这样会存在未被分配的导线段,而这部分未被考虑的导线段很有可能会引起布线冲突。而少部分工作是在允许冲突的情况下,通过分配所有的导线段以力求寻找到一个冲突最小的布线方案。这类轨道分配工作考虑了更多的布线资源,能够更好地指导详细布线,但往往只能找到一个局部最优方案。

因此,针对冲突最小化的轨道分配问题,本节提出了一种基于 SLDPSO 的轨道分配算法以寻求更佳的布线方案,称为 SLDPSO-TA。该算法充分考虑了局部线网内部的拥挤情况,以冲突和线长为优化目标,通过粒子群搜索来产生高质量的轨道分配方案以进一步指导详细布线。该算法主要包括以下内容。

(1) 结合轨道分配,使用有效的实数编码方式以扩大搜索空间。

(2) 设计了基于贪心策略的初始分配方法,并使用遗传算子增大种群多样性,为粒子群筛选高质量的初始粒子。

(3) 针对布线冲突(包括导线段之间的冲突和导线段与障碍物之间的冲突)和线长等优化目标,设计了简单高效的代价函数,并使用预处理策略以大大减少代价的计算次数,从而加快粒子群迭代的速度。

(4) 在粒子更新过程中,利用基于样例池机制的社会学习策略让粒子可以学习更多的优秀粒子,从而维持种群的多样性,并引入多点变异以加强算法的全局搜索能力。

(5) 为了进一步优化导线段间的冲突,使用基于协商的精炼策略对全局最优方案进行分解-重分配操作。

7.3.2 基于 SLDPSO 的冲突最小化轨道分配算法

1. 算法设计

定义 7.7 全局线网 如果一个线网所含引脚的布局位置超出了一个 GRC,则称这样的线网为全局线网(图 7.8(a)中的线网 n_1 是一个全局线网)。

定义 7.8 局部线网 如果一个线网所含引脚均布局在同一个 GRC 中,则称这样的线网为局部线网(图 7.8(a)中的线网 n_2 是一个局部线网)。

提取线段是轨道分配关键的一步,但是目前大多数轨道分配算法没有考虑局部线网的布线信息,仅提取了全局线网中的线段,造成大量信息丢失。因此,本节算法考虑了局部线网的引脚分布情况以提取并分配更多的线段,充分发挥轨道分配的作用。

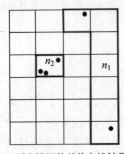 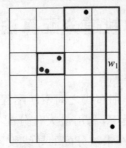 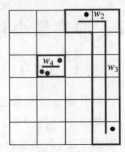

(a) 两个线网的总体布线结果　(b) 传统轨道分配工作提取的线段　(c) 本章工作提取的线段

图 7.8　SLDPSO-TA 算法的线段模型

在本节的工作中,全局线网中线段的提取是从一个 GRC 中心到另一个 GRC 中心的所有直线段,更加充分地利用了拐弯处的布线信息,如图 7.8 所示。其中,对于局部线网,需构建两棵直角 Steiner 树,即单垂直树干的 Steiner 树和单水平树干的 Steiner 树(见图 7.9)。单垂直(水平)Steiner 树是通过先构建垂直(水平)方向的树干,再通过水平(垂直)线将局部线网中的所有引脚连接到树干上。垂直(水平)树干的 x 坐标由所有引脚的 x 坐标(y 坐标)中值确定,垂直(水平)树干的上、下 y 坐标(左、右 x 坐标)分别为所有引脚中 y 坐标(x 坐标)的最大值、最小值。在完成两棵不同方向 Steiner 树的构建之后,通过比较两棵树的长度,选择更短的树的树干作为该局部线网提取出的线段。

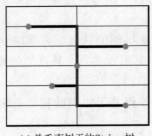 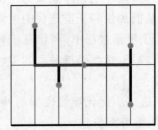

(a) 单垂直树干的Steiner树　　　　(b) 单水平树干的Steiner树

图 7.9　局部线网的线段模型

2. 粒子编码

为了简化问题规模,更好地用 PSO 算法解决轨道分配问题,本节提出了新的实数编码策略。在该粒子编码中,一个布线通道的轨道分配方案对应一个粒子,粒子编码长度等于该布线通道上线段的数量,编码的每一位代表线段所在的轨道。线段和轨道都用实数进行编码,如图 7.10 (a)所示。

该布线通道有 3 条轨道、9 条线段和 1 个障碍物,其中障碍物位于轨道 2 上,图 7.10(b)给出了该布线通道的具体冲突区域(虚线标明的范围)。需要说明的是,同一个障碍物可能不止位于一条轨道上,根据障碍物大小,其可能跨越多个

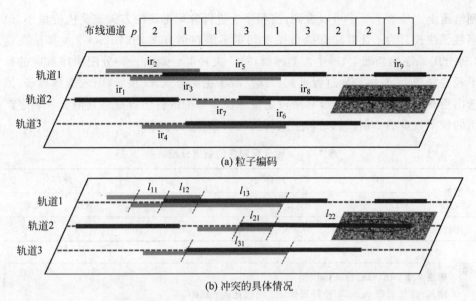

图 7.10　一个布线通道(包含 3 条轨道、9 条线段和 1 个障碍物)的轨道分配结果

相邻轨道。按照上述的编码方式,图 7.10(a)中轨道分配方案对应的粒子编码为:211313221。其中,编码的第 1 位值为 2,表示线段 ir_1 被分配到轨道 2 上。

SLDPSO-TA 算法提出的实数编码策略,能够同时满足完整性、健全性和非冗余性准则。由于粒子的长度设定保证了布线通道内的每一条线段都能被分配,而粒子第 i 位编码值的范围等于就包括了线段 i 所有可能被分配到的轨道的范围。因此,该粒子编码方式能够涵盖问题的整个解空间,并且对于每一个解方案,都能找到唯一的一个粒子与之对应,使得编码空间范围内的粒子与布线通道上的轨道分配方案对应。该编码方式能直观地表示各个布线通道内的线段分配情况,实现简单,相比 NTA 算法产生初始轨道分配结果的贪心方法,能有效扩大搜索空间,从而提升算法性能。

1) 基于贪心策略的初始解生成方法

耗时的代价计算在一定程度上限制了粒子群的迭代次数,从而影响算法的收敛速度。因此,本节设计了基于贪心策略的初始解生成方法,以产生较高质量的初始粒子,具体步骤如下。

(1) 以不同的分配顺序为贪心准则进行轨道分配,得到 4 类贪心初始方案。

(2) 以 4 类贪心初始方案为基准,引入变异算子,获得初始种群。

(3) 引入基于适应度值评估的选择算子,为种群筛选出优质粒子作为轨道分配的初始解。

表 7.2 比较了不同分配顺序对轨道分配结果的影响,其中,WL 表示线长代价,OC 代表重叠代价,顺序 1 至顺序 4 分别指的是按线段长度从长到短、线段长度从短到长、线网组件数量从大到小、线网组件数量从小到大的分配顺序将线段分配

到轨道上。从表 7.2 中可以看到,按顺序 1 进行分配得到的方案重叠代价最小,但牺牲了线长。为了让算法有机会探索到更多潜在解方案,SLDPSO-TA 算法在这 4 种分配顺序的基础上,产生 4 类种群,每一类种群分别由一种分配顺序对应的粒子经变异产生,具体变异过程见式(7.4)(粒子更新公式)。接着,引入选择算子,筛选出更具潜力的粒子。本节算法设定按顺序 1 分配的粒子数量是其他 3 种顺序产生的粒子数量的 2 倍。初始解生成的伪代码见算法 7.1。

表 7.2　4 种分配顺序的轨道分配结果

分配顺序	顺序 1		顺序 2		顺序 3		顺序 4	
	WL	OC	WL	OC	WL	OC	WL	OC
比值	1	1	0.98	2.01	0.99	2.01	0.95	2.02

算法 7.1　Initialization
输入:布线通道 panel、种群规模 M、筛选比例 ratio
输出:初始粒子群 swarm[M]
Begin
  initAns_1 = AssignByLltos(panel→irouteList);
  initAns_2 = AssignByLstol(panel→irouteList);
  initAns_3 = AssignByNltos(panel→irouteList);
  initAns_4 = AssignByNstol(panel→irouteList);
  for 在群体中的每一个粒子 p_i　**do**
    if $i >= 0$ and $i < M \times 2/5$ **then**
      初始化 p_i by initAns_1;
    else if $i < M \times 3/5$ **then**
      初始化 p_i by initAns_2;
    else if $i < M \times 4/5$ **then**
      初始化 p_i by initAns_3;
    else
      初始化 p_i by initAns_4;
    end if
    Mutation(p_i);
  end for
  SortParticlesByFit(swarm);
  SetInitSwarm(swarm, ratio);　　　　　　//初始种群数量等于 $M \times$ ratio
End

2) 适应度计算

基于贪心策略的初始解生成方法能够使得产生的布线方案具有较小的线长代价,且在粒子群迭代期间变化不大,因此,本节算法在设计适应度函数时重点考虑冲突代价,具体公式如下:

$$\text{fitFunc}(p) = \text{overlapCost}_p + \beta \cdot \text{blkCost}_p \tag{7.2}$$

其中，overlapCost_p 和 blkCost_p 分别是布线通道 p 的重叠代价和拥塞代价，系数 β 用来控制拥塞代价的权重。通常情况下，线段穿越障碍物是违反约束的，所以本节设定 β 为 100 000，以严格约束拥塞代价。

式(7.2)中重叠代价 overlapCost_p 等于各个轨道上两两线段的重叠长度之和。不同于 7.2.1 节中评价指标的计算方式，本节的计算方式能突出地反映拥挤区域的重叠情况。图 7.10(b)所示布线通道的轨道分配方案的重叠代价、拥塞代价及适应度值计算如下：

(1) 轨道 1 的重叠代价为 $l_{12} + (l_{11} + l_{12}) + (l_{12} + l_{13})$，拥塞代价为 0。

(2) 轨道 2 的重叠代价为 l_{21}，拥塞代价为 l_{22}。

(3) 轨道 3 的重叠代价为 l_{31}，拥塞代价为 0。

(4) 布线通道 p 的轨道分配方案的适应度值为 $l_{11} + 3l_{12} + l_{13} + l_{21} + l_{31} + \beta \cdot l_{22}$。

(5) 布线通道 p 的轨道分配方案的实际冲突代价为 $l_{11} + 2l_{12} + l_{13} + l_{21} + l_{31} + l_{22}$。

本节提出的适应度计算方式通过加大拥挤区域重叠冲突和拥塞冲突的惩罚力度以尽可能避免严重冲突现象的产生。

性质 7.1 SLDPSO-TA 算法的预处理策略能有效减少拥塞代价的计算次数（可由 7.3.3 节中实验验证）。

由于每次迭代都需要计算拥塞代价 blkCost_p，而一次计算就需要遍历所有的障碍物，在问题规模较大时，需要耗费大量的时间。因此，本节设计了预处理策略以减少拥塞代价的计算次数。在粒子群初始化操作结束时，立即为各个布线通道创建一个大小为 $|I_p \times T_p|$ 的查找表，用来存储线段与障碍物之间的重叠信息。如表 7.3 所示，$b_{i,t}(1 \leqslant i \leqslant |I_p|, 1 \leqslant t \leqslant |T_p|)$ 表示线段 i 放在轨道 t 上产生的拥塞代价。通过对该布线通道创建一个大小为 6×3 的查找表用来提前存储每条线段可能产生的拥塞代价，粒子在反复迭代过程中，只需要 $O(1)$ 的时间就可得到线段的拥塞代价。

表 7.3 一个布线通道拥塞冲突信息的查找表

拥塞代价	ir_1	ir_2	ir_3	ir_4	ir_5	ir_6
tr_1	$b_{1,1}$	$b_{2,1}$	$b_{3,1}$	$b_{4,1}$	$b_{5,1}$	$b_{6,1}$
tr_2	$b_{1,2}$	$b_{2,2}$	$b_{3,2}$	$b_{4,2}$	$b_{5,2}$	$b_{6,2}$
tr_3	$b_{1,3}$	$b_{2,3}$	$b_{3,3}$	$b_{4,3}$	$b_{5,3}$	$b_{6,3}$

3) 粒子更新公式

SLDPSO-TA 算法的粒子更新过程遵循以下公式：

$$X_i^t = \text{TF}_3(\text{TF}_2(\text{TF}_1(X_i^{t-1}, \omega), c_1), c_2) \tag{7.3}$$

其中，ω 是惯性权重因子，c_1 和 c_2 是加速因子，TF_1 为惯性分量，TF_2 和 TF_3 分别

为个体认知分量和社会认知分量。同样,PSO 的惯性分量借助变异算子实现,个体认知和社会认知分量借助交叉算子实现。与前两章提出的粒子更新公式不同,本节工作针对轨道分配问题提出了全新的编码方式,其离散化的实现过程并不相同,但前面提出的基于样例池的社会学习策略思想仍可应用在该问题上。

基于式(7.3),本节提出如下的粒子更新模型。

4) 惯性分量

算法使用 TF_1 表示粒子的惯性分量,通过多点变异实现,具体公式如下:

$$W_i^t = TF_1(X_i^{t-1}, \omega) = \begin{cases} M_T(X_i^{t-1}), & 若 r_1 < \omega \\ X_i^{t-1}, & 其他 \end{cases} \tag{7.4}$$

其中,ω 是惯性权重因子,$M_T()$ 为针对轨道分配的多点变异操作,r_1 是 $[0,1)$ 内的随机数。

式(7.4)中多点变异 $M_T()$ 的实现过程如下:算法随机选择 num 个位置,更新这些位置上的编码值为区间 $[1, T(p_{i,j})]$ 上的整数。其中,num 采用线性递减的更新方式,使得粒子迭代前期的变异程度较高,并随迭代次数的增加,逐渐减小变异程度,从而加快算法收敛。图 7.11 是 SLDPSO-TA 算法的变异操

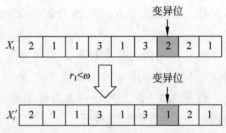

图 7.11 SLDPSO-TA 算法的变异操作

作示意图,图中给出了 num＝1 时,粒子变异前后的具体编码情况,该变异操作意味着原本位于轨道 2 上的线段 ir_7 经变异后被分配到了轨道 1 上。SLDPSO-TA 算法中多点变异操作的伪代码见算法 7.2。

```
算法 7.2  Multipos_Mutation_TA
输入:待变异的粒子 p
输出:变异后的粒子 p
Begin
  num_init = 0.2 × ir_size;        //ir_size 为线段数量
  num = DecFunc(num_init, 0, t);
  if num < 1 then
    num = 1;
  end if
  while num > 0 do
    ir = Random(1, ir_size);        //随机决定变异的线段
    while true do
      tr = Random(1, tr_size);      //随机产生 ir 被分配到的轨道编号,tr_size 为轨
                                    //道数量
      if tr ≠ p[ir] then
        Update(p[ir], tr);          //更新位置 ir 上的编码
```

```
        break;
    else
        continue;
    end if
  end while
  num = num - 1;
end while
End
```

5) 个体认知分量

算法使用 TF_2 表示粒子的个体认知分量,通过交叉算子实现,具体公式如下:

$$S_i^t = TF_2(W_i^t, c_1) = \begin{cases} C_T(W_i^t, X_i^P), & 若 r_2 < c_1 \\ W_i^t, & 其他 \end{cases} \tag{7.5}$$

其中,加速因子 c_1 决定了粒子与自身历史最优方案 X_i^P 交叉的概率,$C_T()$ 为交叉算子,其交叉对象是 X_i^P,r_2 是区间 $[0,1)$ 的随机数。

6) 社会认知分量

算法使用 TF_3 表示粒子的社会认知分量,通过交叉算子实现,具体公式如下:

$$X_i^t = TF_3(S_i^t, c_2) = \begin{cases} C_T(S_i^t, X_k^P), & 若 r_3 < c_2 \\ S_i^t, & 其他 \end{cases} \tag{7.6}$$

其中,c_2 决定了粒子与学习样例池中的任意一个粒子的历史最优 X_k^P ($1 \leq k \leq i-1$) 交叉的概率,$C_T()$ 为交叉算子,其交叉对象是 X_i^P,r_3 是区间 $[0,1)$ 的随机数。

图7.12给出了 SLDPSO-TA 算法的交叉操作示意图,图中第一行是粒子的学习对象,即个体历史最优粒子(X_i^P)或者样例池中任意优秀粒子的 pbest(X_k^P),第二行和第三行分别是粒子交叉前后的具体编码。粒子通过将长度为 clen($1 \leq$ clen$\leq |I(p_{i,j})|$)的交叉区间上的值更新为该粒子学习对象同区间上的值来完成社会学习过程,从而向 X_k^P 或 X_i^P 靠拢。

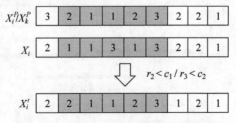

图7.12　SLDPSO-TA 算法的交叉操作

同时,因为在同一次迭代中,所有粒子的社会学习对象都尽可能不同,并且对于每个粒子,其每次迭代时的社会学习对象也都不同,这样的机制使得粒子有机会探索到更多的解方案。交叉操作的伪代码见算法 7.3。

```
算法 7.3  Crossover_TA
输入:待交叉粒子 p、学习对象 q
输出:交叉后的粒子 p
Begin
  ir₁ = Random(1, ir_size);
  ir₂ = Random(1, ir_size);
  if  ir₁> ir₂  then
    Swap(ir₁, ir₂);
  end if
  for ir: ir₁ to ir₂ do
    Update(p[ir], q[ir]);              //更新 p[ir]的值为 q[ir]
  end for
End
```

7) 精炼策略

重叠冲突是轨道分配力求优化的重要指标,为了进一步提升轨道分配方案的质量,SLDPSO-TA 算法采用了基于协商的分解-重分配方法进一步精炼布线方案。该精炼策略能将拥挤区域的线段进行合理转移再分配,以降低整个布线通道的拥挤程度。

定义 7.9 历史代价 历史代价定义为由重分配操作造成线段与线段之间或者线段与障碍物之间再次重叠的次数。一条线段在一条轨道上的历史代价等于该线段所覆盖的所有单位区间的历史代价之和,其中每个单位区间的历史代价等于该区间重分配操作引起的重叠次数。在精炼阶段伊始,各轨道单位区间的历史代价初始化为 0,当线段发生重分配并产生冲突时,重叠部分对应的各单位区间的值加 1。图 7.13 为历史代价计算的示意图。

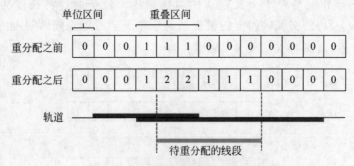

图 7.13 历史代价计算的示意图

SLDPSO-TA 算法的精炼策略具体分为以下两个步骤。

(1) 选择重分配的线段。使用以下代价函数选择一个具有最大代价的线段:

$$removeCost(ir, tr) = overlapCost_{ir,tr} + historyCost_{ir,tr} \tag{7.7}$$

其中,overlapCost$_{ir,tr}$ 和 historyCost$_{ir,tr}$ 分别是线段 ir 从轨道 tr 上移除时减少的重叠代价和 ir 的历史代价。

（2）决定目标轨道。使用以下代价函数决定线段重新分配的轨道：

$$addCost(ir,tr) = 0.1 \times wlCost_{ir,tr} + \alpha \times overlapCost_{ir,tr} +$$
$$\beta \times blkCost_{ir,tr} + historyCost_{ir,tr} \tag{7.8}$$

其中,wlCost$_{ir,tr}$ 为线段 ir 在轨道 tr 上时的线长代价,overlapCost$_{ir,tr}$ 和 blkCost$_{ir,tr}$ 分别是 ir 分配到轨道 tr 上时增加的重叠代价和拥塞代价。系数 α 和 β 分别用来调节重叠代价和拥塞代价的权重。在本节的工作中,α 的值随迭代次数增加而增大,使得精炼迭代前期保证线长的优化,再逐步加大重叠冲突的优化力度。β 仍然设置为 100 000 以避免拥塞冲突的增大。

3. 算法流程以及算法复杂度分析

引理 7.1　给定布线通道有 I 条线段,N 个引脚,B 个障碍物,设种群大小为 M,粒子的迭代次数为 T,精炼策略的迭代次数为 r,则 SLDPSO-TA 的算法的近似时间复杂度为 $O(MT \times (I^2 + M\log_2 M) + r \times (I^2 + N + B))$。

证明：

SLDPSO-TA 算法的种群初始解产生,首先要进行线段的排序,时间复杂度为 $O(I\log_2 I)$。然后按照 4 种不同的顺序进行贪心分配,分配的过程需要计算分配后产生的代价以决定分配的轨道,其中包括：

（1）线段放在各个轨道上产生的线长代价,即线段被放置在各个轨道上时与其所在线网中所有组件的距离,时间复杂度为 $O(I+N)$。

（2）线段被放置在轨道上产生的冲突代价。通过遍历该线段所在轨道上所有障碍物和已分配的线段,时间复杂度为 $O(I+B)$。所以贪心分配过程分配所有线段的时间复杂度为 $O(I \times (I+N+B))$。

（3）筛选初始种群使用了变异和选择算子,其中变异操作的复杂度为常数时间,选择操作的时间复杂度取决于排序算法,为 $O(M\log_2 M)$。故这一阶段的近似时间复杂度为 $O(I \times (I+N+B) + M\log_2 M)$。

粒子的迭代部分包括变异操作、交叉操作和适应度值的计算。变异和交叉操作的时间复杂度为常数。适应度值的计算包括拥塞代价和重叠代价的计算。在本节工作中,拥塞代价的计算使用了基于查找表的预处理策略,在迭代过程中只需要常数时间就可计算一条线段的拥塞代价,则整个轨道分配方案的拥塞代价计算时间复杂度为 $O(I)$；重叠代价则需要两次遍历每个轨道上的所有线段,其时间复杂度是 $O(I^2)$。而每个粒子样例池更新的复杂度主要取决于排序算法,为 $O(M\log_2 M)$。最后,考虑种群大小 M 和迭代次数 T,则总时间复杂度为 $O(MT \times (I^2 + M\log_2 M))$。

精炼策略部分：由于每次分解-重分配操作结束后都需要更新原轨道上相关线段的历史代价,其时间复杂度近似为 $O(I)$。在每次迭代操作中,首先需要根据式(7.7)选择待重分配的线段,这部分的时间主要由线段移除的重叠代价计算时间决定,时间复杂度为 $O(I^2)$。然后根据式(7.8)确定其重新分配的轨道,这里需要计算线段重新放置后的线长代价、增加的重叠代价、拥塞代价和线段的历史代价之和,时间复杂度为 $O(I+N+B)$。因此,r 次迭代的精炼策略时间复杂度近似为 $O(r\times(I^2+N+B))$。综合考虑整个算法,算法的初始解生成部分的时间可忽略不计,因此,SLDPSO-TA 算法的时间复杂度为 $O(MT\times(I^2+M\log_2 M)+r\times(I^2+N+B))$。

SLDPSO-TA 算法的流程如图 7.14 所示。

7.3.3 仿真实验与结果分析

本节在基准测试电路 DAC2012 上,先后采用 NTUplace4、NCTUgr 进行布局和总体布线,最后从总体布线结果中提取线段,开展轨道分配工作。由于轨道分配问题规模较大,本节设置 $M=20$,iter$=400$,惯性权重因子 w 在 $0.95\sim0.4$ 线性递减,学习因子 c_1 在 $0.9\sim0.15$ 线性递减、学习因子 c_2 在 $0.4\sim0.9$ 线性递增。

1. 考虑局部线网的有效性验证

为说明局部线网的重要性,本节给出了

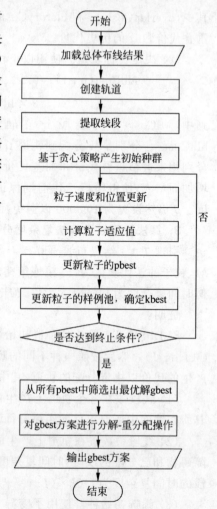

图 7.14 SLDPSO-TA 算法流程

SLDPSO-TA 算法下线段的提取情况,如表 7.4 所示。表 7.4 中分别列出了每个测试电路的线网总数(TN)、局部线网数量(LN)、局部线网占总线网的百分比(LN/TN)、提取的总线段数(TI)、从局部线网中提取的线段数(LI)、局部线网的线段数占总线段数的百分比(LI/TI)、分配线段数量比(TI/(TI-LI))。其中,最后一列表示的是本节算法提取并分配的线段数量与过去工作(未考虑局部线网)提取并分配线段的数量比。从表 7.4 中的数据可以发现,局部线网平均占总线网的 32.98%,而从中提取的线段平均占到总线段的 16.07%。本节算法充分利用了这部分线网的信息,大大提高分配线段的数量,最终相比未考虑局部线网的轨道分配工作,能平均多提取 19% 的线段,从而在一定程度上提高轨道分配方案的质量。

表 7.4 各基准测试电路的线网及提取的线段情况

测试电路	TN	LN	LN/TN/(%)	TI	LI	LI/TI/(%)	TI/(TI-LI)
sb2	990 899	304 025	30.68	2 134 703	304 025	14.24	1.17
sb3	898 001	339 078	37.76	2 017 313	339 078	16.81	1.20
sb6	1 006 629	350 741	34.84	2 037 526	350 741	17.21	1.21
sb7	1 340 418	440 442	32.86	2 883 168	440 442	15.28	1.18
sb9	833 808	317 925	38.13	1 671 043	317 925	19.03	1.23
sb11	935 731	275 351	29.43	1 811 827	275 351	15.20	1.18
sb12	1 293 436	361 900	27.98	2 719 712	361 900	13.31	1.15
sb14	619 815	178 114	28.74	1 261 573	178 114	14.12	1.16
sb16	697 458	227 932	32.68	1 371 803	227 932	16.62	1.20
sb19	511 685	187 695	36.68	995 611	187 695	18.85	1.23
均值			32.98			16.07	1.19

2. 预处理策略的有效性验证

SLDPSO-TA 算法使用基于查找表的预处理策略来减少粒子迭代过程中拥塞代价的计算次数。表 7.5 给出了使用该策略前后拥塞代价的计算次数,表的第 2 列和第 3 列分别为各测试电路上提取的线段总数(TI)和障碍物总数(TB)。实验结果显示,基于查找表的预处理策略可以减少算法的冗余计算。

表 7.5 使用预处理策略前后拥塞代价的计算次数

测试电路	TI	TB	拥塞代价的计算次数(10^8)		比值
			使用预处理策略之前	使用预处理策略之后	(之前/之后)
sb2	2 134 703	30 975	60 898.40	202.76	300
sb3	2 017 313	16 323	20 929.20	69.96	299
sb6	2 037 526	16 588	25 897.59	86.25	300
sb7	2 883 168	11 095	37 793.37	125.71	301
sb9	1 671 043	9261	17 311.78	57.61	300
sb11	1 811 827	12 660	25 162.48	83.81	300
sb12	2 719 712	3660	12 430.54	43.76	284
sb14	1 261 573	10 337	6622.52	22.25	298
sb16	1 371 803	8891	1503.28	5.20	289
sb19	995 611	9666	11 110.70	37.18	299
均值					297

3. 社会学习策略的有效性验证

下面将基于样例池的社会学习策略应用到针对轨道分配问题的离散 PSO 中,以增强算法勘探能力,进而提高解的质量。

为了验证该策略在本节问题上的有效性,表 7.6 对比了未使用社会学习策略的 DPSO-TA 算法和使用该策略后的 SLDPSO-TA 算法,其中 DPSO-TA 算法在粒子群迭代期间,是通过与 gbest 进行交叉学习来实现粒子的社会认知。实验从轨道分配方案的线长代价(WL)、重叠代价(OC)和拥塞代价(BC)3 个评价指标出发展开对比。从表 7.6 中的结果可以发现,相比未使用社会学习策略的 DPSO-TA 算法,本节所提出的算法能够平均减少 0.36% 的重叠代价,并维持线长代价和障碍代价不变。

表 7.6 使用 SLDPSO-TA 算法与 DPSO-TA 算法的对比

测试电路	DPSO-TA			SLDPSO-TA			优化率/%		
	WL (10^6)	OC (10^6)	BC (10^6)	WL (10^6)	OC (10^6)	BC (10^6)	WL	OC	BC
sb2	25.3148	3.2958	0.337	25.3153	3.2743	0.337	0.00	0.65	0.00
sb3	24.0618	2.4123	0.3251	24.0629	2.4034	0.3251	0.00	0.37	0.00
sb6	24.9597	2.1298	0.2305	24.9646	2.1221	0.2305	−0.02	0.36	0.00
sb7	37.7483	2.1693	0.2114	37.7512	2.1602	0.2114	−0.01	0.42	0.00
sb9	20.8509	1.3846	0.1459	20.8546	1.3781	0.1459	−0.02	0.47	0.00
sb11	22.2445	1.1653	0.2235	22.2498	1.1579	0.2235	−0.02	0.64	0.00
sb12	36.1442	1.4307	0.0351	36.1468	1.4251	0.0351	−0.01	0.39	0.00
sb14	15.4887	1.0591	0.2596	15.4885	1.0563	0.2596	0.00	0.26	0.00
sb16	16.6473	1.5401	0.1423	16.6469	1.5372	0.1422	0.00	0.19	0.07
sb19	12.2924	0.7291	0.0863	12.2924	0.7302	0.0863	0.00	−0.15	0.00
均值							−0.01	**0.36**	0.01

实验数据显示,使用基于样例池的社会学习策略,能够搜索到具有更小重叠代价的轨道分配方案。

1. 精炼策略的有效性验证

基于协商的精炼策略采用分解-重分配的方法,将拥塞区域的线段转移至空闲的轨道上,从而缓解轨道的拥塞程度,对进一步优化重叠冲突有明显效果。表 7.7 给出了使用精炼策略前后算法的优化性能对比实验结果。表 7.7 中数据显示,该精炼策略能够实现平均 26.61% 的重叠代价指标优化,而仅仅牺牲了 6.95% 的线长代价,同时保证了拥塞冲突的情况不劣化。其中,重叠冲突优化最多的是测试电路 sb12,能够减少 43.88% 的重叠代价,最少的也能优化 16.34% 的重叠代价,即测试电路 sb2。

表 7.7 使用精炼策略前后算法的优化性能比较

测试电路	使用精炼策略之前			使用精炼策略之后			优化率/%		
	WL (10^6)	OC (10^6)	BC (10^6)	WL (10^6)	OC (10^6)	BC (10^6)	WL	OC	BC
sb2	25.3153	3.2743	0.337	26.8770	2.7393	0.337	−6.17	**16.34**	0.00
sb3	24.0629	2.4034	0.3251	25.3798	1.9507	0.3251	−5.47	18.84	0.00

续表

测试电路	使用精炼策略之前			使用精炼策略之后			优化率/%		
	WL (10^6)	OC (10^6)	BC (10^6)	WL (10^6)	OC (10^6)	BC (10^6)	WL	OC	BC
sb6	24.9646	2.1221	0.2305	26.7851	1.6457	0.2305	−7.29	22.45	0.00
sb7	37.7512	2.1602	0.2114	40.3764	1.5342	0.2114	−6.95	28.98	0.00
sb9	20.8546	1.3781	0.1459	22.6642	0.9656	0.1459	−8.68	29.93	0.00
sb11	22.2498	1.1579	0.2235	23.7883	0.7856	0.2235	−6.91	32.15	0.00
sb12	36.1468	1.4251	0.0351	39.1348	0.7997	0.0351	−8.27	**43.88**	0.00
sb14	15.4885	1.0563	0.2596	16.2734	0.8168	0.2596	−5.07	22.67	0.00
sb16	16.6469	1.5372	0.1422	17.6732	1.2453	0.1422	−6.17	18.99	0.00
sb19	12.2924	0.7302	0.0863	13.3398	0.4972	0.0863	−8.52	31.91	0.00
均值							**−6.95**	**26.61**	**0.00**

本节的实验结果说明,这种基于协商的分解-重分配策略虽然会牺牲部分线长,但是能够大大减少重叠冲突,有利于提升轨道分配方案的质量。

2. 与现有轨道分配算法的比较

SLDPSO-TA 算法利用基于样例池机制的 SLDPSO 方法来寻找一个较高质量的轨道分配方案,再使用基于协商的策略来进一步减少重叠冲突。为验证该算法的有效性,下面将 SLDPSO-TA 算法与现有两种表现优秀的轨道分配算法进行对比,具体实验数据见表 7.8 和表 7.9。

表 7.8 SLDPSO-TA 算法与 WBM-TA 算法的比较

测试电路	WBM-TA			SLDPSO-TA			优化率/%		
	WL (10^6)	OC (10^6)	BC (10^6)	WL (10^6)	OC (10^6)	BC (10^6)	WL	OC	BC
sb2	29.1351	12.2716	0.337	26.8770	2.7393	0.337	7.75	77.68	0.00
sb3	29.0131	5.7738	0.3251	25.3798	1.9507	0.3251	**12.52**	66.21	0.00
sb6	29.7168	5.7673	0.2305	26.7851	1.6457	0.2305	9.87	71.46	0.00
sb7	43.9719	6.78	0.2114	40.3764	1.5342	0.2114	8.18	77.37	0.00
sb9	24.6343	3.967	0.1459	22.6642	0.9656	0.1459	8.00	75.66	0.00
sb11	26.0517	4.0935	0.2235	23.7883	0.7856	0.2235	8.69	80.81	0.00
sb12	41.0377	6.5105	0.0351	39.1348	0.7997	0.0351	4.64	**87.72**	0.00
sb14	18.3229	3.3449	0.2596	16.2734	0.8168	0.2596	11.19	75.58	0.00
sb16	19.5534	4.2229	0.1422	17.6732	1.2453	0.1422	9.62	70.51	0.00
sb19	14.6558	2.2504	0.0863	13.3398	0.4972	0.0863	8.98	77.91	0.00
均值							**8.94**	**76.09**	**0.00**

表 7.9   SLDPSO-TA 算法与 NTA 算法的比较

测试电路	NTA			SLDPSO-TA			优化率/%		
	WL (10^6)	OC (10^6)	BC (10^6)	WL (10^6)	OC (10^6)	BC (10^6)	WL	OC	BC
sb2	26.8796	2.7856	0.337	26.8770	2.7393	0.337	0.01	1.66	0.00
sb3	25.3666	1.9713	0.3251	25.3798	1.9507	0.3251	−0.05	1.04	0.00
sb6	26.7965	1.6645	0.2305	26.7851	1.6457	0.2305	0.04	1.13	0.00
sb7	40.3769	1.5572	0.2114	40.3764	1.5342	0.2114	0.00	1.48	0.00
sb9	22.6652	0.9801	0.1459	22.6642	0.9656	0.1459	0.00	1.48	0.00
sb11	23.7821	0.8133	0.2235	23.7883	0.7856	0.2235	−0.03	3.41	0.00
sb12	39.1232	0.8177	0.0351	39.1348	0.7997	0.0351	−0.03	2.20	0.00
sb14	16.2738	0.8398	0.2596	16.2734	0.8168	0.2596	0.00	2.74	0.00
sb16	17.6729	1.265	0.1422	17.6732	1.2453	0.1422	0.00	1.56	0.00
sb19	13.3439	0.5065	0.0863	13.3398	0.4972	0.0863	0.03	1.84	0.00
均值							**0.00**	**1.85**	**0.00**

表 7.8 展示了本节算法与基于加权二分匹配的轨道分配(WBM-TA)算法在线长、重叠冲突和拥塞冲突优化方面的性能。

实验结果显示,本节算法的性能远远优于 WBM-TA 算法,在线长和重叠冲突优化上具有明显优势,平均线长优化了 8.94%,同时减少了 76.09% 的重叠冲突。其中,优化重叠代价最多的是测试电路 sb12,可优化 87.72%,而线长优化最多的是测试电路 sb3,可减少 12.52% 的线长。表 7.9 是本节算法与基于协商的轨道分配(NTA)算法的实验对比结果。

从表 7.9 中的数据可以看到,针对所有的测试电路,SLDPSO-TA 算法均能取得更好的重叠代价指标优化,平均优化 1.85% 的重叠冲突,同时保持布线方案的线长和拥塞代价基本不变。

3. 可布线性评估

下面分别在布局器 NTUplace4、SimPLR 和 Ripple 布局的电路上进行实验。

如表 7.10 所示,最后一行显示了 SLDPSO-TA 算法在 3 种布局电路上进行轨道分配评估得出的平均线长代价、重叠代价和拥塞代价的比值。即在上述 3 种不同布局下进行布线产生的线长代价比为 1:1.0766:1.0411、重叠代价比为 1:1.5011:1.4311、拥塞代价比为 1:1.4560:1.1312。结果显示,在 SimPLR 布局结果上进行布线,可能产生的线长及冲突是最大的,而使用 NTUplace4 布局电路进行布局的可布线性最高。故在上述 3 种布局电路里,基于 NTUplace4 布局结果进行布线,是较为理想的选择。

利用 SLDPSO-TA 可以对不同布局电路进行可布线性评估,根据轨道分配结果的线长代价、重叠代价和拥塞代价,可以帮助选择可布线性更强的布局器,从而更好地指导后续的布线工作。

表 7.10　在 NTUplace4、SimPLR 和 Ripple 布局电路上的轨道分配结果对比

测试电路	NTUplace4			SimPLR			Ripple		
	WL (10^6)	OC (10^6)	BC (10^6)	WL (10^6)	OC (10^6)	BC (10^6)	WL (10^6)	OC (10^6)	BC (10^6)
sb2	26.8770	2.7393	0.337	31.0425	3.5038	0.3794	28.472	3.3361	0.3871
sb3	25.3798	1.9507	0.3251	27.6148	2.6558	0.3537	26.5608	2.8655	0.3134
sb6	26.7851	1.6457	0.2305	27.9432	1.9509	0.2549	27.2141	2.1161	0.2359
sb7	40.3764	1.5342	0.2114	46.6648	4.6852	0.5237	42.6287	2.7672	0.2696
sb9	22.6642	0.9656	0.1459	23.789	1.3044	0.1611	23.9412	1.5628	0.1407
sb11	23.7883	0.7856	0.2235	24.7795	1.2663	0.2752	24.7921	1.1349	0.2309
sb12	39.1348	0.7997	0.0351	41.1449	0.9209	0.0821	40.8504	1.2754	0.0517
sb14	16.2734	0.8168	0.2596	17.3188	1.1231	0.2797	16.8203	1.0911	0.251
sb16	17.6732	1.2453	0.1422	18.7137	1.6751	0.2209	17.5417	1.3284	0.1803
sb19	13.3398	0.4972	0.0863	14.1174	0.6448	0.1258	14.198	0.7331	0.1032
比值	1	1	1	1.0766	1.5011	1.4560	1.0411	1.4311	1.1312

7.3.4　小结

针对冲突最小化的轨道分配问题,本节考虑了局部线网内的布线资源,同时从全局线网和局部线网中提取线段进行分配,最终提出一种基于 SLDPSO 的轨道分配算法。首先,结合轨道分配的特点,设计了简单有效的实数编码策略以扩大搜索空间,并针对布线冲突和线长等优化目标,设计了计算简便、能有效优化冲突代价的适应度函数。其次,以分配顺序作为贪心准则,基于 4 种不同的线段分配顺序进行初始轨道分配,并结合变异和选择算子为算法提供较高质量的初始种群。为了增强种群迭代过程中的多样性,在粒子更新过程中引入基于样例池机制的社会学习策略以增强算法性能。最后,使用基于协商的分解-重分配策略对粒子寻优获得的布线方案进一步精炼以优化重叠冲突。

本节提出的 SLDPSO-TA 算法考虑了更多的布线资源,提取并分配所有的线段来最小化布线冲突。该算法能充分利用总体布线的信息和考虑详细布线的问题以准确发现拥挤的布线区域,从而提供更加可靠的可布线性评估。实验结果显示,本节算法在当前同类算法中表现出最佳的重叠冲突优化能力,能更好地指导布线工作。

7.4　可布线性驱动的轨道分配算法

7.4.1　引言

作为物理设计中靠后的设计阶段,布线需要处理一系列的设计规则约束,随着

VLSI 制程的不断发展,很多设计规则约束比如平行走线间距约束、末端间距约束、通孔柱间距约束和最小面积约束等问题都需要在布线阶段被处理。

很多研究工作的目标都是在不违反约束的情况下最大化分配导线段的数量,然而,这种方式不能保证未分配导线段的可布线性。文献[52-54]中的工作提出了轨道分配算法进行可布线性分析,但是这些工作并不适合用在详细布线过程中。文献[56]中的工作提出了适用于总线布线和通道布线的轨道分配算法,虽然是面向详细布线的算法,但是由于算法大多用于小规模电路,以致不适合用在先进制程 VLSI 设计中。

文献[54]中的工作提出了一种基于协商机制的轨道分配(Negotiation-based Track Assignment,NTA)算法。NTA 能在很短的时间内得到轨道分配结果并进行可布线性分析。该算法考虑了局部线网问题,并引入了一个基于协商机制的重叠优化方法进一步优化导线段的重叠,以减少短路问题的产生。然而,该算法并没有考虑通孔位置和引脚连通性。因此,该算法的结果不能直接用来指导详细布线。文献[53]中的工作提出了一种轨道分配框架(Track PLanning,TraPL)。首先,TraPL 通过在第二个金属层或者第三个金属层创建覆盖局部线网引脚坐标范围的主干连接局部线网。然后,TraPL 对所有的两端线网进行轨道分配。对于多端线网,这些线网需要被分解为两端线网。在轨道分配的开始,TraPL 对所有通道按照导线段数量从大到小排序,并对通道中的导线段按照长度从长到短排序。排好序后,对于每个导线段,TraPL 寻找包含该导线段两端线网的最佳轨道分配结果。TraPL 能够考虑到局部线网、通孔位置和引脚连通性,但是,它的解方案容易陷入局部最优解,且算法的运行时间过长。因此,综合以上考虑,本节提出了一种可布线性驱动的轨道分配算法。本节的主要贡献如下。

(1) 本节算法同时考虑了局部线网、通孔位置和引脚连通性,能够保证轨道分配方案的连通性。对于通孔位置,本节提出了一个完备的通孔位置模型。基于此模型,本节提出了一种导线段连接算法,快速高效地将导线段连接在一起保证导线段的连通。除此之外,本节还提出了一个快速高效的引脚连接方案,由此可以保证轨道分配方案中线网的连通性。

(2) 本节算法引入了一种布线指导区域提取算法,能够有效地精炼松弛的布线指导区域,获取合适的布线拓扑进行轨道分配。

(3) 本节算法能够有效地优化导线段之间或导线段与障碍物之间的重叠,由此,本节算法的轨道分配方案既可以有效地分析可布线性问题,也可以为详细布线提供优质的初始布线方案。与文献[53]中的工作相比,本节算法平均减少了 40% 的导线段重叠长度。

(4) 本节算法能在较短的时间内有效地优化导线段之间或导线段与障碍物之间的重叠。该算法的平均运行速度是文献[53]提出的算法的 9.22 倍。此外,本节算法在 2019 年 ISPD 举办的详细布线学术竞赛中取得了第三名的成绩,并且在每个由 Cadence 提供的实际测试电路上都取得了最快速度。

7.4.2 算法设计

1. 算法流程

本节提出的可布线性驱动的轨道分配（Routability Driven Track Assignment，RDTA）算法共包含 6 个阶段：提取总体布线信息阶段、初始分配阶段、通孔位置更新阶段、重叠优化阶段、通孔位置更新阶段和引脚连接阶段。图 7.15 给出了算法流程图。在提取总体布线信息阶段，使用基于 Dijkstra 算法的路径搜索算法，排除冗余布线指导区域，有效地提取合适的导线段。在初始分配阶段，使用一种贪心算法将每个导线段分配到重叠长度代价最小的轨道上。在重叠优化阶段，迭代地拆除具有最大重叠长度代价的导线段并进行重分配，使得布线方案的重叠长度代价能被有效地减小。通过有效地优化重叠长度，一方面，轨道分配算法能够为详细布线提供高质量的初始解；另一方面，轨道分配方案能够更好地被用来分析布局方案的可布线性。

图 7.15　可布线性驱动的轨道
　　　　　分配算法流程

然而，只有上述 3 个阶段不能获得线网连通的布线方案。因此，RDTA 算法引入了通孔更新阶段和引脚连接阶段，不仅能获得线网连通的布线方案，还有利于重叠优化阶段更好地计算导线段的重叠长度代价。

在 RDTA 的算法流程中，初始分配阶段和重叠优化阶段之后都引入了通孔更新阶段。两个通孔更新阶段都是基于本节提出的通孔位置模型确定通孔位置，然后使用本节提出的导线段连接算法将导线段连接在一起，但是，这两个通孔更新阶段的目的并不相同。初始分配阶段之后的通孔更新阶段能够得到导线段连接在一起的轨道分配方案，该方案能够帮助重叠优化阶段尽可能地获得贴近最终布线方案的数据，有利于导线段的拆除重分配，使得重叠优化阶段能够更好地减小重叠长度代价。而重叠优化阶段后的通孔更新阶段则是为了最终轨道分配方案能够确定通孔位置并且确保导线段能够连接在一起。

最后一个阶段是引脚连接阶段。在该阶段，本节使用了一种引脚连接方案，使得引脚可以连接到导线段或者通孔上。当该阶段完成后，RDTA 算法能够获得线网完全连通的轨道分配方案，该方案可以作为详细布线的初始解，也可以用来分析芯片的可布线性问题。为了 RDTA 算法能够在足够短的运行时间内得到结果，使得算法拥有足够高的效率,本节使用的引脚连接方案是快速高效的。

2. 提取总体布线信息

为了提高详细布线灵活性,进而提高详细布线方案质量,总体布线传递给详细布线的指导区域通常不局限于总体布线算法获得的树形布线拓扑。因此,轨道分配或者详细布线需要在布线开始之前先对布线指导区域做预处理,删除冗余的布线指导区域,选择合适的布线指导区域。本节提出了一种基于 Dijkstra 算法的布线指导区域提取算法,该算法依次处理每个线网,删除冗余的布线指导区域以得到最终的精炼布线指导区域。算法 7.4 为布线指导区域提取算法的伪代码。

算法 7.4 布线指导区域提取算法
输入:初始布线指导区域集合 G、线网集合 N、总体布线单元划分数据
输出:精炼布线指导区域集合 GO

1. GO←$\varnothing$
2. **FOR** 每个线网 $n \in N$ DO
3.   按照总体布线单元划分数据划分线网 n 的布线指导区域 $g \in G$
4.   构建布线图 GG
5.   初始化包含线网 n 的引脚的布线单元集合 np
6.   任选一个包含引脚的布线单元 s
7.   np ← np − s
8.   **WHILE** np≠$\varnothing$ DO
9. $\forall np_i \in np$
10.   使用 Dijkstra 算法找到从 s 到 np_i 的最小代价路径
11.   记录路径上的布线单元到 GO
12.   np ← np − np_i
13.   **END WIHLE**
14. **END FOR**

第 1 行初始化精炼布线指导区域 GO 为空。第 2～14 行对每个线网进行处理。对于每个线网,第 3 行首先根据布线区域上通道的划分将布线指导区域划分为一组布线单元。第 4 行为线网构建布线图 GG。布线图中每个节点就是布线指导区域划分出的布线单元,节点通过默认方向线段、非默认方向线段和通孔进行连接。第 5 行初始化线网中包含引脚的布线单元集合 np。np 中的每个元素都是一个布线单元,且每个元素中至少包含线网的一个引脚。第 6 行从 np 中任选一个布线单元 s 作为精炼出的布线单元起点。第 7 行从 np 中去掉 s。第 8～13 行基于寻路算法依次挑选从起点 s 到 np 中其他布线单元的精炼布线单元集合。第 9 行从 np 中任选一个布线单元 np_i。第 10 行使用 Dijkstra 算法找到从 s 到 np_i 的最小代价路径,即挑选出从 s 到 np_i 的布线单元集合。第 11 行合并挑选出的布线单元并将合并后的精炼布线指导区域存入 GO 中。第 12 行从 np 中去掉 np_i。

在由布线单元构建的布线图中,算法 7.4 针对边种类的不同设置了不同代价,默认方向边代价为 1,通孔代价为 2,非默认方向边代价为 1000。除此之外,算法 7.4 特

别增加了第一个金属层上各种边的代价,分别增加了 10 000 倍,使得线网尽可能地不在第一层布线,因为第一层具有密集的引脚和障碍物。

图 7.16 给出了布线指导区域提取算法示意图。图 7.16(a)展示了未进行布线指导区域提取前的初始布线指导区域。矩形 $G_{i,j}$ 表示第 i 个金属层上第 j 个布线指导区域。布线指导区域内的圆形表示线网需要连接的两个引脚。第一层、第二层和第三层的默认走线方向分别是水平方向、垂直方向和水平方向。图 7.16(b)展示了按照布线区域上通道划分对布线指导区域进行划分后的示意图,对应于算法 7.4 中第 3 行的过程。图 7.16(c)展示了基于布线单元构建出的布线图,对应于算法 7.4 中第 4 行的过程。在图 7.16(c)中,所在金属层默认方向的线段表示默认方向边,所在金属层非默认方向的线段表示非默认方向边,层与层之间的线段表示相邻两个金属层之间的通孔。图 7.16(d)给出了挑选布线单元的示意图,图中的线段就是由 Dijkstra 算法找到的最小代价路径,连接两个引脚所在的布线单元,该过程对应算法 7.4 的第 10 行。最小代价路径上的布线单元会被选择出来,而其他布线单元则会被舍弃,如图 7.16(e)所示。最终,精炼出的布线单元按照所在金属层的默认方向被重新整合为完整的布线指导区域,如图 7.16(f)所示。每个精炼后的布线指导区域都会提取出一个导线段进行轨道分配。

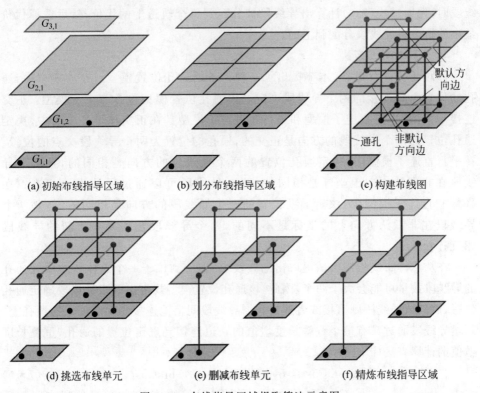

(a) 初始布线指导区域 (b) 划分布线指导区域 (c) 构建布线图

(d) 挑选布线单元 (e) 删减布线单元 (f) 精炼布线指导区域

图 7.16 布线指导区域提取算法示意图

3. 初始分配

在初始分配阶段,RDTA 采用了 NTA 中通道到通道的处理方法,依次对每个通道内的导线段进行分配,通道与通道之间的处理相互独立。在处理每个通道时,采用一种贪心算法将每个导线段分配到合适的轨道上。对贪心算法而言,轨道分配方案的质量取决于处理导线段的顺序。实验表明,按照导线段的长度从长到短分配导线段能得到最好的结果。在分配导线段的过程中,导线段分配到不同轨道上的代价计算方法如下所示:

$$\text{initCost} = \text{wlCost} + \alpha \times \text{overlapCost} + \beta \times \text{blkCost} \tag{7.9}$$

式中,initCost、wlCost、overlapCost 和 blkCost 分别表示导线段分配到轨道上的代价、线网未连接部分的估计线长、导线段之间的重叠长度代价和导线段与障碍物之间的重叠长度代价。线网未连接部分的线长通过最小生成树算法估计。对于最小生成树算法,图结构的节点是导线段和引脚,图结构的边连接曼哈顿距离最近的两个导线段或者引脚,边的代价为两个节点之间的曼哈顿距离。由此,可以通过最小生成树算法求出线网未连接部分的估计线长。该计算方法与 NTA 的计算方法相同。α 和 β 是用户自定义参数,在 RDTA 算法中,两者被分别设置为 0.1 和 1 000 000。通过调整这两个参数,对两种重叠长度的优化可以自由地调整。在分配每一个导线段时,先通过式(7.9)计算出导线段被分配到每个轨道上的代价,然后选择代价最小的轨道将导线段分配到上面。

4. 通孔位置更新

针对通孔位置更新,本节提出了一种完备的通孔位置模型。在该模型中,通孔的位置由其连接的两个导线段决定。该通孔位置模型包含 3 个子模型:正交连接子模型、平行直连子模型和平行非直连子模型。在正交连接子模型中,决定通孔位置的两个导线段的方向是正交的,通孔的位置为两个导线段交点的位置。在平行直连子模型中,决定通孔位置的两个导线段的方向是相同的,且两个导线段在非默认方向上坐标是相同的,两个导线段可以通过通孔直接相连。在平行非直连子模型中,决定通孔位置的两个导线段的方向是相同的,但是两个导线段在非默认方向上的坐标是不同的,两个导线段还需要一个新的导线段相互连接。

在从总体布线指导区域提取出的线段中,连接到位于一个总体布线单元通孔的导线段数量可能会大于两个,因此,该通孔位置模型规定由两个导线段确定通孔位置,而其他导线段则直接或者通过新增导线段间接地连接到确定位置的通孔上。新增导线段通过具有最小重叠长度增值的轨道连接到确定位置的通孔,重叠长度增值的计算方法如下所示:

$$\text{addCost} = \text{overlapCost} + \beta \times \text{blkCost} \tag{7.10}$$

式中,addCost、overlapCost 和 blkCost 分别表示重叠长度增值、导线段之间的重叠长度代价和导线段与障碍物之间的重叠长度代价。β 是用户自定义参数,并且在 RDTA 中,其被设置成了 5。通过这种参数设置方式,两种重叠长度代价可以被很好地均衡。下面将通过图 7.17 具体展示通孔位置模型的区别。

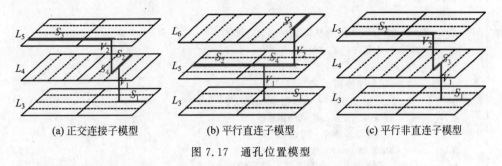

(a) 正交连接子模型   (b) 平行直连子模型   (c) 平行非直连子模型

图 7.17 通孔位置模型

图 7.17(a)展示了正交连接子模型。在总体布线方案中,导线段 S_1、S_2 和 S_3 通过相同位置的通孔连接在一起,分别位于第三层、第四层和第五层。假设在轨道分配过程中,通孔的位置由 S_1 和 S_2 决定。由于 S_1 和 S_2 的方向是正交的,因此,通孔的位置就是 S_1 和 S_2 所在轨道交点的位置,如图 7.17(a)中 V_1 所示。S_3 未被用来决定通孔的位置,且不能直接连接到通孔 V_1,因此需要增加一个新导线段 S_4 将 S_3 连接到 V_1。新通孔 V_2 的位置即为 S_3 和 S_4 所在轨道交点。

对于平行直连子模型,尽管该子模型不需要新增导线段用以保证线网连通性,通孔位置仍在导线段的正交方向上存在轨道。这样可以避免其他导线段通过非默认方向的导线段连接到通孔,以保证轨道分配质量。在该子模型中,通孔位置的各层通道中拥有最少导线段数量的正交方向轨道会被选中,选中轨道与两条位置相同平行轨道的交点即为通孔的位置。图 7.17(b)展示了平行直连子模型。假设通孔的位置由 S_1 和 S_2 决定。由于 S_1 和 S_2 位于水平坐标相同的轨道上,两个导线段可以在不新增导线段的情况下连接在一起。S_3 则通过新增导线段 S_4 连接到通孔 V_1。

对于平行非直连子模型,根据式(7.10),该模型中的新增导线段将被分配到重叠长度增值最小的轨道上。图 7.17(c)展示了平行非直连子模型。在总体布线方案中,S_1 和 S_2 被相同位置的通孔连接在了一起。假设通孔的位置由 S_1 和 S_2 决定,由于 S_1 和 S_2 所在的轨道横坐标不同,因此,这两个导线段需要通过新增一个导线段 S_3 连接在一起。通过式(7.10)计算出所有通道中代价最小的轨道,然后就能确定通孔 V_1 的位置,并用 S_3 将 S_1 和 S_2 连接在一起保证连通性。

通孔位置模型中的 3 种子模型覆盖了导线连接情况的全部可能,因此,该模型是一个完备的通孔位置模型。基于此通孔位置模型,本节提出了导线段连接算法。导线段连接算法依次处理每个线网。所有线网按照所包含的最长导线段的长度从长到短排序,然后依次被处理。算法 7.5 给出了导线段连接算法处理单个线网的伪代码。I_N 表示线网 N 的导线段集合,V_N 表示线网 N 的通孔集合。

算法 7.5　单线网导线段连接算法

输入：V_N, I_N

输出：V_N, I_N

1.　　按照导线段所在层数从低到高对 I_N 排序
2.　　**FOR** 每个通孔 $v \in V_N$ **DO**
3.　　　　assignNumber ← 0
4.　　　　**FOR** 每个连接到 v 的导线段 ir$\in I_N$ **DO**
5.　　　　　　assignNumber ← assignNumber + 1
6.　　　　　　**IF** assignNumber = 1 **THEN**
7.　　　　　　　　更新 v 和 ir 的端点
8.　　　　　　**ELSE IF** assignNumber = 2 **THEN**
9.　　　　　　　　使用通孔位置模型连接导线段
10.　　　　　　　**IF** 需要新增导线段进行连接 **THEN**
11.　　　　　　　　　向 V_N 和 I_N 中加入新的导线段和通孔
12.　　　　　　　**END IF**
13.　　　　　　　更新 v 和导线段的端点
14.　　　　　　**ELSE**
15.　　　　　　　将 ir 连接到 v
16.　　　　　　　**IF** 需要新增导线段进行连接 **THEN**
17.　　　　　　　　　向 V_N 和 I_N 中加入新的导线段和通孔
18.　　　　　　　**END IF**
19.　　　　　　　更新 v 和导线段的端点
20.　　　　　　**END IF**
21.　　　　**END FOR**
22.　　**END FOR**

首先，第一行将线网 N 的导线段按照所在层数从低到高排序。然后从第 2～22 行依次处理线网中的每个通孔。第 3 行初始化连接到当前通孔 v 的导线段被处理的数量 assignNumber 为 0。对于每个通孔 v，从第 4～21 行处理连接到通孔 v 的每个导线段 ir。第 5 行在处理每个导线段时，处理数量 assignNumber 加 1。从第 6～20 行根据不同的情况更新导线段和通孔。第 7 行是处理第一个导线段的方法，第 9～13 行是处理第二个导线段的方法，第 15～19 行是处理未用来决定通孔位置其他导线段的方法。图 7.18 给出了执行算法 7.5 的示意图，下面将通过图 7.18 介绍算法 7.5 处理导线段的流程。图 7.18(a)是从总体布线指导区域内提取出的导线段和通孔的局部示意图。

如算法 7.5 的第 7 行所示，当处理第一个导线段时，算法更新导线段端点坐标和通孔坐标。通孔位置为导线段所在轨道和各层通道中具有最小导线段数量的正交方向轨道的交点。然后，由通孔位置更新导线段坐标。如图 7.18(b)所示，S_1 是第一个导线段。T_1 是在 S_1 正交方向上且具有最小导线段数量的轨道，因此，通孔位置更新为 S_1 和 T_1 的交点，同时更新 S_1 的端点坐标。

如算法 7.5 的第 9～13 行所示，当第二个导线段需要被连接时，算法根据通孔位置模型更新通孔位置并将导线段连接在一起。如果两个导线段的位置触发了平行非直连子模型，则需要通过新增导线段将两个导线段连接在一起。如图 7.18(c)所示，导线段 S_1 和 S_2 的方向相互正交，因此，两个导线段触发了正交连接子模型，通孔位置为两个导线段所在轨道的交点。

如算法 7.5 的第 15~19 行所示，当通孔位置已经由两个导线段确定，则当前导线段只需要直接连接到通孔即可。如图 7.18(d)所示，S_1 和 S_2 已经决定了通孔 V_1 的位置，S_3 只需要连接到 V_1 即可。由于 S_3 不能直接连接到 V_1，因此，S_3 需要通过新增导线段 S_4 连接到 V_1。根据式(7.10)，S_4 选择具有最小重叠长度增值的轨道进行分配。

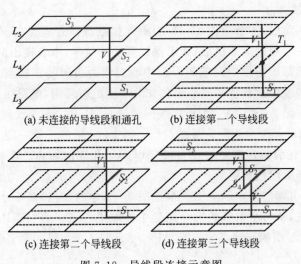

(a) 未连接的导线段和通孔　　(b) 连接第一个导线段

(c) 连接第二个导线段　　(d) 连接第三个导线段

图 7.18　导线段连接示意图

5. 重叠优化

在重叠优化阶段，RDTA 采用了 NTA 中基于协商机制的通道到通道处理方法进行迭代地拆除重分配。算法依次对每个通道进行处理，选择具有最大代价的导线段进行拆除，然后将导线段分配到具有最小代价的轨道上，通道之间的处理是相互独立的。选择导线段进行拆除所使用的代价计算方法如下：

$$\text{optCost(ir},t) = \text{overlapCost(ir},t) + \text{historyCost(ir},t) \quad (7.11)$$

其中，$\text{overlapCost(ir},t)$、$\text{historyCost(ir},t)$ 和 $\text{optCost(ir},t)$ 分别表示导线段 ir 在轨道 t 上的导线段之间重叠长度代价、历史代价和被拆除导线段的代价。历史代价的设置，RDTA 与 NTA 相同。基于历史代价的设置，重叠优化阶段能够通过协商机制更好地对重叠长度进行优化，避免了拆除重分配在相同的轨道上反复进行。选择轨道进行导线段重分配所使用的计算方法如下：

$$\text{raCost(ir},t) = 0.1 \times \text{wlCost(ir},t) + \alpha_1 \times \text{overlapCost(ir},t) +$$
$$\beta \times \text{blkCost(ir},t) + \text{historyCost(ir},t) \quad (7.12)$$

其中,raCost(ir,t)、wlCost(ir,t)、overlapCost(ir,t)、blkCost(ir,t)和 historyCost(ir,t)分别是导线段 ir 分配到轨道 t 上的重分配代价、线网未连接部分预估线长、导线段之间重叠长度、导线段与障碍物之间重叠长度和历史代价。α_1 和 β 都是用户自定义参数,在 RDTA 中,α_1 被设置为一个较小的数值,而 β 则被设置为一个较大的数值,这种方式能尽可能地减少导线段与障碍物之间的重叠,并且能有效地均衡对导线段重叠长度和障碍物重叠长度的优化程度。

对于每个通道,需要迭代地对导线段拆除重分配。在每次迭代过程中,首先通过式(7.11)找出代价最大的导线段,然后从所在轨道上移除导线段并记录历史代价,最后通过式(7.12)找出代价最小的轨道并将导线段分配到新的轨道上。

6. 引脚连接

在引脚连接阶段,本节给出了一种引脚连接点选择方法。在 VLSI 设计中,每个引脚通常由一组规则矩形组成,为了保证算法的效率,本节提出的引脚连接点选择方法从引脚的每个矩形中提取矩形的中心点作为引脚的连接点。图 7.19 给出了一个线网引脚连接过程各种电路组件在芯片上的布局图,电路组件包含了引脚、通孔和导线段。图 7.19 中 V_1 为所示线网的通孔,S_1 和 S_2 为线网的导线段,$R_{i,j}$ 表示第 i 个引脚的第 j 个矩形。导线段 S_1 和 S_2 分别位于第一层和第二层,通过通孔 V_1 连接。在引脚连接之前,S_1 和 S_2 与 V_1 相连的端点的坐标和 V_1 的坐标在通孔位置更新阶段已被更新。

图 7.20 是引脚连接点示意图。根据图 7.19 中的布局,基于本节提出的引脚连接点选择方法,从每个引脚的每个矩形中提取中心点作为引脚连接点。图 7.20 中的圆形标示出了引脚连接点的位置,$AP_{i,j}$ 表示第 i 个引脚的第 j 个引脚连接点。

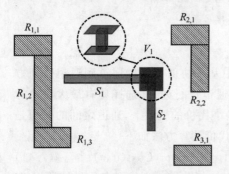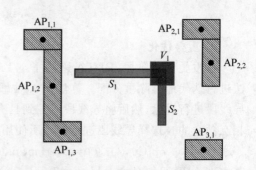

图 7.19　引脚连接布局图　　　　　图 7.20　引脚连接点示意图

基于引脚连接点选择方法,本节给出了 RDTA 的引脚连接方案。经过通孔位置更新阶段,通孔和导线段的位置已经确定。对于每个引脚,计算每个通孔和导线段到每个引脚连接点的曼哈顿距离,然后将引脚通过距离最小的引脚连接点连接到距离最小的导线段或者通孔上。在计算引脚连接点到通孔的距离时,取通孔的中心点坐标,计算该坐标到引脚连接点的曼哈顿距离。在计算引脚连接点到导线段的距离时,分两种情况:

（1）引脚连接点位于导线段的范围内，则计算引脚连接点到导线段的垂直距离，计算方式如图 7.21(a)所示，两者之间的曼哈顿距离为虚线的长度。

（2）引脚连接点位于导线段的范围之外，则计算引脚连接点到最近导线段端点的曼哈顿距离，计算方式如图 7.21(b)所示，两者之间的曼哈顿距离为虚线的长度。

需要注意的是，所有电路组件之间的距离均只考虑在二维平面上的距离，不考虑层数不同的影响。

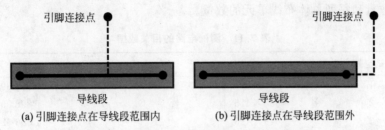

（a）引脚连接点在导线段范围内　　　（b）引脚连接点在导线段范围外

图 7.21　导线段与引脚连接点的距离计算

基于 RDTA 的引脚连接方案，图 7.22 是图 7.19 中布局图的引脚连接方案。根据引脚连接方案中的距离计算方法，对于第一个引脚，导线段 S_1 和引脚连接点 $AP_{1,2}$ 之间的距离最短，因此，将第一个引脚与 S_1 相连。延长 S_1 的左端点并新增加导线段 S_3 将 S_1 与 $AP_{1,2}$ 连接在一起。对于第二个引脚，通孔 V_1 和引脚连接点 $AP_{2,2}$ 之间的距离最短，因此，将第二个引脚与 V_1 相连。通过新增导线段 S_4 和 S_5 将 V_1 与 $AP_{2,2}$ 连接在一起。对于第三个引脚，导线段 S_2 到引脚连接点 $AP_{3,1}$ 的距离最短，因此，将第三个引脚与 S_2 相连。由于 S_2 和 $AP_{3,1}$ 位于不同金属层，因此，需要延长 S_2 的下端点，并新增通孔 V_2 和导线段 S_6 将 S_2 与 $AP_{3,1}$ 连接在一起。

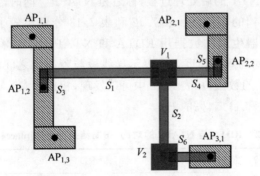

图 7.22　引脚连接方案示意图

7.4.3　实验仿真与结果分析

RDTA 是用 C++ 语言编程实现的，实验环境是一个具有 128GB 内存和 3.5GHz Intel 至强处理器的 Linux 服务器，所有程序都是在该服务器上运行的。

布局的数据由 2012 年国际设计自动化会议（Design Automation Conference，DAC）举办的比赛公布，布局的结果由文献[57]提出的布局器 NTUplace4h 和文献[58]提出的布局器 SimPLR 产生。本节使用 NCTU-GR2.0 产生总体布线方案作为 RDTA 的输入进行仿真实验，测试算法的性能。

表 7.11 给出了测试电路的各项数据。GS、LN 和 NN 分别表示测试电路的网格尺寸、金属层数和线网数量。其中，网格尺寸给出的是布线区域内每行总体布线单元的数量和每列总体布线单元的数量。

表 7.11 测试电路的相关数据

测试电路	GS	LN	NN
1	770×891	9	990 899
2	800×415	9	898 001
3	649×495	9	1 006 629
4	499×713	9	1 340 418
5	426×570	9	833 808
6	631×878	9	935 731
7	444×518	9	1 293 436
8	406×473	9	619 815
9	465×404	9	697 458
10	321×518	9	511 685

1. RDTA 与 NTAPP 的对比

NTA 未考虑通孔位置和引脚连通性，因此，NTA 不能得到线网连通的布线结果。为了能够将 RDTA 与 NTA 进行公平的对比，将本节提出的导线段连接算法和引脚连接方案作为 NTA 的后处理过程，称之为 NTAPP。同时，NTAPP 中 NTA 部分的代码为文献[54]的源代码。表 7.12 和表 7.13 分别比较了由 NTUplace4 和 SimPLR 两种布局器生成的数据用 RDTA 和 NTAPP 两种算法运行出的结果。OC 表示导线段之间的重叠长度，BC 表示导线段与障碍物之间的重叠长度。对于由 NTUplace4 产生的数据，从表 7.12 中可以发现，相比于 NTAPP，RDTA 平均能减少 4.55% 的 OC 和 11.54% 的 BC。

表 7.12 RDTA 与 NTAPP 的对比（布局结果由 NTUplace4 产生）

测试电路	NTAPP			RDTA			OC 百分比/%	BC 百分比/%
	OC(e6)	BC(e6)	时间/s	OC(e6)	BC(e6)	时间/s		
sb2	53.33	1.51	163	50.82	1.30	306	4.71	13.91
sb3	48.91	1.09	158	46.30	0.97	252	5.34	11.01
sb6	51.25	1.02	153	49.28	0.91	249	3.84	10.78
sb7	74.09	0.92	239	71.22	0.78	398	3.87	15.22
sb9	40.83	0.76	159	39.19	0.64	237	4.02	15.79

续表

测试电路	NTAPP			RDTA			OC 百分比/%	BC 百分比/%
	OC(e6)	BC(e6)	时间/s	OC(e6)	BC(e6)	时间/s		
sb11	39.52	0.66	121	37.62	0.61	202	4.81	7.58
sb12	70.91	0.34	270	67.27	0.31	379	5.13	8.82
sb14	28.54	0.88	89	27.30	0.76	128	4.34	13.64
sb16	32.07	0.50	79	30.29	0.44	113	5.55	12.00
sb19	23.90	0.45	126	22.96	0.42	166	3.93	6.67
均值	—						4.55	11.54

表 7.13　RDTA 与 NTAPP 的对比（布局结果由 SimPLR 产生）

测试电路	NTAPP			RDTA			OC 百分比/%	BC 百分比/%
	OC(e6)	BC(e6)	时间/s	OC(e6)	BC(e6)	时间/s		
sb2	66.11	2.45	179	62.82	1.83	391	4.98	25.31
sb3	53.51	1.16	166	50.62	0.96	288	5.40	17.24
sb6	53.82	1.03	153	51.55	0.92	261	4.22	10.68
sb7	99.44	1.63	277	95.78	1.30	492	3.68	20.25
sb9	45.51	1.14	162	43.77	0.97	241	3.82	14.91
sb11	43.30	0.80	125	41.36	0.73	220	4.48	8.75
sb12	76.74	0.41	273	72.35	0.35	402	5.72	14.63
sb14	30.94	0.88	93	29.46	0.71	139	4.78	19.32
sb16	34.89	0.76	80	32.90	0.59	122	5.70	22.37
sb19	25.44	0.52	122	24.31	0.45	168	4.44	13.46
均值	—			—		—	4.72	16.69

对于由 SimPLR 产生的数据，从表 7.13 中可以发现，相比于 NTAPP，RDTA 平均能减少 4.72% 的 OC 和 16.69% 的 BC。尽管 RDTA 的运行时间是 NTAPP 的 1.6 倍，但是 RDTA 的运行时间依然很短，在可接受的范围内。通过分析实验数据，可以得到下述 3 个结论。

（1）RDTA 能够有效地优化导线段和障碍物等之间的重叠长度，这意味着 RDTA 能够为详细布线提供更好的初始结果，也能够更好地评价布局方案的质量。

（2）通过 RDTA 的运行结果可以发现不同布局器结果的区别，以及布局方案需要做怎样的调整。根据表 7.12 和表 7.13 的结果可以发现，NTUplace4 在可布线性问题上的性能更优越。

（3）无论什么样的布局方案，RDTA 都能得到很好的轨道分配方案。

2. RDTA 与 TraPL 的对比

表 7.14 比较了 RDTA 和 TraPL 在 NTUplace4 生成数据上的表现。由于 TraPL 的输入数据和源代码无法获取，本节使用复现的 TraPL 算法与 RDTA 进

行对比。通过实验数据可以发现,相比于 TraPL,RDTA 平均能减少 39.83% 的 OC 和 42.65% 的 BC。分析算法可以发现,TraPL 的质量依赖于分配的顺序。尽管 TraPL 能够搜索到局部最优解,但是很难发现全局最优解。由于 RDTA 包含初始分配阶段和重叠优化阶段,RDTA 拥有更好的灵活性和重叠优化能力。除此之外,RDTA 的效率比 TraPL 更高,具有较短的运行时间。由实验数据可以发现,RDTA 的运行速度平均是 TraPL 的 9.22 倍。

表 7.14　RDTA 与 TraPL 的对比

测试电路	TraPL			RDTA			OC 百分比 /%	BC 百分比 /%	加速比
	OC(e6)	BC(e6)	时间/s	OC(e6)	BC(e6)	时间/s			
sb2	103.64	2.03	4649	50.82	1.30	306	50.96	35.96	15.19
sb3	77.67	1.46	2442	46.30	0.97	252	40.39	33.56	9.69
sb6	78.02	1.48	2580	49.28	0.91	249	36.84	38.51	10.36
sb7	114.33	1.60	3668	71.22	0.78	398	37.71	51.25	9.22
sb9	62.61	1.13	1681	39.19	0.64	237	37.41	43.36	7.09
sb11	64.21	1.53	2204	37.62	0.61	202	41.41	60.13	10.91
sb12	97.97	0.35	2954	67.27	0.31	379	31.34	11.43	7.79
sb14	46.56	1.24	980	27.30	0.76	128	41.37	38.71	7.66
sb16	54.20	1.17	810	30.29	0.44	113	44.11	62.39	7.17
sb19	36.29	0.86	1178	22.96	0.42	166	36.73	51.16	7.10
均值	—	—	—	—	—	—	39.83	42.65	9.22

7.4.4　小结

为了能够通过轨道分配为详细布线提供较好的初始解,本节提出了可布线性驱动的轨道分配算法。该算法同时考虑了局部线网、引脚连通性和通孔位置,并且能够有效地减少导线段的重叠长度以优化短路问题。因此,该算法能够为详细布线提供一个重叠较少的初始解。此外,该算法也能够用来高效地分析物理设计已完成阶段的可布线性问题,进而通过轨道分配方案解决这些问题。

7.5　设计规则约束驱动的轨道分配算法

7.5.1　引言

本章前面各节介绍了轨道分配算法的研究背景和相关研究工作,目前优化设计规则约束方面的轨道分配算法研究比较缺乏,特别是工业界实际 VLSI 设计中轨道分配问题的研究尤为缺乏。本节将以前面介绍的可布线性驱动的轨道分配算法为基础,讨论轨道分配问题的关键之处,从而分析出上述算法的不足,进而引出本节所要介绍的设计规则约束驱动的轨道分配算法。

通过分析工业界提供的总体布线指导区域可以发现,指导区域是对总体布线获得的每个线网布线树所覆盖布线区域的扩大,这种松弛结果能够给予详细布线更大的灵活性,使详细布线有机会找到更优的布线方案。然而,对于轨道分配来说,这种松弛结果给导线段提取带来了很大麻烦。前面介绍的可布线性驱动的轨道分配算法对总体布线指导区域做了预处理工作,舍去部分子区域,提取出了导线段,该方法能够避免提取无效导线段,能够有效地提高算法效率。但是,该方法也降低了轨道分配的搜索空间,可能会错过更优的布线方案。因此,本节提出的算法考虑将导线段选择融入轨道分配过程中,以寻得更优布线方案。此外,将通孔位置更新、引脚连接与导线段分配的过程分离也可能会造成导线段分配不能感知到各种约束的违反情况,因此,本节提出的算法也会考虑将通孔位置更新和引脚连接融入导线段分配过程中。

为了能够在前期阶段就考量到各种设计规则约束,为详细布线提出更优质初始解,减轻详细布线负担,本节提出的算法将在惩罚机制中考虑多种重要的设计规则约束,让轨道分配方案可以减少违反设计规则约束的数量。

综合以上考虑,本节提出了一种设计规则约束驱动的轨道分配算法。该算法基于全部总体布线指导区域,构建出轨道分配图。然后使用设计规则约束感知的迷宫布线算法找到优质的轨道分配方案。最后借助通用优化方法进一步优化轨道分配方案。本节主要贡献如下。

(1)本节提出的轨道分配算法能够将布线指导区域精炼、通孔位置更新和引脚连接融入导线段分配的过程中,充分利用布线指导区域搜索空间,令轨道分配过程能够更好地感知各种约束,获取高质量布线方案。

(2)将设计规则约束融入轨道分配的惩罚机制中,使得轨道分配过程能感知到设计规则约束。该方法能够有效地减少设计规则约束违反数量,使得轨道分配能为详细布线提供一个较好的初始解。

(3)仿真实验结果显示,与可布线性驱动的轨道分配算法相比,本节提出的算法能够有效地减少各种布线指标违反数量。

7.5.2 算法设计

本节提出的设计规则约束驱动的轨道分配(Design Rule constraints driven Track Assignment,DRTA)算法包括3个部分:轨道分配图构建、选择性轨道分配和布线优化。图 7.23 给出了算法流程图。在轨道分配图构建阶段,为了融合导线段提取和导线段分配,避免在提取导线段过程中损失潜在更优布线方案,该阶段在全布线指导区域范围内构建轨道分配图,扩大轨道分配搜索空间。在选择性轨道分配阶段,基于轨道分配图采用一种设计规则约束感知的迷宫布线算法选出合适的轨道进行布线。在布线优化阶段,采用多种被广泛应用于布线问题的优化策略,优化详细布线方案质量。

1. 轨道分配图构建

在轨道分配图构建阶段,首先要确定布线指导区域的连接关系,保证轨道分配图的连通性,使得线网的引脚可以在之后的选择性轨道分配过程中连接在一起。为了使布线方案中的导线段能够尽可能地按照每一层的默认方向走线,使得布线方案满足布线优先权约束,DRTA 通过层与层之间的通孔将布线指导区域连接在一起。只有在单凭通孔无法将所有布线指导区域连接成一个连通的网络结构时,才会使用非默认方向的导线段将处于同一层的相连布线指导区域连接在一起。图 7.24 给出了一个线网的布线指导区

图 7.23 设计规则约束驱动的轨道
分配算法流程

域连接关系示意图。图 7.24(a)是布线指导区域布局图,其中,G_i 表示线网的第 i 个布线指导区域,P_i 表示线网的第 i 个引脚,虚线表示布线指导区域内的轨道。G_1 和 G_5 位于第一层,G_2 和 G_4 位于第二层,G_3 位于第三层。图 7.24(b)是布线指导区域的连接关系图,图 7.24(a)所展示的 5 个布线指导区域被 5 个通孔连接在一起,V_i 表示线网的第 i 个通孔。

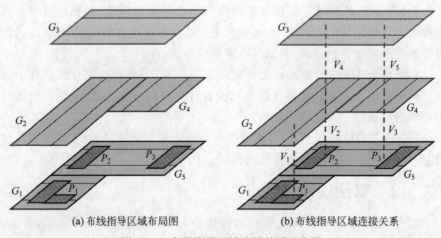

(a) 布线指导区域布局图　　　　　　　(b) 布线指导区域连接关系

图 7.24 布线指导区域连接关系示意图

在确定好布线指导区域的连接关系后,就可以根据连接关系建立轨道分配图。轨道分配图共包括 3 种节点:轨道节点、引脚超点和通孔超点。通孔超点包含多种选择,假设确定其位置的上下两层的轨道的数量分别是 n 个和 m 个,则通孔的位置实际包含 $n \times m$ 种选择。然而,对于轨道分配图的结构,一旦通孔超点两边的轨道节点确定后,就选择出了唯一的通孔位置,因此,本节给出的轨道分配图将布线

指导区域连接关系中的通孔抽象为通孔超点。除此之外,每个引脚都包含多个引脚连接点。但是,基于该轨道分配图和迷宫布线算法进行轨道分配,一旦路径搜索到了合适的引脚连接点,就完成了轨道分配过程,不需要特别进行引脚连接点的选择。因此,本节给出的轨道分配图同样将每个引脚抽象为引脚超点。图 7.25 给出了对应于图 7.24(b)的连接关系的轨道分配图,图中 P_i 所在的节点表示引脚超点,$G_{i,j}$ 所在的节点表示轨道节点,V_i 所在的节点表示通孔超点。P_i 对应于图 7.24(b)中的引脚 P_i,V_i 对应于图 7.24(b)中的通孔 V_i,$G_{i,j}$ 对应于图 7.24(b)中的布线指导区域 G_i 的第 j 个轨道。

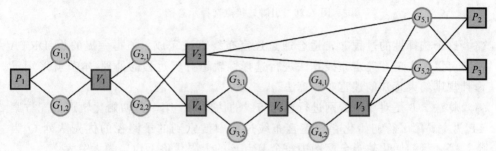

图 7.25 轨道分配图示意图

通过轨道分配图的构建,避免了布线指导区域的提取和导线段分配的割裂,有利于寻找更优的布线方案,特别是对于设计规则约束的优化十分有利。设计规则约束中包括了多种间距问题,只有借助充足的搜索空间才能找到设计规则约束违反数量较少的布线方案。

2. 选择性轨道分配

针对选择性轨道分配过程,本节提出了一种新的引脚连接点选择方法,使得引脚连接能有更多连接选择,避免无法消除设计规则约束违反情况发生。本节提出的引脚连接点选择方法考虑相邻两层轨道,提取引脚所在范围内以及周边不与其他图形产生冲突的轨道交点作为引脚连接点。图 7.26 给出了引脚连接点选择示意图。图 7.26(a)给出了引脚布局图,图中展示了第一层上线网的引脚和布线指导区域以及第一层和第二层轨道。P_i 表示的矩形为线网的引脚,G_i 表示的矩形为线网的布线指导区域,水平虚线表示第一层轨道,垂直虚线表示第二层轨道。图 7.26(b)给出了图 7.26(a)对应的引脚连接点,其中,正方形表示引脚 P_1 的引脚连接点,圆形表示引脚 P_2 的引脚连接点,三角形表示引脚 P_3 的引脚连接点。

基于构建好的轨道分配图,在引脚连接点提取出来之后,本节使用一种先进的设计规则约束感知的迷宫布线算法进行选择性轨道分配。之所以称之为选择性轨道分配,是因为该方法不同于目前已有的轨道分配算法,不是基于已经确定的布线拓扑进行轨道分配,而是基于完整的布线指导区域进行轨道分配,有些布线指导区域内的轨道会被选择出一个进行布线,而有些布线指导区域内的轨道会被全部忽

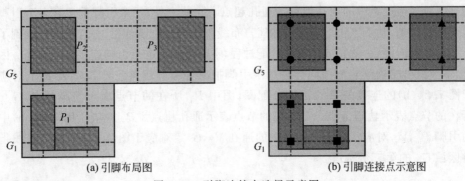

(a) 引脚布局图   (b) 引脚连接点示意图

图 7.26   引脚连接点选择示意图

略。这个选择性的过程非常适合通过迷宫布线算法完成。值得一提的是,DRTA
框架可以嵌入任意迷宫布线算法进行选择性轨道分配过程的处理,本节就采用了
设计规则约束感知的迷宫布线算法。

算法 7.6 是对单个线网进行迷宫布线的伪代码。第一行初始化轨道分配方案
TP 为空。第 2 行初始化存放迷宫布线过程中搜索到的子路径的优先队列 Q 为
空。第 3 行初始化轨道分配图中每个节点 v 的上限代价 UBC_v 为无穷大。

算法 7.6   设计规则约束感知的迷宫布线算法

输入:线网的引脚集合 P,布线图 G

输出:轨道分配方案 TP

1.　　　 TP $\leftarrow \varnothing$

2.　　　 $Q \leftarrow \varnothing$

3.　　　 $\text{UBC}_v \leftarrow \infty, v \in G$

4.　　　 $\forall s \in P$

5.　　　 **FOR** 每个 $t \in P$ 且 $t \neq s$ **DO**

6.　　　　　 初始化路径 p 的起点为 s

7.　　　　　 $Q \leftarrow p$

8.　　　　　 **WHILE** $Q \neq \varnothing$ **DO**

9.　　　　　　　 取 Q 的队首路径 p'

10.　　　　　　　 **IF** p' 路径末端节点为 t **THEN**

11.　　　　　　　　　 TP $\leftarrow p'$

12.　　　　　　　　　 **BREAK**

13.　　　　　　　 **END IF**

14.　　　　　　　 **FOR** 每个 p' 路径末端节点的邻居节点 v **DO**

15.　　　　　　　　　 **IF** $\text{LBC}_{p'} + C_e < \text{UBC}_v$ **THEN**

16.　　　　　　　　　　　 $p'' \leftarrow p' + e$

17.　　　　　　　　　　　 $Q \leftarrow p''$

18.　　　　　　　　　　　 **IF** $\text{UBC}_{p''} < \text{UBC}_v$ **THEN**

19.　　　　　　　　　　　　　 $\text{UBC}_v < \text{UBC}_{p''}$

20.　　　　　　　　　　　 END IF

21.　　　　　　　　　 **END IF**

22.　　　　　　　 **END FOR**

```
23.        END WHILE
24.        更新路径上边的代价为 0
25.   END FOR
```

　　第 4 行从线网的引脚中任选一个作为起点 s。从第 5～25 行依次找到从引脚 s 到其他引脚的路径。第 6 行初始化路径 p 的起点为 s。第 7 行将路径 p 放到优先队列 Q 中。第 8～23 行不断扩展优先队列 Q 中的路径直至找到从 s 到 t 的最小代价路径。第 9 行取 Q 的队首路径进行扩展。第 10～13 行,如果路径找到了 t,则将路径存到轨道分配方案 TP 中并跳出扩展路径的过程。第 14～22 行向路径末端节点的邻居节点尝试扩展路径。第 15～21 行,如果路径扩展后的下限代价小于邻居节点的上限代价,则将路径存入 Q 中。第 18～20 行,如果路径扩展后的上限代价小于邻居节点的上限代价,则更新邻居节点。第 24 行在找到路径后将路径上的边的代价更新为 0。需要注意的是,算法定义了上限代价和下限代价,下限代价是根据布线方案评分方式计算出的惩罚值,而上限代价是在下限代价的基础上加上预估的最小面积代价。预估的最小面积代价的计算方法如下:

$$
\text{minareaEst} = \begin{cases} 0, & l_p \geqslant l_{\min} \\ w_{\text{wirelen}} \times (l_{\min} - l_p), & l_p < l_{\min}, \text{hasSpace} = \text{true} \quad (7.13) \\ w_{\text{minArea}}, & \text{否则} \end{cases}
$$

其中,minareaEst 表示导线段的预估的最小面积代价,l_p 表示导线段的长度,$l_{\min}$ 表示满足最小面积约束的最小导线段长度,hasSpace 表示导线段末端是否还有可延长空间的布尔值,w_{wirelen} 表示线长的惩罚值权重,w_{minArea} 表示最小面积约束的惩罚值权重。当 l_p 不小于 $l_{\min}$ 时,不会触发最小面积约束,minareaEst 为 0;当 l_p 小于 $l_{\min}$ 且有可扩展空间时,minareaEst 为缺少的长度;当 l_p 小于 $l_{\min}$ 且没有可扩展空间时,一定会触发最小面积约束,因此 minareaEst 为最小面积约束的惩罚值。

　　该选择性轨道分配方法融合了轨道分配和通孔位置更新的过程,使得轨道分配的过程更细致,更有利于对设计规则约束的优化。同时,轨道分配过程也将设计规则约束考虑了进去,能够得到设计规则约束违反较少的轨道分配方案,为详细布线提供更优质的初始解。

3. 布线优化

　　在布线优化阶段,DRTA 采用多种常用的优化策略对布线方案进行优化。这些优化策略通常是针对某类问题或者某种设计规则约束进行处理,不同于在整个布线区域寻找布线方案,而是针对当前布线方案中存在的问题进行优化,可以在较短的时间内解决问题,具有很高的效率。

　　第一种策略是通孔选择策略。在设计规则文件 LEF 文档中,通常会规定多种可供选择的通孔样式,具有不同的通孔柱尺寸和数量、不同的金属层矩形面积和尺寸,并且在不同的相邻两层间也有多种的通孔样式。在寻找线网拓扑的过程中,若要挑选出最优的通孔样式,则需要付出巨大的时间代价,因此,DRTA 在选择性轨道分配过程中,每一层使用默认的通孔样式进行迷宫布线,在所有线网完成布线后进行通孔样式的重新选择。在布线完成后,根据全局轨道分配方案重新选择通孔样式,能够高效地进行通孔样式的优化。

第二种策略是修补策略。在确定轨道分配方案后,依然有些导线段或者通孔在金属层上的矩形会违反最小面积约束,可以通过打补丁的方式增加金属面积,优化最小面积约束。除此之外,有些距离较近的同线网的导线段、通孔、引脚之间会违反最小间距约束,同样可以通过打补丁的方式填补上违反间距约束的空间,优化设计规则约束违反的数量。

7.5.3 实验仿真与结果分析

DRTA 是用 C++编程实现的,实验环境是一个具有 64GB 内存的 Linux 服务器,所有程序都是在该服务器上运行的。实验数据是 2019 年由 ISPD 举办的详细布线算法设计学术竞赛公布的工业实际测试电路。每个测试电路包含 3 个输入文件:规定设计规则约束的 LEF 文档、规定电路布局的 DEF 文档和规定布线指导区域的 GUIDE 文档。每个测试电路的输出文件为包含布线数据的 DEF 文档。为了能更好地评价轨道分配方案的质量,本节使用赛会方提供的评分软件分析每个评价指标的数值并按照惩罚值权重评分。该评分软件基于 Cadence 开发的 Innovus 软件对每个评价指标进行分析和计数。Innovus 的版本为 v18.11-s100_1。

表 7.15 给出了各个测试电路的相关数据。STDN、BLKN、NN、PN、LN、DS、TN 和 RL 分别表示标准单元数量、障碍物单元数量、线网数量、输入输出引脚数量、金属层数、布线区域大小、技术节点和算法运行时间上限。其中,布线区域大小的单位为平方毫米,技术节点的单位为纳米,算法运行时间上限的单位为秒。各组电路的数据以 LEF/DEF 文档的形式给出,数据由 Cadence 提供。

表 7.15 测试电路的相关数据

电路	STDN	BLKN	NN	PN	LN	DS	TN	RL
1	8879	0	3153	0	9	0.148×0.146	32	3600
2	72 094	4	72 410	1211	9	0.873×0.589	32	18 000
3	8283	4	8953	57	9	0.195×0.195	32	3600
4	146 442	7	151 612	4802	5	1.604×1.554	65	7200
5	28 920	6	29 416	360	5	0.906×0.906	65	7200
6	179 881	16	179 863	1211	9	1.358×1.325	32	25 200
7	359 746	16	358 720	2216	9	1.581×1.517	32	43 200
8	539 611	16	537 577	3221	9	1.803×1.708	32	43 200
9	899 341	16	895 253	3221	9	2.006×2.151	32	43 200
10	899 404	16	895 253	3221	9	2.006×2.151	32	43 200

图 7.27 展示了本节介绍的 DRTA 算法运行第一组测试数据 ispd19_test1 得出的轨道分配方案使用评分软件得到的结果。评分表格的第二列给出了各个评价指标的数值,第三列给出了各个评价指标的衡量指标数值,第四列给出了各个评价指标的惩罚值权重,第五列给出了各个评价指标的惩罚值,由惩罚值权重乘以衡量指标数值获得,第六列给出了各个评价指标惩罚值占总惩罚值的比例。最后给出了总惩罚值,也就是总评数。通过总评数可以评价整个布线方案的质量,通过每个评价指标的数据可以评价布线方案在各方面存在的问题。评分越小,则布线方案的质量越好;评分越大,则布线方案的质量越差。

```
| Routing                                                                       |
|                     |     Values |   Metrics | Weights |     Scores |       |
| Total wire length   | 128687956  | 643439.78 |    0.50 | 321719.89  | 17.7% |
| Total SCut via count|     38776  |  38776.00 |    4.00 | 155104.00  |  8.5% |
| Total MCut via count|         0  |      0.00 |    2.00 |      0.00  |  0.0% |
| Guides and tracks Obedience                                                   |
| Out-of-guide wire   |   1280181  |   6400.90 |    1.00 |   6400.90  |  0.4% |
| Out-of-guide vias   |      1083  |   1083.00 |    1.00 |   1083.00  |  0.1% |
| Off-track wire      |    153434  |    767.17 |    0.50 |    383.59  |  0.0% |
| Off-track via       |       751  |    751.00 |    1.00 |    751.00  |  0.0% |
| Wrong-way wire      |   1640658  |   8203.29 |    1.00 |   8203.29  |  0.5% |
| Design Rule Violations                                                        |
| Number of metal/cut shorts |   535 |    535.00 |  500.00 | 267500.00  | 14.7% |
| Area of metal/cut shorts   |23635052| 590.88 |  500.00 | 295438.15  | 16.2% |
| #min-area violations       |     1 |      1.00 |  500.00 |    500.00  |  0.0% |
| #PRL violation             |  1213 |   1213.00 |  500.00 | 606500.00  | 33.4% |
| #EOL Spacing violation     |   143 |    143.00 |  500.00 |  71500.00  |  3.9% |
| #Cut Spacing violation     |   102 |    102.00 |  500.00 |  51000.00  |  2.8% |
| #Corner Spacing violation  |    64 |     64.00 |  500.00 |  32000.00  |  1.8% |
| Connectivity (must be zero for valid solution)                                |
| #open nets          |         0  |      0.00 |    0.00 |      0.00  |  0.0% |
|                                          Total Score | 1818083.82  |        |
++++++++++++++++++++++++++++++++
+ PASS : Solution is valid +
++++++++++++++++++++++++++++++++
```

图 7.27　DRTA 在 ispd19_test1 数据上的结果

表 7.16 给出了 DRTA 和 RDTA 在线长相关指标方面的表现,表 7.17 给出了 DRTA 和 RDTA 在线长相关指标方面的表现的对比。在表 7.16 中,WL、OFGWL、OTWL 和 WWWL 分别表示轨道分配方案的线长、布线指导区域外线长、轨道外线长和非默认方向线长。为了方便观察,表 7.16 中的数据是将各个指标的衡量指标数值缩小为原来的十万分之一后的数据。表 7.17 以 DRTA 的数据为标准,展示了 RDTA 的数据的比率,以便于观察两种算法之间的差距。从表 7.17 中可以发现,RDTA 的线长、布线指导区域外线长、轨道外线长和非默认方向线长分别平均是 DRTA 的 1.12 倍、3.30 倍、41.52 倍和 0.05 倍。相比于 RDTA,DRTA 能有效地优化线长、布线指导区域外线长和轨道外线长,尤其是轨道外线长。虽然

DRTA 使用了较多的非默认方向的导线,但是总体来说,DRTA 在线长相关指标方面有着比 RDTA 更好的表现。

表 7.16　DRTA 和 RDTA 在线长相关指标方面的数据

电路	RDTA				DRTA			
	WL	OFGWL	OTWL	WWWL	WL	OFGWL	OTWL	WWWL
1	7.33	0.05	0.27	0.00	6.43	0.06	0.01	0.08
2	269.18	4.56	5.52	0.00	250.53	2.43	0.22	1.55
3	10.37	0.22	0.61	0.00	8.52	0.11	0.02	0.11
4	335.08	7.94	2.05	0.00	305.12	1.28	0.12	0.72
5	53.72	1.01	0.27	0.01	47.89	0.11	0.02	0.06
6	713.78	21.30	15.89	0.00	663.16	4.44	0.26	3.21
7	1366.49	12.00	25.54	0.20	1230.93	5.25	0.40	3.13
8	2107.56	20.95	31.50	0.35	1889.87	8.04	0.65	4.06
9	3229.25	24.13	52.43	0.55	2861.94	13.65	1.05	6.63
10	3196.95	22.99	62.71	0.48	2832.92	12.38	1.03	6.80

表 7.17　DRTA 和 RDTA 在线长相关指标方面的对比

电路	RDTA				DRTA			
	WL	OFGWL	OTWL	WWWL	WL	OFGWL	OTWL	WWWL
1	1.14	0.80	34.89	0.00	1.00	1.00	1.00	1.00
2	1.07	1.88	25.03	0.00	1.00	1.00	1.00	1.00
3	1.22	1.92	38.90	0.00	1.00	1.00	1.00	1.00
4	1.10	6.21	17.06	0.00	1.00	1.00	1.00	1.00
5	1.12	8.92	14.76	0.20	1.00	1.00	1.00	1.00
6	1.08	4.80	61.28	0.00	1.00	1.00	1.00	1.00
7	1.11	2.29	63.67	0.06	1.00	1.00	1.00	1.00
8	1.12	2.61	48.61	0.09	1.00	1.00	1.00	1.00
9	1.13	1.77	49.97	0.06	1.00	1.00	1.00	1.00
10	1.13	1.86	61.04	0.07	1.00	1.00	1.00	1.00
均值	1.12	3.30	41.52	0.05	1.00	1.00	1.00	1.00

　　表 7.18 给出了 DRTA 和 RDTA 在通孔相关指标方面的表现,表 7.19 给出了 DRTA 和 RDTA 在通孔相关指标方面的对比。在表 7.18 中,VC、OFGVC 和 OTVC 分别表示通孔的总数量、布线指导区域外通孔的数量和轨道外通孔的数量。表 7.19 以 DRTA 的通孔数量为标准,给出了 RDTA 数据的比率,便于观察两种算法之间的差异。从表 7.19 中的数据可以看出,RDTA 的通孔总数量、布线指导区域外通孔的数量和轨道外通孔的数量分别是 DRTA 的 1.50 倍、6.50 倍和 858.39 倍。可以分析出,DRTA 对通孔的优化能力比 RDTA 更好。通孔数量的减少,特别是轨道外通孔数量的减少,有助于减少芯片生产过程中产生错误

的可能性。

表 7.18 DRTA 和 RDTA 在通孔相关指标方面的数据

电路	RDTA			DRTA		
	VC	OFGVC	OTVC	VC	OFGVC	OTVC
1	65 921	6576	50 704	38 776	1083	751
2	1 308 254	168 781	939 187	846 575	28 464	23 877
3	113 203	13 606	87 762	70 079	1958	663
4	1 300 040	171 244	14 386	1 062 175	24 051	2
5	218 484	34 105	2489	161 434	3617	14
6	3 296 822	431 148	2 367 376	2 099 104	55 268	12 404
7	7 634 478	760 630	4 742 935	5 138 409	139 504	24 220
8	11 719 473	1 258 400	7 107 784	7 689 185	222 945	36 313
9	19 492 371	2 042 914	11 843 217	12 774 809	379 194	60 561
10	19 612 338	1 920 203	11 845 219	13 250 410	371 399	60 466

表 7.19 DRTA 和 RDTA 在通孔相关指标方面的对比

电路	RDTA			DRTA		
	VC	OFGVC	OTVC	VC	OFGVC	OTVC
1	1.70	6.07	67.52	1.00	1.00	1.00
2	1.55	5.93	39.33	1.00	1.00	1.00
3	1.62	6.95	132.37	1.00	1.00	1.00
4	1.22	7.12	7193.00	1.00	1.00	1.00
5	1.35	9.43	177.79	1.00	1.00	1.00
6	1.57	7.80	190.86	1.00	1.00	1.00
7	1.49	5.45	195.83	1.00	1.00	1.00
8	1.52	5.64	195.74	1.00	1.00	1.00
9	1.53	5.39	195.56	1.00	1.00	1.00
10	1.48	5.17	195.90	1.00	1.00	1.00
均值	1.50	6.50	858.39	1.00	1.00	1.00

表 7.20 给出了 RDTA 违反设计规则约束的数据,表 7.21 给出了 DRTA 违反设计规则约束的数据。SHORT、SA、MA、PRL、EOL、CS 和 C2CS 分别表示违反短路约束的数量、违反短路约束的面积、违反最小面积约束的数量、违反平行走线间距约束的数量、违反末端间距约束的数量、违反通孔柱间距约束的数量和违反角对角间距约束的数量。从表 7.18 和表 7.19 可以看出,相比于 RDTA,DRTA 对各种指标违反的数量都大幅度减少,具有更好的设计规则约束优化能力。对于 SHORT、SA、MA、PRL、EOL、CS 和 C2CS,DRTA 分别减少了 97.69%、97.67%、99.99%、98.90%、98.13%、99.45%和 78.70%。

表 7.20　RDTA 违反设计规则约束的数据

电路	RDTA						
	SHORT	SA	MA	PRL	EOL	CS	C2CS
1	20 934.00	10 951.52	21 561.00	17 337.00	6661.00	8404.00	273.00
2	478 501.00	373 667.66	433 126.00	464 409.00	173 941.00	200 182.00	5593.00
3	42 425.00	27 403.74	40 030.00	41 790.00	10 624.00	20 205.00	988.00
4	281 105.00	472 665.48	232 914.00	279 081.00	18 607.00	223.00	0.00
5	50 545.00	56 621.78	43 729.00	51 544.00	3095.00	44.00	0.00
6	1 168 241.00	1 025 918.74	1 057 624.00	1 199 835.00	393 213.00	485 472.00	234 48.00
7	2 547 085.00	2 516 746.42	2 338 956.00	2 491 313.00	871 824.00	1 155 372.00	54 248.00
8	3 435 271.00	2 612 662.11	3 495 357.00	3 334 269.00	1 271 366.00	1 674 760.00	164 283.00
9	5 772 576.00	4 069 842.59	5 850 406.00	5 622 080.00	2 143 381.00	2 856 413.00	275 051.00
10	5 885 751.00	3 788 205.97	6 197 791.00	6 023 939.00	2 227 548.00	2 995 865.00	222 812.00

表 7.21　DRTA 违反设计规则约束的数据

电路	DRTA						
	SHORT	SA	MA	PRL	EOL	CS	C2CS
1	535.00	590.88	1.00	1213.00	143.00	102.00	64.00
2	12 770.00	11 814.58	91.00	2625.00	3876.00	1687.00	6541.00
3	800.00	659.51	2.00	300.00	403.00	183.00	89.00
4	21 371.00	19 316.92	2.00	883.00	664.00	0.00	0.00
5	1615.00	1486.42	0.00	192.00	59.00	0.00	0.00
6	31 424.00	37 679.22	93.00	2965.00	4776.00	1988.00	1160.00
7	15 932.00	7349.04	199.00	24 638.00	5363.00	5344.00	3066.00
8	22 149.00	14 263.61	377.00	8940.00	13 540.00	9778.00	5209.00
9	36 271.00	24 071.28	669.00	15 554.00	24 021.00	16 774.00	8432.00
10	35 988.00	18 940.69	592.00	15 212.00	23 694.00	14 882.00	9308.00

表 7.22 给出了 DRTA 和 RDTA 的算法质量和算法效率的对比。在表 7.22 中，第 2 列和第 6 列给出了评分软件根据布线方案的各项指标计算出的评分。第 4 列和第 8 列给出了算法的运行时间，单位为秒，DRTA 使用了并行方法进行多线程加速，表 7.22 中 DRTA 的运行时间是在八线程加速下得出的数据。第 3 列、第 5 列、第 7 列和第 9 列给出了以 DRTA 的数据为标准的各项数据的比率。从表 7.22 中的数据可以看出，DRTA 相较于 RDTA，花费了更多的时间优化详细布线过程中需要考虑的各项指标。RDTA 的运行时间仅为 DRTA 的 12%，但是，评分却是 DRTA 的 38.34 倍。虽然 DRTA 花费大量时间优化设计规则约束问题，但是对设计规则约束问题具有明显的优化效果，能有效地减小详细布线阶段的工作量，提升详细布线算法的效率。因此，DRTA 的轨道分配结果能很好地为详细布线算法服务。而 RDTA 的设计规则约束违反虽然较多，但是具有很高的效率，一方面可以

快速地进行可布线性分析；另一方面也能够给详细布线算法一定的指导,不过这方面的性能与 DRTA 相比较弱。

表 7.22　DRTA 和 RDTA 的布线方案评分和运行时间

电路	RDTA				DRTA			
	评分	比率	时间	比率	评分	比率	时间	比率
1	43 766 761.25	24.07	2.18	0.12	1 818 083.82	1.00	17.64	1.00
2	1 085 241 445.45	30.08	61.84	0.14	36 076 156.72	1.00	448.02	1.00
3	92 857 912.88	47.62	2.62	0.13	1 950 085.92	1.00	20.91	1.00
4	665 333 562.56	16.29	66.13	0.14	40 853 121.86	1.00	461.61	1.00
5	106 501 884.88	22.48	6.97	0.08	4 737 685.17	1.00	88.99	1.00
6	2 731 475 037.91	33.13	150.08	0.15	82 442 303.70	1.00	1005.47	1.00
7	6 094 635 155.97	53.43	386.21	0.12	114 067 424.33	1.00	3186.80	1.00
8	8 158 310 153.10	49.78	619.62	0.12	163 880 399.77	1.00	4615.71	1.00
9	13 553 282 215.58	52.21	991.37	0.12	259 612 651.94	1.00	8580.94	1.00
10	13 928 500 560.67	54.33	968.10	0.11	256 356 948.10	1.00	9167.38	1.00
均值	—	38.34		0.12	—	1.00	—	1.00

7.5.4　小结

本节提出了一种设计规则约束驱动的轨道分配算法。通过轨道分配图的构建将布线指导区域提取更紧密地融入了轨道分配过程,进而扩展了轨道分配算法的搜索空间。通过选择性轨道分配将通孔位置更新和引脚的连接更紧密地融入了轨道分配过程,同时引入了设计规则约束的考虑,使得算法能够更好地优化设计规则约束问题。最终通过两种优化技术进一步优化轨道分配方案的设计规则约束问题。因此,该算法能够有效地优化详细布线阶段需要考虑的各种指标,为详细布线提供优质的初始详细布线方案,进而提高详细布线算法的性能和效率。

7.6　设计规则约束驱动的详细布线算法

7.6.1　引言

目前关于详细布线算法的已有研究工作针对不同种类的电路或者不同的设计目标进行优化,但是,很少有研究工作充分考虑了先进制程下 VLSI 的多种设计规则约束的优化问题,而设计规则约束的优化问题对于 VLSI 的性能和可制造性都有着非常重要的影响。在这种背景下,ISPD 在 2018 年和 2019 年连续两年举办了详细布线算法设计学术竞赛,公布实际的工业界的电路数据作为测试数据,目标是设计出对设计规则约束有着良好优化能力的详细布线算法。

7.5 节提出了一种设计规则约束驱动的轨道分配算法,对设计规则约束有着较好的优化能力,能为详细布线提供较好的初始解。但是,有限于轨道分配算法针对大段完整导线段进行布线,轨道分配算法在局部区域优化设计规则约束的效果较差。完整的详细布线算法流程通常包含拆线重绕等一系列的优化过程,针对不同的问题进行细节上的优化。

本节的主要贡献如下。

(1) 本节给出了一个基于轨道分配的完整详细布线算法流程,在轨道分配的基础上,采用拆线重绕技术进行迭代优化。通过拆线重绕技术,能够有效地优化局部区域产生的设计规则约束违反的问题。

(2) 本节提出了一种短路区域导线迁移技术,针对发生短路的导线段进行层间迁移,可以有效地消除短路问题,缩减短路面积。

(3) 本节提出的设计规则约束驱动的详细布线算法能有效地优化设计规则约束问题。通过实验可以发现,本节提出的算法能得到设计规则约束优化质量更优的详细布线方案。

本节与 7.5 节具有相同的问题模型,都是对布线方案的质量进行评价,且评价布线方案质量的方法一致,都采用 ISPD 在 2019 年举办的详细布线算法设计学术竞赛规定的布线方案质量评分方法。

7.6.2　算法设计

考虑到总体布线算法和详细布线算法都有效地使用拆线重绕技术进行布线方案的优化,基于 7.5 节提出的轨道分配算法,本节同样使用拆线重绕技术进行迭代优化。此外,本节还提出了一种短路区域导线迁移技术进行设计规则约束优化。综合设计规则约束驱动的轨道分配算法和多种设计规则约束的优化技术,本节给出了一种设计规则约束驱动的详细布线算法。

1. 算法流程

本节提出的设计规则约束驱动的详细布线 (Design Rule Constraints driven Detailed Routing, DRCDR)算法共包括 3 个阶段:初始轨道分配阶段、迭代优化阶段和布线优化阶段。图 7.28 给出了设计规则约束驱动的详细布线算法的流程图。

在初始轨道分配阶段,本节使用 7.5 节提出的设计规则约束驱动的轨道分配算法进行轨道分配,得到初始详细布线方案。在迭代优化阶段,本节使用拆线重绕技术对产生设计规则约束违反问题的线网进行拆线重绕,优化初始轨道分配阶段难以避免的局部设计规则约束违

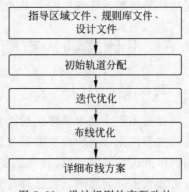

图 7.28　设计规则约束驱动的
详细布线算法流程

反问题。在布线优化阶段,本节提出了一种短路区域导线迁移技术进行短路问题的优化,通过该技术能够进一步优化详细布线方案的质量。

2. 迭代优化

在初始轨道分配阶段得到的初始详细布线方案难以对局部区域产生的设计规则约束违反的问题进行优化,因此,本节在迭代优化阶段使用拆线重绕技术对局部区域产生的设计规则约束违反问题进行优化。

在每次迭代过程中,首先对于需要进行设计规则约束优化的线网在布线指导区域内构建布线图,然后基于布线图进行迷宫布线,最后进行有效的后处理操作。迷宫布线采用 7.5 节介绍的设计规则约束感知的迷宫布线算法。后处理操作采用 7.5 节介绍的两种优化技术。图 7.29 展示了拆线重绕过程中布线图构建的示意图。图 7.29(a)给出了一个线网的布局图。P_i 表示线网的第 i 个引脚,G_i 表示线网的第 i 个布线指导区域,虚线表示轨道。G_1 和 G_5 位于第一层,G_2 和 G_4 位于第二层,G_3 位于第三层。图 7.29(b)给出了与图 7.29(a)对应的布线图。

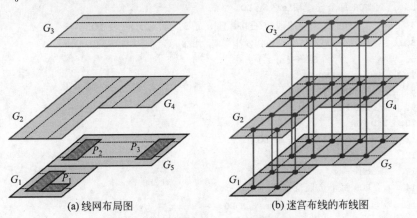

(a) 线网布局图　　　　　　　　(b) 迷宫布线的布线图

图 7.29　拆线重绕过程中布线图的构建

拆线重绕构建的布线图包含 3 种边:通孔、默认方向边和非默认方向边。对于每个布线指导区域,在所在层与相邻层的轨道的交点位置构建节点。然后,使用通孔、默认方向边和非默认方向边连接线网的所有节点,构成了一个布线图。然而,对于拆线重绕迷宫布线的布线图,需要在该布线图的基础上删除一些节点和边以提高算法的效率,因此,布线图只保留相邻两层的布线指导区域重叠部分的节点和非默认方向边,合并默认方向边。

该阶段的每次迭代过程会对存在设计规则约束违反情况的线网进行拆线重绕,直至无可优化的线网。除此之外,在每次迭代优化之前,都会对线网的布线指导区域向 4 个方向进行扩展,并且对违反设计规则约束密集的布线指导区域进行扩展,每次扩展的区域为一个总体布线单元的大小。通过扩展布线指导区域,可以扩大迷宫布线算法的搜索范围,提高算法优化设计规则约束问题的能力。在每次迭代过程中,DRCDR 会记录当前迭代产生设计规则约束违反问题的历史代价,借此使用协商机制进行更为有效的迭代布线。

通过实验结果可以发现,迭代优化可以有效地减少设计规则约束违反问题,提高详细布线方案的质量。

3. 布线优化

在该阶段,本节提出了一种短路区域导线迁移技术。该技术首先选出具有交叉部分的导线段,然后通过对导线段的层间迁移松弛线网的拓扑结构,找到更优的布线方案。算法 7.7 给出了短路区域导线迁移技术的伪代码。

算法 7.7 短路区域导线迁移算法
输入:线网集合 N,布线方案 DRP
输出:布线方案 DRP
1.　　SP ← ∅
2.　　**FOR** 每个线网 $n \in N$ **DO**
3.　　　　**FOR** 每个导线段 $s \in S_n$ **DO**
4.　　　　　　**FOR** 每个导线段 $s' \in$ DRP 且 $s \notin S_n$ 且 $(s,s') \notin$ SP **DO**
5.　　　　　　　　**IF** s 与 $s' \in$ DRP 发生短路 **THEN**
6.　　　　　　　　　　SP ← (s,s')
7.　　　　　　　　**END IF**
8.　　　　　　**END FOR**
9.　　　　**END FOR**
10.　　**END FOR**
11.　　**FOR** 每个短路组 $sp \in$ SP **DO**
12.　　　　更新 DRP
13.　　　　cm ← ∞
14.　　　　**FOR** 每个金属层 $m_1 \in M$ **DO**
15.　　　　　　**FOR** 每个金属层 $m_2 \in M$ **DO**
16.　　　　　　　　计算 p_1 和 p_2 的新增代价 c
17.　　　　　　　　**IF** $c <$ cm **THEN**
18.　　　　　　　　　　记录 p 并更新 cm
19.　　　　　　　　**END IF**
20.　　　　　　**END FOR**
21.　　　　**END FOR**
22.　　　　更新 DRP
23.　　**END FOR**

算法的输入为线网集合 N 和包含布线区域内所有图形的布线方案 DRP,输出为更新后的布线方案 DRP。DRP 中的各种矩形以平衡二叉搜索树的形式存储。第一行初始化短路导线段对集合 SP 为空,每个短路导线段对包含两个导线段,且两个导线段之间有重叠区域导致了短路。第 2~10 行搜索所有的短路导线段对。该过程依次搜索每个线网 n 的导线段集合 S_n 中的每个导线段 s,和布线方案 DRP 中的 s 周围的每个导线段 s'。s 周围的导线段从平衡二叉搜索树中获取。若两个

导线段之间发生短路,则将该短路导线段对存入 SP 中。第 11～23 行依次处理每个短路导线段对。第 12 行从布线方案 DRP 中去除短路导线段对 sp。第 13 行初始化新的布线方案的新增代价最小值 cm 为无穷大。第 14～21 行考虑将两个发生短路的导线段进行层迁移的所有组合方案,假设布线区域的层数为 l,则有 $l \times l$ 种组合方式。由于金属层的数量通常不会超过 10 个,因此,考虑所有的组合方案不会造成运行时间的大量增加。

第 16 行计算了当前层迁移的方案 p 的新增代价,p_1 表示将导线段 s 通过通孔连接分配到 m_1 层的方案,p_2 表示将导线段 s' 通过通孔连接分配到 m_2 层的方案,p 包括 p_1 和 p_2,c 表示新增代价。新增代价的计算方式如下:

$$insc = shortc \times w_{short} + shorta \times w_{shortarea} +$$
$$prlc \times w_{prl} + eolc \times w_{eol} + c2cc \times w_{c2c} \quad (7.14)$$

其中,insc 表示新增代价,shortc 表示新增短路数量,shorta 表示新增短路面积,prlc 表示新增违反平行走线间距约束的数量,eolc 表示新增违反末端间距约束的数量,c2cc 表示新增违反角对角间距约束的数量,w_{short} 表示短路约束的惩罚值权重,$w_{shortarea}$ 表示短路面积约束的惩罚值权重,w_{prl} 表示平行走线间距约束的惩罚值权重,w_{eol} 表示末端间距约束的惩罚值权重,w_{c2c} 表示角对角间距约束的惩罚值权重。第 17～19 行判断当前方案 p 的新增代价是否小于 cm,若小于 cm,则记录目前最优的层迁移方案 p 并更新 cm。第 22 行将最优的层迁移方案加入到布线方案 DRP 中。在更新 DRP 时,该算法会采用一种修补策略避免最小面积约束的退化,该策略将会在后续部分进行介绍。

图 7.30 给出了短路区域导线迁移技术的示意图。图 7.30(a)是短路区域的示意图,位于第一层的两个导线段 S_1 和 S_2 发生了重叠导致了短路,重叠区域由带着叉号的矩形表示了出来。图 7.30(b)是修复短路区域问题后的示意图。为了便于说明,这里假设将导线段 S_2 迁移到第二层不会导致其他违反设计规则约束的问题发生。通过将导线段 S_2 迁移到第二层可以避免短路的发生,同时减少违反短路约束的数量和短路面积。在迁移导线段的同时,为了保证连通性,需要同步增加通孔保持连接。如图 7.30(b)所示,为了将导线段 S_2 迁移到第二层,需要在导线段的两端增加通孔 V_1 和 V_2 保证连通性。该技术实质上是基于导线段对线网拓扑进行松弛,虽然会造成通孔数量的增加,但是可以有效地避免短路问题的发生。因此,增长的通孔数量是可以接受的。

通过短路区域导线迁移技术可以有效地减少短路数量和短路面积,同时不使得其他设计规则约束违反数量大量增加。短路作为衡量线网连通性的重要约束,修复短路问题的意义非常重要。因此,该优化策略是十分有效且必要的。

导线段的层间迁移虽然能有效地减少短路问题,但是跨越多层进行导线段迁移会造成多个通孔相互连接,进而在通孔相连的金属层上造成最小面积约束的违反。为了避免在优化短路问题时产生最小面积约束指标的退化,本节针对短路区

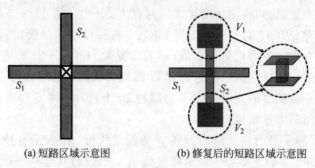

(a) 短路区域示意图　　　　　(b) 修复后的短路区域示意图

图 7.30　短路区域导线迁移技术示意图

域导线迁移技术提出了一种修补策略。该策略通过在相连通孔所在金属层上打补丁的方式避免违反最小面积约束。该策略对被迁移导线段及其所连接导线段之间的所有金属层的通孔位置进行打补丁,所有补丁的尺寸都基于所在金属层的默认方向进行计算。需要注意的是,若所打的补丁会与其他线网的矩形产生设计规则约束违反的问题,则不在该金属层打补丁。图 7.31 给出了打补丁的示意图。

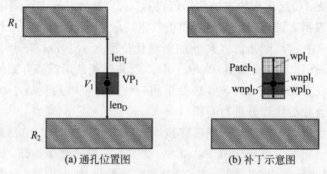

(a) 通孔位置图　　　　　　　(b) 补丁示意图

图 7.31　修补策略示意图

图 7.31(a)给出了导线段层间迁移后某层通孔连接位置及周围其他线网所属矩形的位置。V_i 表示第 i 个通孔,VP_i 表示 V_i 的定位位置,R_i 表示 V_i 周围其他线网所属的第 i 个矩形。len_I 表示在 VP_i 所在金属层的默认方向的坐标增加方向上,VP_i 与所有 R_i 的最小正距离,len_D 表示在 VP_i 所在金属层的默认方向的坐标减小方向上,VP_i 与所有 R_i 的最小正距离。图 7.31(b)给出了通孔补丁的示意图,Patch_1 表示所打的补丁,如网格图案的矩形所示。补丁的定位位置与通孔位置一致,定位位置到补丁 4 条边的距离分别是 wpl_I、wpl_D、wnpl_I 和 wnpl_D。这 4 个距离分别表示默认走线方向坐标增加方向距离、默认走线方向坐标减小方向距离、非默认方向坐标增加方向距离和非默认方向坐标减小方向距离。

默认走线方向坐标增加方向距离 wpl_I、默认走线方向坐标减小方向距离 wpl_D、非默认方向坐标增加方向距离 wnpl_I 和非默认方向坐标减小方向距离 wnpl_D 的计算方式如下所示。

$$\mathrm{wnpl_I} = \mathrm{defaultWidth}/2 \qquad\qquad (7.15)$$

$$\mathrm{wnpl_D} = \mathrm{defaultWidth}/2 \qquad\qquad (7.16)$$

$$\mathrm{wpl_I} = \mathrm{len_I} \times \mathrm{unitLen} \qquad\qquad (7.17)$$

$$\mathrm{wpl_D} = \mathrm{len_D} \times \mathrm{unitLen} \qquad\qquad (7.18)$$

$$\mathrm{unitLen} = \frac{\mathrm{mArea}}{\mathrm{defaultWidth} \times (\mathrm{len_I} + \mathrm{len_D})} \qquad\qquad (7.19)$$

其中,defaultWidth 表示金属层的默认导线宽度,mArea 表示金属层的最小面积。通过该计算方式可以有效地减少导线段迁移导致的最小面积约束违反,同时其他指标也不会受到很大影响,最终保证了短路区域导线迁移技术的有效性。

7.6.3 实验仿真与结果分析

DRCDR 是用 C++编程实现的,实验环境是一个具有 64GB 内存的 Linux 服务器,所有程序都是在该服务器上运行的。实验数据与 7.5 节相同,是 2019 年由 ISPD 举办的详细布线算法设计学术竞赛公布的工业实际测试电路。为了能更好地评价详细布线方案的质量,本节使用赛会方提供的评分软件分析每个评价指标的数值并按照惩罚值权重评分。该评分软件基于 Cadence 开发的 Innovus 软件对每个评价指标进行分析和计算。Innovus 的版本为 v18.11-s100_1。

1. 短路区域导线迁移技术有效性分析

表 7.23 给出了短路区域导线迁移技术执行前后的短路数量和短路面积的变化,短路区域导线迁移技术执行前的数据即是迭代优化后的数据。在表 7.23 中,SA 表示短路面积的衡量指标数值,单位为平方微米,SHORT 表示短路的数量,第三列、第五列、第七列和第九列给出了以技术执行后的数据为标准,各个数据的比率。从表 7.23 中的数据可以看出,技术执行前的短路面积和短路数量分别是技术执行后的 2.34 倍和 2.83 倍,说明该技术消除了大量的短路区域,因此,该技术能有效地优化短路问题,进而提高布线方案的可布线性和可制造性。

表 7.23 短路区域导线迁移技术执行前后的短路数据对比

电路	技术执行前				技术执行后			
	SA	比率	SHORT	比率	SA	比率	SHORT	比率
1	39.12	3.67	105.00	4.77	10.66	1.00	22.00	1.00
2	606.62	2.83	1701.00	3.75	214.36	1.00	454.00	1.00
3	18.57	1.84	63.00	1.85	10.07	1.00	34.00	1.00
4	2111.73	1.62	2808.00	2.21	1300.00	1.00	1268.00	1.00
5	1277.37	1.00	1232.00	1.01	1271.70	1.00	1215.00	1.00
6	1763.68	2.61	4628.00	3.62	676.45	1.00	1280.00	1.00
7	1063.44	3.07	2807.00	3.41	346.24	1.00	824.00	1.00

电路	技术执行前				技术执行后			
	SA	比率	SHORT	比率	SA	比率	SHORT	比率
8	1043.97	2.18	3341.00	2.21	479.35	1.00	1510.00	1.00
9	2653.74	2.14	8361.00	2.55	1239.94	1.00	3278.00	1.00
10	2502.29	2.43	8291.00	2.86	1029.56	1.00	2895.00	1.00
均值	—	2.34		2.83	—	1.00	—	1.00

表 7.24 给出了短路区域导线迁移技术执行前后布线方案质量的变化和该技术的运行时间。第二列和第四列给出了由评分软件根据各项指标得出的分数,第三列和第五列给出了以技术执行后的数据为标准,各个数据的比率,第六列是算法的运行时间,单位为秒。该技术的运行时间是八线程并行处理的时间。通过表 7.24 中的数据可以发现,各个实际测试电路的评分都通过该技术得到了有效减少,相比与技术执行前,评分平均减少了 2.30%,最高可减少 6.34%。由于评分数值很大,该优化比率已经可以说明该技术的优化效果是非常好的。此外,该技术算法的运行时间相比于详细布线全流程的运行时间来说要小很多。

表 7.24　短路区域导线迁移技术执行前后的布线方案质量对比

电路	技术执行前		技术执行后		时间
	评分	比率	评分	比率	
1	644 384.03	1.07	603 506.53	1.00	4.05
2	21 925 471.70	1.03	21 324 360.70	1.00	116.31
3	999 867.17	1.01	988 673.67	1.00	4.29
4	22 852 549.35	1.05	21 743 853.10	1.00	192.57
5	4 387 270.31	1.00	4 375 318.31	1.00	6.87
6	47 643 480.48	1.04	45 927 073.73	1.00	320.59
7	99 055 828.67	1.01	98 034 258.52	1.00	794.80
8	136 560 901.99	1.01	135 797 616.80	1.00	1396.64
9	215 874 665.65	1.01	213 745 253.90	1.00	2907.53
10	215 743 316.07	1.01	213 390 160.60	1.00	2852.55
均值	—	1.02	—	1.00	—

2. DRCDR 与比赛前两名对比

表 7.25 给出了 DRCDR 得到的布线方案与比赛前两名的布线方案的对比,比赛前两名的数据取自赛会公布的最终结果数据,由于未公布算法的代码,因此,本节只比较布线方案的质量。此外,第二名的算法在第八个实际测试电路中未能得

到有效解,因此赛会未公布第二名的算法在该组测试数据上的结果,在本节也将不对第二名的该组数据做比对。在表 7.25 中,第二列、第四列和第六列给出了评分系统根据各项指标的违反情况对布线方案的评分,第三列、第五列和第七列给出了以 DRCDR 的布线方案评分为标准,各项数据的比率。从表中数据可以发现,第二名算法和第一名算法的评分分别平均是 DRCDR 的 11.04 倍和 1.07 倍,说明 DRCDR 能得到更优的详细布线方案,对各种详细布线指标有着更出色的优化能力。

表 7.25　DRCDR 与比赛前两名的对比

电路	第二名		第一名		DRCDR	
	评分	比率	评分	比率	评分	比率
1	6 250 644.29	10.36	622 629.48	1.03	**603 506.53**	1.00
2	165 131 831.30	7.74	21 898 852.85	1.03	**21 324 360.70**	1.00
3	14 947 811.93	15.12	1 004 669.75	1.02	**988 673.67**	1.00
4	304 600 968.10	14.01	22 755 592.30	1.05	**21 743 853.10**	1.00
5	51 691 572.24	11.81	4 378 778.61	1.00	**4 375 318.31**	1.00
6	423 418 418.70	9.22	68 214 223.81	1.49	**45 927 073.73**	1.00
7	849 109 083.80	8.66	99 128 796.54	1.01	**98 034 258.52**	1.00
8	—	—	137 168 439.60	1.01	**135 797 616.80**	1.00
9	2 430 411 100.00	11.37	216 669 537.00	1.01	**213 745 253.90**	1.00
10	2 356 067 194.00	11.04	216 264 769.50	1.01	**213 390 160.60**	1.00
均值	—	11.04	—	1.07		1.00

3. DRCDR 与 Dr.CU 2.0 对比

Dr.CU 2.0 是学术界解决此类问题知名的详细布线器,下面将通过对 DRCDR 和 Dr.CU 2.0 的对比展示 DRCDR 的优越性能,说明 DRCDR 对于详细布线各项指标的优化能力。

表 7.26 给出了 DRCDR 和 Dr.CU 2.0 关于评分系统评分的对比。第二列和第六列给出了由评分软件根据各项指标得出的评分,第三列、第五列、第七列和第九列给出了以 DRCDR 的数据为标准,各项数据的比率,第四列和第八列给出了算法的运行时间,单位是秒。DRCDR 使用与 Dr.CU2.0 相同的多线程并行方法进行加速。表中的运行时间都是程序在八线程环境下进行运行测试所得的。在表 7.26 中,各个实际测试电路所获得的最优评分用加粗字体标示了出来。可以发现,DRCDR 在 8 组数据上都取得了比 Dr.CU 2.0 更好的结果。通过比率综合来看可以发现,DRCDR 能得到质量更好的详细布线方案,评分平均减少了 1.2%,最高可减少 3.2%,展示了 DRCDR 的优越性能。虽然 DRCDR 的运行时间较 Dr.CU 2.0 要长一些,但是相比较赛会给出的运行时间上限,DRCDR 能够在合理的时间内得到优质的详细布线方案。

表 7.26 DRCDR 和 Dr. CU 2.0 在评分和运行时间方面的对比

电路	Dr. CU 2.0				DRCDR			
	评分	比率	时间	比率	评分	比率	时间	比率
1	**594 903. 05**	0. 9857	177. 95	0. 9572	603 506. 53	1. 0000	185. 90	1. 0000
2	21 863 640. 49	1. 0253	2060. 55	0. 9469	**21 324 360. 70**	1. 0000	2176. 16	1. 0000
3	1021 008. 53	1. 0327	73. 27	0. 9055	**988 673. 67**	1. 0000	80. 92	1. 0000
4	22 312 598. 75	1. 0262	2169. 10	0. 9857	**21 743 853. 10**	1. 0000	2200. 58	1. 0000
5	**4 374 626. 52**	0. 9998	198. 95	0. 9313	4 375 318. 31	1. 0000	213. 62	1. 0000
6	47 308 856. 26	1. 0301	3651. 32	0. 8871	**45 927 073. 73**	1. 0000	4115. 87	1. 0000
7	98 712 640. 22	1. 0069	9756. 05	0. 8685	**98 034 258. 52**	1. 0000	11 232. 80	1. 0000
8	136 489 654. 55	1. 0051	13 955. 68	0. 8310	**135 797 616. 80**	1. 0000	16 792. 95	1. 0000
9	214 453 289. 84	1. 0033	18 829. 39	0. 8537	**213 745 253. 90**	1. 0000	22 055. 21	1. 0000
10	214 269 743. 54	1. 0041	20 159. 05	0. 8090	**213 390 160. 60**	1. 0000	24 918. 73	1. 0000
均值	—	1. 0119	—	0. 8976	—	1. 0000	—	1. 0000

表 7.27 和表 7.28 分别给出了 DRCDR 和 Dr. CU 2.0 关于设计规则约束违反方面的数据。比率是以 DRCDR 的数据为基础,展示各个评价指标的平均比率。

表 7.27 DRCDR 违反设计规则约束的情况

电路	DRCDR						
	SHORT	SA	MA	PRL	EOL	CS	C2CS
1	22. 00	10. 66	33. 00	10. 00	31. 00	35. 00	65. 00
2	454. 00	214. 36	658. 00	948. 00	1070. 00	296. 00	6075. 00
3	34. 00	10. 07	44. 00	200. 00	114. 00	34. 00	105. 00
4	1268. 00	1300. 00	83. 00	282. 00	62. 00	0. 00	0. 00
5	1215. 00	1271. 70	3. 00	132. 00	5. 00	0. 00	0. 00
6	1280. 00	676. 45	844. 00	1173. 00	949. 00	725. 00	1254. 00
7	824. 00	346. 24	1380. 00	22 085. 00	1817. 00	932. 00	3520. 00
8	1510. 00	479. 35	2114. 00	4330. 00	3220. 00	1361. 00	5847. 00
9	3278. 00	1239. 94	3891. 00	7147. 00	6487. 00	4028. 00	9207. 00
10	2895. 00	1029. 56	3619. 00	7240. 00	6322. 00	3418. 00	10 117. 00
比率	1. 00	1. 00	1. 00	1. 00	1. 00	1. 00	1. 00

通过数据对比可以发现,DRCDR 能够大幅度地减小违反短路约束的数量和面积,同时还能较好地优化最小面积约束和末端间距约束。这是由于 DRCDR 在短路约束优化方面提出了有效的短路区域导线迁移技术,该技术不仅能够有效地优化短路问题,同时还能保证其他约束不会因此而退化,在整体上能够得到较好的布线方案。这也是 DRCDR 能够获取表 7.26 中展示的更优评分的原因。

表 7.28　Dr. CU 2.0 违反设计规则约束的情况

电路	Dr. CU 2.0						
	SHORT	SA	MA	PRL	EOL	CS	C2CS
1	55.00	19.82	17.00	10.00	22.00	19.00	55.00
2	1639.00	547.08	634.00	965.00	987.00	172.00	5984.00
3	74.00	22.87	49.00	201.00	125.00	32.00	108.00
4	2264.00	1783.13	37.00	264.00	47.00	0.00	0.00
5	1232.00	1279.76	3.00	144.00	16.00	0.00	0.00
6	4022.00	1558.64	754.00	1175.00	822.00	377.00	1235.00
7	2423.00	899.00	1916.00	21 733.00	1682.00	753.00	3512.00
8	3048.00	1070.81	2830.00	4292.00	2793.00	1266.00	5903.00
9	6646.00	1933.66	5010.00	6815.00	5157.00	3484.00	9484.00
10	6879.00	1984.04	4855.00	6769.00	4872.00	2990.00	10 429.00
比率	2.36	1.97	1.03	0.99	1.09	0.76	0.99

表 7.29 给出了 DRCDR 和 Dr. CU2.0 在线长相关指标方面的数据,表 7.30 给出了 DRCDR 和 Dr. CU 2.0 在通孔相关指标方面的数据。WL、OFGWL、OTWL 和 WWWL 分别表示线长、布线指导区域外线长、轨道外线长和非默认方向线长。VC、OFGVC 和 OTVC 分别表示总共的通孔数量、布线指导区域外通孔的数量和轨道外通孔的数量。比率是以 DRCDR 的数据为标准,展示各个指标的平均比率。为了方便观察,表 7.30 中的数据是将各个指标的衡量指标数值缩小为原来的十万分之一后的数据。总体来说,Dr. CU 2.0 和 DRCDR 在线长和通孔相关方面的指标各有优劣,但是,这些指标对详细布线方案质量的影响相对于设计规则约束较小,DRCDR 在这些方面的数据表现不影响 DRCDR 整体上的布线质量。

表 7.29　DRCDR 和 Dr. CU 2.0 在线长相关指标方面的对比

电路	Dr. CU 2.0				DRCDR			
	WL	OFGWL	OTWL	WWWL	WL	OFGWL	OTWL	WWWL
1	6.43	0.14	0.01	0.11	6.44	0.15	0.01	0.11
2	249.61	3.96	0.22	2.10	249.68	4.32	0.26	1.94
3	8.42	0.12	0.02	0.16	8.43	0.13	0.02	0.12
4	304.91	5.69	0.15	1.22	305.35	5.57	0.12	0.74
5	47.80	0.14	0.02	0.15	47.86	0.15	0.02	0.07
6	660.67	7.60	0.26	4.57	660.93	8.26	0.32	4.00
7	1225.58	8.83	0.45	6.07	1226.11	9.95	0.71	4.81
8	1884.73	12.26	0.73	7.29	1884.96	14.85	1.56	6.01
9	2853.91	18.82	1.25	12.14	2854.26	24.26	2.73	9.85
10	2821.78	18.21	1.27	14.13	2822.84	23.44	2.86	11.36
比率	1.00	0.89	0.81	1.33	1.00	1.00	1.00	1.00

表 7.30 DRCDR 和 Dr. CU 2.0 在通孔相关指标方面的对比

电路	Dr. CU 2.0			DRCDR		
	VC	OFGVC	OTVC	VC	OFGVC	OTVC
1	36 797.00	1567.00	744.00	37318.00	1853.00	687.00
2	811 080.00	34 271.00	23 615.00	820 549.00	38 465.00	23 033.00
3	65 501.00	1672.00	662.00	67 018.00	1862.00	646.00
4	1 031 333.00	45 247.00	3.00	1 073 047.00	49 715.00	2.00
5	153 504.00	2688.00	15.00	160 423.00	3592.00	15.00
6	1 998 487.00	66 862.00	12 468.00	2 024 749.00	76 937.00	12 124.00
7	4 833 913.00	102 010.00	24 305.00	4 904 446.00	122 607.00	24 182.00
8	7 365 292.00	163 218.00	36 390.00	7 430 524.00	195 776.00	36 308.00
9	12 249 476.00	276 221.00	60 624.00	12 362 842.00	333 625.00	60 705.00
10	12 544 541.00	255 274.00	60 621.00	12 731 220.00	318 260.00	60 907.00
比率	0.98	0.85	1.07	1.00	1.00	1.00

7.6.4　小结

本节提出设计规则约束驱动的详细布线算法。该算法首先通过轨道分配算法获得设计规则约束优化较好的初始方案,然后通过迷宫布线的迭代优化局部区域的设计规则约束问题,最后通过一种有效的短路区域导线迁移技术优化短路数量,减小短路面积。经过逐步优化,越来越细致地优化设计规则约束问题,最终算法能够获得高质量的详细布线方案。与目前先进的详细布线器 Dr. CU 2.0 对比,本节提出的算法在各种布线指标的综合优化上能获得更好的详细布线方案。

7.7　本章总结

总体布线和详细布线通过轨道分配串联。目前详细布线主要研究优化可制造性问题,忽略线性连通性,缺乏综合优化多种实际设计规则约束的算法。本章提出了 SLDPSO-TA 算法、可布线性驱动的轨道分配算法、设计规则约束驱动的详细布线算法。

SLDPSO-TA 算法在对轨道分配冲突最小化的同时,还考虑了局部线网中的拥挤情况。以冲突和线长为优化目标,基于社会学习离散 PSO 算法得到高质量的轨道分配方案,指导详细布线。

可布线性驱动的轨道分配算法,通过同时考虑局部线网、引脚连通性和通孔位置,有效地减少导线段的重叠长度以优化短路问题,为详细布线提供较优初始解。

设计规则约束驱动的详细布线算法分为初始轨道分配阶段、迭代优化阶段和布线优化阶段 3 个阶段。第一阶段采用设计规则约束驱动的轨道分配算法,得到初始详细布线方案;第二阶段采用拆线重绕技术对违反设计规则约束的线网拆线重绕,优化第一阶段中局部设计规则约束违反问题;第三阶段采用短路区域导线迁移技术对短路问题进行优化,进一步优化详细布线。

参考文献

[1] Mantik S, Posser G, Chow W K, et al. ISPD 2018 initial detailed routing contest and benchmarks[C]//Proceedings of the International Symposium on Physical Design, 2018: 140-143.

[2] Liu W H, Mantik S, Chow W K, et al. ISPD 2019 initial detailed routing contest and benchmark with advanced routing rules[C]//Proceedings of the International Symposium on Physical Design, 2019: 147-151.

[3] Wu T H, Davoodi A, Linderoth J T. GRIP: Global routing via integer programming[J]. *IEEE Transactions on Computer-Aided Design of Integrated Circuits and Systems*, 2010, 30(1): 72-84.

[4] Zhu W, Zhang X, Liu G, et al. MiniDeviation: An efficient multi-stage bus-aware global router[C]//Proceedings of the International Symposium on VLSI Design, Automation and Test, 2020: 1-4.

[5] Jung J, Jiang I H R, Chen J, et al. DATC RDF: An academic flow from logic synthesis to detailed routing [C]//Proceedings of the International Conference on Computer-Aided Design, 2018: 37: 1-37: 4.

[6] Zhang Y, Chu C. RegularRoute: An efficient detailed router applying regular routing patterns[J]. *IEEE Transactions on Very Large Scale Integration Systems*, 2012, 21(9): 1655-1668.

[7] Chang F Y, Tsay R S, Mak W K, et al. MANA: A shortest path maze algorithm under separation and minimum length nanometer rules[J]. *IEEE Transactions on Computer-Aided Design of Integrated Circuits and Systems*, 2013, 32(10): 1557-1568.

[8] Ahrens M, Gester M, Klewinghaus N, et al. Detailed routing algorithms for advanced technology nodes[J]. *IEEE Transactions on Computer-Aided Design of Integrated Circuits and Systems*, 2014, 34(4): 563-576.

[9] Zhang Y, Chu C. GDRouter: Interleaved global routing and detailed routing for ultimate routability[C]//Proceedings of the Design Automation Conference, 2012: 597-602.

[10] Zhang Y, Yang F, Zhou D, et al. A grid-based detailed routing algorithm for advanced 1D process[C]//Proceedings of the International Symposium on Circuits and Systems, 2017: 1-4.

[11] Hallschmid P, Wilton S J E. Detailed routing architectures for embedded programmable logic IP cores[C]//Proceedings of the International Symposium on Field Programmable Gate Arrays, 2001: 69-74.

[12] Lin Y H, Ban Y C, Pan D Z, et al. DOPPLER: DPL-aware and OPC-friendly gridless detailed routing with mask density balancing [C]//Proceedings of the International

Conference on Computer-Aided Design,2011：283-289.

[13] Ding Y,Chu C,Mak W K. Self-aligned double patterning-aware detailed routing with double via insertion and via manufacturability consideration[J]. *IEEE Transactions on Computer-Aided Design of Integrated Circuits and Systems*,2017,37(3)：657-668.

[14] Cho M,Ban Y,Pan D Z. Double patterning technology friendly detailed routing[C]// Proceedings of the International Conference on Computer-Aided Design,2008：506-511.

[15] Yuan K,Lu K,Pan D Z. Double patterning lithography friendly detailed routing with redundant via consideration[C]//Proceedings of the Design Automation Conference,2009：63-66.

[16] Yu H J,Chang Y W. DSA-friendly detailed routing considering double patterning and DSA template assignments[C]//Proceedings of the Design Automation Conference,2018：49：1-49：6.

[17] Lin Y H,Li Y L. Double patterning lithography aware gridless detailed routing with innovative conflict graph[C]//Proceedings of the Design Automation Conference,2010：398-403.

[18] Abed I S,Wassal A G. Double-patterning friendly grid-based detailed routing with online conflict resolution[C]//Proceedings of the Design,Automation and Test in Europe Conference and Exhibition,2012：1475-1478.

[19] Gao J R,Pan D Z. Flexible self-aligned double patterning aware detailed routing with prescribed layout planning[C]//Proceedings of the International Symposium on Physical Design,2012：25-32.

[20] Gao X,Macchiarulo L. Enhancing double-patterning detailed routing with lazy coloring and within-path conflict avoidance[C]//Proceedings of the Design,Automation and Test in Europe Conference and Exhibition,2010：1279-1284.

[21] Liu I J,Fang S Y,Chang Y W. Overlay-aware detailed routing for self-aligned double patterning lithography using the cut process[J]. *IEEE Transactions on Computer-Aided Design of Integrated Circuits and Systems*,2015,35(9)：1519-1531.

[22] Gonçalves S M M,Da R L S,Marques F S. A survey of path search algorithms for VLSI detailed routing[C]//Proceedings of the International Symposium on Circuits and Systems,2017：1-4.

[23] Baena-Lecuyer V,Aguirre M A,Torralba A,et al. RAISE：A detailed routing algorithm for SRAM based field-programmable gate arrays using multiplexed switches[C]// Proceedings of the International Symposium on Circuits and Systems,1998,6：430-433.

[24] Gockel N,Drechsler R,Becker B. A multi-layer detailed routing approach based on evolutionary algorithms[C]//Proceedings of the International Conference on Evolutionary Computation,1997：557-562.

[25] 文化,赵文庆.确定区域详细布线算法[J].计算机辅助设计与图形学学报,1999,11(6)：533-537.

[26] 张徐亮,赵梅,范明钰,等.一种在 VLSI 电路物理设计中减小串扰的优化算法[J].计算机辅助设计与图形学学报,2001,13(4)：289-293.

[27] 谢满德.一种自适应多层无网格布线算法[J].计算机工程,2006,32(14)：11-13.

[28] Qiang Z,Yici C,Wei Z. Detailed routing algorithm with optical proximity effects constraint

[J]. *Journal of Semiconductors*,2007,28(2): 189-195.

[29] Jia X,Wang J,Cai Y,et al. Electromigration design rule aware global and detailed routing algorithm[C]//Proceedings of the Great Lakes Symposium on VLSI,2018: 267-272.

[30] Jia X,Cai Y,Zhou Q,et al. A multicommodity flow-based detailed router with efficient acceleration techniques[J]. *IEEE Transactions on Computer-Aided Design of Integrated Circuits and Systems*,2017,37(1): 217-230.

[31] Jia X,Cai Y,Zhou Q,et al. MCFRoute: A detailed router based on multi-commodity flow method[C]//Proceedings of the International Conference on Computer-Aided Design, 2014: 397-404.

[32] Jia X,Cai Y,Zhou Q,et al. MCFRoute 2. 0: A redundant via insertion enhanced concurrent detailed router[C]//Proceedings of the Great Lakes Symposium on VLSI,2016: 87-92.

[33] Ma Q,Zhang H,Wong M D F. Triple patterning aware routing and its comparison with double patterning aware routing in 14nm technology[C]//Proceedings of the Design Automation Conference,2012: 591-596.

[34] Lin Y H,Yu B,Pan D Z,et al. TRIAD: A triple patterning lithography aware detailed router[C]//Proceedings of the International Conference on Computer-Aided Design,2012: 123-129.

[35] Liu Z,Liu C,Young E F Y. An effective triple patterning aware grid-based detailed routing approach[C]//Proceedings of the Design,Automation and Test in Europe Conference and Exhibition,2015: 1641-1646.

[36] Su Y H,Chang Y W. VCR: Simultaneous via-template and cut-template-aware routing for directed self-assembly technology[C]//Proceedings of the International Conference on Computer-Aided Design,2016: 49: 1-49: 8.

[37] Mitra J,Yu P,Pan D Z. RADAR: RET-aware detailed routing using fast lithography simulations[C]//Proceedings of the Design Automation Conference,2005: 369-372.

[38] Shen Y,Zhou Q,Cai Y,et al. ECP-and CMP-aware detailed routing algorithm for DFM [J]. *IEEE Transactions on Very Large Scale Integration Systems*, 2009, 18 (1): 153-157.

[39] Ozdal M M. Detailed-routing algorithms for dense pin clusters in integrated circuits[J]. *IEEE Transactions on Computer-Aided Design of Integrated Circuits and Systems*, 2009,28(3): 340-349.

[40] Nieberg T. Gridless pin access in detailed routing[C]//Proceedings of the Design Automation Conference,2011: 170-175.

[41] Xu X,Lin Y,Livramento V,et al. Concurrent pin access optimization for unidirectional routing[C]//Proceedings of the Design Automation Conference,2017: 20: 1-20: 6.

[42] Danigno M,Butzen P,Ferreira J,et al. Proposal and evaluation of pin access algorithms for detailed routing[C]//Proceedings of the International Conference on Electronics,Circuits and Systems,2019: 602-605.

[43] 王雨田,贾小涛,蔡懿慈,等.考虑设计规则的引脚分配算法[J].计算机辅助设计与图形学学报,2016,28(11): 2009-2015.

[44] Kahng A B,Wang L,Xu B. The Tao of PAO: Anatomy of a pin access oracle for detailed routing[C]//Proceedings of the Design Automation Conference,2020: 1-6.

[45] Batterywala S, Shenoy N, Nicholls W, et al. Track assignment: A desirable intermediate step between global routing and detailed routing[C]//Proceedings of the International Conference on Computer-Aided Design, 2002: 59-66.

[46] Kay R, Rutenbar R A. Wire packing-a strong formulation of crosstalk-aware chip-level track/layer assignment with an efficient integer programming solution[J]. *IEEE Transactions on Computer-Aided Design of Integrated Circuits and Systems*, 2001, 20(5): 672-679.

[47] Wu D, Mahapatra R, Hu J, et al. Timing driven track routing considering coupling capacitance[C]//Proceedings of the Asia and South Pacific Design Automation Conference, 2005, 2: 1156-1159.

[48] Chang Y N, Li Y L, Lin W T, et al. Non-slicing floorplanning-based crosstalk reduction on gridless track assignment for a gridless routing system with fast pseudo-tile extraction [C]//Proceedings of the International Symposium on Physical Design, 2008: 134-141.

[49] Cho M, Xiang H, Puri R, et al. Track routing and optimization for yield[J]. *IEEE Transactions on Computer-Aided Design of Integrated Circuits and Systems*, 2008, 27(5): 872-882.

[50] Gao X, Macchiarlo L. Track routing optimizing timing and yield[C]//Proceedings of the Asia and South Pacific Design Automation Conference, 2011: 627-632.

[51] Lai B T, Li T H, Chen T C. Native-conflict-avoiding track routing for double patterning technology[C]//Proceedings of the International SOC Conference, 2012: 381-386.

[52] 郭文忠,陈晓华,刘耿耿,等. 基于混合离散粒子群优化的轨道分配算法[J]. 模式识别与人工智能,2019,32(8): 758-770.

[53] Shi D, Davoodi A. TraPL: Track planning of local congestion for global routing[C]// Proceedings of the Design Automation Conference, 2017: 19: 1-19: 6.

[54] Wong M P, Liu W H, Wang T C. Negotiation-based track assignment considering local nets[C]//Proceedings of the Asia and South Pacific Design Automation Conference, 2016: 378-383.

[55] Chen J, Liu J, Chen G, et al. MARCH: Maze routing under a concurrent and hierarchical scheme for buses[C]//Proceedings of the Design Automation Conference, 2019: 216: 1-216: 6.

[56] Lu H J, Jang E J, Lu A, et al. Practical ILP-based routing of standard cells[C]// Proceedings of the Design, Automation and Test in Europe Conference and Exhibition, 2016: 245-248.

[57] Hsu M K, Chen Y F, Huang C C, et al. Routability-driven placement for hierarchical mixed-size circuit designs[C]//Proceedings of the Design Automation Conference, 2013: 151: 1-151: 6.

[58] Hu J, Kim M C, Markov I L. Taming the complexity of coordinated place and route[C]// Proceedings of the Design Automation Conference, 2013: 150: 1-150: 7.

[59] KIM M C, HU J, LEE D, et al. A SimPLR method for routability-driven placement[C]// IEEE/ACM International Conference on Computer-aided Design. ACM, 2011: 67-73.

[60] HE X, HUANG T, XIAO L, et al. Ripple: An effective routability-driven placer by iterative cell movement[C]//2011 IEEE/ACM International Conference on Computer-

Aided Design. ACM,2011：74-79.

[61] 刘耿耿,陈志盛,郭文忠,等.基于自适应 PSO 和混合转换策略的 X 结构 Steiner 最小树算法[J].模式识别与人工智能,2018,31(5)：398-408.

[62] GUO W,LIU G,CHEN G,et al. A hybrid multi-objective PSO algorithm with local search strategy for VLSI partitioning[J]. *Frontiers of Computer Science*,2014,8(2)：203-216.

第 8 章

FPGA 布线算法

主要符号表

特殊应用集成电路	ASIC	Application Specific Integrated Circuit
系统级芯片	SOC	System On Chip
现场可编程门阵列	FPGA	Field Programmable Gate Array
时分复用技术	TDM	Time-Division Multiplexing
整数线性规划	ILP	Integer Linear Programming

8.1 引言

逻辑验证是运用在先进亚纳米技术及其他领域的重要方法之一。在系统级芯片(System On Chip, SOC)设计过程中,特殊应用集成电路(Application Specific Integrated Circuit, ASIC)设计中预计60%~80%的开销用于逻辑验证。逻辑验证有软件逻辑仿真和硬件仿真两种策略。但是软件逻辑仿真需要耗费大量的运行时间和大量的成本来逐个仿真每个逻辑门。实现硬件模拟需要耗费巨大的成本。

近年来,现场可编程门阵列(Field Programmable Gate Array, FPGA)被广泛应用于各个领域,如深度学习、云计算和FPGA原型系统。FPGA原型系统使逻辑验证成本更低、速度更快。因此,FPGA原型系统在工业上得到了广泛的应用。随着FPGA的规模不断扩大,原型系统很难只在一个FPGA中设计。因此,原型系统包括了多个FPGA。所有的FPGA连接在一起,产生一个完整的原型系统。

多FPGA原型系统的设计流程包括两个阶段:第一阶段是分区,第二阶段是布线。为了采用多FPGA原型系统的设计,一个完备的电路应该划分成几个子电路。每个子电路都放在单个FPGA中。由于引脚数超过FPGA间信号数,因此在一个系统时钟周期内传输多个信号的时分复用(Time-Division Multiplexing, TDM)技术被提出,以此来提高多FPGA原型系统的可布线性。然而,TDM技术会造成FPGA间信号延迟。因此,TDM的优化是一个重要问题。

时分复用比是关于系统时钟周期使用情况的数值。在多FPGA原型系统的设计流程中,TDM 比率通常是在 FPGA 间布线后确定的。研究者提出了几种优化时分复用比的方法。文献[4]的工作提出了一种基于整数线性规划(Integer Linear Programming,ILP)的双 FPGA 系统的 TDM 比率优化算法。还有文献[5]和文献[6]的工作提出了两种针对多 FPGA 系统的基于 ILP 算法的 TDM 优化方法。然而,随着芯片规模的扩大,基于 ILP 的算法很难在适当的运行时间内获得好的解。文献[7]的工作提出了一种同时优化分区效率和 TDM 比率的方法。然而,它的优化目标不是系统时钟周期。此外,以往工作中的 TDM 比率通常是任意整数,这是不符合实际情况的。

对于多 FPGA 原型系统,主要有两种布线方法:一种是基于 ILP 的布线算法,另一种是基于启发式图的布线算法。然而,由于芯片规模的扩大,上述算法的运行时间过长,故这些算法并没有解决实际应用中的系统时钟周期优化问题。

8.2　基于时分复用技术的多阶段 FPGA 布线器

针对 FPGA 布线问题以及 TDM 比率分配问题,本节提出了一种用于时分复用技术的多阶段 FPGA 布线框架(MSFRoute),以优化原型系统的信号延迟和可布线性。本节提出了一种基于并行化方法的时分复用比率分配算法,以优化 FPGA 间的信号延迟。同时,本节提出了一种实用的系统时钟周期优化方法来解决关键信号延迟问题。

8.2.1　问题描述

首先,本节要解决的是 FPGA 间的布线问题,这意味着 FPGA 内的布线问题不在本节的考虑范围。MSFRoute 可用于时分复用多 FPGA 原型系统。值得注意的是,MSFRoute 可以应用于带有任意数量 FPGA 的系统。图 8.1 是一个简单的图示,显示了在两个 FPGA 之间使用的时分复用技术。两个矩形是两个 FPGA 连接在一起的两个组件。两个 FPGA 之间只有一根金属线,如图 8.1 所示为实线部分。在图 8.1 中,金属线使用了 3 种信号,分别用 3 种不同的虚线表示。

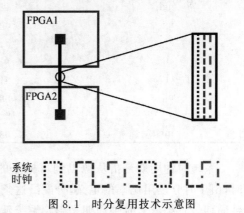

图 8.1　时分复用技术示意图

请注意,本节所解决的问题是由 ICCAD2019 CAD 比赛提出的。根据比赛给定一个包含两个 FPGA 线网或多个 FPGA 线网的线网表、一个 FPGA 图和一个线网组表,其中每个线网组都是该线网表的子线网表。FPGA 图包括一些 FPGA 和一些 FPGA 连接对。一个线网可能属于多个线网组。线网组是根据设计目的定义的。为了简化问题,假设两个 FPGA 之间只有零或一个 FPGA 连接对。每个 FPGA 连接对的容量为 1,这意味着一个 FPGA 连接对在不使用时分复用技术时只能被一个信号使用。

FPGA 间布线问题的基本目标是对每个线网进行布线,并为每个线网的每条边分配适当的 TDM 比率。TDM 比率定义如下。本节常用的符号如表 8.1 所示。对于 p_k,el_k 的所有 TDM 比率应满足以下约束:

$$\sum_{e_{j,k} \in \mathrm{el}_k} \frac{1}{\mathrm{etr}_{j,k}} \leqslant 1 \tag{8.1}$$

$$\mathrm{etr}_{j,k} \in \{x \mid x = 1 \times y, y \in \mathbf{N}^*, 2 \leqslant x \leqslant 4\ 294\ 967\ 296\} \tag{8.2}$$

其中 $\mathrm{etr}_{j,k}$ 表示 $e_{j,k}$ 的 TDM 比率。由于多路复用硬线实现,$\mathrm{etr}_{j,k}$ 的值必须是偶数。

表 8.1　本章中经常使用到的符号

符　　号	含　　义
NG	所有线网组
N	所有线网
P	所有 FPGA 连接对
E	所有线网的边
ng_i	NG 中第 i 个线网组
n_j	N 中第 j 个线网
p_k	P 中第 k 个 FPGA 连接对
ngl_j	包含 n_j 的线网组,$\mathrm{ngl}_j \subseteq$ NG
$\mathrm{ng}_{j,m}$	ngl_j 中的第 m 个线网组
$e_{j,k}$	n_j 中使用 p_k 的边
el_k	p_k 的边
el_j	n_j 的边
nl_i	ng_i 的线网
α	线网组的数量
mng_j	ngl_j 中带有最大 TDM 比率的线网组

系统时钟周期是指从源点到目标点的到达时间。当线网使用 FPGA 连接对时,由于时分复用比率的定义,分配给这条边的时分复用比率就是这条边的系统时钟周期。系统最大时钟周期是影响系统延迟的重要因素之一。系统时钟周期最大的线网组是决定整个系统时延的线网组。同时,时分复用比率体现了系统时钟周期。因此,FPGA 间布线问题的目标是缩减时分复用比最大的线网组的时分复用比。

n_j 的 TDM 比率和 ng_i 的 TDM 比率定义如下:

$$\mathrm{ntr}_j = \sum_{e_{j,k} \in \mathrm{el}_j} \mathrm{etr}_{j,k} \tag{8.3}$$

$$ngtr_j = \sum_{n_j \in nl_i} ntr_j \tag{8.4}$$

其中，ntr_j 和 $ngtr_j$ 分别表示 n_j 的 TDM 比率和 ng_i 的 TDM 比率。

MSFRoute 的优化目标是使具有最大 TDM 比率的线网组的 TDM 比率最小化，具体如下：

$$\text{Minimize: } ngmtr = \{x \mid x = \max(ngtr_1, ngtr_2, \cdots, ngtr_a)\} \tag{8.5}$$

其中，ngmtr 代表了 TDM 比率最大的线网组的 TDM 比率。

8.2.2 布线框架流程

MSFRoute 的布线框架如图 8.2 所示。MSFRoute 可分为 3 个阶段。在第一阶段得到了时分复用比率未分配的布线拓扑结构。第二阶段是 TDM 比率分配阶段。根据各线网组的重要性，对线网的每条边分配一个初始 TDM 比率。第三阶段是关键系统时钟周期优化阶段。对 TDM 比率较大的线网组进行迭代优化。当满足第三阶段停止条件时，停止第三阶段和整个流程。

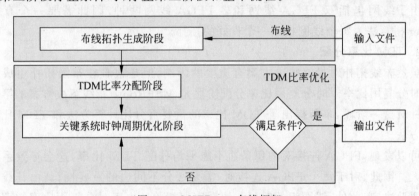

图 8.2 MSFRoute 布线框架

1. 布线拓扑生成算法

布线拓扑生成是 MSFRoute 的第一阶段。这一阶段提出了一种布线拓扑生成算法来获得时分复用比率未分配的布线拓扑。布线拓扑对后面的阶段有很大的影响。因此，这一阶段应该使用一些策略来控制其布线解决方案的质量。下面介绍两种简单有效的策略，分别是排序法和代价计算法。

算法 8.1 是布线拓扑生成算法的伪代码。GRG 是包含总 FPGA 和总 FPGA 连接对的布线图。CRG 是对要布线的 FPGA 进行标记的布线图。GCG 和 CCG 分别是表示 GRG 和 CRG 中所有 FPGA 连接对代价的图。

首先，根据线网的数目对所有线网组进行排序，因为线网数越大，线网组越有可能存在临界延迟。其次，对于每个线网组，由于线网数越大，布线越困难，所以所有线网都是按照线网所连接的 FPGA 的数量进行排序。最后，按顺序提取所有线网。通过对几种不同排序方法的最终解进行测试，发现该方法简单有效，而且这种方法的速度非常快。

算法 8.1　布线拓扑生成
输入:总局布线图 GRG, 线网集合 N, 总体布线代价图 GCG
Begin
1.　　按照两个指标对 N 进行排序
2.　　**for** each net n_j in N **do**
3.　　　从 GCG 生成当前代价图 CCG
4.　　　从 GRG 生成当前代价图 CRG
5.　　　通过根据 CCG 和 CRG 获得的 Steiner 树对 n_j 进行布线
6.　　　记录布线方案
7.　　　更新 GCG
8.　　**end for**

在该布线算法中,每个 FPGA 连接对的代价被初始化为 1。当一个线网被布线时,与线网边相对应的每个 FPGA 连接对的成本增加 1。与其他方法相比,该方法的性能更好、速度更快。

由于线网包括双 FPGA 线网和多 FPGA 线网两种,因此需要一个有效的 Steiner 树算法为每个线网找到一个良好的拓扑。

2. TDM 比率分配

虽然布线拓扑对最终解决方案有重要的影响,但是很难在布线拓扑生成阶段分配时分复用比率。时分复用比率分配阶段是 MSFRoute 布线解决方案的第二阶段。针对这一阶段,本节提出了 TDM 比率的重要百分比计算方法和 TDM 比率合法化方法。

可以发现,FPGA 连接对的每条边不能平均分配 TDM 比率,这会导致系统延迟较大。因此,对于每个 FPGA 连接对,需要区分不同边的重要性,其由其线网组的重要性决定,此外,线网组的时延与边数密切相关。由于时分复用比率约束与每个 FPGA 连接对相关,因此通过一个接一个地处理 FPGA 连接对可以有效地处理时分复用比率分配问题。本节提出了一种时分复用比重要百分比的计算方法。$e_{j,k}$ 的重要百分比计算公式如下:

$$\mathrm{pct}_{j,k} = \frac{\mathrm{ngmec}_{j,k}}{\displaystyle\sum_{e_{o,k} \in \mathrm{el}_k} \mathrm{ngmec}_{o,k}} \tag{8.6}$$

$$\mathrm{ngmec}_{j,k} = \{x \mid x = \max(\mathrm{ngec}_{j,1}, \mathrm{ngec}_{j,2}, \cdots, \mathrm{ngec}_{j,\beta})\} \tag{8.7}$$

其中,$\mathrm{ng}_{j,m}$ 的边数由 $\mathrm{ngec}_{j,m}$ 表示,$\mathrm{ngmec}_{j,k}$ 代表包含边 $e_{j,k}$ 的所有线网组的最大边数。β 表示 ngl_j 线网组的数量。$\mathrm{pct}_{j,k}$ 是 $e_{j,k}$ 的重要百分比。由于重要百分比的定义,$\mathrm{etr}_{j,k}$ 的公式如下:

$$\mathrm{etr}_{j,k} = \frac{1}{\mathrm{pct}_{j,k}} \tag{8.8}$$

算法 8.2 给出了 TDM 比率分配算法的伪代码。由于机器的精度有限,下面提出一种合法化方法,以确保满足 TDM 比率约束。第 1 行计算每个线网组边的数量。这是计算重要百分比的基础。第 2～13 行为每个 FPGA 连接对分配 TDM 比率。对于每个 FPGA 连接对,第一步(如第 3～5 行所示)计算每个边的重要百分比。第 6 行按重要百分比从小到大对所有边进行排序。它可以优化合法化操作。第 7 行将参数 remain 初始化为 0。它是合法化操作的一个重要参数。第 8～12 行为每条边分配 TDM 比率,并采用合法化方法保证 TDM 比率约束。

对于合法化而言,remain 是计算时丢失的值。因此,将第 9 行 $\text{etr}_{j,k}$ 的 TDM 比率计算改为下式,与式(8.8)不同:

$$\text{etr}_{j,k} = \frac{1}{\text{pct}_{j,k} + \text{remain}} \tag{8.9}$$

remain 的更新公式如下:

$$\text{remain} = \text{pct}_{j,k} + \text{remain} - \frac{1}{\text{etr}_{j,k}} \tag{8.10}$$

通过使用排序方法和参数 remain,丢失的值会向后传播。这种方法避免了较大的 TDM 比率进一步增加。实验结果表明,这种 TDM 比率分配算法是有效的。

算法 8.2　TDM 比率分配
输入:线网组集合 NG, FPGA 连接对集合 P, 所有线网的边 E
Begin
1.　　获得每一个线网组 $\text{ng}_{j,m}$ 的总的边的数量 $\text{negc}_{j,m}$
2.　　**for** P 中的每一个 FPGA 连接对 p_k **do**
3.　　　**for** el_k 中每一条边 $e_{j,k}$ **do**
4.　　　　计算 $e_{j,k}$ 的重要百分比 $\text{pct}_{j,k}$
5.　　　**end for**
6.　　　对 el_k 进行排序
7.　　　remain ← 0
8.　　　**for** el_k 中的每条边 $e_{j,k}$ **do**
9.　　　　计算初始的 TDM 比率 $\text{etr}_{j,k}$
10.　　　更新 remain
11.　　　记录 $\text{etr}_{j,k}$
12.　　　**end for**
13.　**end for**

图 8.3 演示了时分复用比率分配算法。图 8.3 的线网组信息如表 8.2 所示。不同的线网用不同线段表示,如图 8.3 和表 8.2 所示。在图 8.3 中,实线线段代表 FPGA 连接对,圆圈代表 FPGA。$N1$ 属于 NG1 和 NG3。则根据式(8.7)计算所有线网络组的最大边数,$N1$ 的值是 3。$N3$ 和 $N5$ 的值分别是 2 和 1。接下来,根据式(8.6),$E_{1,1}$、$E_{3,1}$ 和 $E_{5,1}$ 的重要百分比分别为 1/2、1/3 和 1/6。最后,根据式(8.8),$E_{1,1}$、$E_{3,1}$ 和 $E_{5,1}$ 的 TDM 比率分别为 2、4 和 6。利用时分复用比率分配算法计算图 8.3 的最优解。根据式(8.5),ngmtr 的值是 6。

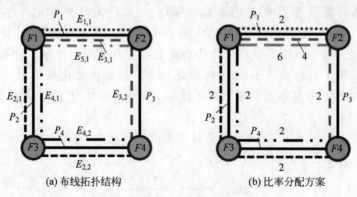

(a) 布线拓扑结构　　　　　　　　　(b) 比率分配方案

图 8.3　TDM 比率分配示意图

表 8.2　线网组信息

线　网　组	线　　网	FPGA	示　　例
NG1	N1	F1,F2	··········
	N2	F1,F4	------------
NG2	N3	F1,F4	
NG3	N1	F1,F2	----------
NG4	N4	F1,F4	—·—·—·
NG5	N5	F1,F2	—·—·—·

3. 关键系统时钟周期优化

在时分复用比率分配阶段分配了初始时分复用比率。对于一个线网组,边的数目与系统延迟不完全相同。因此,可以优化 TDM 比率分配阶段的初始分配解。为了优化所有线网组的最大 TDM 比率,本节提出了一种关键线网组的迭代优化方法,即关键系统时钟周期优化(Critical System Clock Period Optimization,CSCPO)方法。

首先,选择一个线网组的 TDM 比率的标准值。在此标准的 TDM 比率基础上,通过减少较大的线网组的 TDM 比率,增加较小的线网组 TDM 比率,以保证满足 TDM 比率的约束。如算法 8.3 所示,CSCPO 通过 TDM 缩减操作和边合法化操作来迭代优化最大 TDM 比率和。这种迭代优化方法的停止条件如下:第一个条件是迭代次数小于 10 次,以保证该方法速度足够快;第二个条件是总的流程的运行时间小于 1000 秒,以保证运行时间是可接受的;第三个条件是减少 TDM 比率的线网组数量不超过所有线网组的一半,使该方法有效。

算法 8.3　关键系统时钟周期优化
Begin
1.　　**while** 停止条件不满足 **do**
2.　　tdmReduce
3.　　edgeLegalization
4.　　**end while**

算法 8.4 给出了 TDM 比率缩减的方法。

```
算法 8.4    tdmReduce
输入:线网组集合 NG, 边的集合 E
Begin
1.    得到 statictr
2.    for NG 中的每一个 ng_i do
3.      if ngtr_i ≤ statictr then
4.          continue
5.      end if
6.      totalLimit ← 0
7.      for nl_i 中的每一个 n_j do
8.        for el_j 中的每一个 e_{j,k} do
9.            计算 e_{j,k} 的 curLimit
10.           totalLimit ← totalLimit + curLimit
11.       end for
12.     end for
13.     if totalLimit 为 0 then
14.         continue
15.     end if
16.     totalReduce ← ngtri − statictr
17.     for nl_i 中的每一个 n_j do
18.       for el_j 中的每一个 e_{j,k} do
19.           减少 etr_{j,k}
20.           更新相关线网组
21.       end for
22.     end for
23. end for
```

在第 1 行中,标准值根据以下条件选择:如果所有线网组的最大 TDM 比率和第二大 TDM 比率之间的差值大于某一阈值,那么标准值为第二大 TDM 比率。如果所有线网组的最大 TDM 比率与第二大 TDM 比率的差值小于某一阈值,那么标准值为最大 TDM 比率减去该阈值。

值得注意的是,阈值决定了每次迭代的优化度。它可以被用户设置为任何合适的值。在算法的实现中,阈值被设置为 5000,这是根据实验结果得到的。从第 2～23 行,TDM 比率大于标准值 statictr 的 ng_i 是需要优化的。如第 20 行所示,对于每个流程,相关的线网组都会更新。因此,在每个进程的开始,需要根据第 3～5 行的条件所示判断 ng_i 是否需要进行优化。

curLimit 代表边潜在的缩减值。对于 $e_{j,k}$,curLimit 的计算公式如下:

$$curLimit_{j,k} = mngtr_j - mngtr_o \tag{8.11}$$

其中,$mngtr_j$ 代表 mng_j 的 TDM 比率。根据 $mngte_o$ 对 $e'_{o,k}$ 进行排序,然后 $e_{o,k}$ 是 $mngtr_o$ 的边。$curLimit_{j,k}$ 是 $e_{j,k}$ 的 curLimit。

totalLimit 是 ng_j 的所有边总的潜在减少值。从第 6~12 行是计算 totalLimit 和 curLimit。若 totalLimit 为 0,则不执行对该线网组的后续操作。totalReduce 是根据第 16 行计算的 ng_i 的实际减少的值。从第 17 行到第 22 行,ng_i 的每条边是减少的且对相关线网组进行更新。其更新公式如下:

$$\text{etr}_{j,k} = \text{etr}_{j,k} - \text{curLimit}_{j,k} \times \text{totalReduce}/\text{totalLimit} \qquad (8.12)$$

算法 8.5 是 CSCPO 的边合法化方法。尽管 TDM 缩减过程降低了 TDM 比率,但可能会违反 TDM 比率约束。因此,使用边合法化方法对违反约束的 TDM 比率进行修改是有必要的。不同于 TDM 缩减过程对每个线网组操作,边合法化方法对每个 FPGA 连接对操作。

算法 8.5　edgeLegalization
输入:边的集合 E, FPGA 连接对的集合 P
Begin
1.　　计算 ngmtr
2.　　**for** P 中的每一个 p_k **do**
3.　　　计算 totalpct
4.　　　**if** totalpct$\leqslant$1 **then**
5.　　　　continue
6.　　　**end if**
7.　　　**for** el_k 中的每一个 $e_{j,k}$ **do**
8.　　　　增加 etr$_{j,k}$
9.　　　　更新 totalpct
10.　　　**if** totalpct$\leqslant$1 **then**
11.　　　　break
12.　　　**end if**
13.　　　**end for**
14.　　　**if** totalpct$\leqslant$1 **then**
15.　　　　更新所有 p_k 的 TDM 比率
16.　　　continue
17.　　　**end if**
18.　　　**while** totalpct > 1 **do**
19.　　　　**for** el_k 中的每一个 $e_{j,k}$ **do**
20.　　　　　**while** pct$_{j,k}$ 没有改变 **do**
21.　　　　　　etr$_{j,k}$ + = 2
22.　　　　　**end while**
23.　　　　　更新 totalpct
24.　　　　　**if** totalpct$\leqslant$1 **then**
25.　　　　　　break
26.　　　　　**end if**
27.　　　　**end for**
28.　　　**end while**
29.　　　更新所有 p_k 的 TDM 比率
30.　　**end for**

对于每个 FPGA 连接对,该方法可分为 3 个步骤。如第 1 行所示计算 ngmtr。第一步是判断当前的 FPGA 连接对 p_k 是否满足 TDM 比率约束,并计算所有 TDM 比率的倒数之和,命名为 totalpct,如第 3 行所示。如果 TDM 比率约束得到保证,当前进程将按照第 4 行到第 6 行所示的方式结束。然后第二步增加 TDM 比率(如第 7 行到第 13 行所示)、不增加 ngmtr。如果满足 TDM 比率约束,当前进程将结束,所有 TDM 比率将更新(如第 14 行到第 17 行所示)。如果以上两步不能保证 TDM 比率约束,则第三步逐步增加所有边的 TDM 比率(如第 18 行到第 28 行),直到满足 TDM 比率约束。最后,如第 29 行所示,相关的 TDM 比率更新。

4. 并行化

为了进一步提高 MSFRoute 的效率,可以将 MSFRoute 的两个阶段并行执行。第一个阶段生成布线拓扑。算法 8.1 的第 2 行到第 8 行的循环由于各线网之间具有一定的独立性,可以并行化操作。但是第 3 行和第 7 行应该被锁定,以避免发生错误。第二阶段是 TDM 比率分配阶段。算法 8.2 的第 2 行到第 13 行的循环是可以并行的。基于此 TDM 比率分配法,所有 FPGA 连接对的过程是完全独立的。但是,CSCPO 不能并行确认优化的质量。并行化可能导致边合法化阶段的失败。实验结果验证,这种并行化方法可以提升 MSFRoute 算法的效率。

8.2.3　实验结果

MSFRoute 是在 3.5GHz Intel Xeon Linux 服务器上用 C/ C++语言实现的,内存为 128GB。包括 9 个设计在内的数据集由 ICCAD2019 竞赛发布。S1、S2 和 H1 是小型 FPGA 设计。S3、S4 和 H2 是中型 FPGA 设计。S5、S6 和 H3 都是大型的 FPGA 设计。测试用例具体信息如表 8.3 所示。

表 8.3　测试用例信息

测试用例	#FPGA	#Net	#NG	#Edge
S1	43	68 456	40 552	214
S2	56	35 155	56 308	157
S3	114	302 956	334 652	350
S4	229	551 956	464 867	1087
S5	301	881 480	879 145	2153
S6	410	785 539	910 739	1852
H1	73	54 310	50 417	289
H2	157	610 675	501 594	803
H3	487	720 520	886 720	2720

1. 迭代优化分析

图 8.4 给出了 S4 在 CSCPO 阶段的每一次迭代结果。

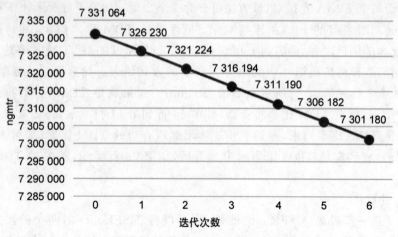

图 8.4　S4 在 CSCPO 阶段的迭代结果

横轴代表迭代的次数，纵轴代表 ngmtr。基于阈值设置为 5000，ngmtr 持续优化。在每次迭代中，更大阈值意味着更好的优化，阈值越小意味着越快的优化。迭代次数越大，优化效果越好，迭代次数越少，运行时间越短。这些参数可以方便地控制 CSCPO 的过程。为进一步优化由式(8.5)提出的 ngmtr，提出了 CSCPO。由于阈值和停止条件可由用户控制，因此该方法使用更灵活。

2. 并行化优化分析

MSFRoute 的框架易于并行化。特别是 TDM 比率分配阶段可以在没有任何锁的情况下并行化。在实验中，线程的数量设置为 8 个。CSCPO 的停止条件包括了运行时间限制。为了更好地比较，非并行化方法与并行化方法的迭代次数相同。图 8.5 显示了并行化方法与非并行化方法的运行时间对比。命名为 P 的实线折线是并行化方法的运行时间折线。虚线折线（NP）为非并行化方法的运行时间折线。横轴代表所有数据集，纵轴代表运行时间。图 8.5(a)为布线拓扑生成阶段对比图，图 8.5(b)为时分复用率分配阶段对比图。可以得出，该并行化方法是非常有效的，特别是对于大型 FPGA 设计。与非并行化方法相比，布线拓扑生成阶段的加速可达 7.75 倍，平均为 6.74 倍。TDM 比率分配阶段可以获得高达 6.02 倍的加速，平均加速 4.34 倍。总的流程可以达到 4.38 倍的加速，平均加速 2.77 倍。

3. 整体布线流程实验结果

由于现有研究没有直接处理这一问题的相关工作，提出了一种 TDM 比率的计算方法作为基准，命名为 TTRO，用于比较。对于 TTRO，重要性百分比的计算不同于 MSFRoute。对于 $e_{j,k}$，TTRO 的重要百分比 $\mathrm{tpct}_{j,k}$ 的计算公式如下：

$$\mathrm{ngtec}_{j,k} = \sum_{\mathrm{ng}_{j,m} \in \mathrm{ngl}_j} \mathrm{ngec}_{j,m} \tag{8.13}$$

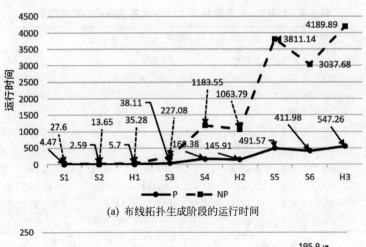

(a) 布线拓扑生成阶段的运行时间

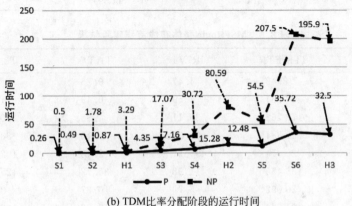

(b) TDM比率分配阶段的运行时间

图 8.5　并行化方法和非并行化方法的比较

$$\mathrm{tpct}_{j,k} = \frac{\mathrm{ngtec}_{j,k}}{\displaystyle\sum_{e_{o,k} \in \mathrm{el}_k} \mathrm{ngtec}_{o,k}} \tag{8.14}$$

其中,不同于 $\mathrm{ngmec}_{j,k}$ 在式(8.7)中的定义。$\mathrm{ngtec}_{j,k}$ 代表所有线网组边的数量。

表 8.4 第 2 列显示了 TDM 比率分配方案的 TTRO 的 ngmtr。表 8.4 第 4 列 ITR 代表通过 MSFRoute 的 TDM 比率分配阶段计算出的 ngmtr。表 8.4 第 6 列 FTR 代表通过 MSFRoute 的整个流程得到的 ngmtr。如表 8.4 所示,与 TTRO 相比,MSFRoute 的 ngmtr 是有效减少的。表 8.5 第 2 列显示了经过 MSFRoute 整个流程后和 ITR 的 TDM 比率降低的数量。从中可以发现 ngmtr 是有效减少的。表 8.5 第 3 列到第 5 列分别显示了 MSFRoute 在布线拓扑生成阶段的运行时间、TDM 比率分配阶段的运行时间和总运行时间。可以发现,MSFRoute 是非常高效的。与 TTRO 相比,MSFRoute 的 TDM 比率分配阶段最高可以将 ngmtr 减少 88.2%,平均降低率为 40.9%。MSFRoute 总体最高可将 ngmtr 减少 88.3%,平均降低率为 41.8%。

表 8.4　MSFRoute 各阶段与 TTRO 计算 ngmtr 的实验结果

测试用例	TTRO	Ratio	ITR	Ratio	FTR	Ratio
S1	50 506	1.000	43 202	0.855	39 260	0.777
S2	92 891 974	1.000	32 119 738	0.346	32 097 054	0.346
S3	368 506 312	1.000	129 568 118	0.352	129 395 856	0.351
S4	62 237 614	1.000	7 331 064	0.118	7 301 180	0.117
S5	13 052 774	1.000	5 389 800	0.413	5 369 726	0.411
S6	19 783 334 326	1.000	15 759 992 738	0.809	15 759 857 302	0.809
H1	508 332 834	1.000	409 673 620	0.806	409 653 528	0.806
H2	47 295 175 918	1.000	45 947 966 054	0.972	45 947 774 730	0.972
H3	7 482 712 822	1.000	4 873 554 776	0.651	4 871 917 012	0.651
均值	—	1.000	—	0.591	—	0.582

表 8.5　MSFRoute 整体布线流程实验结果

测试用例	ITR-FTR	IRT/s	TAT/s	ToalT/s
S1	3942	4.47	0.26	7.95
S2	22 684	2.59	0.49	19.08
S3	172 262	38.11	4.35	202.40
S4	29 884	168.38	7.16	882.32
S5	20 074	491.57	12.48	1023.49
S6	135 436	411.98	35.72	1254.20
H1	20 092	5.70	0.87	34.19
H2	191 324	145.91	15.28	1024.10
H3	1 637 764	547.26	32.53	1577.72

8.2.4　小结

本节算法提出了一个有效的布线框架 MSFRoute，用于布线和优化多 FPGA 原型系统的 TDM 比率。通过逐步优化所有线网组的最大 TDM 比率，有效且稳定地优化系统时钟周期，以提升原型系统的性能。此外，MSFRoute 具有高度的灵活性和通用性。实验结果表明，该布线框架降低 TDM 比率高达 88.3%，平均降低率约为 41.8%。采用本算法的并行化方法，MSFRoute 的总体流程可以达到 4.38 倍的加速，平均加速 2.77 倍。

8.3　一种实用的逻辑验证架构级 FPGA 布线器

在本节中，提出了一种实用的架构级 FPGA 间布线器 ALIFRouter，通过减少相应的系统延迟来提高芯片性能。ALIFRouter 由 3 个主要阶段组成，包括布线拓扑生成、TDM 比率分配和系统时延优化。另外，将多线程并行化方法集成到上述

3个阶段中,以进一步提高 ALIFRouter 的效率。该算法可显著提高多 FPGA 系统的信号复用率等主要性能指标。与 MSFRoute 相比,ALIFRouter 可以获得更好的 TDM 比率优化结果和更快的运行速度。

8.3.1　时分复用技术

采用时分复用技术解决了布线信道的不足,使得多个信号可以在一个信道上同时传输。然而,TDM 的副作用是造成了系统时延的增加。时分复用比率与系统时钟频率有关,可以作为衡量系统时延的指标。对于系统的布线图,一条边 e 的时分复用比表示如下:

$$\mathrm{Tr}(e) = \frac{D(e)}{\mathrm{Cap}(e)} \tag{8.15}$$

其中 $D(e)$、$\mathrm{Cap}(e)$ 和 $\mathrm{Tr}(e)$ 分别代表 e 的需要通过的信号数、e 的容量和 e 的 TDM 比率。在实际中,为了实现硬件复用,将每条边的容量固定为1,如图 8.6 所示。

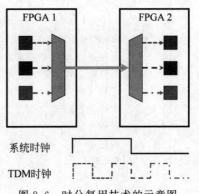

图 8.6 是时分复用技术的示意图。2 个大矩形、2 个梯形和 6 个正方形分别代表 FPGA、转换器和实例。3 种不同虚线的箭头代表 3 种不同的信号。实线箭头是两个 FPGA 之间唯一的物理导线。因此,如图 8.6 所示,在一个系统时钟周期内,只有一根物理导线可以传输一个信号。然而,利用波形显示的时分

图 8.6　时分复用技术的示意图

复用技术可以在一个系统时钟周期内传输 3 种不同的信号。时分复用技术可以随着系统时延的增加而提高系统的可布线性。

8.3.2　布线框架流程

布线框架如图 8.7 所示。

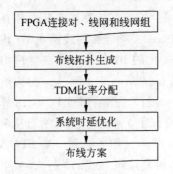

图 8.7　ALIFRouter 总体流程图

ALIFRouter 可分为 3 个阶段。在第一阶段得到了时分复用比率未分配的布线拓扑。根据下面边的 TDM 比率定义,在时分复用(TDM)比率分配阶段,将初始 TDM 比率分配给 FPGA 连接对的每个边。在系统时延优化阶段,通过松弛 TDM 比率比较小的线网组来优化 TDM 比率比较大的线网组。

1. 布线拓扑生成

布线拓扑生成阶段是得到各线网布线生成树的第一个阶段,如图 8.3(b)所示。将每个线网的

FPGA 连接在一起。布线生成树的质量对后期有重要影响。由于 Dijkstra 算法可以有效地构建 Steiner 树,因此使用基于 Dijkstra 算法的 FPGA 间布线算法来布线所有线网,使可布线性得到优化。本节布线算法的伪代码如算法 8.6 所示。

算法 8.6　布线拓扑生成

输入:总体布线图 G,线网集合 N,FPGA 集合 F

Begin

1.　　根据两个标准对 N 进行排序

2.　　初始化 G

3.　　**for** N 的每一个线网 n_j **do**

4.　　　　从 F_n 中选择一个 FPGA 连接对 f_s

5.　　　　$V \leftarrow f_s$

6.　　　　$U \leftarrow F - f_s$

7.　　　　$E \leftarrow \varnothing$

8.　　　　$g \leftarrow G$

9.　　　　**while** $F_n \neq \varnothing$ **do**

10.　　　　　发现通过 g 从 V 到 U 的最短路径

11.　　　　　选择最小代价的 f_i

12.　　　　　$V \leftarrow V + F_P$

13.　　　　　$U \leftarrow U - F_P$

14.　　　　　$E \leftarrow E_P$

15.　　　　　更新 g

16.　　　　**end while**

17.　　　　记录 E

18.　　　　更新 G

19.　　**end for**

在开始时,所有的线网都按照两个指标进行排序(见第 1 行)。对于一个线网,最高优先级是它的线网组的线网数量。第二优先级是需要连接的 FPGA 的数量。实验验证,该方法能有效地优化布线方案。然后初始化布线图(见第 2 行)。根据图 8.8(a),每个 FPGA 连接对的代价被赋值为 1。通过实验证明,这是分配成本最佳的方法。最后,迭代地布线所有的线网(见第 3~19 行)。

对于每一个线网,使用一个有效的基于 Dijkstra 的 Steiner 树算法来获得拓扑结构。算法 8.6 中各变量的定义为: F_n 表示目标 FPGA 必须连接的线网 n_j,g 代表了用于布线当前线网的布线图,V 代表属于 Steiner 树的 FPGA,U 代表在 F 中其余的 FPGA,E 代表线网的边,f_s 代表从 F_n 中选择的第一个 FPGA。在构造 Steiner 树的过程中,所有数据首先被初始化(见第 4~8 行)。然后通过 Dijkstra 算法找到从 V 到每个目标 FPGA 的最短路径(见第 9~16 行)。在此之前,所有从 V 到 U 的最短路径都是通过 Dijkstra 算法发现(见第 10 行)。然后找到一个 FPGA f_i,从 V 到 f_i 的路径与从 V 到其他 FPGA F_n 相比,距离最短(见第 11 行)。接下来,V 和 U 通过从 V 到 f_i 路径上的 FPGA 更新(见第 12 行和第 13 行)。E 通过

从 V 到 f_i 路径上的边 E_P 更新(见第 14 行)。最后,根据从 V 到 f_i 的最短路径,更新布线图(见第 15 行)。从 V 到 f_i 路径上的边成本设置为 0。当所有目标 FPGA 都完成布线后,Steiner 树被构造出来,E 被记录下来(见第 17 行)。基于 E,更新 G(见第 18 行)。Steiner 树所使用的每个 FPGA 连接对的成本加 1。实验结果表明,该方法是获得较优解的最佳计算方法。

图 8.8 给出了布线拓扑生成算法的示意图。虚线表示 FPGA 连接对,线段表示线网的边。不同线网的边用不同线段表示。初始化图形如图 8.8(a)所示。所有 FPGA 连接对的代价初始化为 1。在图 8.8 中有 3 个线网应该被布线。对于第一个线网,f_1、f_3 和 f_5 应连接在一起。对于第二个线网,f_2、f_3 和 f_4 应连接在一起。对于第三个线网,f_1、f_3 和 f_6 应连接在一起。第一个线网布线结果如图 8.8(b)所示。对第一个线网进行布线后,该线网所使用的 FPGA 连接对成本增加 1。第二个线网布线结果和第三个线网布线结果分别如图 8.8(c)和图 8.8(d)所示。

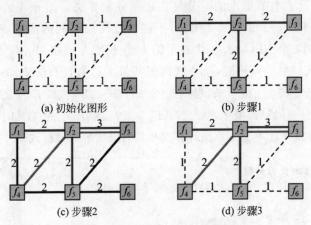

图 8.8　布线拓扑生成的示意图

2. TDM 比率分配

虽然布线拓扑对最终解决方案有重要影响,但在布线拓扑生成阶段,TDM 比率的设置是困难的。TDM 比率分配阶段是 ALIFRouter 获取时分复用比率的布线解决方案的第二阶段。因此,这一阶段的解决是非常重要的。在这一阶段,提出了一种有效的边 TDM 比率计算方法。

要为线网分配适当的时分复用比率,应考虑每个 FPGA 连接对的时分复用比率约束。可以发现,FPGA 连接对的每个边不能被平均分配 TDM 比率,这会导致了一个非常差的解决结果。由于目标是优化线网组的最大 TDM 比率,因此每条边的 TDM 比率可以由其线网组的情况和 TDM 比率约束来确定。此外,线网组的 TDM 比率与边数密切相关。因此,根据线网组的边数逐个处理 FPGA 连接对,可以有效地处理 TDM 比率的分配。针对同一 FPGA 连接对的边,提出了一种边权比的计算方法。p_k 的边 e 的边权比的计算公式如下:

$$\text{pct}_{j,k} = \frac{\text{ngmec}_{j,k}}{\sum\limits_{e_{j,m}} \text{ngmec}_{j,m}} \tag{8.16}$$

其中,$\text{ngmec}_{j,m}$ 代表 $\text{ng}_{j,m}$ 的边数,$\text{ngmec}_{j,k}$ 代表包含边 $e_{j,k}$ 所有线网组的最大边数。$\text{pct}_{j,k}$ 是 $e_{j,k}$ 的重要百分比。$\text{etr}_{j,k}$ 定义如下:

$$\text{etr}_{j,k} = \frac{1}{\text{pct}_{j,k}} \tag{8.17}$$

算法 8.7 给出了 TDM 比率分配算法的伪代码。包含边 $e_{j,k}$ 的线网组的最大边数可以通过计算得到(见第 1 行)。它是计算边权比的基础。然后为每个 FPGA 连接对分配 TDM 比率(见第 2~10 行)。对于每个 FPGA 连接对,第一步是根据式(8.16)(见第 3~5 行)计算每个边的边权比。然后根据式(8.17)(见第 6~9 行)计算分配给每条边的 TDM 比率。实验结果证明,这种 TDM 比率分配算法是有效的。

图 8.3 演示了本节提出的时分复用比率分配算法。图 8.3 的线网组信息如表 8.2 所示。如图 8.3 和表 8.2 所示,不同的线网用不同的虚线表示。在图 8.3 中,f_i 代表了第 i 个 FPGA、p_k 代表了第 k 个 FPGA 连接对、N_1 同时属于 NG_1 和 NG_3,根据式(8.16)可得到,所有线网组的最大边数,因此 N_1 的值是 3,N_3 和 N_5 的值分别是 2 和 1。接下来,根据式(8.6),$E_{1,1}$、$E_{3,1}$ 和 $E_{5,1}$ 的重要占比分别为 1/2、1/3 和 1/6。最后,根据式(8.17),$E_{1,1}$、$E_{3,1}$ 和 $E_{5,1}$ 的 TDM 比率分别为 2、4 和 6。利用时分复用比率分配算法计算图 8.8 的最优解。根据式(8.5),ngmtr 是 6。

算法 8.7　TDM 比率分配
输入:线网组集合 NG, FPGA 连接对集合 P, 所有线网的边 E
Begin

1.　　计算每一条边 $e_{j,k}$ 的 $\text{ngmec}_{j,k}$
2.　　**for** P 中的每一个 FPGA 连接对 p_k **do**
3.　　　**for** epl_k 中的每一条边 $e_{j,k}$ **do**
4.　　　　计算 $e_{j,k}$ 的重要百分比 $\text{pct}_{j,k}$
5.　　　**end for**
6.　　　**for** epl_k 中的每一条边 $e_{j,k}$ **do**
7.　　　　计算初始 TDM 比率 $\text{etr}_{j,k}$
8.　　　　记录 $\text{etr}_{j,k}$
9.　　　**end for**
10.　**end for**

---

3. 系统时延优化

在 TDM 比率分配阶段,分配初始 TDM 比率。对于一个线网组,边的数目与 TDM 比率并不完全相同。因此,可以优化时分复用比率分配阶段的初始分配解。为了优化各线网组的最大时分复用比率,本节提出了一种系统时延优化算法。伪代码如算法 8.8 所示。

算法 8.8　系统时延优化

输入:线网集合 N

Begin

1.　　根据每一个线网所在的线网组的 TDM 比率对 N 进行排序
2.　　**for** N 中的每一个线网 n_j **do**
3.　　　**for** enl_j 中的每一条边 $e_{j,k}$ **do**
4.　　　　更新 $etr_{j,k}$
5.　　　**end for**
6.　　　更新 ngl_j
7.　　**end for**
8.　　**for** 中的每一个 FPGA 连接对 p_k **do**
9.　　　**if** p_k 满足限制条件 **then**
10.　　　更新旧的 epl_k
11.　　　**else**
12.　　　更新增加的 $e_{j,k}$
13.　　　合法化减少的 $e_{j,k}$
14.　　**end if**
15.　**end for**

该算法包括两个步骤。第一步是缩减步骤(见第 1~7 行)。在这一步中,需要减小 TDM 比率比较大的线网组边的 TDM 比率。但是,需要添加 TDM 比率比较小的线网组边的 TDM 比率。第二步是合法化步骤(见第 8~15 行)。经过缩减步骤后,部分 FPGA 连接对可能会违反 TDM 比率约束。因此,在这一步,这些 FPGA 连接对应该合法化。

第一步是对每个线网进行处理,因为前一个线网的减少可能会影响后面的线网。所有线网按其线网组的最大 TDM 比率从大到小排序(见第 1 行)。按照这个顺序,TDM 比率比较大的线网组可以灵活地进行优化。对于线网 n_j 每个边,其 TDM 比率 $etr'_{j,k}$ 由以下公式更新:

$$etr'_{j,k}=\frac{\text{staratio}\times etr_{j,k}}{mng_j} \tag{8.18}$$

其中,$etr'_{j,k}$ 是 $etr_{j,k}$ 新的 TDM 的比率,staratio 是由用户定义的 ngmtr 的优化目标。

在线网 n_j 的 TDM 比率减少后,ngl_j 的每个线网组的 TDM 比率应该更新,以使后面的缩减更好(见第 6 行)。

第二步处理每个 FPGA 连接对,因为每个 FPGA 连接对都应该满足 TDM 比率约束。经过缩减步骤,如果 FPGA 连接对 p_k 满足 TDM 比率约束,那么属于 p_k 的每条边的旧 TDM 比率 $etr_{j,k}$ 被改成了新的 TDM 比率 $etr'_{j,k}$(见第 10 行)。然而,如果 p_k 不能满足 TDM 比率限制,那么 TDM 比率增加的边 $e_{j,k}$ 可以直接使用新的 TDM 比率 $etr'_{j,k}$(见第 12 行)。但 TDM 比率减小的边 $e_{j,k}$ 应由下式(见第 13 行)合法化。

$$etr''_{j,k}=\frac{etr'_{j,k}\times\text{rec}\times(\text{rec}+\text{ad})}{1-\text{ad}} \tag{8.19}$$

其中,rec 是 $etr_{j,k}^l$ 减少的倒数之和,ad 是 $etr_{j,k}^l$ 增加的倒数之和。

在这种情况下,TDM 比率约束一定满足。此外,可以抓住任何可以优化 ngmtr 的机会。如果没有优化 TDM 比率的机会,就不会浪费任何运行时间。该优化算法可以迭代操作,以连续优化 TDM 比率。

4. 多线程并行化

为了进一步提高 ALIFRouter 的效率,在 ALIFRouter 的各个阶段都集成了多线程并行化方法。在布线拓扑生成阶段,各线网的布线可以并行。但是算法 8.6 的第 18 行应该被锁定,以避免不同线网之间的资源冲突。在 TDM 比率分配阶段,每个 FPGA 连接对的处理是完全独立的。因此,在这个阶段,并行化可以显著提高程序的速度。在系统时延优化阶段,每个线网的缩减步骤都是并行的。但是算法 3 的第 6 行应该被锁定,以避免不同线网之间的资源冲突。合法化步骤可以像 TDM 比率分配阶段一样完全并行。

8.3.3 实验结果

1. ALIFRouter 与 MSFRoute 的实验比较

在本节中,将 ALIFRouter 与最先进的 FPGA 间布线器 MSFRoute 进行比较,如表 8.6 所示。表 8.6 所示的 ALIFRouter 和 MSFRoute 的数据是从同一环境中由 8 个线程运行的程序中获得的。与 MSFRoute 相比,ALIFRouter 可将 TDM 比率降低 11.61%,平均降低率为 3.20%。由于 TDM 比率的值非常大,这些降低率表明 ALIFRouter 可以有效地降低系统时延。此外,对于每个数据集,ALIFRouter 的结果都优于 MSFRoute 的结果。与 MSFRoute 相比,ALIFRouter 的加速比最高可达 3.24 倍,平均加速比为 1.97 倍。因此,ALIFRouter 可以有效减少运行时间。综上所述,ALIFRouter 优化系统时延是有效的。

表 8.6　与 MSFRoute 的实验比较(1)

测试用例	MSFRoute			
	TDM 比率(10^3)	比率	运行时间/s	比率
S1	39	1.0263	8.63	2.0402
S2	32 097	1.0121	20.51	3.2401
S3	129 396	1.0147	193.28	2.1205
S4	7301	1.1314	963.00	2.7224
S5	5370	1.1308	1195.36	1.6500
S6	15 759 857	1.0008	1360.90	0.7644
H1	409 654	1.0020	38.43	2.5757
H2	45 947 775	1.0002	1058.37	2.1119
H3	4 871 917	1.0013	1056.78	0.5115
AVG	—	1.0355	—	1.9707

2. 多线程并行化方法的有效性

ALIFRouter 的实验结果如表 8.7 所示,是通过 8 个线程运行的程序得到的。与单线程处理的程序相比,八线程处理的程序可以达到 5.75 倍的加速,平均加速 3.79 倍。并且由于该方法的随机性有限,局部线网序的调整使得多线程的结果更好。与单线程处理的程序相比,八线程处理的程序可使 TDM 比率降低 0.11%。由于篇幅有限,本节未列出详细数据。不同线程的程序运行时如图 8.9 所示。不同的线段表示不同数据集的运行时。对于图 8.9 所示的中等规模的数据集进行测试(包括 S3、S4 和 H2)来说,分析并行化方法的有效性是典型的。使用 8 个 CPU、16 个 CPU、24 个 CPU 和多线程方法可以得到 3.52 倍、4.21 倍和 4.34 倍的加速。

表 8.7　与 MSFRoute 的实验比较(2)

测试用例	本节算法			
	TDM 比率(10^3)	比率	运行时间/s	比率
S1	38	1.0000	4.23	1.0000
S2	31 713	1.0000	6.33	1.0000
S3	127 519	1.0000	91.15	1.0000
S4	6453	1.0000	353.73	1.0000
S5	4749	1.0000	724.46	1.0000
S6	15 747 863	1.0000	1780.43	1.0000
H1	408 855	1.0000	14.92	1.0000
H2	45 940 000	1.0000	501.14	1.0000
H3	4 865 697	1.0000	2066.20	1.0000
AVG	—	1.0000	—	1.0000

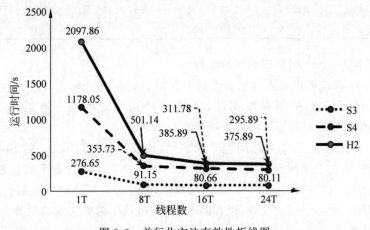

图 8.9　并行化方法有效性折线图

3. ALIFRouter 与 2019 年 ICCAD 比赛布线器的实验对比

在本节中,将 ALIFRouter 与 2019 年 ICCAD 大赛的前 3 名获胜者就 TDM

比率这一最重要的优化目标进行比较。对所有布线器进行排名,使实验比较更加明显。首先,将在前 3 名团队之间各数据集的线网的最大 TDM 比率排序。然后计算每个团队所有数据集的平均排名,并将它们升序排列。按照这个顺序,这3 支队伍分别是 A、B 和 C。最后,将排名前三的布线器和 ALIFRouter 放在一起比较。

如表 8.8 所示,ALIFRouter 获得了最好的平均排名,这意味着与前 3 名相比,它在系统延迟方面获得了最好的解决方案质量。此外,ALIFRouter 获得了大多数数据集的 TDM 比率的最佳优化解。总之,ALIFRouter 是有效的。由于无法获得前 3 名的二进制代码,因此无法在同一台机器上获得不同布线器的运行时间。因此,无法显示运行时间比较。

表 8.8　与 2019ICCAD 竞赛前 3 名的实验比较

测试用例	A		B		C		本节算法	
	TDM 比率 (10^3)	排名	TDM 比率 (10^3)	排名	TDM 比率 (10^3)	排名	TDM 比率 (10^3)	排名
S1	38	1.00	40	3.00	40	3.00	38	1.00
S2	31 740	2.00	32 094	4.00	32 007	3.00	31 713	1.00
S3	127 589	2.00	129 290	4.00	128 206	3.00	127 519	1.00
S4	6396	2.00	6335	1.00	7049	4.00	6453	3.00
S5	4663		4613		5190	4.00	4749	
S6	15 749 497	2.00	15 759 303	4.00	15 751 029	3.00	15 747 863	1.00
H1	408 871	2.00	409 891	4.00	409 300	3.00	408 855	1.00
H2	45 941 183	2.00	45 952 595	4.00	45 942 030	3.00	45 940 000	1.00
H3	4 865 352	1.00	4 872 933	3.00	4 867 326	4.00	4 865 697	2.00
AVG	—	1.78	—	3.11	—	3.33		1.56

4. 不同 Steiner 树算法的实验比较

Dijkstra 算法可以有效地构造类似于文献[13]中的 Steiner 树。然而,相关算法并没有用于 FPGA 间布线问题,不能直接用于此问题。这里采用了基于 Dijkstra 的 FPGA 间布线算法来布线所有线网络。

在本节中,由于 FPGA 间问题非常新颖,比较了 ALIFRouter 的 Steiner 树算法与传统算法关于线网组最大 TDM 比率的优化。为了进行公平的比较,通过文献[13]改变了 ALIFRouter 的 Steiner 树算法,并使用它与 ALIFRouter 进行比较。这两个程序只由一个线程处理,以表明不同的 Steiner 树算法的有效性。如表 8.9所示,本算法可以在所有数据集测试中获得最佳的 TDM 比率。与文献[13]相比,本节算法可以将 TDM 比率降低 3.92%,平均降低率为 1%。由于每个 TDM 比率非常大,ALIFRouter 是非常有效的。

表 8.9　与不同 Steiner 树算法的实验比较

测试用例	A		B	
	TDM 比率(10^3)	排名	TDM 比率(10^3)	排名
S1	38	1.0000	38	1.0000
S2	31 810	1.0033	31 704	1.0000
S3	127 810	1.0020	127 559	1.0000
S4	6709	1.0382	6462	1.0000
S5	4943	1.0409	4749	1.0000
S6	15 747 906	1.0000	15 747 864	1.0000
H1	408 913	1.0001	408 859	1.0000
H2	45 942 219	1.0000	45 940 000	1.0000
H3	4 866 341	1.0001	4 865 847	1.0000
AVG	—	1.0094	—	1.0000

8.3.4　小结

本节提出了一种实用的架构级 FPGA 间布线器 ALIFRouter,以同时优化多 FPGA 原型系统的可布线性和系统延迟。通过有效优化最大线网组 TDM 比率,有效、稳定地优化系统延迟,提高原型系统的性能。实验结果表明,与 MSFRoute 和 2019 年 ICCAD 大赛前 3 名获胜者相比,ALIFRouter 的优化质量最好。

8.4　本章总结

当前,多 FPGA 原型系统应用越来越广泛,设计过程中引用时分复用技术来提高多 FPGA 原型系统可布线性,但时分复用技术会导致 FPGA 间信号延迟。本章针对 FPGA 布线问题和 TDM 比率分配问题,提出 MSFRoute 和 ALIFRouter。

MSFRouter,可分为布线拓扑生成、TDM 比率分配和关键系统时钟周期优化 3 个阶段,具有高度灵活性和通用性,通过逐步优化所有线网组最大 TDM 比率,有效稳定地优化系统时钟周期,提高原型系统性能。

ALIFRouter,主要分为布线拓扑生成、TDM 比率分配和系统时延优化,同时结合多线程并行化方法,通过有效优化最大线网组 TDM 比率,有效稳定地优化系统延迟,提高原型系统性能。

参考文献

[1]　M. Turki, Z. Marrakchi, H. Mehrez, et al. Signal multiplexing approach to improve inter-FPGA bandwidth of prototyping platform[J]. *Design Automation for Embedded Systems*. 19(3): 223-242, 2015.

［2］　A. Ling,J. Anderson. The role of FPGAs in deep learning［C］//Proc. of FPGA,pp. 3-3,2017.

［3］　G. A. Constantinides. FPGAs in the cloud［C］//Proc. of FPGA,pp. 167-167,2017.

［4］　M. Inagi,Y. Takashima,Y. Nakamura. Globally optimal time-multiplexing of inter-FPGA connections for multi-FPGA prototyping systems［J］. *IPSJ Transactions on System LSI Design Methodology*,3：81-90,2010.

［5］　M. Inagi, Y. Takashima, Y. Nakamura. Globally optimal time-multiplexing in inter-FPGA connections for accelerating multi-FPGA systems［C］//Proceedings of International Conference on Field Programmable Logic and Applications,pp. 212-217,2009.

［6］　M. Inagi,Y. Nakamura,Y. Takashima,S. Wakabayashi. Inter-FPGA routing for partially time-multiplexing inter-FPGA signals on multi-FPGA systems with various topologies［J］. *IEICE Transactions on Fundamentals of Electronics*,*Communications and Computer Sciences*. 98(12)：2572-2583,2015.

［7］　S. -C. Chen,R. Sun,Y. -W. Chang. Simultaneous partitioning and signals grouping for time-division multiplexing in 2. 5D FPGA-based systems［C］//Proc. of ICCAD,pp. 1-7,2018.

［8］　S. Hauck. The roles of FPGAs in reprogrammable systems［J］. *Proceedings of the IEEE*. 86(4)：615-638,1998.

［9］　J. Babb,R. Tessier,A. Agarwal. Virtual wires：Overcoming pin limitations in FPGA-based logic emulators［C］//Proceedings of IEEE Workshop on FPGAs for Custom Computing Machines,pp. 142-151,1993.

［10］　W. N. N. Hung,R. Sun. Challenges in large FPGA-based logic emulation systems［C］// Proceedings of International Symposium on Physical Design,pp. 26-33,2018.

［11］　J. Babb,R. Tessier,M. Dahl,et al. Agarwal. Logic emulation with virtual wires［J］. *IEEE TCAD*. 16(6)：609-626,1997.

［12］　Y. -H. Su,R. Sun,P. -H. Ho. 2019 CAD Contest：System-level FPGA routing with timing division multiplexing technique［C］//Proc. ICCAD,pp. 1-2,2019.

［13］　K. Mehlhorn. A faster approximation algorithm for the Steiner problem in graphs［J］. *Information Processing Letters*. 27(3)：125-128,1988.

［14］　C. -W. Pui and E. F. Y. Young. Lagrangian relaxation-based time-division multiplexing optimization for multi-FPGA systems［J］. *ACM Trans. on Design Automation of Electronic Systems*. 25(2)：1-23,2020.

［15］　C. J. Alpert,W. -K. Chow,K. Han,et al. Venkatesh. Prim-Dijkstra revisited：Achieving superior timing-driven routing trees［C］//Proc. ISPD,pp. 10-17,2018.